大学物理（下册）

UNIVERSITY PHYSICS

主　编　竹有章
副主编　焦春红
参　编　韩星星　刘兆梅　马　琳

内容提要

本教材前期作为讲义，已经过多期试用，在编写过程中吸收了教师和学生的意见，参考了国内外多部相关教材，结合了当前理工科院校关于课程"高阶性、创新性、挑战度"的要求，特别注意满足应用型本科学生发展的需求。本书在落实基本知识、原理的基础上，着重强调学生应用能力和创新意识培养，同时内容上探索了科学思维、科学家精神等元素的融入。

下册包括热学、振动与波、波动光学和近代物理等内容。

本教材可以作为高等院校，尤其是应用型大学理工类(非物理)专业大学物理课程的教材，也可作为成人教育相关专业的参考书，也可供自学者使用。

图书在版编目(CIP)数据

大学物理. 下册/竹有章主编. —西安:西安交通大学出版社,2022.7(2024.8 重印)
ISBN 978-7-5693-2609-3

Ⅰ.①大… Ⅱ.①竹… Ⅲ.①物理学-高等学校-教材 Ⅳ.①O4

中国版本图书馆 CIP 数据核字(2022)第 076402 号

DAXUE WULI(XIACE)
书　　名 大学物理(下册)
主　　编 竹有章
责任编辑 刘雅洁
责任校对 魏　萍

出版发行 西安交通大学出版社
(西安市兴庆南路 1 号　邮政编码 710048)
网　　址 http://www.xjtupress.com
电　　话 (029)82668357　82667874(市场营销中心)
(029)82668315(总编办)
传　　真 (029)82668280
印　　刷 陕西天意印务有限责任公司

开　　本 787mm×1092mm　1/16　**印张** 15.75　**字数** 386 千字
版次印次 2022 年 7 月第 1 版　2024 年 8 月第 3 次印刷
书　　号 ISBN 978-7-5693-2609-3
定　　价 38.00 元

如发现印装质量问题，请与本社市场营销中心联系。
订购热线:(029)82665248　(029)82667874
投稿热线:(029)82664954
读者信箱:85780210@qq.com

前 言

大学物理课程是高校理工类专业学生必修的一门基础课，学生通过该课程的学习能够理解自然界物质的结构、性质、相互作用及其运动的基本规律，为后续专业课程的学习奠定必要的物理基础。同时，学生在学习过程中能够掌握科学的思维方式，培养解决问题的思路和方法。大学物理的学习对学生创新意识、创新精神和科学素养的培养具有重要作用。

本教材是按照高等院校工科类专业大学物理课程基本要求，从科技发展对高素质创新型应用型人才培养的总要求出发，遵循"加强基础、注重应用、增强素质(课程思政)、培养能力"的教学目标，遵循以学生为中心的教学理念，在编者多年教学经验的基础上，参照前期历年出版的教材编写而成。

教材的编写立足于知识的传授，重视基本概念的引入、基本原理的阐述，避免一些复杂的推导过程。为了提高学生对基本概念、原理的理解，习题中增加了简答题的题型；着眼于能力、素质的培养和提高，强调解决问题思路的引导和训练，教材中增加了实际应用的内容和应用型的习题；重视科学素养、价值观、家国情怀的培养，教材中引入物理学发展过程中的重要事件、物理学家的故事、中国对物理学的贡献和当前科技成就等相关内容。

本教材重视引导学生自主学习，在内容的安排上，每章开头设置预习提要，章末设置本章小结；排版上采用了分栏的方式，将大学物理主要知识体系和辅助内容分开，中间一般为知识中心内容，图、想一想、小贴士、解题指导等作为辅助内容安排在边栏。这样既保持了主体内容的连贯，也保证了边栏内容对主体内容的补充和扩展，适合学生自学。每章(除第 14、15 章)后安排了思考题和习题。思考题引导学生对基本内容的深入思考；习题设置了简答题、计算题和应用题三种题型，从对有关基本概念和规律的分析讨论，到处理问题的思路、方法，再到知识的应用，层层递进，形成一个完整的框架结构。学生通过完成思考题和习题可以实现对知识内容的运用，也能够实现对所学内容掌握程度的检验。同时，为了适应不同教学的要求，书中安排了以"*"标注的内容作为正文的延伸或补充，用以选学或作为学有余力学生的阅读材料。

本教材分为上下两册，下册编写情况如下：韩星星编写了第7章（气体动理论），刘兆梅编写了第8章（热力学基础），竹有章编写第9章（机械振动）、第10章（机械波），焦春红编写了第11章（波动光学）、第14章（半导体）和第15章（激光），竹有章、马琳编写了第12章（狭义相对论基础）和第13章（量子物理基础），由竹有章负责全书统稿。

本教材的编写始终得到西安交通大学城市学院大学物理教学开创者李甲科教授的关心和支持。李教授对于内容优化和选取给予编者持续指导，并提供了大量的素材；编者曾多次求教西安交通大学王小力教授。王教授关于教材编写思路、课程思政等相关内容给了很多指导和建议；西安交通大学城市学院物理教学部牛海波教授为教材编写做了大量工作，多次组织讨论并对教材编写目标、原则和内容给予建设性意见。本教材是在西安交通大学城市学院教材建设项目的支持下完成的，在这里表示感谢。本教材也吸收了前期教材优秀的思想和内容并以讲义的形式试用了两期。在试用中，很多老师和同学提出了宝贵的建议。在这里向这些老师和同学表示感谢。在教材出版的过程中，关于教材内容表达、版面设计、图形绘制，西安交通大学出版社编辑付出了巨大的劳动，编者对他们深表感谢。

由于编者水平有限，教材还有很多未尽之处，希望读者批评指正、不吝赐教，这里也向读者表示感谢。

编　者

目　录

第三部分　热学

第四部分　机械振动与机械波

第五部分　光　学

第六部分　近代物理

第三部分 热学

物质运动形式是多种多样的，在力学中我们已经研究了物质机械运动的规律，下面将研究物质的另一种基本运动形式——分子热运动。

自然界有许多与温度相关的现象，如物体的热胀冷缩，气、液和固三态的相互转变，钢铁淬火后表面硬度发生变化等。这些与温度有关的物理性质的变化，统称为热现象。组成物体的分子、原子都在永不停息地做无规则的运动，这种运动称为分子热运动。热学研究物质热现象和分子热运动的规律。

对于热现象和热运动规律的研究有两种方法，一是统计物理学的方法，二是热力学的方法。统计物理学从物质的微观结构出发，应用统计的方法，通过数学分析得出热现象的规律。热力学则是运用能量的观点，通过实验的方法，从宏观上研究物质状态变化时热、功和内能的变化，从而总结出热现象的实验规律。对于热现象的研究，两种方法起着相辅相成的作用。

第7章 气体动理论

自然界的物体都是由大量的分子组成的，所有分子都在永不停歇地做无规则运动，即热运动。每一个分子都具有一定的体积、质量、动量和能量，这些很难用实验直接测定，称为**微观量**。而温度、压强和热容等可以由实验直接测量，称为**宏观量**。

一切与物体冷热状态相关联的自然界现象，称为热现象。而研究热现象的规律有宏观的热力学和微观的统计物理学两种方法。**统计物理学**从物质的微观结构出发，应用统计的方法，通过数学分析得出热现象的规律。**热力学**则是用能量的观点，通过实验的方法来研究物质热现象的宏观基本规律及其应用。对于热现象的研究，两种方法起着相辅相成的作用。

气体动理论是统计物理学的组成部分，本章的主要内容：首先讨论热运动的一些基本概念，对热运动的基本特征和研究方法即统计方法作概括性的论述。在此基础上，建立理想气体的微观模型，讨论气体的压强、温度、内能等物理量的意义和微观本质，并讨论麦克斯韦速率分布率的统计规律性、分子的平均自由程等问题。

预习提要：

1. 什么是热运动？你理解的热运动在微观上是怎样的物理图像？
2. 举几个实例说明什么是统计规律。
3. 理想气体的微观模型是什么？
4. 简述压强的表达式，并讨论其微观意义。
5. 掌握温度的微观意义。
6. 掌握速率分布函数的微观意义。
7. 什么是自由度，什么是能量均分定理，什么是内能？
8. 什么是分子的平均自由程？

7.1　分子运动的基本概念

7.1.1　宏观物体是由大量分子或原子组成的

宏观物体,无论是固体、液体或气体,都是由大量分子或原子组成的,大量到什么程度?分子的大小、质量等又非常小,小到什么程度?1 mol 任何物质中所含的分子(或原子、离子)数均相同,这个数叫作阿伏伽德罗常量,常用符号 N_A 表示,实验确定 $N_A=6.022\times10^{23}\ \mathrm{mol}^{-1}$。在通常条件下,每立方厘米气体的分子数(即分子数密度 n)的数量级为10^{19},每立方厘米液体的分子数的数量级为10^{22}。有人计算过喝 180 g 的水,意味着喝了6×10^{24}个水分子。这些都是巨大的数字!如果每秒数 3 个分子,数一数 1 cm^3 气体的分子数目,就得数10^{11}年,即 1000 亿年,比宇宙年龄10^{10}年还要长。

小贴士:

"通常条件"指的是温度为 20 ℃,压强为 1.013×10^5 Pa(1 atm)这样的环境条件。

但是,分子又是很小的,它的线度(大小)数量级约为10^{-10}m,如水分子(H_2O)的大小只有 2.6×10^{-10} m。分子的质量也很小,其数量级为 10^{-27} kg,如氧分子(O_2)的质量为 5.3×10^{-26} kg。

实验表明,组成宏观物体的分子之间是有间隙的。气体很容易被压缩,说明气体分子间有很大的空隙。把 500 mL 的酒精与 500 mL 的水混合后,总体积却小于 1000 mL,这说明液体分子间是有空隙的。不仅气体和液体分子间有空隙,就是固体分子间也有空隙存在。布里兹曼用 2065 MPa(约 20000 atm)的压强去挤压装在无缝钢管中的油,结果发现,油透过管壁渗透出来。

7.1.2　分子在永不停歇地做无序热运动

上文说明了宏观物体是由大量分子或原子组成的。大量实验事实表明,组成宏观物体的分子、原子在不停地运动着。打开一瓶香水,房间里的人很快都能闻到香水挥发出的香味;把一滴墨水滴入清水中,经过一段时间后,墨水将与水混在一起。这说明气体、液体中的分子是在永不停歇地运动着的。不仅如此,就是固体的分子,也是在不停地运动着。把两块不同的金属紧压在一起,经过一段较长时间后,在每一块金属的接触面内,都可以发现另一种金属的成分。总之,一切物体中的分子都在永不停息地运动着。

1827 年英国植物学家布朗用显微镜观察悬浮液体中的花

粉时，发现了线度只有 10^{-4} cm 的花粉颗粒在液体中无规则地不停运动着，这就是布朗运动。图 7.1 是一个花粉颗粒的径迹平面图。它表明花粉颗粒是在一种无规则力作用下做无规则的运动。显然，这种无规则的作用力只可能来自它周围不停运动着的液体分子的不断碰撞和撞击。哪个方向上受到的撞击强，花粉颗粒在该方向上获得净动量，从而沿该方向运动。进一步观察也发现，随着水温度的升高，大量水分子无规则运动愈加剧烈，因而微小颗粒的运动也随之变得愈加剧烈。总之，微小颗粒的运动，实质上反映了水中大量水分子的运动；微小颗粒运动的无规则性，实质上反映了大量水分子运动的无规则性；微小颗粒的无规则运动随温度的升高而愈加剧烈，实质上反映了大量水分子的无规则运动随温度的升高而愈加剧烈。我们把这种与物体冷热状态直接相关的大量分子的无规则运动，称为热运动。它是自然界物质运动的一种基本形态，一切热现象都是这种热运动的宏观表现。

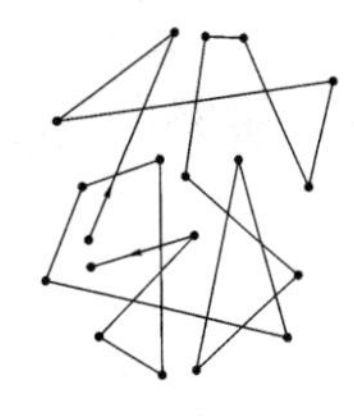

图 7.1　布朗运动

7.1.3　分子间有相互作用力

要使钢材发生形变，或要拉断一根钢丝，都必须用很大的力，这说明物体各部分之间存在着相互吸引的力，实质上这是组成物体的分子之间存在相互吸引力的宏观表现。正是由于分子间的这种相互吸引力，才使得固体和液体中的分子能聚集在一起且不会因分子热运动而分散开来，才使得固体和液体在宏观上保持一定的体积。实验表明，分子间的相互作用力不仅有引力，还有斥力，它们与分子间的距离 r 有关，如图 7.2 所示。当分子之间的距离 $r<r_0$ 时，分子力表现为斥力，而且随 r 的减小急剧地增大。所以气体分子之间的碰撞，实际上是当它们的距离小于 r_0 时，由于斥力作用而弹开的过程。r_0 的数量级约为 10^{-10} m，常称为分子的有效直径。当 $r>r_0$ 时，分子力表现为引力。当 $r>10^{-9}$ m 时，分子间的引力就趋近于零。分子力是一种短程力，一般认为在相互碰撞时，才有分子力的作用。对单个分子来说，可以认为它遵守牛顿运动定律，符合机械运动规律。但对如此巨大数量的分子来说，找出每个分子的运动方程和初始条件，从而求出它的速度、动量和能量，实际上是不可能的。分子数量的增多，从量变引起质的变化，使分子热运动表现出不同于机械运动的特征。热现象是大量分子无序热运动的集体表现，不是个别分子的行为。因此，研究热运动的规律要运用不同于研究机械运动的方法。

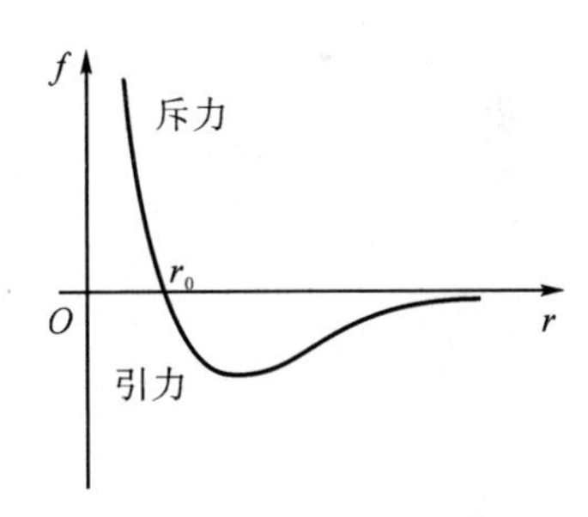

图 7.2　分子间的相互作用力曲线

想一想：

气体为什么容易压缩，但又不能无限地压缩？

综上所述，我们得出以下结论：**一切宏观物体都是由大量**

分子组成的,分子都在永不停息地做无序热运动,分子之间有相互作用的分子力。这就是分子运动的基本概念。

7.2　统计规律

7.2.1　统计规律的概念

7.1 节我们讨论过,对于由大量分子组成的系统,其热现象是分子无规则热运动的宏观表现。由于分子运动速度远低于光速,所以其运动应该遵循经典力学定律。因而只要知道初始条件就可以通过牛顿运动定律求得其后任意时刻分子的运动状态。但是由于系统所包含的分子数量往往十分巨大,列出那么多分子的运动方程是不可能的,并且由于分子间无规则热运动造成的频繁碰撞,使各个分子运动状态的初始条件也无法确定。如一个分子在某时刻经历一次碰撞后,其速度变大还是变小、方向如何,都是不可能准确预测的。根据热运动的基本特征,系统某个时刻处于什么样的微观状态,完全带有偶然性或者说随机性,常称为**随机事件**。但进一步研究表明,虽然任一个分子的行为完全是偶然的、随机的,但大量分子的集体行为却服从一定规律,如某时刻任一分子的速率有多大是一个随机、偶然的事件,但该时刻大量分子的速率却服从一定的分布规律,这就是后面要介绍的麦克斯韦速率分布律。我们把这种大量偶然事件的总体所呈现出的规律称为**统计规律**。

7.2.2　生活中的统计规律

统计规律对研究热现象有重要意义,在其他自然现象乃至日常生活中也是普遍存在的。我们讨论几个生活中的统计规律实例。

1. 伽尔顿板实验

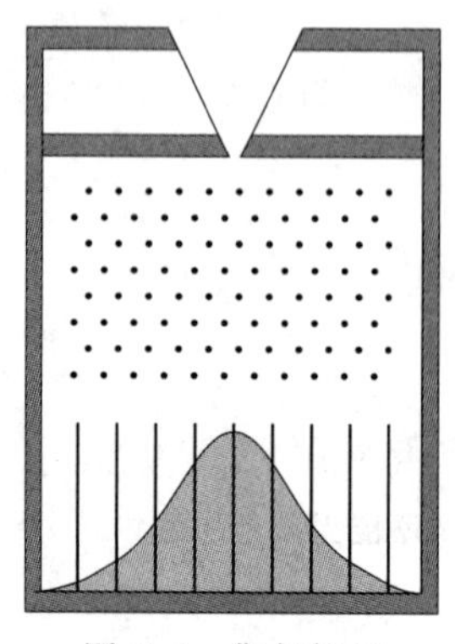

图 7.3　伽尔顿板

英国生物学家伽尔顿曾设计了一个实验装置,运用该装置可直观地演示统计规律性,如图 7.3 所示。在一块竖直放置的木板上部,有规则地钉上许多铁钉,把木板下部用竖直隔板分成许多等宽的狭槽,但上、下两行错开排列,再用玻璃板封盖。在顶端装一漏斗状的入口。这种装置称为伽尔顿板。实验时,从入口处投入一小球,小球在下落过程中,多次与铁钉碰撞,最后落入哪个狭槽中完全是偶然的,是无法预测的。若取少量小球,一起投入时,小球在下落过程中,除了与铁钉碰撞外,小球之间也会相互碰撞,多次重复实验发现少量小球落入狭槽的分布是不确定的。但是，如果同时投入大量的小球，观察发现小球落入狭槽的分布具有一定的规律性，即落入中央（对着入口）狭槽的小球占总数的比例最大，而落入两侧狭槽中的小球占总数的比例依次减小，呈现出如图7.3所示的有规律的分布。多次重复实验，可以看到小球在狭槽中的分布规律几乎相同，这说明大量小球的分布具有统计规律性。

总之，实验结果表明，尽管单个小球落入哪个狭槽是偶然的，少量小球掉落时按狭槽的分布情况也具有明显的偶然性，但大量小球掉落时按狭槽的分布情况则是确定的。这就是说，大量小球掉落情况整体按狭槽的分布遵从一定的统计规律。

2. 硬币落地的朝向

我国发行了多种硬币，其中一些正面是国徽等图案，反面是面值。现任选一枚此类硬币，当它掉在地上时，究竟哪一个面朝上，完全是随机的、偶然的，但是如果重复1000次、10000次甚至更多次，将会发现，正面朝上和反面朝上的次数非常接近，几乎相同，而且次数越多，这种差别越小。

3. 投掷骰子的游戏

骰子是一个正六面体，六个面上分别标有1～6个点，如果掷若干次骰子，每次哪个点所在的面向上完全是随机的。但是，若做大量的重复实验就会发现每个点所在的面向上的次数非常相近，服从一定的统计规律。

上述实验还表明，对大量的偶然事件的整体来说，存在着所谓的**涨落现象**，就是实际出现的情况与统计规律发生某些偏离，即某一次观测量与按统计规律求出的平均值之间出现偏离，这就是统计规律的另一特点。构成整体的偶然事件的数量越大，涨落现象就越不显著；不过，涨落现象是不可避免的。统计规律与涨落现象之间不可分割，测量值与平均值之间总会出现偏离，这反映了必然性和偶然性之间相互依存的关系。

想一想：

请举几个生活中的实例说明大量偶然事件遵从统计规律。

7.2.3　统计规律的描述

一个系统处在一定的宏观状态时，由于分子的运动和不断碰撞，所对应的微观状态可能是各种各样的。如果在测量某一量 x 的过程中，x_1 出现了 N_1 次，x_2 出现了 N_2 次，……实验的总次数为 $N = N_1 + N_2 + \cdots$。把各次测得的 x 值的总和除以实验的总次数，在实验次数足够多时，这个比值定义为 x 的统计平均值，用 $\bar{x}$ 表示，即

$$\bar{x} = \frac{x_1 N_1 + x_2 N_2 + \cdots}{N}$$

当实验次数无限增多时,以上比值将趋于一个极限值,即

$$\begin{aligned}\bar{x} &= \lim_{N\to\infty} \frac{x_1 N_1 + x_2 N_2 + \cdots}{N} \\ &= \lim_{N\to\infty} \sum_i \frac{x_i N_i}{N}\end{aligned} \tag{7.1}$$

考虑系统处于微观状态 i 的次数 N_i 除以实验的总次数 N 的比值,将该比值在实验次数无限增加时的极限值定义为系统处于状态 i 的概率,用 w_i 表示,即

$$w_i = \lim_{n\to\infty} \frac{N_i}{N} \tag{7.2}$$

由式(7.1)和(7.2)可得

$$\bar{x} = \sum_i w_i x_i \tag{7.3}$$

即 x 的统计平均值 $\bar{x}$ 是系统处于所有可能状态的概率与相应的 x 值乘积的总和。

系统处于一切可能状态的数目的总和应等于实验的总次数,因而系统处于一切可能状态的概率的总和应等于1,即

$$\sum_i w_i = 1 \tag{7.4}$$

这称为归一化条件。

小贴士:

如果 x 连续变化,这时 x 出现在某一间隔 dx 内的概率 $dp(x)$ 与这一间隔的位置、x 的大小及 dx 有关。变量在 x 附近单位间隔内出现的概率密度,用 $f(x)$ 表示,则 $dp(x)=f(x)dx$。这时式(7.3)可用积分来代替,即 $\bar{x}=\int xf(x)dx$。

7.3 理想气体的状态方程

热学的研究对象覆盖了固态、液态、气态、等离子态等各种聚集态。从本节开始,仅以气体为例,研究其热运动的规律,即气体动理论的基本概念。

7.3.1 平衡态与宏观状态参量

要研究一个系统的性质及其变化规律,首先要对系统的状态加以描述。对一个系统的状态从整体上加以描述的方法叫作**宏观描述**,这时所用的表征系统状态和属性的物理量称为**宏观量**。例如描述气缸内气体的整体属性所用的压强 p、体积 V、温度 T 等物理量就是宏观量,宏观量可以直接用仪器测量,而且一般能被人的感官所察觉。任何宏观物体中所包含的微观粒子数又是非常巨大的,通过对微观粒子运动状态的说明而对系统的状态加以描述,这种方法称为**微观描述**。描述一个微

观粒子运动状态的物理量叫作**微观量**，比如分子的质量、速度、位置、能量等。微观量不能被人们的感官直接观察到，一般也不能直接测量。

系统的宏观状态分为平衡态和非平衡态两类，本书讨论的是平衡态的问题。所谓的平衡态是指**在不受外界影响的条件下，一个系统的宏观状态不随时间改变的状态**。

系统的每一个平衡态均对应一组确定的状态量，因而可以用状态量为坐标轴制成的状态图中的一个点来表示，见图7.4。反过来说，状态图上的每一个点，就代表着系统一个确定的平衡态。显然，对于非平衡态，由于它不能用表征系统整体宏观性质的状态量来表示，因此也就无法在状态图上描述。

> 小贴士：
>
> 在平衡态下，组成系统的大量分子在不停地运动，这些微观运动的总效果也随时间不停地变化，只不过其总的平均效果不随时间变化而已。

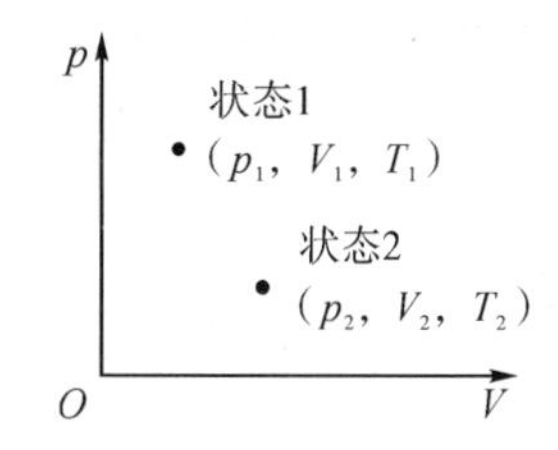

图 7.4　状态图

7.3.2　理想气体的状态方程

前面介绍了气体的体积、压强和温度三个宏观状态参量。一般情况下，系统的三个参量是相互关联的。在 17—18 世纪，科学家对气体的宏观状态参量进行了研究，得到这些参量之间的联系，包括玻意耳定律、查理定律和盖吕萨克定律。在中学物理中已经讲过，气体处在平衡态时，状态参量(p、V、T)不随时间变化。从宏观角度看，当实际气体的温度不太低、压强不太大，也就是气体比较稀薄时，其状态参量都近似地遵守克拉珀龙方程

$$pV = \frac{m}{M}RT = \nu RT \qquad (7.5)$$

式中，m 为气体的质量，M 为气体的摩尔质量，$\nu = \frac{m}{M}$ 为摩尔数。由于在标准状态下，压强 $p_0 = 1.013 \times 10^5$ Pa，温度 $T_0 = 273.15$ K，而此时 1 mol 任何气体的体积均为 $V_0 = 22.4\ \mathrm{m^3/mol}$，故常数 R 值为

$$R = 8.31\ \mathrm{J/(mol \cdot K)}$$

严格遵守上式(7.5)的气体称为**理想气体**。式(7.5)也称为**理想气体的状态方程**。实验表明，在常温常压下的各种实际气体都近似遵从理想气体状态方程，所以在通常情况下，可以把各种实际气体近似看作理想气体。

> 小贴士：
>
> (1)玻意耳定律：一定质量的某种气体，在温度不变的情况下，压强 p 与体积 V 成反比，即 $pV = C$；
>
> (2)查理定律：一定质量的某种气体，在体积不变的情况下，压强 p 与热力学温度 T 成正比，即 $\frac{p}{T} = C$；
>
> (3)盖吕萨克定律：一定质量的某种气体，在压强不变的情况下，体积 V 与热力学温度 T 成正比，即 $\frac{V}{T} = C$。

设质量为 m 的气体的分子数为 N，每个分子的质量为 m'，则 $m = m'N$，而 1 mol 气体的分子数为阿伏伽德罗常量 $N_A = 6.02 \times 10^{23}\ \mathrm{mol^{-1}}$，故 $M = m'N_A$，则摩尔数可表示为

$$\nu = \frac{m}{M} = \frac{m'N}{m'N_A} = \frac{N}{N_A}$$

于是式(7.5)可以改写为

$$pV = \frac{N}{N_A}RT$$

或
$$p = \frac{N}{V}\frac{R}{N_A}T = nkT \tag{7.6}$$

式中，$n = \frac{N}{V}$ 为单位体积中的分子数，称为分子数密度；$k = \frac{R}{N_A} = 1.38\times10^{-23}$ J/K 称为玻尔兹曼常量。式(7.6)也常称为理想气体状态方程的另一种表达式。

说明：

式(7.6)是联系宏观量 p、T 与微观量统计平均值 n 的重要关系式。

想一想：

试分析写出理想气体状态方程的其他形式。

7.4 压强和温度的微观意义

本节我们用统计方法来讨论理想气体宏观状态量的微观意义，求出与大量分子热运动有关的一些物理量的统计平均值，从而对压强和温度这些宏观状态量做出微观解释。

7.4.1 理想气体的微观模型

在压强较小时，气体分子之间的平均距离远大于分子自身线度，所以可将气体分子看作不计大小的质点。同样由于平均间距很大，所以可以认为除了碰撞瞬间，其余时间无论分子之间，还是分子与器壁之间，均不存在相互作用力，连重力都不计，完全由惯性支配运动气体分子在做热运动过程中，分子之间和分子与器壁之间都要不断发生碰撞并遵守能量守恒定律和动量守恒定律。最后，由于气体分子的运动速度远小于光速，所以可以用经典力学理论来处理其运动规律。

容器中分子的数目很多，分子间不断频繁地碰撞着。虽然各个分子的热运动是无序的，但是大量分子的热运动遵从一定的统计规律，对于大量分子组成的气体，人们提出以下的统计假设：

(1)气体处于平衡态时，若忽略重力的影响，气体分子在空间的分布是均匀的，也就是分子数密度 $n = \frac{N}{V}$ 应该处处相等。

(2)气体处于平衡态时，分子沿各个方向运动的概率相等。在 x、y、z 三个坐标轴上，分子速度分量平方的平均值相等，即

$$\overline{v_x^2} = \overline{v_y^2} = \overline{v_z^2} \tag{7.7a}$$

又因为

$$\overline{v^2} = \overline{v_x^2} + \overline{v_y^2} + \overline{v_z^2}$$

代入式(7.7a)有

$$\overline{v_x^2} = \overline{v_y^2} = \overline{v_z^2} = \frac{1}{3}\overline{v^2} \tag{7.7b}$$

小贴士：

理想气体的微观特征：

(1)气体分子可看作质点；

(2)除碰撞瞬间，忽略气体分子间和分子与器壁间的相互作用力；

(3)气体分子间及分子与容器壁间发生的碰撞均为完全弹性碰撞；

(4)气体分子运动遵从经典力学规律。

式(7.7a)和(7.7b)是对大量分子统计平均的结果，只适用于大量分子组成的气体系统，分子数目越多越准确。

7.4.2　压强的微观本质

根据雨中打伞的经历可知，如果是稀疏的大雨点打到伞上，我们能感到伞上各处的受力是不均匀并且是不连续的；但是当密集的雨点打到伞上时，就会感觉到雨伞受到一个均匀的、持续的压力。类似地，气体压强这一可观测的宏观量就是大量分子对器壁不断碰撞的结果。因此，**气体的压强，在数值上等于单位时间内与器壁碰撞的所有分子作用于器壁单位面积上的总冲量**。下面我们用气体动理论的观点来分析和推导理想气体的压强公式。

设有一任意形状的容器，体积为 V，其内贮有一定量的某种理想气体，气体分子数为 N、分子质量为 μ 。当气体处于平衡态时，气体分子数密度 n 及容器上的压强 p 均处处相等。因此，只需计算器壁任一小面积上的压强就可以了。

取坐标系 $O-xyz$，在垂直 x 轴的器壁上任取面积元 $\mathrm{d}S$，如图7.5所示。设一分子以速度 $\boldsymbol{v}_i(v_{ix},v_{iy},v_{iz})$ 与 $\mathrm{d}S$ 做完全弹性碰撞。碰撞前后，v_{iy}、v_{iz} 两个分量没有变化，只有 v_{ix} 变为 $-v_{ix}$ 。在这一次碰撞过程中，分子动量的增量为 $-\mu v_{ix}-\mu v_{ix}=-2\mu v_{ix}$ 。根据质点的动量定理，器壁施予分子的冲量等于分子动量的增量 $-2\mu v_{ix}$ 。由牛顿第三定律知，该分子施予器壁的冲量为 $2\mu v_{ix}$ 。

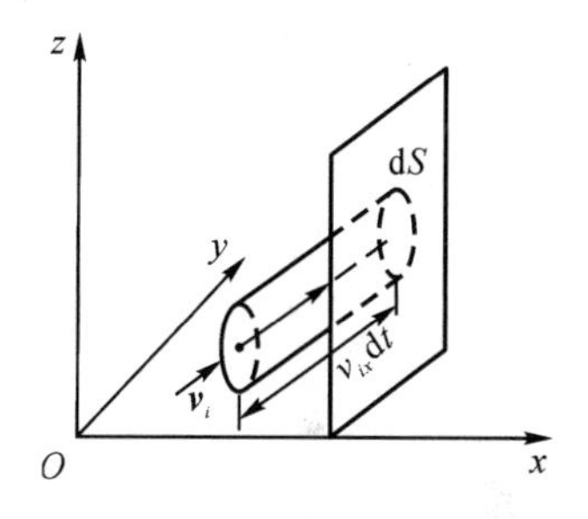

图7.5　气体压强推导示意图

现在考虑，在 $\mathrm{d}t$ 时间内，容器内所有速度为 $\boldsymbol{v}_i$ 的分子与 $\mathrm{d}S$ 碰撞的结果。为此，我们以 $\mathrm{d}S$ 为底、以 $\boldsymbol{v}_i$ 为轴线、$v_{ix}\mathrm{d}t$ 为高作一斜柱体，见图7.5。该斜柱体的体积为 $\mathrm{d}V_i=v_{ix}\mathrm{d}S\mathrm{d}t$ 。在 $\mathrm{d}t$ 时间内，斜柱体内所有速度为 $\boldsymbol{v}_i$ 的分子都将与 $\mathrm{d}S$ 发生碰撞。设容器单位体积内速度为 $\boldsymbol{v}_i$ 的分子数为 n_i，则在 $\mathrm{d}t$ 时间内，能与 $\mathrm{d}S$ 碰撞的分子数为

$$\Delta n_i=n_i\mathrm{d}V_i=n_iv_{ix}\mathrm{d}S\mathrm{d}t$$

这些分子对 $\mathrm{d}S$ 的冲量为

$$\mathrm{d}I_i=\Delta n_i\cdot 2\mu n_{ix}=2\mu n_iv_{ix}^2\mathrm{d}S\mathrm{d}t$$

除了速度为 $\boldsymbol{v}_i$ 的分子外，具有其他速度的分子也会与 $\mathrm{d}S$ 相碰撞，所以应把 $\mathrm{d}I_i$ 对所有可能与 $\mathrm{d}S$ 碰撞的分子的速度求和。但是只有 $v_{ix}>0$ 的分子才能与 $\mathrm{d}S$ 相碰撞(因为 $v_{ix}<0$ 的分子不会向 $\mathrm{d}S$ 碰撞)。因此，求和必须限制在 $v_{ix}>0$ 的范围之内，即

$$\mathrm{d}I=\sum_i\mathrm{d}I_i=\sum_i 2\mu n_iv_{ix}^2\mathrm{d}S\mathrm{d}t$$

由于分子沿各个方向运动的机会均等,所以 $v_{ix}>0$ 与 $v_{ix}<0$ 的分子数是相同的,因而

$$\mathrm{d}I=\frac{1}{2}\sum_i \mathrm{d}I_i=\sum_i \mu n_i v_{ix}^2\,\mathrm{d}S\mathrm{d}t$$

所有分子对 $\mathrm{d}S$ 的冲力为

$$F=\frac{\mathrm{d}I}{\mathrm{d}t}=\sum_i \mu n_i v_{ix}^2\,\mathrm{d}S$$

则气体对器壁的压强为

$$p=\frac{F}{\mathrm{d}S}=\mu\sum_i n_i v_{ix}^2 \tag{7.8}$$

根据统计平均值的定义,x 方向上速度分量的平方的平均值为

$$\overline{v_x^2}=\frac{\sum_i \Delta N_i v_{ix}^2}{N}=\frac{\sum_i n_i V v_{ix}^2}{N}=\frac{\sum_i n_i v_{ix}^2}{\frac{N}{V}}=\frac{\sum_i n_i v_{ix}^2}{n}$$

所以有

$$\sum_i n_i v_{ix}^2=n\overline{v_x^2}$$

代入式(7.8)得

$$p=\mu n\overline{v_x^2}$$

由于 $\overline{v_x^2}=\frac{1}{3}\overline{v^2}$,因此

$$p=\frac{1}{3}n\mu\overline{v^2} \tag{7.9}$$

上式还可写作

$$p=\frac{2}{3}n\left(\frac{1}{2}\mu\overline{v^2}\right)=\frac{2}{3}n\bar{\varepsilon}_\mathrm{k} \tag{7.10}$$

> **想一想:**
> 为什么说单个分子或者少数分子根本不能谈压强的概念。

式中,$\bar{\varepsilon}_\mathrm{k}=\frac{1}{2}\mu\overline{v^2}$,称为气体分子的**平均平动动能**。上式称为在**平衡态下理想气体的压强公式**,它把宏观量 p 和统计平均值 n 及 $\bar{\varepsilon}_\mathrm{k}$(或 $\overline{v^2}$)联系起来,则**理想气体压强的微观本质:压强是大量分子持续碰撞的结果,理想气体的压强正比于单位体积内的分子数 n 和分子的平均平动动能 $\bar{\varepsilon}_\mathrm{k}$** 。当分子数密度 n 增大时,气体单位时间内对单位面积器壁的碰撞次数增大;当分子的平均平动动能 $\bar{\varepsilon}_\mathrm{k}$ 增加时,分子热运动加剧,不但气体分子单位时间内对单位面积器壁的碰撞次数增多,而且每次碰撞给予器壁的冲量也会增大,因此都会使气体的压强增大。

7.4.3　温度的微观本质

温度通常被认为是系统冷热程度的量度。但是冷和热往往是人的主观感觉,例如将一个人的双手分别在热水和冰水中

放置一段时间，再同时放入温水中，这时人会觉得双手所处环境的水温是不同的，说明用冷热程度来定义温度的概念是不合适的。下面我们通过压强的微观表达式来得到温度的微观本质。

比较式(7.10)和式(7.6)，得

$$nkT = \frac{2}{3}n\bar{\varepsilon}_k$$

$$\bar{\varepsilon}_k = \frac{3}{2}kT \tag{7.11}$$

或写作

$$T = \frac{2}{3k}\bar{\varepsilon}_k \tag{7.12}$$

该式称为**在平衡态下理想气体的温度公式**。它表示气体的温度只与气体分子的平均平动动能有关，与气体的性质无关。

式(7.12)揭示了**温度的微观本质：理想气体的温度是分子平均平动动能的量度。温度是表征物体内部大量分子无规则热运动的剧烈程度的物理量。温度越高则物体内部分子平均平动动能越大，也就是分子运动越剧烈**。由于气体分子的平均平动动能是一个统计平均值，所以气体的温度也具有统计意义，它是大量分子热运动的集体表现。因此，对少数分子说它的温度是没有意义的。

在法定计量单位中，温度的单位为开尔文，以 K 表示，它是一基本单位，称为热力学温度 T。另一个温度是摄氏温度 t，以℃表示，它是一个导出单位。两者的关系为

$$T = t + 273.15$$

例 7.1　试推导道尔顿分压定律：混合理想气体的压强等于各种成分气体的分压强之和。

解　各种成分气体混合处于平衡态，其温度为 T，由式(7.12)可知它们分子的平均平动动能相同，即

$$\bar{\varepsilon}_1 = \bar{\varepsilon}_2 = \bar{\varepsilon}_3 = \cdots = \bar{\varepsilon}_k$$

若各种成分气体的分子数密度分别为 $n_1, n_2, n_3, \cdots$，则混合气体的分子数密度为 $n = n_1 + n_2 + n_3 + \cdots$，代入式(7.10)可得混合气体的压强为

$$\begin{aligned} p &= \frac{2}{3}n\bar{\varepsilon}_k = \frac{2}{3}(n_1 + n_2 + n_3 + \cdots)\bar{\varepsilon}_t \\ &= \frac{2}{3}n_1\bar{\varepsilon}_1 + \frac{2}{3}n_2\bar{\varepsilon}_2 + \frac{2}{3}n_3\bar{\varepsilon}_3 + \cdots \\ &= p_1 + p_2 + p_3 + \cdots \end{aligned}$$

式中，$p_1 = \frac{2}{3}n_1\bar{\varepsilon}_1$，$p_2 = \frac{2}{3}n_2\bar{\varepsilon}_2$，$p_3 = \frac{2}{3}n_3\bar{\varepsilon}_3$……分别是各种成分气体的分压强。于是，混合气体的压强等于各种成分气体

小贴士：

当 $T \to 0$ 时，$\bar{\varepsilon}_k \to 0$，即气体分子的热运动完全停息是错误的。因为微观粒子的热运动是永不停息的，绝对零度下也是达不到的。近代量子理论证实，即使达到绝对零度，组成固体的微观粒子还保持着振动的零点能量。由于气体在小于 1 K 的温度下全部转变为液体和固体，所以式(7.12)已不再适用。

分压强之和，这就是道尔顿分压定律。

7.5　气体分子速率的统计分布

前面我们讲过，就气体中的单个分子而言，其行为完全是偶然的，但把大量分子作为一个整体来看，却服从着确定的统计规律。本节我们将研究在平衡态下，气体分子速率的统计分布规律。

我们知道，气体中的分子都在做永不停息的热运动，它们之间还进行着频繁的碰撞，使得气体分子热运动的速度不停地变化着。就单个分子来说，其速度的变化具有偶然性，各个分子速度的大小和方向也各有差异。然而，理论和实验都证明，在平衡态下，气体分子热运动的速率服从确定的统计规律。

7.5.1　速率分布函数

> **小贴士：**
>
> Δv 在宏观上足够小，在 $v \sim v+\Delta v$ 区间内的分子具有相同的速率(不计偏差)；Δv 在微观上足够大，在 $v \sim v+\Delta v$ 区间内包含的分子数仍为大量的分子。

为了描述气体分子按速率的分布，将分子所具有的各种可能的速率分成许多相等的区间。设一定量的气体处于平衡态，总分子数为 N，其中速率在 $v \sim v+\Delta v$ 区间内的分子数为 ΔN，$\frac{\Delta N}{N}$ 表示分布在这一区间内的分子数占总分子数的比例，也就是分子速率处于该区间内的概率。显然，$\frac{\Delta N}{N}$ 不仅与 ΔN 有关，而且与这个速率区间 Δv 在哪个速率 v 附近有关。在给定的速率 v 附近，所取的区间 Δv 越大，则分布在这个区间内的分子数 ΔN 就越大，分子在这一区间内的分子数占总分子数的比例 $\frac{\Delta N}{N}$ 也就越大。当 Δv 取得足够小时，则速率分布在 $v \sim v+\mathrm{d}v$ 区间内的分子数 $\mathrm{d}N$，占总分子数的比例 $\frac{\mathrm{d}N}{N}$ 应与 $\mathrm{d}v$ 成正比，还与速率 v 的某一函数 $f(v)$ 有关，即

$$\frac{\mathrm{d}N}{N} = f(v)\mathrm{d}v \tag{7.13}$$

或写成

$$f(v) = \frac{\mathrm{d}N}{N\mathrm{d}v} \tag{7.14}$$

$f(v)$ 称为**速率分布函数**，其物理意义：**分布在速率 v 附近单位速率区间内的分子数占总分子数的比例，或者说分子速率分布在速率 v 附近单位速率区间内的概率。**

7.5.2　麦克斯韦速率分布定律

1859 年，麦克斯韦把统计方法引入了气体动理论，经过严

格推导，从理论上导出了理想气体在平衡态下分子的速率分布函数为

$$f(v)=4\pi\left(\frac{\mu}{2\pi kT}\right)^{\frac{3}{2}}e^{-\frac{\mu v^2}{2kT}}v^2 \tag{7.15}$$

式中，μ 为分子质量，T 为气体温度，k 为玻尔兹曼常量。

对于一定量的某理想气体，处于平衡态时，将式(7.15)代入式(7.13)，可得分子速率分布在 $v\sim v+\Delta v$ 区间内的分子数占总分子数的比例为

$$\frac{dN}{N}=4\pi\left(\frac{\mu}{2\pi kT}\right)^{\frac{3}{2}}e^{-\frac{\mu v^2}{2kT}}v^2 dv \tag{7.16}$$

上式称为**麦克斯韦速率分布定律**。

对式(7.16)求积分，可得速率在 $v_1\sim v_2$ 区间内的分子数 ΔN 占总分子数 N 的比例为

$$\frac{\Delta N}{N}=\int_{v_1}^{v_2}f(v)dv=\int_{v_1}^{v_2}4\pi\left(\frac{\mu}{2\pi kT}\right)^{\frac{3}{2}}e^{-\frac{\mu v^2}{2kT}}v^2 dv \tag{7.17}$$

根据式(7.17)所作的 $f(v)-v$ 曲线，称为**麦克斯韦速率分布曲线**，如图 7.6 所示。该曲线形象、直观地描述出平衡态下理想气体分子按速率分布的情况。下面我们对这条曲线作一些讨论。

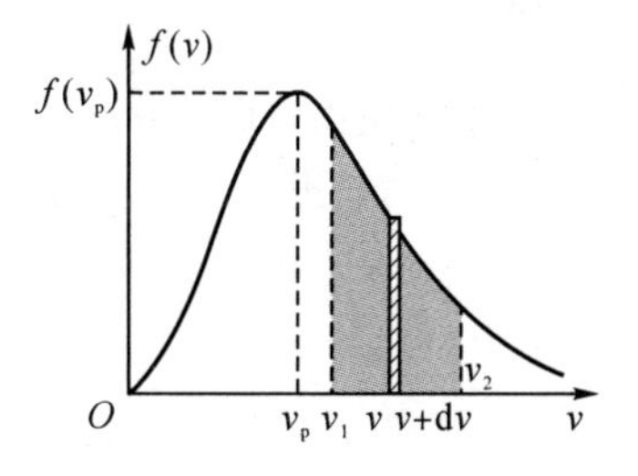

图 7.6　麦克斯韦速率分布曲线

(1)曲线从原点出发，随着速率的增大而上升，经过一个极大值后，又随着速率的增大而下降，并逐渐趋于零。这表明气体分子的速率可以取大于零的一切可能的有限值。

(2)曲线下速率 v 附近宽度为 dv 的窄条面积为 $f(v)dv=\frac{dN}{N}$，表示速率区间 dv 内分子数 dN 占总分子数 N 的比例。

曲线下 $v_1\sim v_2$ 区间的面积

$$\int_{v_1}^{v_2}f(v)dv=\frac{\int_{v_1}^{v_2}dN}{N}=\frac{\Delta N}{N}$$

表示速率在 $v_1\sim v_2$ 区间内分子数 ΔN 占总分子数 N 的比例。

曲线下的总面积

$$\int_0^{\infty}f(v)dv=\frac{\int_0^{\infty}dN}{N}=\frac{N}{N}=1 \tag{7.18}$$

上式是由速率分布函数的物理意义所决定的，是速率分布函数 $f(v)$ 必须满足的条件，称为**速率分布函数的归一化条件**。

(3) $dN=Nf(v)dv$ 表示速率在 $v\sim v+dv$ 区间的分子数；$\Delta N=\int_{v_1}^{v_2}Nf(v)dv$ 表示速率在 $v_1\sim v_2$ 区间的分子数。

由于麦克斯韦速率分布定律是一个统计规律,实际上任何区间内的分子数都在不断变化,因此,dN 和 ΔN 只是表示相应速率范围内的分子数的统计平均值。所以我们只能讨论某速率区间内的分子数,而讨论速率恰好为某一确定值的分子数是无意义的。

7.5.3 气体分子速率的三种统计平均值

应用麦克斯韦速率分布函数,可以求出分子热运动速率具有代表性的三种统计平均值。

1. 最概然速率

最概然速率是分布函数 $f(v)$ 的极大值对应的速率。利用极值条件,令 $\left.\dfrac{df(v)}{dv}\right|_{v=v_p}=0$,可得最概然速率为

$$v_p=\sqrt{\frac{2kT}{\mu}}=\sqrt{\frac{2RT}{M}}\approx 1.41\sqrt{\frac{RT}{M}} \tag{7.19}$$

小贴士:

v_p 的物理意义:若把整个速率范围分成若干相等的小区间,则 v_p 所在的区间内的分子数占总分子数的比例最大。

2. 平均速率

大量分子热运动速率的算术平均值,称为气体分子的**平均速率**,用 $\bar{v}$ 表示。根据统计平均值的定义,平均速率为

$$\bar{v}=\frac{\int_0^{\infty} v\,dN}{N}=\int_0^{\infty} vf(v)\,dv$$

将式(7.15)代入上式,积分,可得平均速率为

$$\bar{v}=\sqrt{\frac{8kT}{\pi\mu}}=\sqrt{\frac{8RT}{\pi M}}\approx 1.59\sqrt{\frac{RT}{M}} \tag{7.20}$$

3. 方均根速率

大量分子热运动速率平方平均值的平方根称为气体分子的**方均根速率**,用 $\sqrt{\overline{v^2}}$ 表示。根据统计平均值的定义,方均根速率为

$$\overline{v^2}=\int_0^{\infty} v^2 f(v)\,dv$$

将式(7.15)代入上式,积分,可得 $\overline{v^2}=\dfrac{3kT}{\mu}$。于是,方均根速率为

$$\sqrt{\overline{v^2}}=\sqrt{\frac{3kT}{\mu}}=\sqrt{\frac{3RT}{M}}\approx 1.73\sqrt{\frac{RT}{M}} \tag{7.21}$$

当温度相同时,各种分子的平均平动动能相等。但式(7.21)表明它们的方均根速率并不相等。同一温度下,质量大的分子其方均根速率小。

由上面的结果可见，气体分子的三种速率 v_p、$\bar{v}$ 和 $\sqrt{\overline{v^2}}$ 都与 $\sqrt{T}$ 成正比，与 $\sqrt{m}$ 或 $\sqrt{M}$ 成反比。在这三种速率中，方均根速率 $\sqrt{\overline{v^2}}$ 最大，平均速率 $\bar{v}$ 次之，最概然速率 v_p 最小，如图 7.7 所示。

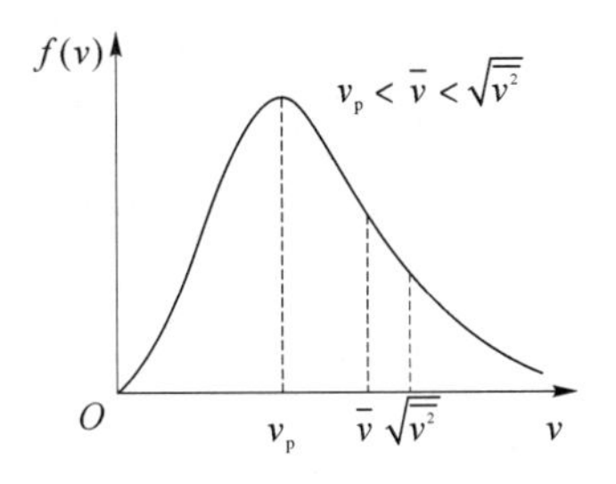

图 7.7　三种统计速率

例 7.2　计算 He 原子和 N_2 分子在 20 ℃时的方均根速率。

解　$\sqrt{\overline{v^2_{He}}} = \sqrt{\dfrac{3RT}{M_{He}}} = \sqrt{\dfrac{3\times 8.31\times 293}{4.00\times 10^{-3}}} = 1.35\ \text{km/s}$

$$\sqrt{\overline{v^2_{N_2}}} = \sqrt{\frac{3RT}{M_{N_2}}} = \sqrt{\frac{3\times 8.31\times 293}{28.0\times 10^{-3}}} = 0.417\ \text{km/s}$$

小贴士：

地球表面的逃逸速度为 11.2 km/s，例 7.2 中算出的 He 原子方均根速率约为此逃逸速率的 $\frac{1}{8}$，还可算出 H_2 分子的方均根速率约为逃逸速率的 $\frac{1}{6}$，这样似乎 He 原子和 H_2 分子都难以逃脱地球的引力。但是根据速率分布，还有相当多的 He 原子和 H_2 分子的速率超过了逃逸速率而可以散去。与此不同的是，N_2 分子和 O_2 分子的方均根速率只有逃逸速率的 $\frac{1}{25}$，这些分子逃逸的可能性就很小了。于是地球大气今天就保留了大量的 N_2（约占大气体积的 78%）和 O_2（约占大气体积的 21%）。

7.6　能量均分定理　理想气体内能

前面我们在讨论理想气体分子的热运动时，都把分子视为质点，因而只考虑了分子的平动。实际上，各种分子都具有一定的内部结构。因此实际的气体分子都不是质点，而且分子的运动不仅有平动，还有转动及分子内部各原子的振动等，因而分子热运动的能量也不仅有分子的平动动能，还应有分子的转动动能及振动能量。为了说明分子热运动能量所遵循的统计规律，首先引入自由度的概念。

7.6.1　运动自由度

决定一个物体空间位置所需要的独立坐标数目称为该物体的**自由度**。

一个在空间自由运动的质点，其位置需要 3 个独立坐标（如 x、y、z）来确定，所以自由质点具有 3 个自由度；限制在曲面上运动的质点，需要两个独立坐标来确定它的位置，所以有 2 个自由度；限制在曲线上运动的质点，则只有一个自由度。

想一想：

若将铁路运行的火车、海面上航行的轮船视为质点，它们的自由度各为多少？若把在空中飞行的飞机视为刚体，自由度为多少？

对刚体来说，除平动之外，还可能有转动。一般来说，刚体的运动可以视为随质心的平动和绕过质心轴的转动的叠加，如图 7.8 所示。因此，除了 3 个独立坐标确定其质心位置外，还需要确定过质心轴的方位和绕该轴转过的角度。确定轴方位需 α、β、γ 3 个方向角，但因 $\cos^2\alpha+\cos^2\beta+\cos^2\gamma=1$，所以只有两个是独立的。再加上确定绕轴转动的一个独立坐标，可见自由刚体共有 6 个自由度，其中 3 个平动自由度，3 个转动自由度。当刚体受到某种约束时，自由度数就会减少。

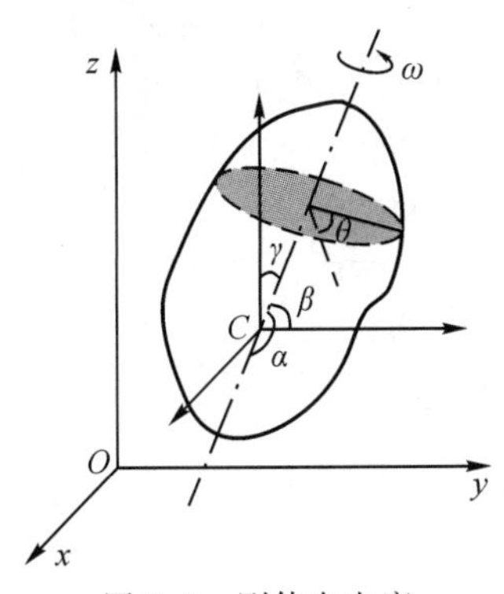

图 7.8　刚体自由度

根据上述概念，现在来确定气体分子的自由度。分子是由原子组成的，按每个分子含有原子的多少，可将气体分子分为单原子分子气体（如 He、Ne 等）、双原子分子气体（如 H_2、O_2、N_2 等）、多原子分子气体（如 CH_4、H_2O 等）三类。

单原子分子可被视为质点,只有3个平动自由度,以 $i=t=3$ 表示,如图7.9(a)所示;刚性双原子分子中的两个原子由一刚性键连接,两原子距离不变,相当于一刚性细杆连接两个质点,因此有3个平动自由度(确定质心位置)和2个转动自由度(确定连线方位),以 $r=2$ 表示,双原子分子的总自由度 $i=t+r=5$,如图7.9(b)所示;刚性多原子分子可被视为自由刚体,有3个平动自由度、3个转动自由度,其自由度 $i=t+r=6$,如图7.9(c)所示。实际上,由于原子间的作用,分子内部原子间还会有振动,还应该有相应的振动自由度。不过在常温下,原子间的振动比较弱,可以不考虑振动的自由度,将分子视为刚体。

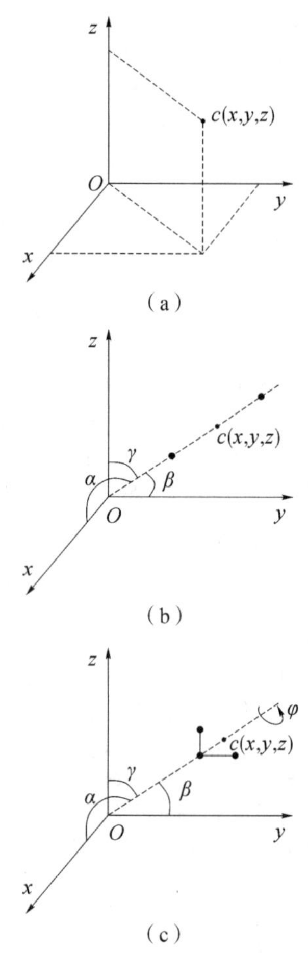

图7.9　三类分子的自由度

7.6.2　能量均分定理

我们知道理想气体的平均平动动能与温度的关系为

$$\bar{\varepsilon}_k=\frac{1}{2}\mu\overline{v^2}=\frac{3}{2}kT$$

其中气体的平动动能可表示为

$$\frac{1}{2}\mu\overline{v^2}=\frac{1}{2}\mu\overline{v_x^2}+\frac{1}{2}\mu\overline{v_y^2}+\frac{1}{2}\mu\overline{v_z^2}$$

气体处于平衡态时,有

$$\overline{v_x^2}=\overline{v_y^2}=\overline{v_z^2}=\frac{1}{3}\overline{v^2}$$

所以

$$\frac{1}{2}\mu\overline{v_x^2}=\frac{1}{2}\mu\overline{v_y^2}=\frac{1}{2}\mu\overline{v_z^2}=\frac{1}{3}\left(\frac{1}{2}\mu\overline{v^2}\right)=\frac{1}{2}kT\qquad(7.22)$$

这是一个有意义的结果,它表明,每一个自由度上的动能都相等,且都等于 $\frac{1}{2}kT$。这种分子平均平动动能按照平动自由度均分的现象源于分子的无规则热运动。具体而言,在分子无规则运动所形成的碰撞过程中,平动动能不仅在不同分子之间进行交换,还可以从一个平动自由度转移到另外一个平动自由度上。此外,在分子的碰撞过程中,还会出现平动动能和转动动能的相互转化,动能还可以从一种自由度转移到另外一种自由度。并且就运动能量来看,各个自由度中并没有哪一个具有特别的优势。因此,将以上结论推广到分子运动的转动和振动自由度,于是得到,**在平衡态下,气体分子的每一个自由度上都分配有相等的平均动能,其值为 $\frac{1}{2}kT$**。这称为**能量按自由度均分定理,简称能量均分定理。**

> **小贴士:**
> 能量均分定理是大量分子在能量分配上表现出的统计规律性,在经典物理中,该定理也适用于液体和固体中分子的无规则运动。

根据能量均分定理,总自由度为 i 的分子,其平均总动能为

$$\bar{\varepsilon}_k = \frac{i}{2}kT \qquad (7.23)$$

因此，单原子分子、双原子分子和多原子分子的平动总动能分别为 $\frac{3}{2}kT$ 、$\frac{5}{2}kT$ 和 $\frac{6}{2}kT$ 。

想一想：

若某分子的自由度是 i，能否说每个分子的能量都等于 $\frac{i}{2}kT$？

7.6.3　理想气体的内能

力学中的动能定理表明，外界对系统做功可以改变系统的机械运动状态，这时系统与外界有能量交换，从而改变了系统的机械能。在热学中，通常不考虑系统整体的机械能，我们只关心系统内部分子热运动的能量，并把**物体内所有分子热运动的动能和势能的总和，称为物体的内能**。一切物体都是由不停做无序热运动并相互作用着的分子组成，因此任何物体都具有内能。

以气体动理论的观点来看，系统内所有分子的各种运动方式的动能(包括平动动能、转动动能和振动动能)、分子内部原子间的振动势能以及分子之间与分子力有关的势能的总和，就是气体系统的内能，即从微观角度看，气体分子热运动的动能和势能之和称为气体的**内能**。

对于理想气体，由于忽略分子之间的分子力作用，同时在常温下，分子中原子间的振动也可忽略。所以，**理想气体的内能就是所有分子各种形式的动能的总和**。

根据能量均分定理，每个分子的总动能为 $\frac{i}{2}kT$，1 mol 理想气体的分子数为 N_A，且玻尔兹曼常量 $k=\frac{R}{N_A}$，所以 1 mol 理想气体的内能为

$$E_M = N_A \frac{i}{2}kT = \frac{i}{2}RT \qquad (7.24)$$

质量为 m 、摩尔质量为 M 的理想气体的内能为

$$E = \frac{m}{M}\frac{i}{2}RT \qquad (7.25)$$

小贴士：

(1)理想气体的内能只取决于分子运动的自由度 i 和热力学温度 T，或者说理想气体的内能只是温度 T 的单值函数；

(2)根据理想气体的状态方程 $pV=\frac{m}{M}RT$，式(7.25)可以写成 $E=\frac{i}{2}pV$。

例 7.3　设氢气和氦气均可视为理想气体。试求：2 mol 的氢气和 2 mol 的氦气在 0 ℃时分子的平均平动动能、分子的平均总动能和它们的内能。

解　由题意知，气体的温度 $T=273$ K，摩尔数 $\nu=2$ 。

(1)氦气是单原子气体，只有平动自由度 $i=3$，分子的平均平动动能为

$$\bar{\varepsilon}_k = \frac{3}{2}kT = \frac{3}{2}\times 1.38\times 10^{-23}\times 273 = 5.65\times 10^{-21}\ \text{J}$$

氦气分子的平均总动能即为平均平动动能，则氦气的内能为

$$E = \nu \cdot \frac{i}{2}RT = 2 \times \frac{3}{2} \times 8.31 \times 273 = 6.81 \times 10^3\ \mathrm{J}$$

(2)氢气为双原子气体，$i = 5$，有 3 个平动自由度、2 个转动自由度。氢气分子的平均平动动能为

$$\bar{\varepsilon}_\mathrm{k} = \frac{3}{2}kT = \frac{3}{2} \times 1.38 \times 10^{-23} \times 273 = 5.65 \times 10^{-21}\ \mathrm{J}$$

平均总动能为

$$\overline{E}_\mathrm{k} = \frac{i}{2}kT = \frac{5}{2} \times 1.38 \times 10^{-23} \times 273 = 9.42 \times 10^{-21}\ \mathrm{J}$$

内能为

$$E = \nu\ \frac{i}{2}RT = 2 \times \frac{5}{2} \times 8.31 \times 273 = 1.13 \times 10^4\ \mathrm{J}$$

7.7　平均自由程与碰撞频率

根据气体分子的平均速率公式,计算出在常温下各种气体分子的平均速率可达几百米每秒至一千多米每秒,按照这种量级,气体分子传播应该非常迅速,可事实上却不是这样。例如我们打开香水瓶后,在几米远的地方并不会马上闻到香味,要经过一段时间才可以。冬天点燃火炉后,屋子里没有马上变热。克劳修斯首先提出“分子间相互碰撞”的概念并回答了这个问题。他指出,分子的运动不是畅通无阻的,每个分子在运动迁移过程中,都要不断地与其他分子发生频繁碰撞,这使得其前进轨迹是一条迂回的折线,如图 7.10 所示,从而明显降低了分子的扩散速度。由于分子运动的无规律性,一个分子在任意两次碰撞间所经过的自由路程是不同的。分子在连续两次碰撞之间自由运动的平均路程称为分子的**平均自由程**,通常用 $\bar{\lambda}$ 表示,其值反映分子碰撞的频繁程度。

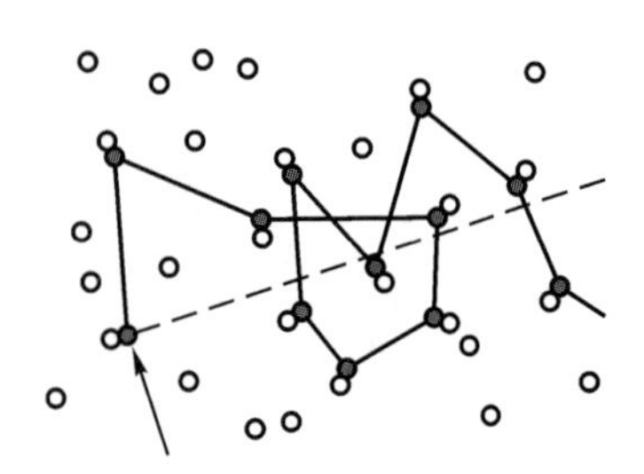

图 7.10　气体分子的碰撞

一个分子单位时间内与其他分子碰撞的平均次数被叫作**分子的平均碰撞频率**,用 $\overline{Z}$ 表示。若气体分子运动的平均速率为 $\bar{v}$, 则平均而言,在 Δt 时间内,一个分子所走的平均路程为 $\bar{v}\Delta t$, 与其他分子的平均碰撞次数是 $\overline{Z}\Delta t$,由于每一次碰撞都将结束一段自由程,因此 $\bar{\lambda}$ 和 $\overline{Z}$ 的关系可写为

$$\bar{\lambda} = \frac{\bar{v}\Delta t}{\overline{Z}\Delta t} = \frac{\bar{v}}{\overline{Z}} \tag{7.26}$$

上式表明,分子间的碰撞越频繁,即 $\overline{Z}$ 越大,平均自由程 $\bar{\lambda}$ 就越小。

为了确定 $\overline{Z}$,我们设想“跟踪”一个分子,如图 7.11 所示。例如分子 A,它以平均速率 $\bar{v}$ 运动。其他分子都看作静止不动。同时假设每个分子都是直径为 d 的弹性小球,分子间的碰撞为完全弹性碰撞。显然,在分子 A 运动的过程中,由于碰

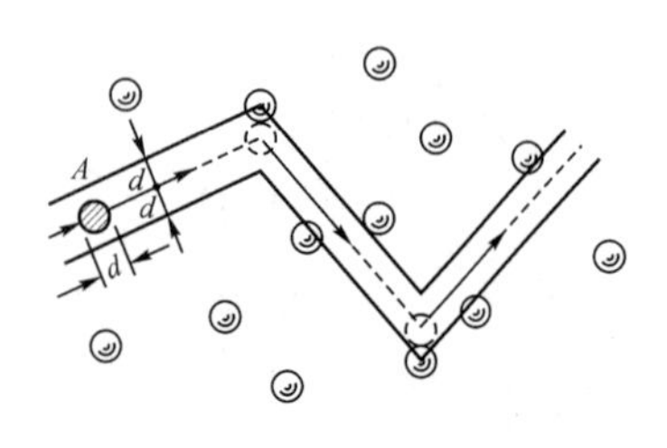

图 7.11　分子平均碰撞频率计算

撞，其中心的轨迹将是一条折线。

设想以分子 A 中心的运动轨迹为轴线，以 d 为半径，作一个曲折的圆柱体。则凡中心到圆柱体轴线的距离小于 d 的分子，其中心都将落入圆柱体内，因而能够与 A 相碰撞。在 Δt 的时间内，分子 A 走过的路程为 $\bar{v}\Delta t$，相应的圆柱体的体积为 $\pi d^2\bar{v}\Delta t$。设单位体积内的分子数为 n，则圆柱体内的分子数为 $n\pi d^2\bar{v}\Delta t$。在 Δt 时间内，分子 A 与其他分子的碰撞次数在数值上就等于落入上述圆柱体内的分子数。所以，单位时间内分子 A 与其他分子碰撞的次数为

$$\bar{Z}=\frac{n\pi d^2\bar{v}\Delta t}{\Delta t}=n\pi d^2\bar{v}$$

这个结论，是假定分子 A 以平均速率 $\bar{v}$ 运动，而其他分子都静止不动的条件下得到的。实际上所有分子都在运动，而且各个分子的运动速率并不相同，因此式中的平均速率 $\bar{v}$ 应为平均相对速率 $\bar{u}$。可以证明：$\bar{u}=\sqrt{2}\bar{v}$。于是，分子的平均碰撞频率为

$$\bar{Z}=\sqrt{2}\pi d^2 n\bar{v} \tag{7.27}$$

上式表明，分子的平均碰撞频率 $\bar{Z}$ 与分子数密度 n、分子平均速率 $\bar{v}$ 及分子直径 d 的平方成正比。

将式(7.27)代入式(7.26)，可得

$$\bar{\lambda}=\frac{\bar{v}}{\bar{Z}}=\frac{1}{\sqrt{2}\pi d^2 n} \tag{7.28}$$

上式表明，分子的平均自由程 $\bar{\lambda}$ 与分子数密度 n 及分子直径 d 的平方成反比，而与分子的平均速率 $\bar{v}$ 无关。

由 $p=nkT$，式(7.28)还可以表示为

$$\bar{\lambda}=\frac{kT}{\sqrt{2}\pi d^2 p} \tag{7.29}$$

由上式可以看出，当温度一定时，气体的压强越大(即气体分子越密集、分子数密度越大)，则分子的平均自由程越短；反之则反。

小贴士：

在标准状态($t=0$ ℃，$p=1.013\times10^5$ Pa)下，可以估算出各种气体的平均碰撞频率 $\bar{Z}$ 的数量级为 10^9/s，平均自由程 $\bar{\lambda}$ 的数量级为 $10^{-8}\sim10^{-9}$ m左右。

最后应该指出，在推导分子的平均碰撞频率时，我们把气体分子当作直径为 d 的小球，并把分子间的碰撞看成是完全弹性碰撞。这样算出的分子直径 d 并不能准确地表示分子的大小。首先分子不是真正的球体，其次分子的碰撞过程也并非完全弹性碰撞。分子是由电子和原子核组成的复杂系统。分子之间的相互作用也很复杂。实际上 d 应该是两个分子质心靠近的最小距离的平均值，称为分子的**有效直径**。

例 7.4　氢分子的有效直径 $d=2.7\times10^{-10}$ m、摩尔质量 $M=2.02\times10^{-3}$ kg/mol。试求在标准状态下，氢分子的平均

自由程和平均碰撞频率。

解　依题意 $T=273\ \mathrm{K}$，$p=1.013\times10^{5}\ \mathrm{Pa}$，$d=2.7\times10^{-10}\ \mathrm{m}$，$M=2.02\times10^{-3}\ \mathrm{kg/mol}$。

根据式(7.29)，平均自由程为

$$\bar{\lambda}=\frac{kT}{\sqrt{2}\pi d^{2}p}=\frac{1.38\times10^{-23}\times273}{\sqrt{2}\times3.14\times(2.7\times10^{-10})^{2}\times1.013\times10^{5}}$$
$$=11.5\times10^{-8}\ \mathrm{m}$$

这个值约为有效直径的400倍。

平均速率为

$$\bar{v}=1.59\sqrt{\frac{RT}{M}}=1.59\times\sqrt{\frac{8.31\times273}{2.02\times10^{-3}}}=1.69\times10^{3}\ \mathrm{m/s}$$

根据式(7.26)，碰撞频率为

$$\bar{Z}=\frac{\bar{v}}{\bar{\lambda}}=\frac{1.69\times10^{3}}{11.5\times10^{-8}}=1.47\times10^{10}\mathrm{s}^{-1}$$

这个数量级意味着每个分子在1 s时间内要与其他分子碰147亿次。

内容提要

1. 平衡态与理想气体的状态方程

在没有外界影响的条件下，热力学系统的各个部分的宏观性质在长时间里不发生变化的状态称为平衡态。

质量为 m、摩尔质量为 M 的理想气体，在温度为 T 的平衡态时的状态方程

$$pV=\frac{m}{M}RT$$

式中，R 为摩尔气体常数，$R=8.31\ \mathrm{J\cdot mol^{-1}\cdot K^{-1}}$。

理想气体状态方程的另一种表示式为

$$p=nkT$$

式中，k 为玻尔兹曼常量($k=1.38\times10^{-23}\ \mathrm{J\cdot K^{-1}}$)，$n=\dfrac{N}{V}$ 为分子数密度。

2. 理想气体的压强

分子数密度为 n 的理想气体，压强为

$$p=\frac{2}{3}n\overline{\varepsilon_{k}}$$

式中，$\overline{\varepsilon_{k}}$ 为理想气体分子的平均平动动能，$\overline{\varepsilon_{k}}=\dfrac{1}{2}\mu\overline{v^{2}}$。分子数密度越大，分子的平均平动动能越大，理想气体的压强就越大。

3. 理想气体的温度

平均平动动能为 $\overline{\varepsilon_k}$ 的理想气体，温度为

$$T = \frac{2}{3k}\overline{\varepsilon_k}$$

理想气体的温度与气体分子的平均平动动能成正比，而与气体的性质无关。

理想气体的微观实质是气体分子平均平动动能的量度。

4. 速率分布函数

速率在 $v \sim v + \mathrm{d}v$ 区间内分子数与总分子数的比率

$$\frac{\mathrm{d}N}{N} = f(v)\mathrm{d}v$$

$f(v)$ 称为速率分布函数。由 $f(v) = \dfrac{\mathrm{d}N}{N\mathrm{d}v}$ 可知，速率分布函数的物理意义是分子速率分布在 v 附近单位速率区间内的概率(概率密度)。

5. 麦克斯韦速率分布定律

(1)速率分布函数：

$$\frac{\mathrm{d}N}{N} = f(v)\mathrm{d}v = 4\pi\left(\frac{\mu}{2\pi kT}\right)^{\frac{3}{2}} v^2 \mathrm{e}^{-\frac{\mu v^2}{2kT}}\mathrm{d}v$$

式中，k 为玻尔兹曼常量，$k = 1.38 \times 10^{-23}\,\mathrm{J \cdot K^{-1}}$；$\mu$ 为气体分子的质量；T 为气体的温度。

(2)速率分布律：

$$\frac{\mathrm{d}N}{N} = f(v)\mathrm{d}v$$

(3)三种统计速率：

最概然速率　$v_\mathrm{p} = \sqrt{\dfrac{2kT}{\mu}} = \sqrt{\dfrac{2RT}{M}}$

平均速率　$\bar{v} = \sqrt{\dfrac{8kT}{\pi\mu}} = \sqrt{\dfrac{8RT}{\pi M}}$

方均根速率　$\sqrt{\overline{v^2}} = \sqrt{\dfrac{3kT}{\mu}} = \sqrt{\dfrac{3RT}{M}}$

6. 能量均分定理与理想气体的内能

(1)自由度：决定一个物体在空间的位置所需要的独立坐标的数目，称为该物体的自由度。

(2)几种气体分子的自由度：

单原子分子 $i = 3$；刚性双原子分子 $i = 5$；刚性多原子分子 $i = 6$。

(3)能量均分定理：在温度为 T 的平衡态下，分子每个自由度的平均能量都是 $\dfrac{1}{2}kT$，这一结论称为能量均分定理。

分子的平均动能为 $\dfrac{i}{2}kT$，其中 i 为气体分子的自由度。

(4)理性气体的内能：质量为 m、摩尔质量为 M、自由度为 i 的理想气体分子的内能

$$E = \frac{m}{M}\frac{i}{2}RT$$

对于一定量的理想气体,内能只与温度有关,而与体积和压强无关。

7. 平均自由程

$$\bar{\lambda} = \frac{kT}{\sqrt{2}\pi d^2 p}$$

平均碰撞频率

$$\overline{Z} = \sqrt{2}\pi d^2 n\bar{v}$$

思考题

7.1 什么是热现象?举出几种你周围发生的热现象例子。

7.2 讨论:(1)举几个实例(自然现象或社会现象)说明,大量偶然事件的整体遵从一定的统计规律;(2)掷骰子时各点出现的概率各为多少?平均地讲,需掷几次才会出现点5?

7.3 一根盛有气体的倒U形玻璃管,一端放在冰水中,另一端放在沸水中。若沸水和冰水的温度长时间维持不变,试问,玻璃管内的气体是否处于平衡态?为什么?

7.4 某容器中装有一定量的理想气体,请问:(1)若容器内各部分压强相等,此状态是否一定为平衡态?(2)若容器内各部分温度相等,此状态是否一定为平衡态?(3)若容器内各部分压强相等,并且容器内各部分分子数密度也相同,此状态是否一定为平衡态?

7.5 如果把盛有气体的密封绝热容器放在汽车上,而汽车做匀速直线运动,则此时气体的温度与汽车静止时是否一样?若汽车突然制动,容器内的温度是否会变化?

7.6 说明下列各式的物理意义:

(1) $f(v)\mathrm{d}v$;　(2) $Nf(v)\mathrm{d}v$;　(3) $\int_{v_2}^{v_1} f(v)\mathrm{d}v$;

(4) $\int_{v_2}^{v_1} Nf(v)\mathrm{d}v$;　(5) $\int_{v_2}^{v_1} Nvf(v)\mathrm{d}v$。

7.7 若气体种类一定,即气体分子质量 μ 一定,T_1 和 T_2 的关系如下图(a)。若温度一定,气体种类变化如图(b),讨论 μ_1 和 μ_2 的关系。

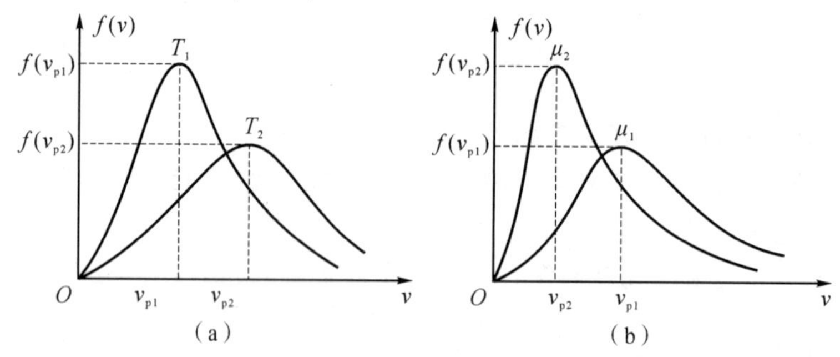

思考题 7.7 图

7.8 如果氢和氦的摩尔数和温度相同,则下列各量是否相等,为什么?

(1)分子的平均平动动能;(2)分子的平均动能;(3)内能。

7.9 一定质量的气体,保持体积不变。当温度升高时分子运动得更剧烈,因而平均碰撞次数增多,平均自由程是否也因此减小?为什么?

习　题

一、简答题

7.1　什么是热力学系统的平衡态？气体在平衡态时有何特征？当气体处于平衡态时还有分子热运动吗？

7.2　什么是统计规律？什么是涨落现象？两者有什么联系？

7.3　写出理想气体的状态方程，至少写出两种表达式。

7.4　理想气体压强的表达式是什么，并阐述其微观意义。

7.5　理想气体的温度公式是什么？并阐述它的微观本质。

7.6　简述速率分布函数 $f(v)$ 的物理意义。

7.7　什么是能量均分定理？它是怎样实现的？在温度 T 的平衡态下，如果一个分子的总自由度是 i，则它的总平均动能为多少？

7.8　什么是内能？什么是理想气体的内能？一定量理想气体的内能由哪些因素决定？

7.9　什么是平均自由程？平均自由程与气体的状态以及分子本身的性质有何关系？

二、计算题

7.1　温度、压强相同的氦气和氧气，它们的分子平均动能 $\bar{\varepsilon}$ 和平均平动动能 $\overline{\varepsilon_k}$ 有如下关系，其中正确的是(　　)。

(A) $\bar{\varepsilon}$ 和 $\overline{\varepsilon_k}$ 都相等　　(B) $\bar{\varepsilon}$ 相等，而 $\overline{\varepsilon_k}$ 不相等

(C) $\overline{\varepsilon_k}$ 相等，而 $\bar{\varepsilon}$ 不相等　　(D) $\bar{\varepsilon}$ 和 $\overline{\varepsilon_k}$ 都不相等

7.2　关于温度的意义，有下列几种说法：(1) 气体的温度是分子平均平动动能的量度；(2) 气体的温度是大量气体分子热运动的集体表现，具有统计意义；(3) 温度的高低反映物质内部分子运动剧烈程度的不同；(4) 从微观上看，气体的温度表示每个气体分子的冷热程度。这些说法中正确的是(　　)。

(A) (1)、(2)、(4)　　(B) (1)、(2)、(3)　　(C) (2)、(3)、(4)　　(D) (1)、(3)、(4)

7.3　温度为 T 时，处于平衡态的理想气体其每个分子(自由度为 i)(　　)。

(A)具有动能为 $\frac{i}{2}kT$　　(B)具有平动动能为 $\frac{i}{2}RT$

(C)具有平均动能为 $\frac{i}{2}kT$　　(D) 具有平均平动动能为 $\frac{i}{2}kT$

7.4　质量为 m、摩尔质量为 M、分子数密度为 n 的理想气体，处于平衡态时状态方程为________，状态方程的另一种形式为________。

7.5　刚性双原子分子理想气体，在温度为 T 时，一个分子的平均平动动能为________，一个分子的平均动能为________，1 mol 气体的内能为________。

7.6　容积 $V=1\ \mathrm{m^3}$ 的容器内混有 $N_1=1.0\times10^{25}$ 个氢气分子和 $N_2=4.0\times10^{25}$ 个氧气分子，混合气体的温度为 400 K，求：

(1) 气体分子的平动动能总和；

(2)混合气体的压强。(摩尔气体常数 $R=8.31\ \mathrm{J\cdot mol^{-1}\cdot K^{-1}}$)

7.7 设想太阳是由氢原子组成的理想气体,其密度可看成是均匀的。若此理想气体的压强为 1.35×10^{14} Pa,试估计太阳的温度。(已知氢原子的质量 $m = 1.67 \times 10^{-27}$ kg,太阳半径 $R = 6.96 \times 10^{8}$ m,太阳质量 $M = 1.99 \times 10^{30}$ kg)

7.8 质量为 2×10^{-3}kg 的氢气贮于体积 2×10^{-3} m^3 的容器中,当容器内气体的压强为 4×10^{4} Pa 时,氢气分子的平均平动动能是多少?总平动动能是多少?

7.9 一容器内储有氧气,其压强为 1.013×10^{5} Pa,温度为27 ℃。试求:

(1) 气体分子数密度;(2) 氧气的密度;(3) 分子的平均平动动能。

7.10 一容器中贮有一定量温度为 27 ℃的氢气,压强为 2 atm ($1 \text{ atm} = 1.013 \times 10^{5}$ Pa),试求:

(1) 氢气分子的分子数密度;(2) 氢气的密度;(3) 氢气分子的平均平动动能。

7.11 1 kg 某种理想气体,分子平动动能总和是 1.86×10^{6} J,已知每个分子的质量为 3.34×10^{-27} kg,试求气体的温度。(玻尔兹曼常量 $k = 1.38 \times 10^{-23}$ J · K^{-1})

7.12 假定 N 个粒子的速率分布函数为

$$f(v) = \begin{cases} c & (v_0 > v > 0) \\ 0 & (v > v_0) \end{cases}$$

(1)画出速率分布曲线;(2)由 v_0 求常量 c;(3)试求粒子的平均速率。

7.13 如图Ⅰ、Ⅱ两条曲线分别是两种不同气体(氢气和氧气)在同一温度下的麦克斯韦分子速率分布曲线。试由图中的数据求:(1)氢气分子和氧气分子的最概然速率;(2)两种气体此时的温度;(3)若图中Ⅰ、Ⅱ分别表示氢气在不同温度下的麦克斯韦分子速率分布曲线,那么哪条曲线的气体温度较高?

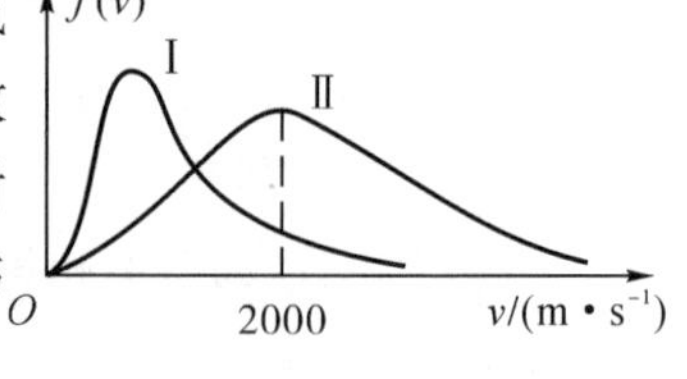

计算题 7.13 图

7.14 容积为 1 L 的容器中,贮有 1.0×10^{23} 个质量均为 5×10^{-26} kg 的分子,其方均根速率为 400 m/s 。试求:

(1)分子的总动能;(2)气体的压强和温度。

7.15 容积为 30×10^{-3} m^3 的容器内,贮有 20×10^{-3} kg 的气体,其压强为 50.7×10^{3} Pa。试求该气体分子的最概然速率、平均速率和方均根速率。

7.16 某些恒星的温度可达到约 1.0×10^{8} K,这也是发生聚变反应(也称热核反应)所需的温度。在此温度下,恒星可视为由质子组成的。问:(1)质子的平均动能是多少?(2)质子的方均根速率多大?

7.17 试说明下列各量的物理意义:

(1) $\frac{1}{2}kT$; (2) $\frac{3}{2}kT$; (3) $\frac{i}{2}kT$;

(4) $\frac{m}{M}\frac{i}{2}RT$; (5) $\frac{i}{2}RT$; (6) $\frac{3}{2}RT$ 。

7.18 求在温度为 30 ℃时氧气分子的平均平动动能、平均动能以及 4.0×10^{-3} kg 的氧气的内能?(常温下,氧气分子可看成刚性分子)

7.19 已知空气的平均摩尔质量 $M = 28.9 \times 10^{-3}$ kg/mol 。试估算标准状态下空气的下列各量:

(1)分子数密度；

(2)分子质量密度；

(3)分子的平均平动动能；

(4)分子的方均根速率。

7.20　某理想气体的温度 $T = 273$ K、压强 $p = 1.0 \times 10^{-2}$ atm、密度 $\rho = 1.24 \times 10^{-2}$ kg/m^3。试求：

(1)气体的方均根速率；

(2)气体的摩尔质量，并确定是什么气体；

(3)气体分子的平均平动动能和平均转动动能；

(4)单位体积内气体分子的总平动动能？

(5)若该气体有 0.3 mol，其内能是多少？

7.21　今测得温度 $t_1 = 15$ ℃，压强 $p_1 = 1.013 \times 10^5$ Pa 时氩分子和氖分子的平均自由程分别为 $\bar{\lambda}_{Ar} = 6.7 \times 10^{-8}$ m 和 $\bar{\lambda}_{Ne} = 13.2 \times 10^{-8}$ m，试求：

(1)氩分子和氖分子的有效直径之比；

(2)温度 $t_2 = 20$ ℃、压强 $p_2 = 1.999 \times 10^4$ Pa 时氩分子的平均自由程。

三、应用题

7.1　在夏天和冬天的大气压强一般差别不大，为什么在冬天空气的密度大？

7.2　在煮开水时，我们看到很多的气泡由锅底往上冒，而且越往上升气泡越大，试分析这些气泡从哪里来？这一现象怎样解释？

7.3　有时热水瓶的塞子会自动地跳出来，如何解释这一现象。

7.4　汽车在公路高速行驶，夏天容易轮胎爆炸，根据压强和温度的微观理论解释爆胎原因，并说明为了避免爆胎应采取什么措施。

7.5　一位同学用橡皮帽堵住了注射器前端的小孔，用活塞封闭了一部分空气在注射器中，他把注射器竖直放在热水中(如应用题 7.5 图所示)，发现注射器的活塞向上升起，试用分子动理论解释这个现象。

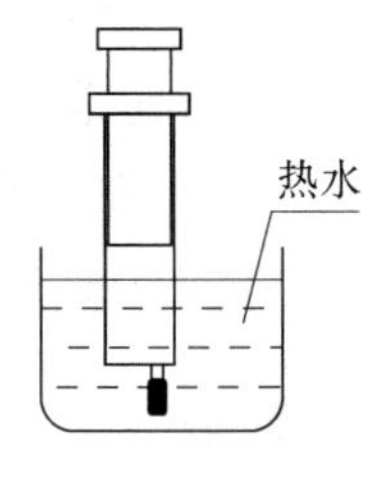

应用题 7.5 图

第 8 章　热力学基础

上一章我们从分子热运动的角度，应用统计的方法讨论了气体处于平衡态时的统计规律，揭示了热现象的微观本质。本章是从能量守恒和转换的观点出发，运用观察和实验的方法，研究物质热现象的宏观理论。主要讨论功、热量、内能的基本概念以及相互转化的规律，包括热力学第一定律和第二定律及其对理想气体的应用等。

预习提要：

1. 什么是热力学系统，什么是孤立系统，什么是封闭系统，什么是开放系统？

2. 什么是平衡态，什么是准静态过程？怎样的过程可以视为准静态过程？准静态过程在 $p-V$ 图上如何表示？

3. 什么是内能？改变系统内能的两种方式是什么？这两种方式本质上有什么区别？

4. 对准静态过程，如何计算系统的功？系统什么情况做正功，什么情况做负功？

5. 什么是热量，什么是摩尔热容？准静态过程的热量如何计算？

6. 功、热量、内能增量和系统经历的具体过程有关吗？为什么？

7. 热力学第一定律的内容是什么？第一定律表达式中各量的含义、正负号是如何规定的？

8. 对单原子和双原子的理想气体分子，定容摩尔热容和定压摩尔热容分别是多少？定容摩尔热容和定压摩尔热容之间存在怎样的关系？

9. 什么是热力学循环过程？循环过程的特点是什么？$p-V$ 图上循环曲线所围的面积表示什么？

10. 什么是热机的循环？热机的效率怎么计算？什么是制冷机的循环？制冷机的制冷系数怎么计算？

11. 什么是卡诺循环？卡诺热机的效率怎么计算？卡诺制冷机的效率怎么计算？

12. 什么是可逆过程？什么是不可逆过程？不可逆过程是不是不能沿逆方向进行？

13. 卡诺定理的内容是什么？由此我们可以得到提高热机效率的途径有哪些？

14. 热力学第二定律的开尔文表述和克劳修斯表述内容分别是什么？这两种表述的本质是一样的吗？反映出自然界的什么普遍规律？

15. 热力学第二定律的统计意义是什么？热力学第二定律的统一表述是什么？

8.1　热力学的基本概念

8.1.1　热力学系统

热力学研究一切与热现象有关的问题，其研究对象称为**热力学系统，它是由大量分子、原子组成的宏观物质（可以是固体、液体和气体），简称系统**。本章仅就气体的热力学性质进行讨论。与系统发生相互作用的外部环境物质称为**外界**。如果一个热力学系统与外界不发生任何能量和物质交换，则被称为**孤立系统**；与外界只有能量交换而没有物质交换的系统称为**封闭系统**；与外界同时发生能量交换和物质交换的系统称为**开放系统**。

8.1.2　平衡态　准静态过程

体积、压强和温度是描述气体宏观性质的三个状态参量，**对一个孤立系统而言，如果其宏观性质在经过充分长的时间后保持不变，也就是系统的状态参量不再随时间改变，此时系统所处的状态为平衡态**。通常用 $p-V$ 图上的一个点来表示一个平衡态。而不满足上述条件的系统状态，称为非平衡态。比如有一个密闭孤立容器，中间用隔板将其分成 A、B 两室，其中 A 室充满某种气体，B 室为真空，如图 8.1(a)所示。最初 A 室气体处于平衡态，其宏观性质不随时间变化，然后将隔板抽去，A 室气体向 B 室扩散，由于气体在扩散过程中其状态参量没有确定的值，因此过程中每一中间状态都是非平衡态，随着时间的推移，气体充满整个容器，扩散停止，此时系统的宏观性质不再随时间变化，系统达到了新的平衡态，如图 8.1(b)所示。

（a）A室充满某种气体并处于平衡态，B室为真空

（b）抽去隔板后，A室气体向B室扩散，最终达到新的平衡态

图 8.1　平衡态示意图

想一想：

如果铁棒的一端与高温恒温热源相接触，另一端与低温恒温热源相接触，在经过足够长的时间后，铁棒每一点的宏观性质不随时间变化，此时能不能认为铁棒系统处于平衡态？

当热力学系统受到外界的影响，而发生能量和物质交换时，其状态会发生变化。例如，我们对自行车轮胎充气时通过外界做功把空气压入车胎，如果把车胎中的气体作为一个热力学系统，此过程既有能量的交换，也有质量的交换，气体的压强将增加，温度会升高，体积也会增大，系统的状态参量发生变化。系统的状态参量发生变化的过程称为**热力学过程**，简称**过程**。在系统状态发生变化的过程中，其每一个中间状态不可能是平衡态，但是如果过程进行得无限缓慢，过程中的每一个中间状态都无限接近平衡态，这样的过程被称为**准静态过程**，准静态过程可以在 $p-V$ 图上用一条曲线表示，曲线上每一点具有确定的 p、V 值，对应过程中的一个平衡态，如图 8.2 所示。如果系统状态变化的过程非常快，中间的每一个状态无法趋于

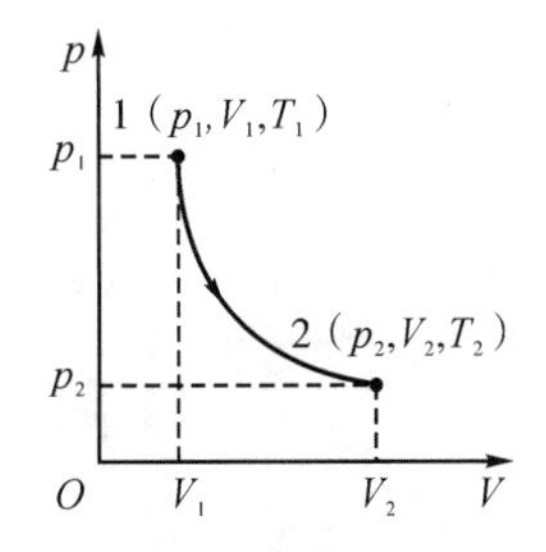

图 8.2　在 $p-V$ 图上一条曲线表示一个准静态过程，曲线上每一点对应过程中的一个平衡态

平衡,这样的过程则被称为**非静态过程**。非静态过程无法在$p-V$图上用曲线表示,因为每一个中间态没有确定的状态参量。事实上,除了一些极快的过程(如爆炸等)外,大多数情况下都可以把实际过程近似为准静态过程来处理。

8.2 热力学第一定律

8.2.1 改变系统内能的两条途径 热功当量

想一想:

内能和机械能有何异同?

能量可以有多种形式,力学中有动能、势能,电磁学中有电场能量、磁场能量。就一个热力学系统而言,由于内部大量分子不停息地无规则运动以及分子之间的相互作用,因此也具有能量,**系统内分子热运动的动能和分子之间相互作用势能之和称为系统的内能**。内能的大小取决于系统状态,就一般气体而言,其内能是状态参量温度和体积的函数,可表示为$E=f(T,V)$,这是因为分子热运动的动能在宏观上表现为气体具有一定的温度;分子的相互作用势能取决于分子之间的距离,显然势能的总和与气体的温度和体积有关。在压强不太高、温度不太低的情况下,一般气体的性质近似于理想气体,气体分子之间的距离较大,分子之间的作用力可以忽略,因此可以不考虑分子的相互作用势能。这就是说,**理想气体的内能只与分子热运动的动能有关,是温度的单值函数**,可以表示为$E=f(T)$。

小贴士:

焦耳(James Prescott Joule,1818—1889),英国物理学家。他在研究热的本质时,花费近40年的时间做了400多次实验,发现了热和功之间的转换关系,并由此得到了能量守恒定律,最终发展出热力学第一定律。后人为了纪念他,把能量和功的单位命名为"焦耳",简称"焦"。

改变系统的内能可以有两种不同的方法。例如在冬天里,当我们的双手被冻得有点僵时,可以搓一下手或者把手放在火炉边。两种方法都可以提高手的温度,从能量守恒和转化的角度分析,前者是通过做功的方式将机械能转化为内能,后者则是直接通过能量传递的方式使内能增加。当两个温度不同的系统相接触时,能量会自发地从高温系统向低温系统传递,致使较热的系统变冷,较冷的系统变热,最后达到热平衡而具有相同的温度。这种**系统之间由于热相互作用而传递的能量称为热量**,用Q表示。

功和热量都是过程量,而内能是状态量,通过做功或传热都可以使系统的内能发生变化,因此就内能的改变而言,对系统做功与向系统传递热量是等效的。热量的单位过去习惯上用卡(cal)来表示,焦耳通过实验给出了功和热量之间的单位换算关系,称为**热功当量**,用J表示。图8.3为焦耳测定热功当量的实验装置,在一个绝热的装满水的容器中装有一个带有旋转叶片的搅拌机,用两个下坠的重物带动叶片旋转,如果两重物的质量均为m,那么重物下降h,对系统所做的机械功为

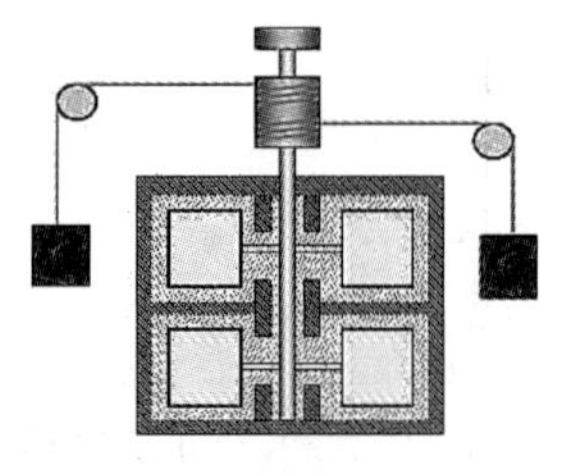

图8.3 焦耳测定热功当量的实验装置

$2mgh$，机械功转化为水的内能使水温度升高，相当于水吸收的热量 Q，$J=2mgh/Q=4.16\ \mathrm{J\cdot cal^{-1}}$，现在公认的热功当量值为 $J=4.18\ \mathrm{J\cdot cal^{-1}}$。焦耳当时的热功当量实验值与现在的测定值只差 $0.02\ \mathrm{J\cdot cal^{-1}}$，误差仅为 0.5%。在 19 世纪中叶，焦耳的实验精度竟如此之高，足见他对科学实验工作的严谨态度。现在已经把热量的国际单位统一用焦耳(J)表示。

8.2.2　热力学第一定律

大量实验表明，当通过做功和传热的方式，使热力学系统从某一个确定的平衡态 1 变到另一个确定的平衡态 2，无论经历怎样的过程，过程中外界向系统做的功和传递的热量的总和都是相同的，虽然对于不同的过程做功和传热的数值会各不相同，但功和热量的总和永远只决定于初态和末态，与其经历的过程无关，该结论说明任何一个系统处于平衡态都存在一个仅由系统状态决定的单值函数，当系统由一个平衡态变成另一个平衡态时，这个态函数的改变量，可以用两平衡态间任意一个过程中外界向系统做功和传递的热量总和来量度。由于做功和传热是传递能量的两种方式，所以这个态函数属于能量的范畴，显然这个态函数就是系统的内能。若用 Q 和 A 分别表示在状态变化过程中系统从外界吸收的热量以及系统对外界所做的功，ΔE 表示内能的变化，则该结论可以用数学形式表示为

$$-A+Q=\Delta E \tag{8.1a}$$

此式说明，**在任意给定过程中，外界对系统所做的功和传递给系统的热量之和等于系统内能的增量**，称为**热力学第一定律**。其数学表达式习惯上写成

$$Q=\Delta E+A \tag{8.1b}$$

它表明**系统从外界吸收的热量，一部分用于增加自身的内能，另一部分用于对外做功**，这是**热力学第一定律**的另一种表达形式。式中的三个物理量的符号规定见表 8.1。

表 8.1　物理量的符号规定

物理量	正(>0)	负(<0)
Q	系统吸热	系统放热
A	系统对外做功	外界对系统做功
ΔE	系统内能增加	系统内能减小

显然，热力学第一定律是包括热现象在内的能量守恒与转化定律。热力学第一定律不仅适用于气体，而且适用于液体和固体，同样，不仅适用于准静态过程，而且适应于非静态过程。式(8.1)的适用条件：系统初、末两个状态为平衡态。对微小过程而言，可将热力学第一定律的表达式改写成

$$\mathrm{d}Q=\mathrm{d}E+\mathrm{d}A \tag{8.2}$$

使用式(8.2)要求系统状态变化的过程是准静态过程。

想一想：

热力学第一定律对初、末状态不是平衡态的过程是否适用？为什么式(8.1)要求系统初、末两个状态为平衡态？

历史上曾有人试图制造这样一种机器，它可以不需要外界提供能量，但可以连续不断地对外做功，这种机器称为**第一类永动机**，显然这是违反热力学第一定律的。因此热力学第一定

律又可以表述为**不可能制造出第一类永动机**。

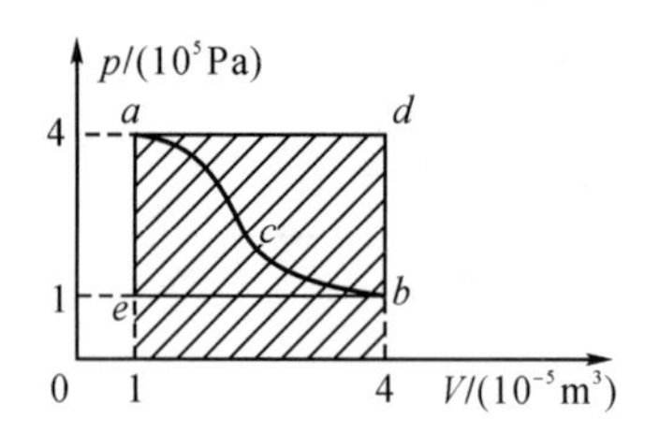

图 8.4 例 8.1 用图

例 8.1 如图 8.4 所示,一定量的理想气体经历 $a—c—b$ 过程时吸热 500 J,则经历 $a—c—b—d—a$ 过程时,吸热多少?

解 已知 $Q_{acb}=500$ J,对 $a—c—b$ 过程应用热力学第一定律,有

$$Q_{acb}=A_{acb}+E_b-E_a$$

由图 8.4 可知 $p_aV_a=p_bV_b$,所以 $T_a=T_b$,$E_a=E_b$,有

$$A_{acb}=Q_{acb}=500\ \text{J}$$

再对 $a—c—b—d—a$ 过程应用热力学第一定律,有

$$Q_{acbda}=A_{acbda}=A_{acb}+A_{da}$$

$d—a$ 过程做的功为图中阴影部分面积,有

$$A_{da}=-1200\ \text{J}$$

所以 $a—c—b—d—a$ 过程吸热为

$$Q_{acbda}=-1200+500=-700\ \text{J}$$

8.2.3 准静态过程中的热量、功和内能

1. 准静态过程中的功

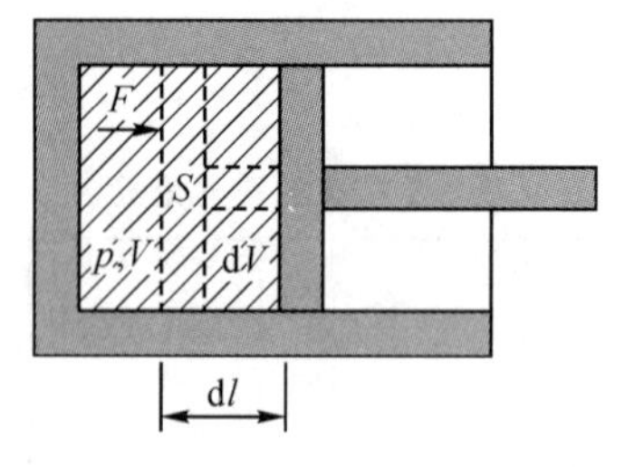

图 8.5 准静态过程中,活塞移动微小距离,系统所做的元功为 $dA=pdV$

如图 8.5 所示,一带有活塞的气缸,将气缸内的气体作为热力学系统,并假设系统状态的变化过程为准静态过程。图中 F 为气体作用在活塞上的压力,p 为气体压强,S 为活塞的面积。设在气体压力作用下,活塞运动了 dl 距离,气体的体积增加 dV,在这一过程中系统对外所做的元功为

$$dA=\boldsymbol{F}\cdot d\boldsymbol{l}=pSdl=pdV \tag{8.3}$$

若气体体积从 V_1 变化到 V_2,则系统对外所做的功为

$$A=\int_{V_1}^{V_2}pdV \tag{8.4}$$

对任何准静态过程,系统(气体)所做的功都可以用式(8.4)来计算。当 $V_2>V_1$ 时气体膨胀,系统对外做功 $A>0$;当 $V_2<V_1$ 时气体被压缩,外界对系统做功 $A<0$。

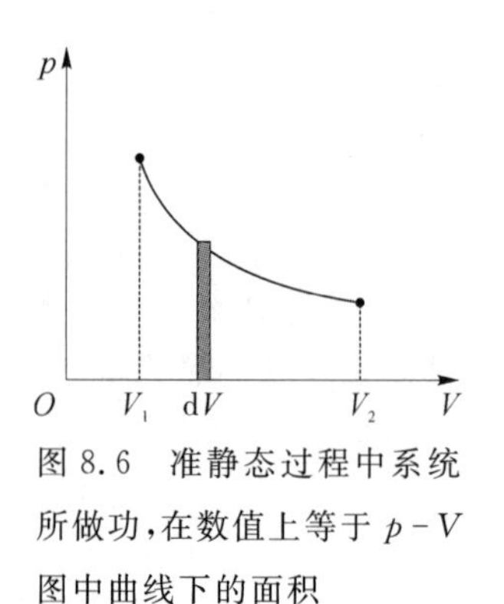

图 8.6 准静态过程中系统所做功,在数值上等于 $p-V$ 图中曲线下的面积

当气体的状态变化过程为准静态过程时,在 $p-V$ 图上可以用一条曲线表示,如图 8.6 所示。由式(8.3)可知,如系统体积从 V 变化到 $V+dV$,系统对外所做的元功 dA 在数值上等于 $p-V$ 图上过程曲线下细窄长方形的面积;而在气体体积从 V_1 变化到 V_2 的整个过程中,由式(8.4)可知,系统对外界做功在数值上等于整条曲线下的面积。由此可以清楚地看到,系统所做的功的大小与过程有关,功是一个过程量。

2. 准静态过程中的热量

在热量传递的某个微过程中，热力学系统吸收热量 $\mathrm{d}Q$，温度升高了 $\mathrm{d}T$，则定义

$$C = \frac{\mathrm{d}Q}{\mathrm{d}T} \tag{8.5}$$

为系统在该过程中的**热容**，单位是 $\mathrm{J \cdot K^{-1}}$。由于热容 C 与系统的质量有关，因此把单位质量的热容称为**比热容**，记作 c，其单位为 $\mathrm{J \cdot K^{-1} \cdot kg^{-1}}$，即 1 kg 物质温度升高 1 K 所吸收的或放出的热量。设系统质量为 m，则有

$$C = mc$$

由式(8.5)可知，一个质量为 m、摩尔质量为 M 的系统在某一微过程中吸收的热量为

$$\mathrm{d}Q = C\mathrm{d}T = \frac{m}{M}cM\mathrm{d}T = \nu C_{\mathrm{m}}\mathrm{d}T \tag{8.6a}$$

当温度从 T_1 升高到 T_2 时，系统吸收的热量为

$$Q = \int_{T_1}^{T_2} \nu C_{\mathrm{m}}\mathrm{d}T \tag{8.6b}$$

式中，$\nu = \frac{m}{M}$ 为气体的摩尔数；$C_{\mathrm{m}} = cM$ 称为**摩尔热容**，单位为 $\mathrm{J \cdot mol^{-1} \cdot K^{-1}}$，即 1 mol 物质温度升高 1 K 所吸收的或放出的热量。

值得注意的是，摩尔热容因不同的物质和热力学过程而异，如果理想气体的状态变化过程中体积保持不变，其摩尔热容为

$$C_{\mathrm{m},V} = \frac{i}{2}R \tag{8.7}$$

$C_{\mathrm{m},V}$ 称为定体摩尔热容，式中，R 为摩尔气体常量，i 为气体分子的自由度数。如果理想气体状态变化过程中压强保持不变，其摩尔热容为

$$C_{\mathrm{m},p} = \left(\frac{i}{2} + 1\right)R \tag{8.8}$$

$C_{\mathrm{m},p}$ 为定压摩尔热容，一般只要知道了过程的摩尔热容就可以根据式(8.6)计算出系统在相应过程中吸收或放出的热量。

3. 准静态过程中内能的变化

由于内能是一个状态量，因此对于不同的热力学过程，只要对应的初、末两个状态相同，不管经历了怎样的过程，内能的改变都是相同的。由此看来内能的改变量与初末两个状态的关系具有普适性。因此，可用一个特殊过程来确定内能改变的计算式。

想一想：

为什么一般只有在准静态过程中，功才可以用式(8.4)计算？

想一想：

系统由状态 1 经历不同的过程到达状态 2，则在各过程中做功是否相同？内能变化是否相同？吸收热量是否相同？

想一想：

为什么理想气体在任何状态变化过程中，内能的改变都可以用 $\Delta E = \nu C_{\mathrm{m},V} \cdot (T_2 - T_1)$ 计算？有人认为等压过程中，内能的改变为 $\Delta E = \nu C_{\mathrm{m},p}(T_2 - T_1)$，这一说法对不对？为什么？

以理想气体状态变化中体积不变的过程为例,由于在这一过程中系统做功为零($\mathrm{d}A = p\mathrm{d}V = 0$),根据热力学第一定律,内能的增量等于过程中系统从外界吸收的热量,由式(8.6)可得内能增量为

$$\mathrm{d}E = \nu C_{\mathrm{m},V}\mathrm{d}T \tag{8.9a}$$

或

$$\Delta E = E_2 - E_1 = \int_{T_1}^{T_2} \nu C_{\mathrm{m},V}\mathrm{d}T = \nu C_{\mathrm{m},V}(T_2 - T_1) \tag{8.9b}$$

这一过程中内能增量的表达式具有普遍的意义,适用于任何过程。由式(8.7),上两式又可以表示为

$$\mathrm{d}E = \nu \frac{i}{2}R\mathrm{d}T \tag{8.10a}$$

或

$$\Delta E = E_2 - E_1 = \nu \frac{i}{2}R(T_2 - T_1) \tag{8.10b}$$

可见,理想气体的内能只是温度的单值函数,所以其内能变化与热力学具体过程无关。

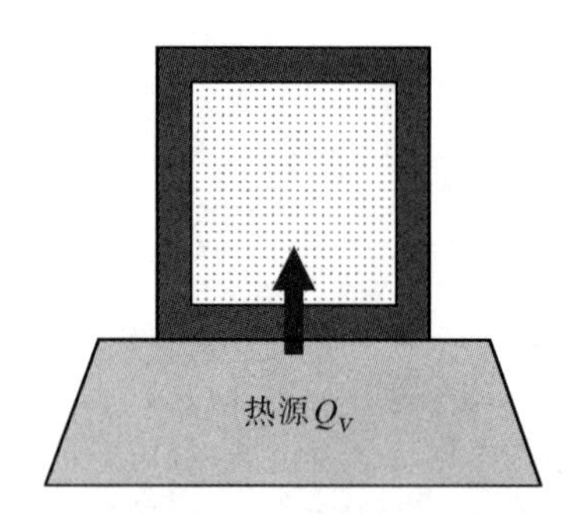

图 8.7　理想气体在刚性容器内被加热,整个过程中气体的体积保持不变,吸收的热量完全转化为气体的内能

8.3　热力学第一定律的应用

作为热力学第一定律的典型应用,本节讨论一定量的理想气体在等容、等压、等温和绝热过程中的热量及内能的一般变化规律。

8.3.1　热力学的等值过程

1. 等容过程

系统体积保持不变的过程,称为**等容过程**,例如图 8.7 所示过程。由理想气体状态方程可以得到等容过程的特征方程为

$$\frac{p}{T} = \frac{\nu R}{V} = \text{常量}$$

此方程在 $p-V$ 图上表示为一条垂直于 V 轴的直线,如图 8.8 所示,这条直线称为**等容线**。

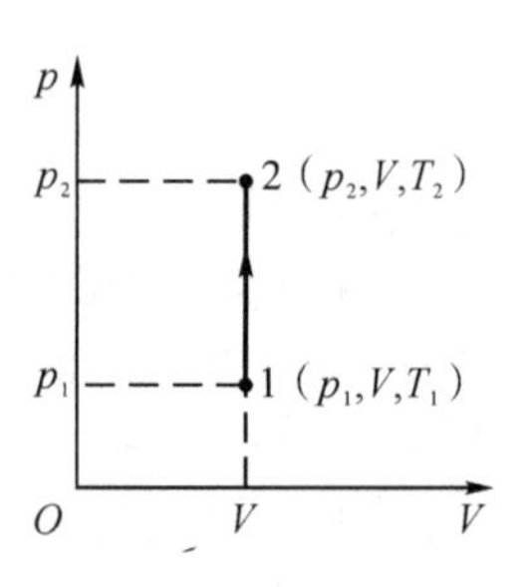

图 8.8　气体的等容过程

在等体过程中,由于 $\mathrm{d}V = 0$,因此 $\mathrm{d}A = p\mathrm{d}V = 0$,即系统对外不做功。根据热力学第一定律,系统在等体过程中吸收的热量 Q_V 等于内能的增量,即

$$Q_V = E_2 - E_1 = \nu C_{\mathrm{m},V}(T_2 - T_1)$$

式中,物理量的下标 V 表示相应过程为等容过程。将 $C_{\mathrm{m},V} =$

$\frac{i}{2}R$ 代入上式，并考虑到理想气体的状态方程，可得等容过程中热量和内能增量的关系为

$$Q_V = E_2 - E_1 = \nu \frac{i}{2}R(T_2 - T_1) = \frac{i}{2}(p_2 - p_1)V \tag{8.11}$$

2. 等压过程

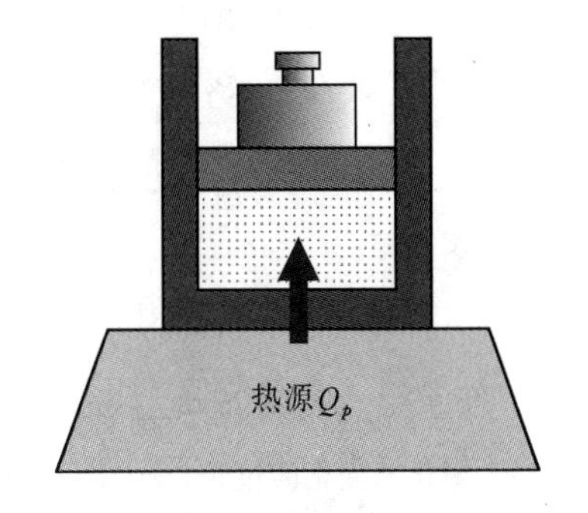

图 8.9　气体在状态变化过程中，克服一个恒定不变的外界压力缓慢做功，这是一个等压过程

系统压强保持不变的过程称为**等压过程**，例如图 8.9 所示过程。由理想气体状态方程可得等压过程的特征方程为

$$\frac{V}{T} = \frac{\nu R}{P} = 常量$$

此方程在 $p-V$ 图上可以表示为一条平行于 V 轴的直线，如图 8.10 所示，这条直线称为**等压线**。

在等压过程中系统对外做功为

$$A = \int_{V_1}^{V_2} p\mathrm{d}V = p(V_2 - V_1) \tag{8.12a}$$

由理想气体状态方程，上式又可以表示成

$$A = p(V_2 - V_1) = \nu R(T_2 - T_1) \tag{8.12b}$$

系统的内能变化与过程无关，因此等压过程中内能增量也可以表示为

$$\Delta E = \nu \frac{i}{2}R(T_2 - T_1)$$

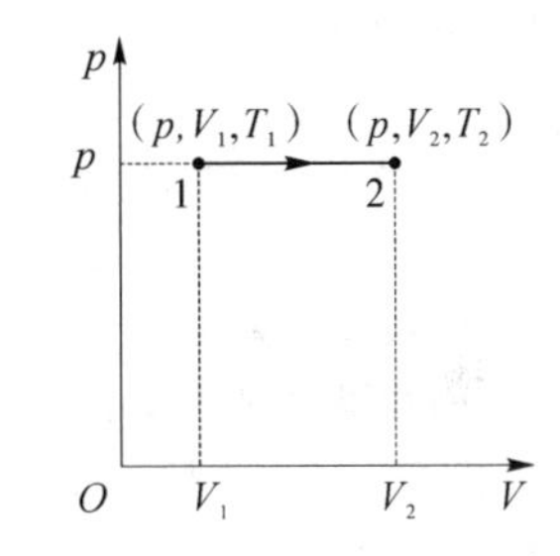

图 8.10　气体的等压过程

根据热力学第一定律，系统在等压过程中吸收的热量为

$$\begin{aligned} Q_p &= \Delta E + A \\ &= \nu \frac{i}{2}R(T_2 - T_1) + \nu R(T_2 - T_1) \\ &= \nu \frac{i+2}{2}R(T_2 - T_1) \end{aligned} \tag{8.13a}$$

或

$$Q_p = \frac{i+2}{2}(p_2V_2 - p_1V_1) \tag{8.13b}$$

式中，物理量的下标 p 表示相应过程为等压过程。

由式(8.6)，吸热也可以表示为

$$Q_p = \nu C_{m,p}(T_2 - T_1) \tag{8.14}$$

由式(8.13a)和式(8.14)可以得到定压摩尔热容的计算式(8.8)。

可见，在等压过程中，理想气体吸收的热量一部分转化为系统对外所做的功，另外一部分转化为系统的内能。

3. 定压摩尔热容和定容摩尔热容的关系

由式(8.7)和式(8.8)可以得到定压摩尔热容和定容摩尔

表 8.2　理想气体的 γ、$C_{m,V}$、$C_{m,p}$ 的理论值

物理量	单原子分子	双原子分子	多原子分子
i	3	5	6
$C_{m,V}$	$3R/2$	$5R/2$	$3R$
$C_{m,p}$	$5R/2$	$7R/2$	$4R$
γ	1.67	1.40	1.33

解题指导：

应用热力学第一定律解题时：

(1)选择研究对象，确定系统状态变化的过程；

(2)根据状态方程或过程方程确定各状态参量；

(3)根据过程的特征确定最容易确定的量；如等容 $A=0$，等压 $A=p\Delta V$，等温 $\Delta E=0$，绝热 $Q=0$；

(4)根据内能公式、准静态过程做功和热量的计算公式，或者热力学第一定律求出其他量；

(5)如果过程由多个过程组成，总功(总热量)等于各段做功(吸热)之和。

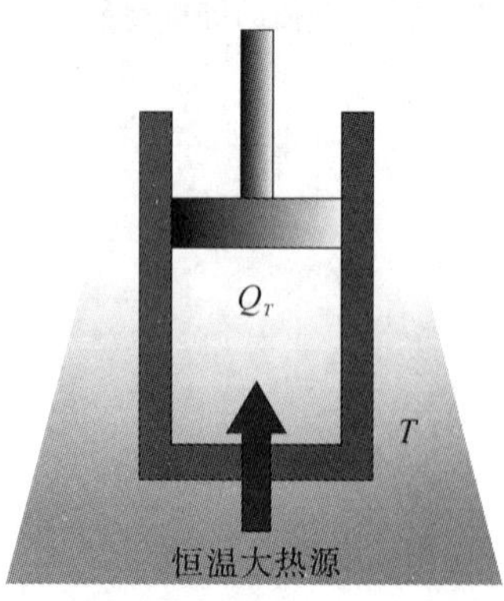

图 8.11　气缸置于一个恒温大热源中(例如：大量恒温的水中)，气体做功的过程中不断地缓慢地向水中释放热量，气体在状态变化中，温度始终保持不变，这是一个等温过程

热容的关系为

$$C_{m,p}=C_{m,V}+R \tag{8.15}$$

上式称为迈耶公式。迈耶公式指出，同一状态下 1 mol 理想气体温度升高 1 K，等压过程需要吸收的热量比等体过程需要吸收的热量多 8.31 J。这是因为在这两个过程中，内能的增量相同，但是等压过程需要吸收更多的热量用于对外做功。由此可知，摩尔气体常量 R 在数值上等于 1 mol 理想气体在等压过程中温度升高 1 K 时对外做的功。

$C_{m,p}$ 与 $C_{m,V}$ 的比值称为**摩尔热容比**，

$$\gamma=\frac{C_{m,p}}{C_{m,V}}=\frac{i+2}{i} \tag{8.16}$$

表 8.2 列出了理想气体 γ、$C_{m,V}$、$C_{m,p}$ 的理论值。

例 8.2　20 g 的氦气从初始温度为 17 ℃分别通过(1)等容过程、(2)等压过程，升温至 27 ℃，求气体内能增量、吸收的热量、气体对外做的功。

解　(1)等容过程，V 不变，$A=0$，系统吸收的热量等于内能增量。

$$Q_V=\Delta E=\nu\, C_{m,V}(T_2-T_1)=\nu\,\frac{i}{2}R(T_2-T_1)$$

$$=\frac{20}{4}\times\frac{3}{2}\times 8.31\times(27-17)=623\ \text{J}$$

(2)等压过程，p 不变，系统对外做功为

$$A=p(V_2-V_1)=\nu R(T_2-T_1)=\frac{20}{4}\times 8.31\times 10=416\ \text{J}$$

内能增量和过程无关，内能增量为

$$\Delta E=\nu\, C_{m,V}(T_2-T_1)=623\ \text{J}$$

系统吸收的热量为

$$Q_p=\nu C_{m,p}(T_2-T_1)=\frac{20}{4}\times\frac{5}{2}\times 8.31\times(27-17)=1039\ \text{J}$$

或者应用热力学第一定律，有

$$Q_p=A+\Delta E=1039\ \text{J}$$

可见，即使初末状态相同，过程不同时，系统吸收的热量和所做的功也不相同，再一次说明了热量和功都与过程有关。

4. 等温过程

系统温度保持不变的过程称为**等温过程**，例如图 8.11 所示过程。由理想气体状态方程可以得到等温过程的特征方程为

$$pV=\nu RT=\text{常量}$$

此方程在 $p-V$ 图上可以表示为第一象限内的一条双曲线，如图 8.12 所示。由上式可知，温度越高，式中的恒量值越

大，曲线离坐标轴越远。

在等温过程中，由于温度保持不变（$\Delta T = 0$），因而内能也保持不变（$\Delta E = 0$），因此系统吸收的热量完全用于对外做功。根据热力学第一定律有 $Q_T = A$，由功的一般计算式(8.4)和理想气体的状态方程，可计算出等温过程中系统所做的功为

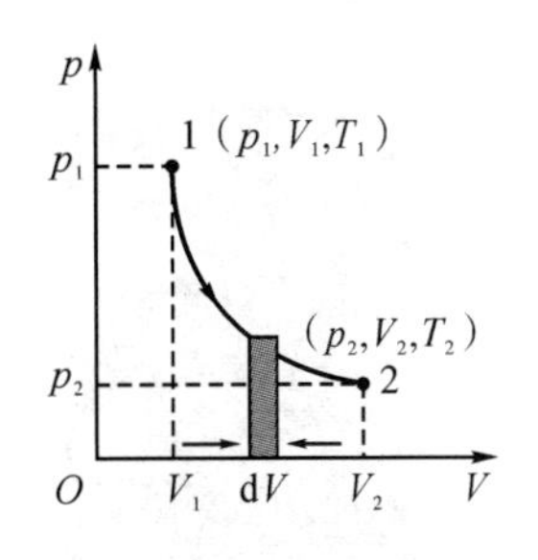

图 8.12　气体的等温过程

$$A = \int_{V_1}^{V_2} p\mathrm{d}V = \int_{V_1}^{V_2} \frac{\nu RT}{V}\mathrm{d}V = \nu RT\ln\frac{V_2}{V_1} = \nu RT\ln\frac{p_1}{p_2} \tag{8.17}$$

等温过程中系统吸收的热量为

$$Q_T = A = \nu RT\ln\frac{V_2}{V_1} = \nu RT\ln\frac{p_1}{p_2} \tag{8.18}$$

例 8.3　0.1 mol 的氮气由状态 1 变化到状态 2，所经历的过程如图 8.13 所示：(1)沿 $1\to a\to 2$ 过程，(2)沿双曲线过程。求两个过程中功、热量和内能增量。

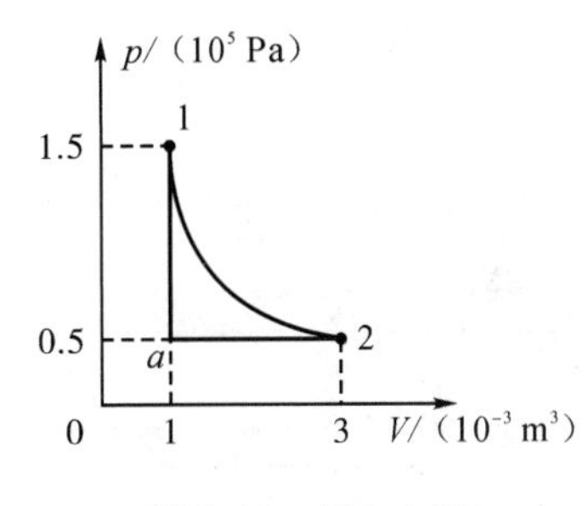

图 8.13　例 8.3 图

解　(1) $1\to a$ 为等体过程，$a\to 2$ 为等压过程，$1\to a\to 2$ 过程系统所做的总功为两段做功之和，有

$$A_{1a2} = A_{1a} + A_{a2} = 0 + \int_{V_1}^{V_2} p_2\mathrm{d}V = p_2(V_2 - V_1)$$

$$= 0.5\times 10^5\times(3-1)\times 10^{-3}\ \mathrm{J} = 100\ \mathrm{J}$$

系统内能的增量

$$\Delta E = \nu\frac{i}{2}R(T_2 - T_1) = \frac{i}{2}(p_2V_2 - p_1V_1)$$

由 $p-V$ 图可知 $p_2V_2 = p_1V_1$，故 $\Delta E = 0$（即 $T_1 = T_2$）。

系统吸热为两段热量之和，有

$$Q_{1a2} = Q_{1a} + Q_{a2} = \nu C_{\mathrm{m},V}(T_a - T_1) + \nu C_{\mathrm{m},p}(T_2 - T_a)$$

$$= \nu\frac{5R}{2}(T_a - T_1) + \nu\frac{7R}{2}(T_2 - T_a)$$

$$= \nu R(T_2 - T_a) = p_2(V_2 - V_1) = 100\ \mathrm{J}$$

或者对整个过程应用热力学第一定律，有

$$Q_{1a2} = A_{1a2} + \Delta E = 100\ \mathrm{J}$$

(2)沿双曲线过程，由图 8.13 可知状态 1 和状态 2 的温度相同，气体的等温过程在 $p-V$ 图上为双曲线，所以双曲线所示过程为等温过程。过程中系统所做的功为

$$A_{12} = \int_{V_1}^{V_2} p\mathrm{d}V = \int_{V_1}^{V_2} \nu RT\frac{\mathrm{d}V}{V}$$

$$= \nu RT\ln\frac{V_2}{V_1} = p_1V_1\ln\frac{V_2}{V_1}$$

$$= 1.5\times 10^5\times 1\times 10^{-3}\times\ln 3\ \mathrm{J} \approx 164.8\ \mathrm{J}$$

由于内能增量只与初末状态有关，故 $\Delta E = 0$，因而氮气吸热为

$$Q_{12} = A_{12} + \Delta E \approx 164.8\ \mathrm{J}$$

8.3.2 绝热过程

图 8.14 距离高压锅喷嘴一定高度处,喷出的气体已经没有想象中的那样灼热烫人,这是为什么?

首先请读者观察一幅实验现象图,如图 8.14 所示,也许有人会对图中所反映的现象的真实性感到疑惑,从高压锅中喷射出来的水蒸气应当且有很高的温度,甚至能把人烫伤,然而距喷嘴一定高度处,热气的杀伤力大大减弱,要解释这一现象可以从绝热过程中寻找答案。

1. 绝热过程

在状态变化过程中,系统与外界没有热量的交换,这样的过程称为绝热过程,例如图 8.15 所示过程。绝热过程在 $p-V$ 图上的过程曲线如图 8.16 所示。因为在绝热过程当中 $\mathrm{d}Q=0$,所以根据热力学第一定律有 $\Delta E+A=0$,即

$$\Delta E=-A \text{ 或 } A=-\Delta E$$

左式表示在绝热过程中,外界对系统做功全部用来增加系统内能;右式表示在绝热过程中,系统对外界所做的功只能凭借消耗自身的内能。由于内能的变化与过程无关,都可以由式(8.9)表示,因此在绝热过程中系统所做的功可以表示为

$$A_Q=-\Delta E=-\nu C_{\mathrm{m},V}(T_2-T_1) \tag{8.19}$$

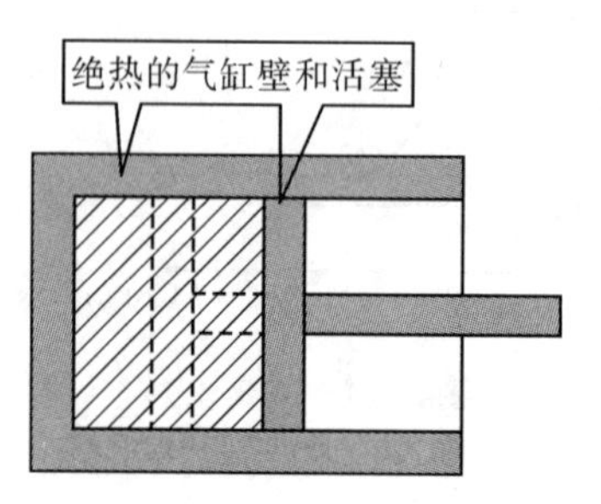

图 8.15 气缸置于厚厚的绝热套中,因此气体的状态变化过程中与外界没有热量交换,这样的过程称为绝热过程

绝热过程中系统所做功的微过程可表示为

$$p\mathrm{d}V=-\nu C_{\mathrm{m},V}\mathrm{d}T$$

对理想气体的状态方程两边微分可得

$$p\mathrm{d}V+V\mathrm{d}p=\nu R\mathrm{d}T$$

将以上两式中 $\mathrm{d}T$ 消去整理后可得

$$(C_{\mathrm{m},V}+R)p\mathrm{d}V=-C_{\mathrm{m},V}V\mathrm{d}p$$

因为 $C_{\mathrm{m},p}=C_{\mathrm{m},V}+R$,$\gamma=\dfrac{C_{\mathrm{m},p}}{C_{\mathrm{m},V}}$,所以上式可改写为

$$\frac{\mathrm{d}p}{p}+\gamma\frac{\mathrm{d}V}{V}=0$$

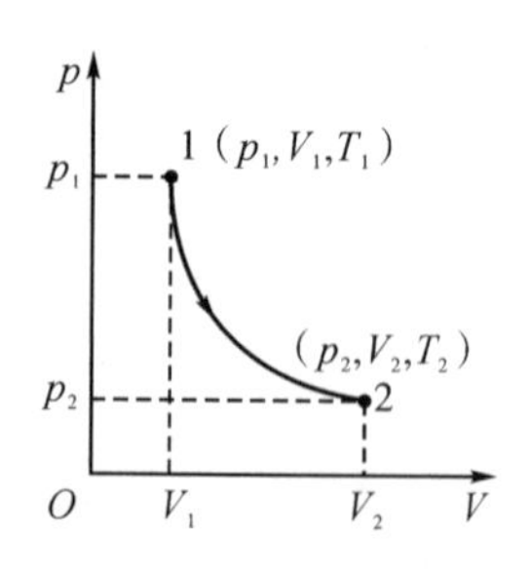

图 8.16 气体的绝热过程

对上式积分可得

$$pV^{\gamma}=C_1 \tag{8.20a}$$

式(8.20a)称为理想气体的**绝热方程**。进一步利用理想气体的状态方程与上式联立可以导出绝热方程的另外两种表达形式:

$$TV^{\gamma-1}=C_2 \tag{8.20b}$$

$$\frac{p^{\gamma-1}}{T^{\gamma}}=C_3 \tag{8.20c}$$

式中,C_1、C_2、C_3 均为常量。式(8.20a)、(8.20b)、(8.20c)只适用于理想气体的准静态绝热过程,对非静态过程不适用。

现在我们可以回答本节开始提出的问题了,虽然高压锅中的水蒸气温度非常高,但是一旦移去安全阀气体会迅速膨胀,在此过程中系统还来不及与外界交换热量,因此这是一个近似

的绝热过程。气体迅速膨胀，对外所做的功，以消耗自身的内能为代价，因此气温急剧下降，杀伤力大大减弱。尽管如此，出于安全考虑，建议读者不要去做这样带有一定危险性的实验，可以用另一个简单的实验来体验。不妨把自行车轮胎上的气门芯拔掉，同时摸一下气门口的铜圈，会感到冰冷。气体经绝热膨胀过程温度急剧下降，利用这一点可以液化气体，获得低温。实际中，绝热膨胀过程不易实现，常用绝热节流膨胀过程代替。

想一想：

自行车轮胎爆炸时，胎内剩余气体的温度升高还是降低？为什么？

由绝热方程式(8.20a)可得到准静态绝热过程中系统对外所做功的另一个表达式。设系统从初始状态 (p_1,V_1,T_1) 经绝热膨胀后到达状态 (p_2,V_2,T_2)，在状态变化过程中有 $p_1V_1^\gamma = p_2V_2^\gamma$，由式(8.4)，有

$$A=\int_{V_1}^{V_2} p\mathrm{d}V = p_1V_1^\gamma\int_{V_1}^{V_2}\frac{1}{V^\gamma}\mathrm{d}V = p_1V_1^\gamma\frac{1}{\gamma-1}(V_1^{1-\gamma}-V_2^{1-\gamma})$$

由于 $p_1V_1^\gamma = p_2V_2^\gamma$，上式可以简化为

$$A=\frac{1}{\gamma-1}(p_1V_1-p_2V_2) \tag{8.21}$$

在 p-V 图中绝热线与等温线相似，但从曲线的斜率分析，两者有明显的区别。等温过程的特征方程为 $pV=$ 常量，对两边微分可得 $p\mathrm{d}V+V\mathrm{d}p=0$，则曲线任意一点的斜率为

$$k=\frac{\mathrm{d}p}{\mathrm{d}V}=-\frac{p}{V} \tag{8.22}$$

绝对过程的特征方程为 $pV^\gamma=$ 常量，对两边微分可得

$$\gamma pV^{\gamma-1}\mathrm{d}V+V^\gamma\mathrm{d}p=0$$

由此得到绝热线上任意点的斜率为

$$k'=\frac{\mathrm{d}p}{\mathrm{d}V}=-\gamma\frac{p}{V} \tag{8.23}$$

当等温线与绝热线相交于同一点 A 时，由于 $\gamma>1$，比较式(8.22)和式(8.23)，显然有 $|k'|>|k|$，即在 p-V 图上，绝热线要比等温线陡峭些，如图 8.17 所示。

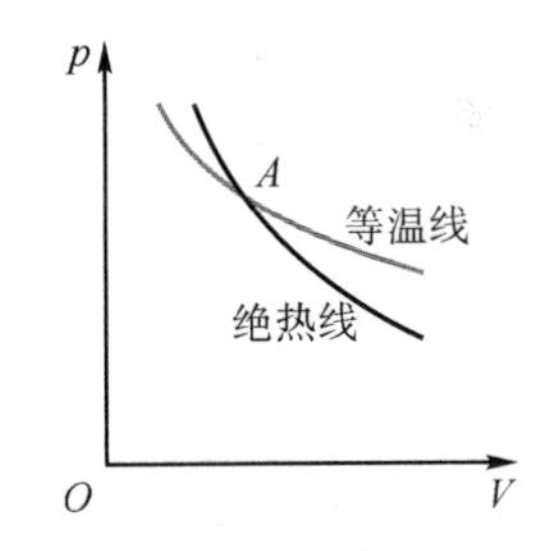

图 8.17　在绝热线与等温线的交点上，绝热线比等温线陡峭些

2. 理想气体的绝热自由膨胀过程

理想气体的绝热自由膨胀过程是一个非静态过程，如图 8.18 所示，一绝热容器被隔板分隔成两个相同的区域，左侧储有理想气体，初态为 (p,V,T)，右侧为真空，现将隔板抽去，气体向右扩散，末态为 (p',V',T')。整个过程在绝热的条件下进行（$Q=0$），由于气体向真空区膨胀，故整个过程中系统对外不做功（$A=0$），因此这是一个自由膨胀过程。根据热力学第一定律，初末两个状态的内能应该相同（$\Delta E=0$）。由于理想气体的内能是温度的单值函数，因此 $T=T'$，根据理想气体的物态方程，应有 $pV=p'V'$，当等体积从 V 经绝热自由膨胀

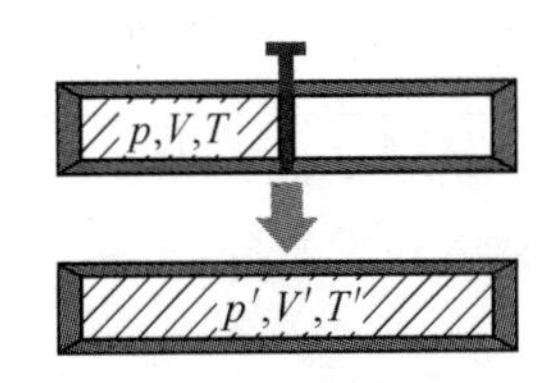

图 8.18　理想气体的绝热自由膨胀

到 $V' = 2V$ 时，有 $p' = \frac{p}{2}$。显然这与绝热方程式(8.20a)不符。这是因为绝热自由膨胀过程不是一个准静态过程，绝热方程不适用。

例 8.4　有体积为 $10^{-2}\ \mathrm{m^3}$ 的氧气，其压强为 10^7 Pa，温度为 300 K，膨胀后压强为 10^5 Pa。试求：(1)在等温过程中系统所做的功和吸收的热量；(2)如果是绝热膨胀，情况将怎么样？

解　(1)等温过程系统对外做功

$$A_T = \int_{V_1}^{V_2} p\mathrm{d}V = \nu RT\ln\frac{V_2}{V_1} = p_1V_1\ln\frac{p_1}{p_2}$$

$$= 10^7 \times 10^{-2} \times \ln\frac{10^7}{10^5} = 4.6 \times 10^5\mathrm{J}$$

内能变化　$\Delta E_T = 0$

吸收热量　$Q = \Delta E_T + A_T = 4.6 \times 10^5\mathrm{J}$

(2)绝热过程系统吸热

$$Q = 0$$

系统对外做功

$$A_Q = -\Delta E = \nu C_{\mathrm{m},V}(T_2 - T_1) = \nu\frac{i}{2}RT_1\left(\frac{T_2}{T_1} - 1\right)$$

利用理想气体的绝热方程式(8.20c)，有

$$\frac{p_1^{\gamma-1}}{T_1^{\gamma}} = \frac{p_2^{\gamma-1}}{T_2^{\gamma}}$$

将上式代入上面系统做功的表达式，并考虑理想气体状态方程 $p_1V_1 = \nu RT_1$ 可得

$$A_Q = \frac{i}{2}p_1V_1\left(1 - \left(\frac{p^2}{p_1}\right)^{\frac{\gamma-1}{\gamma}}\right)$$

$$= \frac{5}{2} \times 10^7 \times 10^{-2}\left(1 - \left(\frac{10^5}{10^7}\right)^{\frac{1.4-1}{1.4}}\right) = 1.8 \times 10^5\ \mathrm{J}$$

例 8.5　理想气体从状态 a 出发经过不同的过程到达状态 b，如图 8.19 所示，中间曲线对应绝热过程，试讨论各过程 Q 的正负(吸热或放热)。

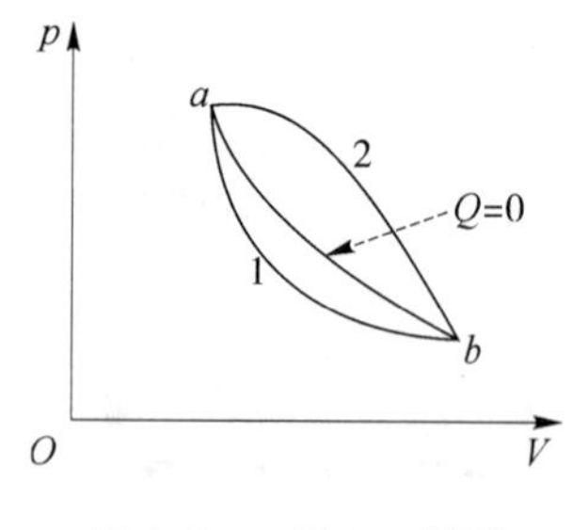

图 8.19　例 8.5 用图

解　$a-b$ 过程为绝热过程，有 $Q_{ab} = 0$

$$A_{ab} = -\Delta E_{ab} > 0$$

$a-1-b$ 过程，

$$Q_{a1b} = \Delta E_{ab} + A_{a1b} = A_{a1b} - A_{ab}$$

因为 $A_{a1b} < A_{ab}$，所以 $Q_{a1b} < 0$，即 $a-1-b$ 过程为放热过程；

$a-2-b$ 过程，

$$Q_{a2b} = \Delta E_{ab} + A_{a2b} = A_{a2b} - A_{ab}$$

因为 $A_{a2b} > A_{ab}$，所以 $Q_{a2b} > 0$，即 $a-2-b$ 过程为吸热过程。

作为归纳，将四个基本过程中热量、内能、功的一些重要计算公式列入本章内容提要表 8.3 中。

8.4　循环过程

8.4.1　循环过程

瓦特改进了蒸汽机(见图 8.20),这直接导致了第一次工业革命的发生,极大地推进了社会生产力的发展,蒸汽机的发明对近代科学和生产做出了巨大贡献,在当时具有跨时代的意义。时至今日古老的蒸汽机已经发展成各种先进的内燃机,无论是汽车、轮船还是大部分火车,其动力部分都是内燃机。从蒸汽机到内燃机更多地体现了技术的发展,而用到的物理学原理并没有改变,其实质就是凭借气体的循环过程,将热量转化成对外界所做的功。所谓**循环过程**,是指**系统经历了一系列状态变化以后,又回到初始状态的过程**。

图 8.20　瓦特改良后的蒸汽机

图 8.21 是一条准静态循环过程曲线,过程变化沿顺时针方向进行。我们把整个循环过程分为 $a \to 1 \to b$ 和 $b \to 2 \to a$ 两部分,前者系统对外做功($A>0$),体积增大;后者是外界对系统做功($A<0$),体积被压缩。整个循环过程系统对外做的净功为

$$A = A_{a1b} - A_{b2a} > 0$$

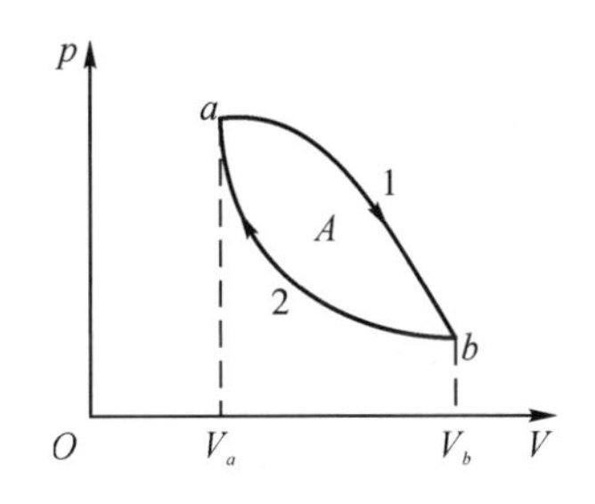

图 8.21　正循环过程

由于在 p-V 图上系统做功在数值上等于过程曲线下面的面积,因此循环过程曲线所围的面积在数值上等于系统对外所做的净功。

循环过程沿顺时针方向进行时,系统对外所做的净功为正,这样的循环称为**正循环**,能够实现正循环的机器为**热机**。

如果系统沿逆时针方向进行循环,如图 8.22 所示,则有

$$A = A_{a2b} - A_{b1a} < 0$$

系统对外所做的净功为负,这样的循环过程称为**逆循环**,能够实现逆循环的机器称为**制冷机**。

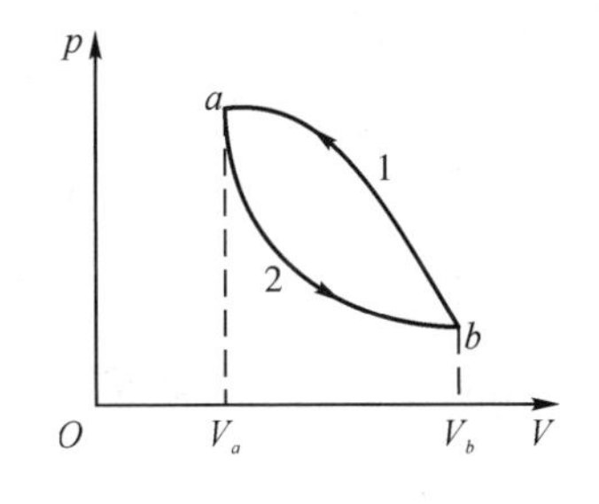

图 8.22　逆循环过程

由于内能是系统状态的单值函数,系统经过了一次循环又回到了初始状态,因此循环过程具有一个很重要的特征,即系统内能不变($\Delta E=0$)。如果系统在一个循环过程中吸收的热量为 Q_1,放出热量的绝对值为 Q_2,对外所做净功为 A,则循环过程的热力学第一定律可表示为

$$A = Q_1 - Q_2 \tag{8.24}$$

8.4.2　热机和制冷机

在热机中被用来吸收热量并对外做功的物质称为工作物

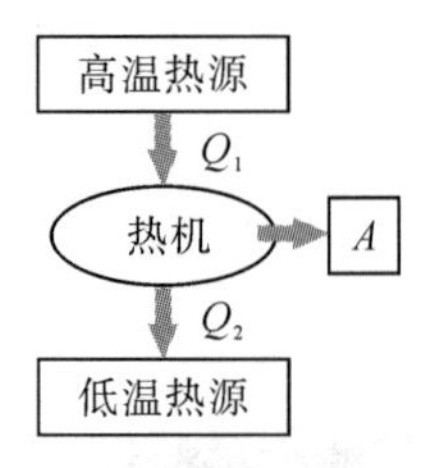

图 8.23 热机的工作原理:工质从高温热源吸收热量对外做功,并向低温热源放出热量

质,简称工质。热机在工作时,需要有高温和低温两个热源。例如汽车发动机的燃烧室是高温热源,汽车尾管排出的废气散逸在大气中,大气就是低温热源。工作物质在高温热源吸收热量 Q_1 对外做功 A,并将多余的热量 Q_2 在低温热源放出,如图 8.23 所示。反映热机效能的重要指标之一是**热机效率**,用 η 表示,定义为循环过程中,系统(工作物质)对外所做的净功 A 与它从高温热源吸收热量 Q_1 之比。热机的效率标志着循环过程中吸收的热量有多少转化成有用功。即

$$\eta = \frac{A}{Q_1} \tag{8.25a}$$

由式(8.24),热机的效率还可以表示为

$$\eta = 1 - \frac{Q_2}{Q_1} \tag{8.25b}$$

可以看出,当工质吸收相同的热量时,对外做功越多,效率越高,效率是反映热机性能的一个重要指标。在整个循环过程中,Q_2 不可能为零(关于这个问题将在下节讨论),所以 η 总是小于 1。

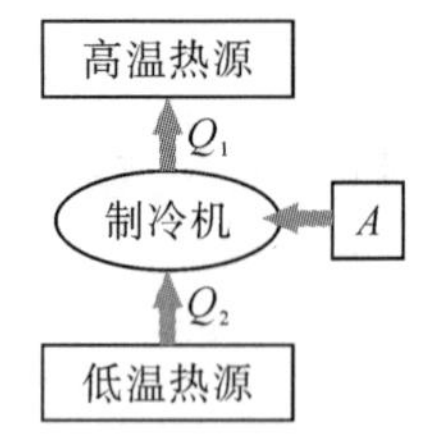

图 8.24 制冷机的工作原理:外界对工作物质做功,使工质从低温热源吸收热量,并向高温热源放出热量

制冷机的工作过程与热机正好相反,其循环曲线在 $p-V$ 图上沿逆时针方向进行。制冷机通过外界对系统做功 A,使工作物质从低温热源吸收热量 Q_2,并在高温热源放出热量 Q_1,如图 8.24 所示。在完成一个循环后,根据热力学第一定律有 $-A = Q_2 - Q_1$,即 $A = Q_1 - Q_2$。这就是说通过外界做功,制冷机在经历一个循环后把热量从低温热源传到高温热源。为了描述制冷机的致冷效能,我们引入**制冷系数**的概念,通常将在一次循环中,制冷机从低温热源吸收的热量与外界做功之比称为制冷系数,即

$$\varepsilon = \frac{Q_2}{A} = \frac{Q_2}{Q_1 - Q_2} \tag{8.26}$$

说明:

式(8.25)和式(8.26)中所有物理量均取其绝对值。

可以看出,当外界做功相同时,工质从低温热源吸收的热量越多,制冷系数越大,制冷效果越好。制冷系数是反映制冷机性能的一个重要指标。生活中常见的制冷机有电冰箱、空调等。目前我国的家用电冰箱、空调多为压缩制冷机,即依靠压缩机的作用提高制冷机的压力以实现制冷循环,其工质多为易液化的氟利昂和氨气。用氟利昂作制冷剂价格低廉,化学成分稳定,大部分空调冰箱均以氟利昂为工质。但大量氟利昂泄漏到大气层中,已严重破换大气层中的臭氧层,对人类造成极大危害,现世界环境保护组织已呼吁各国停止使用氟利昂作制

冷剂。

例 8.6　1 mol 单原子分子理想气体的循环过程如图8.25(a)所示。(1)作出此循环的 $p-V$ 图线;(2)判别各过程热量的符号;(3)计算此循环的效率及完成一次循环系统对外做的功。

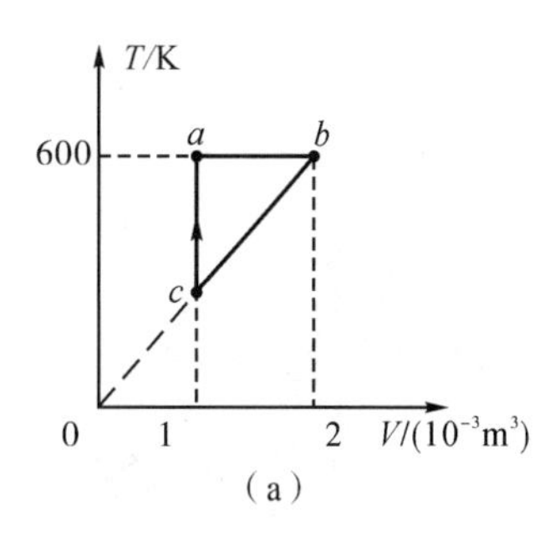

(a)

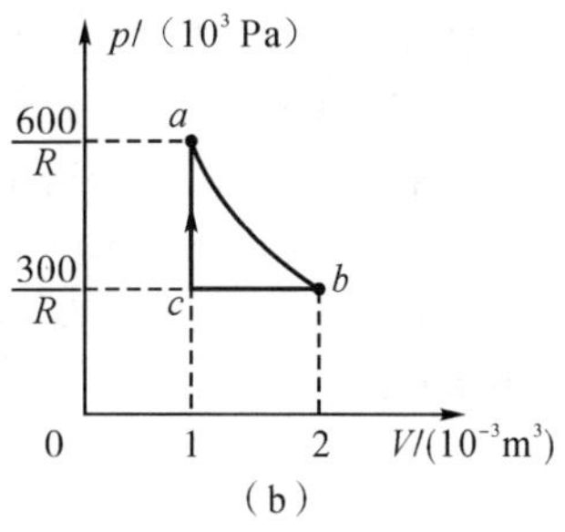

(b)

图 8.25　例 8.6 用图

解　(1)由 $T-V$ 图可知,ab 过程为等温膨胀过程,bc 过程为等压压缩过程,ca 过程为等体升压过程,在 $p-V$ 图上作出对应的循环过程如图 8.25(b)所示,$p-V$ 图上循环沿顺时针方向进行,此循环为热机循环。

(2)ab 过程,等温膨胀,$\Delta E=0,\ A>0,\ Q_{ab}=\Delta E+A>0$;

bc 过程,等压压缩降温,$A<0,\Delta E<0,Q_{bc}=\Delta E+A<0$;

ca 过程,等体升压升温,$A=0,\ \Delta E>0,Q_{ca}=\Delta E+A>0$;

(3)各过程系统吸收的热量为

$$Q_{ab}=A=\nu RT\ln\frac{V_b}{V_a}=600R\ln 2$$

$$Q_{bc}=\nu C_{\mathrm{m},p}(T_c-T_b)=-750R\text{(负号表示放热)}$$

$$Q_{ca}=\Delta E=\nu C_{\mathrm{m},V}(T_a-T_c)=450R$$

总吸热 $Q_1=Q_{ab}+Q_{ca}=600R\ln 2+450R=866R$

总放热 $Q_2=|Q_{bc}|=750R$

热机效率 $\eta=1-\dfrac{Q_2}{Q_1}=1-\dfrac{750R}{866R}=13.4\%$

对外做功 $A=\eta\cdot Q_1=13.4\%\times 866R=964\ \mathrm{J}$

例 8.7　1 mol H_2做如图 8.26 所示的循环过程。(1) 判别各过程热量的符号;(2)计算此循环的效率。

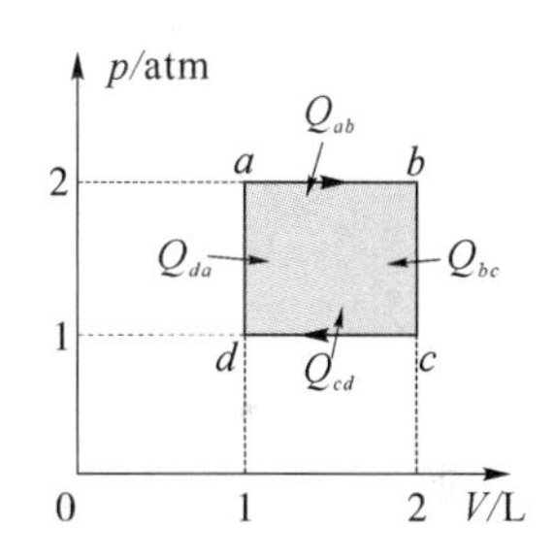

图 8.26　例 8.7 用图

解　(1)ab 过程,等压膨胀,$A>0,\Delta E>0,\ Q_{ab}=\Delta E+A>0$;

bc 过程,等体降压,$A=0,\Delta E<0,Q_{bc}=\Delta E+A<0$;

同理可得,$Q_{cd}<0,\ Q_{da}>0$。

(2)$p-V$ 图上循环曲线所围的面积为循环过程系统对外做的净功,有

$$A=(P_a-P_d)(V_b-V_a)$$

总吸热 $Q_1=Q_{ab}+Q_{da}=\nu C_{\mathrm{m},p}(T_b-T_a)+\nu C_{\mathrm{m},V}(T_a-T_d)$

由理想气体状态方程可知　$T_b=2T_a=2T_c=4T_d$

$$\text{热机效率}\ \eta=\frac{A}{Q_1}=\frac{P_dV_d}{\nu C_{\mathrm{m},P}\cdot 2T_d+\nu C_{\mathrm{m},V}\cdot T_d}$$

$$=\frac{\nu RT_d}{\nu\dfrac{i+2}{2}R\cdot 2T_d+\nu\dfrac{i}{2}R\cdot T_d}$$

$$=\frac{2}{4+3i}=\frac{2}{19}=10.5\%$$

解题思路:

计算循环效率问题思路:

(1)先确定循环为热机循环还是制冷循环(根据 $p-V$ 图循环进行的方向来判断);

(2)分析循环各过程是吸热还是放热(Q 的正负);

(3)计算各过程吸收和放出热量的多少(如果净功容易计算,只需计算其一);

(4)根据热机效率或制冷系数的计算公式计算循环的效率(各量均取绝对值);

(5)可以先进行变量运算,最后代入数值。

8.4.3　卡诺循环及其效率

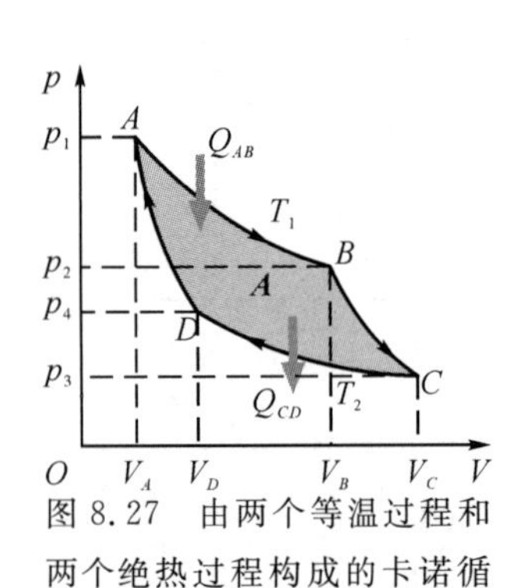

图 8.27　由两个等温过程和两个绝热过程构成的卡诺循环,工质在高温热源吸收热量并对外做功,同时向低温热源放出热量

蒸汽机的发明虽然对19世纪的工业发展起到了积极的作用,但是蒸汽机的效率非常低,一般达不到5%。正是在这种形势下,一大批科学家和工程师开始从事提高热机效率的理论研究。1824年法国青年工程师卡诺提出了一种理想热机,工作物质与两个恒温热源(一个高温热源、一个低温热源)交换热量,整个循环过程由两个等温过程和两个绝热过程构成,这种循环称为**卡诺循环**。

如图8.27所示,在AB过程中,工作物质从高温热源T_1吸收热量,体积从V_A等温膨胀到V_B;BC过程中工作物质在无热源的情况下绝热膨胀至V_C;CD过程中工作物质向低温热源T_2放出热量,同时等温压缩至V_D;DA过程中工作物质在绝热条件下,继续被压缩回原来的体积V_A,完成一次循环。下面我们以理想气体为工质讨论卡诺循环的效率。

在两个等温过程中吸收或放出的热量Q_1和Q_2(取绝对值)分别为

$$Q_1 = Q_{AB} = \nu RT_1 \ln \frac{V_B}{V_A} \text{(吸热)}$$

$$Q_2 = |Q_{CD}| = \nu RT_2 \ln \frac{V_C}{V_D} \text{(放热)}$$

由热机效率公式(8.25),卡诺循环的效率为

$$\eta = 1 - \frac{Q_2}{Q_1} = 1 - \frac{\nu RT_2 \ln \dfrac{V_C}{V_D}}{\nu RT_1 \ln \dfrac{V_B}{V_A}} = 1 - \frac{T_2}{T_1} \frac{\ln \dfrac{V_C}{V_D}}{\ln \dfrac{V_B}{V_A}} \quad (8.27)$$

考虑到DA和BC分别为绝热过程,应满足理想气体的绝热方程式(8.20b),有

$$V_A^{\gamma-1} T_1 = V_D^{\gamma-1} T_2,\ V_B^{\gamma-1} T_1 = V_C^{\gamma-1} T_2$$

将以上两式左右两边分别相除可得

$$\frac{V_B}{V_A} = \frac{V_C}{V_D} \quad (8.28)$$

将上式代入式(8.27),得出卡诺循环的效率为

$$\eta = 1 - \frac{Q_2}{Q_1} = 1 - \frac{T_2}{T_1} \quad (8.29)$$

卡诺循环是无摩擦准静态的理想循环,是对实际热机抽象的结果。卡诺循环的效率只与两个热源温度有关,与工作物质无关。从式(8.29)不难看出卡诺循环的效率取决于两个热源的温度,无论是提高高温热源温度T_1,还是降低低温热源温度T_2,都可以提高热机的效率,但实际上低温热源的温度受到大气温度的限制,降低低温热源的温度需要额外消耗能量,所以

实际中都是尽可能地提高高温热源温度来提高卡诺热机的效率。现在热电厂中要尽可能提高水蒸气的温度，就是以提高 T_1 来提高效率的。

如果让卡诺循环沿逆时针方向进行，那就是卡诺制冷循环，如图 8.28 所示。在循环过程中，外界对系统所做功 A，系统从低温热源 T_2 吸收热量 Q_2，并向高温热源 T_1 放出热量 Q_1，卡诺循环的制冷系数为

$$\varepsilon = \frac{Q_2}{A} = \frac{Q_2}{Q_1 - Q_2}$$

由式(8.29)可知，$\frac{Q_2}{Q_1} = \frac{T_2}{T_1}$，将其代入上式得到

$$\varepsilon = \frac{T_2}{T_1 - T_2} \tag{8.30}$$

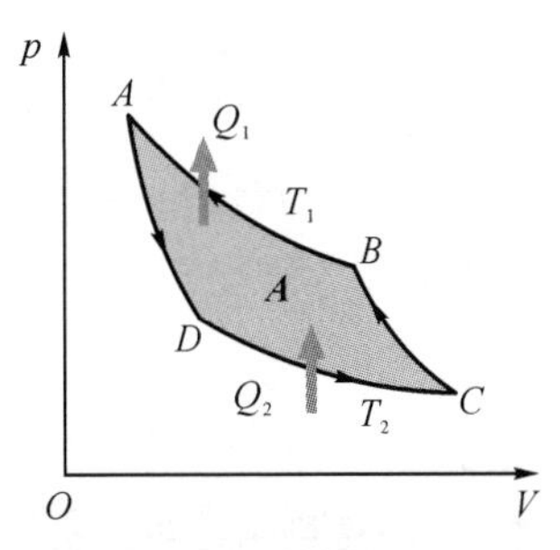

图 8.28　卡诺制冷循环图，外界对工质做功，使工质从低温热源吸收热量，并向高温热源放出热量

由此可见，卡诺逆循环的制冷系数也只取决于高、低温热源的温度，在一般制冷机（如电冰箱、空调）中，高温热源就是周围环境。因此在环境温度 T_1 一定的情况下，T_2 越低，制冷系数 ε 越小，制冷性能就越差，这表明从温度较低的制冷对象中吸收热量，就必须消耗更多的功。利用制冷原理给建筑物供热的装置称为**热泵**，它实际上是一台制冷机。夏季房间为低温热源，空调使室内降温；冬季房间为高温热源，室外大气为低温热源，热泵给室内供暖。市场上销售的双制式空调，实际上就是热泵。应该注意的是在室外温度低于 5 ℃时，利用热泵取暖的效率很低，因此在我国北方冬季寒冷，用空调取暖时，需要辅助热源才行。

想一想：

为什么空调在夏天最热的时候制冷效果会变差？

例 8.8　奥托内燃机的循环过程如图 8.29 所示。$E \to A$ 为吸入燃料过程，$A \to B$ 为压缩过程，$B \to C$ 为燃烧过程，$C \to D$ 为工作过程（膨胀过程），$D \to A$ 为气门打开时的降压过程，$A \to E$ 为废气的排出过程，过程 AB、CD 可以认为是绝热过程，过程 BC、DA 可以认为是等体过程。试证明循环的效率 $\eta = 1 - \left(\frac{V_2}{V_1}\right)^{\gamma-1} = 1 - (K)^{\gamma-1}$。

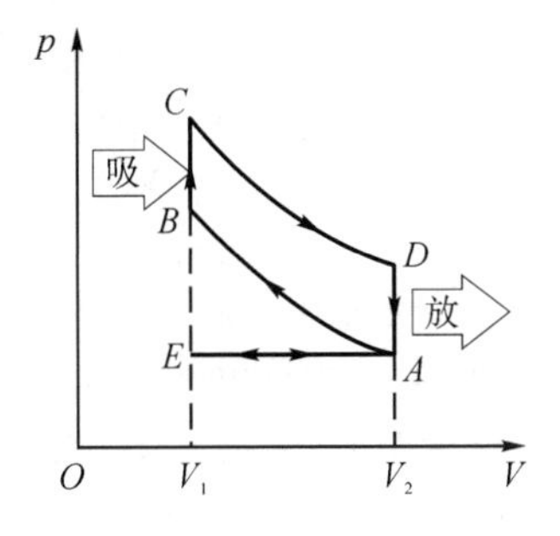

图 8.29　例 8.8 用图

证明　DA 过程为等体放热过程

$$|Q_{DA}| = \nu C_{m,V}(T_D - T_A)$$

BC 过程为等体吸热过程

$$Q_{BC} = \nu C_{m,V}(T_C - T_B)$$

热机效率

$$\eta = 1 - \frac{Q_2}{Q_1} = 1 - \frac{|Q_{DA}|}{Q_{BC}} = 1 - \frac{T_D - T_A}{T_C - T_B}$$

AB、CD 过程为绝热过程，有

$$T_A V_A^{\gamma-1} = T_B V_B^{\gamma-1}$$

> **小贴士:**
> 柴油机的工作循环为狄塞尔循环,有兴趣的读者可以自行查阅资料。

想一想:

空调制冷和制热的原理相同吗? 区别在哪里?

小贴士:

图 8.30 大国重器之重型燃气轮机 G50

燃气轮机发动机是内燃机的一种。燃气轮机技术广泛应用于航空、船舰和机车动力、发电等国防、交通、能源、环保等领域。重型燃气轮机作为发电和驱动设备的核心设备,关乎国家能源安全和国防安全,是国家科技水平和综合国力的象征,具备极高的战略地位和巨大的市场前景。因为研制难度极大,被誉为装备制造业"皇冠上的明珠"。

2019 年 9 月 27 日,东方电气集团大国重器项目——拥有了自主知识产权的国内首台 F 级 50 MW重型燃气轮机 G50 整机点火试验一次成功。这标志着我国在重型燃气轮机技术领域重大突破,打破了国际垄断。这是我国燃气轮机发展历程中的一个重要里程碑!F 级 50 MW 重型燃气轮机在世界算比较先进的水平,虽与国外的 H 级、G 级、H 级、J 级还有一定差距,但为后续发展 300 MW、400 MW 甚至更高的重型燃气轮机打下良好基础。

$$T_D V_D^{\gamma-1} = T_C V_C^{\gamma-1}$$

两式相减,并利用 $V_A = V_D = V_1$, $V_B = V_C = V_2$ 化简,可得

$$(T_D - T_A)V_1^{\gamma-1} = (T_C - T_B)V_2^{\gamma-1}$$

$$\frac{(T_D - T_A)}{(T_C - T_B)} = \left(\frac{V_2}{V_1}\right)^{\gamma-1}$$

将上式代入效率公式,可得

$$\eta = 1 - \left(\frac{V_2}{V_1}\right)^{\gamma-1} = 1 - (K)^{\gamma-1}$$

奥托循环是汽油机的工作循环,其中 $K = \dfrac{V_2}{V_1}$ 称为压缩比,由内燃机的结构决定,K 越大,η 越大,汽油内燃机的压缩比在 7 左右,若设压缩比 $K=7$, $\gamma = 1.4$, 计算其效率 $\eta = 54\%$,实际汽油机效率(约 40%)比理论值要低。需注意,由于压缩过程气体温度升高,为了防止混合气体在用火花塞点火之前发生自燃,或在火花塞点火的等体过程中混合气体压强过高,对转轴产生太大的冲击力,汽油机的压缩比不能太高($K<10$),这就限制了汽油机效率进一步提高。

例 8.9 现有一冷暖双制式空调。(1)夏季用空调使室内保持凉爽,需将热量从室内以 2 kW 的散热功率排至室外。设室内温度为 27 ℃,室外温度为 37 ℃,试求空调所需的最小功率。(2)冬季使用空调使室内保持温暖,需要将热量从室外传入室内,设室外温度为 −3 ℃,室内温度保持在 27 ℃,仍用(1)中空调的最小功率,试求每秒传入室内的热量。

解 (1)由题意可知 $T_1 = 273 + 37 = 310$ K, $T_2 = 273 + 27 = 300$ K, 工质从室内吸收热量向室外放出热量,制冷机所需最小功率即为卡诺制冷机的功率,制冷系数为

$$\varepsilon = \frac{Q_2}{A} = \frac{T_2}{T_1 - T_2}$$

设空调所需的最小功率为 P, 而工质从低温热源吸收热量的功率 $P_i = 2 \times 10^3$ W, 设一个循环所需时间为 Δt,则

$$Q_2 = P_i \cdot \Delta t,\ A = P \cdot \Delta t$$

代入得

$$\varepsilon = \frac{Q_2}{A} = \frac{P_i \cdot \Delta t}{P \cdot \Delta t} = \frac{T_2}{T_1 - T_2}$$

空调所需的最小功率为

$$P = \frac{T_1 - T_2}{T_2} P_i = \frac{310 - 300}{300} \times 2 \times 10^3 = 66.7\ \text{W}$$

(2)由题意可知 $T_1 = 273 + 27 = 300$ K, $T_2 = 273 - 3 = 270$ K, 工质从室外吸收热量向室内放出热量,空调的功率 $P = 66.7$ W 。设工质从低温热源吸收热量的功率为 P_i, 一

个循环所需时间为 Δt,则

$$P_i = \frac{T_2}{T_1 - T_2}P = \frac{270}{300-270} \times 66.7 = 600.3\ \mathrm{W}$$

在制冷循环中,工质把从低温热源吸收的热量 Q_2 和外界做的功 A 以热量的形式传给高温热源。在一次循环中传入室内的热量为

$$Q_1 = A + Q_2 = P \cdot \Delta t + P_i \cdot \Delta t$$

则每秒传入室内的热量为

$$\frac{Q_1}{\Delta t} = P + P_i = 66.7 + 600.3 = 667\ \mathrm{J}$$

在本例中,空调(热泵)为房间供暖,工作系数为 9,空调每秒做功 66.7 J,而热泵向房间每秒传入 667 J 的热量,比直接用电热取暖要经济很多,热泵称得上是绿色供暖装置。当然,实际中热泵的工作系数没有这么高,一般约为 3~4。

8.5 热力学第二定律

热力学第一定律是包含热现象在内的能量守恒与转化规律。能量是守恒的,为什么会有能源短缺的问题?符合能量守恒的过程是否一定能实现?回答是否定的。什么过程能发生,什么过程不能发生?这是热力学第二定律要解决的问题。

8.5.1 热力学过程的方向性

冬天里人们常爱倒一杯热水,然后用手捂着杯子暖和一下被冻僵的手,这时候我们会感到手逐渐变暖,而热水逐渐变凉,这是因为不断有热量自发地从杯子向手传递。但是我们是否想过,为什么热量不会自发地从我们手上向杯子传递呢?这并不违反能量守恒与转化定律。如果这种情况真会发生,那么我们的手会越来越冷而杯子中的水越来越热。可我们有谁见过这样的现象呢?从来没有过。显然热量的传递是有方向性的,它只能自发地从高温物体向低温物体传递。

想一想:

导致过程不可逆的原因是什么?为什么说自然界一切自发过程都是不可逆的?

在焦耳的热功当量实验中(见图 8.3),重物自动下落,带动叶片在水中转动与水发生摩擦,机械能转化成水的内能,致使水温度升高。但是就是这样一个系统,我们无法让水温度自动降低而使叶片转动起来,从而达到提升重物的目的。显然,热功转化具有方向性。

想一想:

功可以完全转化为热,但热不能完全转化为功;热量只能从高温物体传向低温物体,但不能从低物体传向高温物体,这种说法正确吗?

其实自然界的许多实际过程都具有方向性。例如将一滴墨水滴入水中,墨水会自发地向周围逐渐扩散,经过足够长的时间后,两种液体均匀混合。但是它的逆过程,即这种混合体自发地分离为一滴墨水和清水却永远不会实现。显然扩散过

程具有方向性。

对于实际的自发过程具有方向性这一事实，我们将引入不可逆过程和可逆过程的概念。如果一个系统从某一状态经过一个过程到达另一状态，而它的逆过程可以使系统逆向重复以上过程的每一状态，而回到原来的状态，并且在逆过程中不会引起其他的变化，则原来的过程称为**可逆过程**。反之如果系统不能重复原过程中每一状态恢复到初始状态，或者虽然可以还原，但是不可避免地会引起其他的变化，这样的过程称为**不可逆过程**。

想一想：

海洋是地球的重要组成部分，海水质量庞大，虽然温度不高，但蕴含总热量巨大，如果能将海洋蕴含的热量转换成功，这会是取之不尽用之不竭的能源，想一想这一思路是否可行？

大量事实告诉我们，自然界一切与热现象有关的实际宏观过程都是不可逆的，所谓可逆过程只是一种理想过程。在实际过程中如果能够忽略摩擦等耗散力所做的功，且过程进行得足够缓慢，则这样的过程可以近似地被视为可逆过程来处理。能够实现可逆过程的机器称为可逆机，否则称为不可逆机。可逆过程的概念在理论研究和计算上有着重要的意义。

8.5.2　热力学第二定律的两种表述

一切与热现象有关的实际过程都是不可逆的，反映了自然界的一种普遍规律，热力学第二定律正是对这一规律的总结。热力学第二定律是对在研究热机和制冷机的工作原理以及如何提高它们效率的基础上逐渐被认识和总结出来的。

小贴士：

能源问题是社会发展的核心问题。第一类永动机和第二类永动机就是工业革命以来产生的两种关于能量转换的美好“期待”，这两种期待已被热力学第一定律和热力学第二定律“证伪”。热力学第一定律的本质是能量转换过程中的能量守恒问题，热力学第二律的本质是能量传递和转换过程的方向性问题。热力学第一定律和第二定律是科学技术中解决能量转换相关问题的遵循的基本定律。

由热机的效率表达式 $\eta=1-\dfrac{Q_2}{Q_1}$ 可知，在一个完整的循环过程中，工作物质向低温热源放出的热量 Q_2 越少，热机效率就越高。可以设想，如果 $Q_2=0$，那么热机的效率就可以达到100%，这就是说系统从单一热源吸收热量并将其完全用来对外做功。如果这种情况能够实现，那真是求之不得的。例如，巨轮出海可以不必携带燃料，而直接从海水中吸收热量转化成机械功作为轮船的动力，这并不违反热力学第一定律。能够实现从单一热源吸收热量并将其完全转化成有用功的热机称为**第二类永动机**。但事实上并非如此，任何热机必须工作在两个热源之间，在高温热源吸收的热量中只有一部分能转化成有用功，而另一部分则会在低温热源释放掉。1851年英国物理学家开尔文指出：**不可能制成这样一种热机，它只从单一热源吸收热量，并将其完全转化成有用功而不产生其他的影响**，这就是热力学第二定律的**开尔文表述**。热力学第二定律否定了第二类永动机的存在。

在此之前，1850年德国的物理学家克劳修斯在对制冷机的工作原理进行研究时指出：**不可能把热量从低温物体传到高温物体而不产生其他影响**。这是热力学第二定律的另一种表述，称为**克劳修斯表述**，克劳修斯表述也可以表述为**热量不可能自动地从低温热源向高温热源传递**。

热力学第二定律的两种表述分别用到了两个不可逆过程。开尔文表述反映了热功转化的不可逆性；而克劳修斯表述反映了热传导的不可逆性，两者在形式上虽然不同，但其实质却是一致的。我们可以用反证法互相推证两种表述的一致性，这里就不证明了。

想一想：

为什么说热力学第二定律的开尔文表述和克劳修斯表述的本质是一样的？

8.5.3　卡诺定理

18 世纪工业革命以后，蒸汽机得到了广泛的应用，但是人们遇到了一个最突出的问题是蒸汽机的效率实在太低，一般不超过 5%，由于当时对蒸汽机的理论了解甚少，仅仅凭借经验来改善其效率，因此收效并不大。当时法国青年工程师卡诺在提高热机效率方面进行大量理论研究，并于 1824 年发表了《关于热的动力的思考》一文。在他提出的理想循环——卡诺循环的基础上，进一步提出了关于热机效率的核心论点——**卡诺定理**：

定理 8.1　**在相同的高温热源和相同的低温热源之间工作的一切可逆热机，其效率都相等，与工作物质无关。**

既然在相同的热源之间工作的任何可逆机，工作的效率相等，那么我们就可以用工作物质为理想气体的卡诺热机来具体确定一切可逆热机的效率，有

$$\eta_{可逆}=1-\frac{T_2}{T_1}$$

想一想：

由卡诺定理，我们可以得到提高热机效率的途径有哪些？为什么实际中总是设法提高高温热源的温度，而不是降低低温热源的温度？

定理 8.2　**在相同的高温热源和相同的低温热源之间工作的一切不可逆热机，其效率小于可逆热机的效率**。于是有

$$\eta\leqslant 1-\frac{T_2}{T_1}\text{（可逆机取等号）}\tag{8.31}$$

卡诺定理为提高热机的效率指明了方向，一是尽可能地使实际的热机接近于可逆热机，具体来说就是减小各种耗散力做功，避免漏气、漏热等情况出现；二是尽可能地提高高温热源的温度。从理论上讲，降低低温热源的温度也可以提高热机的效率，但是要获得较低的温度，需要耗费较多能量，很不经济。因此通常采用与环境温度接近的冷凝器作为低温热源。

我们可以从热力学第二定律出发来证明卡诺定理，这里就不证明了，读者可自行考虑。

8.6　熵与热力学第二定律

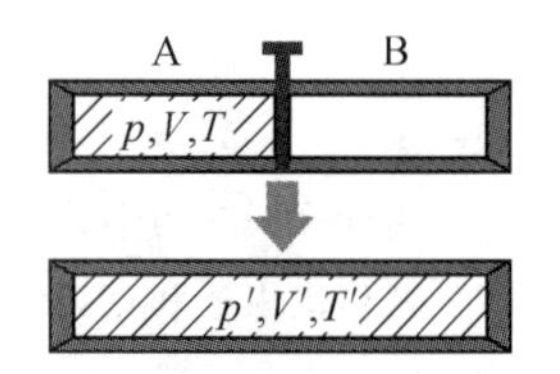

图 8.31　A 室有气体，B 室为真空，今将隔板抽去，气体分子将由 A 室向 B 室扩散，出现气体的自由膨胀过程

8.6.1　热力学第二定律的统计意义

对于一个孤立系统而言，开尔文和克劳修斯在观察和实验的基础上，分别从热功转化的不可逆性和热量传递的不可逆性的角度，提出了热力学第二定律的两种不同表述，并且进一步证明了这两种表述的等效性。为什么两个看似不同的不可逆过程，在热力学理论意义上具有等效性？这是因为它们具有相同的微观本质。事实上自然界的一切不可逆过程。都具有相同的微观本质。下面以理想气体自由膨胀这一宏观不可逆过程为例来进行讨论。

设一容器被隔板隔成 A、B 两室，如图 8.31 所示，A 室储有气体，总分子数为 N，B 室是真空。现将隔板抽去，气体分子将由 A 室向 B 室扩散，这一过程称为气体自由膨胀过程。抽去隔板后，由于分子处于杂乱无章的热运动中，就每一个分子而言，或出现在 A 室或出现在 B 室，出现在 A 室或 B 室的可能性与两室的体积成正比，如果两室体积相等，分子出现在 A 室或 B 室的概率相等，均为$\frac{1}{2}$。

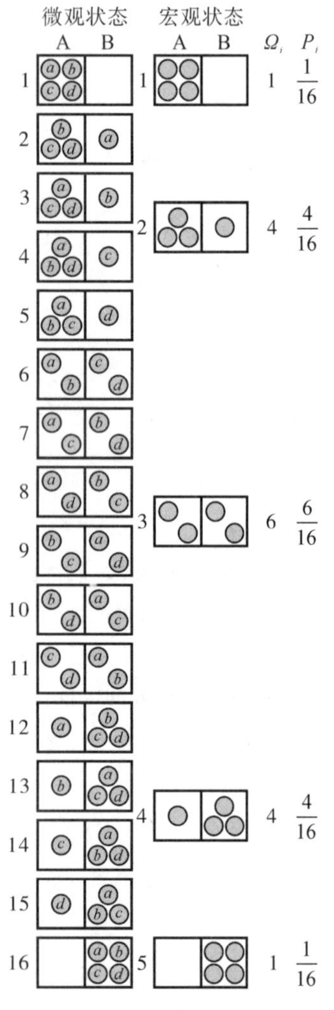

图 8.32　4 个分子在 A、B 两室中的分布状态

为了方便讨论，假设只有 4 个气体分子，$N=4$，为了区分这 4 个分子，分别用 a、b、c、d 来标注。抽去隔板以后，由于分子无规则热运动，在任何一个瞬间，4 个分子在 A 室和 B 室的分布具有多种可能性，如图 8.32 所示。我们把 A、B 两室中分子各种可能性分布状态称为微观态，用 Ω 表示微观态的数目。从图中看出，4 个分子在两室中的可能分布共有 16 种，即 $\Omega=16$ 。但是对于实际气体而言，同种分子是无法加以区分的，A 室(或 B 室)中是哪几个分子的组合无法识别。我们只知道有多少个分子在 A 室，有多少个分子在 B 室。对于各分子不加区分，仅从 A、B 两室的分子数分布来确定的状态为**宏观态**。由图 8.32 看出，共有 5 种宏观态，不同宏观态所对应的微观态数目不同。我们用 Ω_i 表示第 i 个宏观态的微观态数目，用 Ω 表示总的微观态数，则出现第 i 个宏观态的概率 P_i 为

$$P_i=\frac{\Omega_i}{\Omega} \tag{8.32}$$

4 个分子同时位于 A 室(或 B 室)的宏观态所对应的微观态只有一种，即这种宏观态出现的概率最小，为 $P=\frac{1}{16}=\frac{1}{2^4}$；而 A 室和 B 室各有两个分子的宏观态所对应的微观态数最多，即

出现这种宏观态的概率最大，为 $P=\frac{6}{16}$。一般来说，如果有 N 个气体分子，则它在 A、B 两室出现的微观态数目为 2^N 个，抽去隔板后全部分子仍集中在 A 室(或 B 室)的可能性只有 $\frac{1}{2^N}$。由于一般系统所包含的分子数目非常多，1 mol 气体的分子数 $N=6.022\times10^{23}$，因此这种情况几乎不可能出现。

假设在某一个宏观态下，A 室有 n 个分子，根据概率理论，这一宏观态包含的微观态数目为

$$\Omega=\frac{N!}{n!(N-n)!}$$

我们可以通过求极值的方法来确定微观态数目最大的宏观态。对上式两边取对数，即

$$\ln\Omega=\ln N!-\ln n!-\ln(N-n)!$$

由于分子数 $N\gg1$，可以用斯特林公式 $\ln N!=N\ln N-N$ 将上式简化为

$$\ln\Omega=N\ln N-n\ln n-(N-n)\ln(N-n)$$

将上式对 n 求一阶导数，并令 $\frac{\mathrm{d}\Omega}{\mathrm{d}n}=0$，可得

$$n=\frac{N}{2}$$

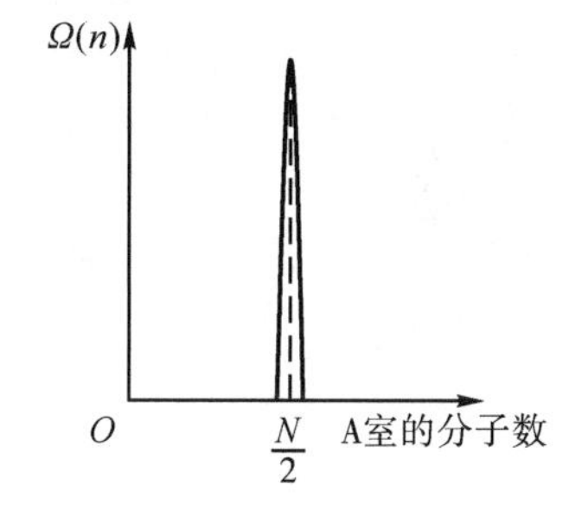

图 8.33　分子数与微观状态数

这就是说，A、B 两室分子均匀分布时的宏观态所包含的微观态数目最大，即这种宏观态出现的概率最大。由此得出结论：自由膨胀过程实质上是由包含微观态数目少的宏观态向包含微观态数多的宏观态转变，这就是气体自由膨胀过程不可逆的微观本质。图 8.33 给出了 A 室中的分子数 n 与宏观态所对应的微观态 Ω 之间的关系，在 $n=\frac{N}{2}$ 附近 Ω 最大，而 n 为其他值时 Ω 几乎为零。

上述气体自由膨胀过程的不可逆性的微观本质，可以推广到一切不可逆过程，其实质是：**孤立系统内部发生的一切不可逆过程，总是由包含微观态数目少的宏观态向包含微观态数目多的宏观态转变。**这就是热力学第二定律的统计意义。在一般情况下宏观状态表现得越规律有序，其包含的微观态数越小；而宏观状态表现得越混乱无序，其包含的微观态数目越多。因此，**一切不可逆过程都是由有序状态向无序状态的方向进行。**

8.6.2　熵与热力学概率

根据热力学第二定律的统计意义，过程的不可逆性反映了初、末两个状态存在的性质上的差异，这种差异表现在初、末两

个宏观态所包含的微观态数目不同。为了能够从数学上描述这种由于状态上的差异而引起的过程方向性问题，我们引入新的物理量——**熵**。

熵既然是为了描述过程的不可逆性而引入的，那么它应该与宏观态所包含的微观态数目 Ω 有关，我们把 Ω 称为**热力学概率**。1877 年，玻尔兹曼运用经典统计的方法得到了熵 S 与热力学概率 Ω 之间的关系：

$$S = k\ln\Omega \tag{8.33}$$

上式称为**玻尔兹曼公式**，式中的 k 为玻尔兹曼常量，熵的单位与玻尔兹曼常量相同。

某一宏观态所对应的微观态数目越多，即热力学概率 Ω 越大，则系统内分子热运动的无序性越大，系统的熵也就越大。因此，**熵是组成系统的微观粒子的无序性(即混乱度)的量度**。热力学第二定律的统计意义已经给出结论：**在孤立系统中一切实际过程都是从热力学概率小的状态向热力学概率大的状态进行**。显然，当系统处于平衡态时热力学概率 Ω 趋于最大值。因此，由玻尔兹曼公式可知：**当系统处于平衡态时，其熵值 S 达到最大**。

熵是一个状态量，并具有可叠加性，根据概率的乘法原理，如果某一个系统由两个子系统构成，子系统的热力学概率分别为 Ω_1、Ω_2，则系统的熵为

$$S = k\ln\Omega = k\ln\Omega_1 + k\ln\Omega_2 = S_1 + S_2$$

式中，S_1、S_2 分别为两个子系统的熵。

小贴士：

奥地利物理学家玻尔兹曼(Boltzmann，1844－1906)是热力学和统计物理学的奠基人之一。他将麦克斯韦速率分布律推广到保守力场作用下的情况，得到了玻尔兹曼分布律。建立了玻尔兹曼方程(又称输运方程)，用来描述气体从非平衡态到平衡态过渡的过程。提出了著名的玻尔兹曼熵公式：$S = k\ln\Omega$，此式后来被刻在他的墓碑上。

8.6.3　克劳修斯熵　熵增加原理

玻尔兹曼熵是从热力学第二定律的统计意义上引入的一个物理量，用于描述系统的热力学状态。在热力学中，克劳修斯从宏观上对熵进行了定义，两者却是互通的。设一定量的理想气体在温度 T 下做可逆等温膨胀，体积从 V_1 变化到 V_2。可以设想对某一个分子，它在体积 V 中出现的概率 Ω_i 应该与体积成正比，即 $\Omega_i = CV$，C 为比例系数。根据概率理论，如果有 N 个分子，它们同时出现在该体积 V 中的概率为

$$\Omega = \Omega_i^N$$

将上式代入式(8.33)，可得

$$S = kN\ln(CV)$$

当气体体积从 V_1 变化到 V_2 时，系统熵的增加(熵变)为

$$\begin{aligned}\Delta S = S_1 - S_2 &= kN\ln(CV_2) - kN\ln(CV_1)\\ &= kN\ln\frac{V_2}{V_1} = \frac{N}{N_A}R\ln\frac{V_2}{V_1}\end{aligned}$$

小贴士：

熵是一个比较抽象的概念，理解时需要注意以下几点：

(1)熵是一个态函数，熵的变化只取决于初、末两个状态，与具体的过程无关。

(2)熵具有可加性，系统的熵等于系统内各部分的熵之和。

(3)克劳修斯熵只能用于描述平衡态，而玻尔兹曼熵可以用于描述非平衡态。

因为 $\frac{N}{N_A}=\frac{m}{M}=\nu$，所以有

$$\Delta S=\nu R\ln\frac{V_2}{V_1}$$

将上式与等温过程的热量计算公式(8.18)比较，可得

$$\Delta S=\frac{Q}{T} \tag{8.34}$$

式中 $\frac{Q}{T}$ 称为热温比。对微过程而言，上式可写作

$$\mathrm{d}S=\frac{\mathrm{d}Q}{\mathrm{d}T} \tag{8.35}$$

虽然上式从一个特殊的可逆过程等温过程推导来的，但在理论上可以证明它具有普适性。

对任意一个热力学过程，可以把式(8.35)写为

$$\mathrm{d}S\geqslant\frac{\mathrm{d}Q}{\mathrm{d}T} \tag{8.36}$$

其中等号表示可逆过程，而不等号表示不可逆过程。上式的积分式可表示为

$$\Delta S=\int_A^B \mathrm{d}S\geqslant\int_A^B\frac{\mathrm{d}Q}{\mathrm{d}T} \tag{8.37}$$

上式表明：热力学系统从初态 A 变化到末态 B，在任意一个可逆过程中，其熵变等于该过程中热温比 $\frac{\mathrm{d}Q}{\mathrm{d}T}$ 的积分；而在任意一个不可逆过程，其熵变大于该过程中热温比 $\frac{\mathrm{d}Q}{\mathrm{d}T}$ 的积分。式(8.36)和(8.37)正是克劳修斯对熵的定义。

由克劳修斯熵的定义可以看出，如果 $\mathrm{d}Q=0$，则 $\mathrm{d}S\geqslant 0$，这就证明：**孤立系统中发生的一切不可逆过程都将导致系统的熵增加；而在孤立系统中发生的一切可逆过程，系统的熵保持不变**。这一结论称为**熵增加原理**，其数学表示形式为

$$\Delta S\geqslant 0 \tag{8.38}$$

上式也是热力学第二定律的数学表达式，表示自然界一切与热现象有关的宏观实际过程都是向着熵增加的方向进行，当系统的熵达到极大值时，系统处于平衡态。因此利用熵的变化可以判断自发过程进行的方向(熵增加的方向)和限度(熵所能达到的极大值)。值得注意，熵增加原理是对整个孤立系统而言的，对于系统内部的个别物体，熵可以增加、不变或减少。

想一想：

有人把熵增加原理应用于整个宇宙，得出宇宙最终将处于平衡态(即所谓的热寂状态)的结论，这种说法对不对？为什么？

在计算热力学过程中的熵变时，式(8.37)只能用于可逆过程中熵变的计算。而对于某些不可逆过程，可以假想一个可逆过程来计算，因为熵是一个态函数，与过程无关，只要选用的可逆过程与被替代的不可逆过程有相同的初态和末态就可以了。

阅读材料

信息熵

当代社会是信息社会，要全面地研究信息相当困难，因为对信息的内容既要有数量的计算，又应有质量的评价。例如在手机上收到两条同样是10个字的短信，其价值可能有天壤之别，对信息价值的评估目前还没有大家可以共同接受的标准，无法用自然科学的方法进行研究。当代的信息论这门科学，主要是对信息的数量进行研究。信息论的创始人香农于1948年从概率的角度给出了信息熵的定义。

信息与概率有什么关系呢？先看一个例子，例如一个系中有一至四，4个年级，每个年级有1～4，4个班级，现在需要确定一个学生是哪个班的。如果完全不了解情况，只知道他是该系的一名学生，则他在任何一个班的概率都是$\frac{1}{16}$。如果获得信息知道他是一年级的学生，则他在一年级中每个班的概率为$\frac{1}{4}$，而在其他年级班里的概率为0。若进一步获得信息知道他是一年级3班的学生，则他在一年级3班的概率为1，而在其他班的概率为0，由此可见，信息的获得意味着在各种可能性中概率分布的集中。

通常事物具有多重可能性，为了简单起见，考虑只有两种可能性的情况，例如是或非、有或无、开或关等。最重要的是计算机(信息社会中最重要的硬件之一)普遍采用二进制，数据的每一位非0即1，也有两种可能性，对于只有两种可能性的情况，如果没有信息，每种可能性出现的概率都是$\frac{1}{2}$。在信息论中，**把有两种可能性中做出完全判断所需的信息量定义为** 1 bit **(比特)**，bit **是信息量的单位。**

仍讨论前面的例子，首先看要判断一个学生在一年级4个班中的哪个班需要多少信息量。这需要适当地设置一系列由2选1的问题构成最优的判断过程。例如，可以首先判断“是1班或2班的吗”？答曰非，再判断“是3班的吗”？答曰是，可见从4种可能性中做出完全判断需要2 bit的信息。再看判断一个学生在四个年级中哪个班需要多少信息量。例如可以首先判断“是一年级或二年级的吗”？答曰是，再判断“是一年级的吗”？答曰是……可见从16种可能性中做出完全判断，需要4 bit的信息。以此类推，一般来说从N种可能性中做出完全判断所需要的信息量为$n=\log_2 N\ \text{bit}=K\ln N$，其中$K=\left(\frac{1}{\ln 2}\right)\text{bit}=1.4427\ \text{bit}$。在$N$种可能性，完全没有信息的情况下，假定每种可能性出现的概率Ω均为$\Omega=\frac{1}{N}$，由于$\ln N=-\ln\Omega$，则从N种可能性做出完全判断所需要的信息量为$-K\ln\Omega$，香农把它称为信息熵，也记为S，$S=-K\ln\Omega$，**信息熵等于做出完全判断所缺乏的信息量，意味着信息的缺损**。继续讨论前面的例子，在未获得“该学生在系里哪个班”的任何信息下，信息熵$S_1=-K\ln(1/16)=4\ \text{bit}$。在获得“该学生为一年级的学生”的信息后，信息熵$S_2=-K\ln(1/4)=2\ \text{bit}$，在此过程中获得信息量$\Delta I=I_2-I_1=-(S_2-S_1)=2\ \text{bit}$。可见，信息熵的减少等于信息量的增加，在一个过程中$\Delta I=-\Delta S$，**即信息量等于负熵**。

若有N种可能性，第i种可能性出现的概率为Ω_i，信息熵的定义为$S=-K\sum\limits_{i=1}^{N}\Omega_i\ln\Omega_i$，

即信息熵等于各种可能性的信息熵 $-K\ln\Omega_i$ 以其概率 Ω_i 为权重的平均值。例如，对明天是不是下雨，只有下雨或不下雨两种可能性，如果天气预报说“明天下雨”，这句话给出了 1 bit 的信息。如果说“明天下雨的概率为 70%”，则信息熵

$$S=-K(\Omega_1\ln\Omega_1+\Omega_2\ln\Omega_2)=-\frac{1}{\ln2}(0.7\ln0.7+0.3\ln0.3)\text{bit}=0.88\ \text{bit}$$

即比全部所需信息(1 bit)缺少 0.88 bit，因此“明天下雨的概率为 70%”这句话的信息量只有 0.12 bit。如果说“明天有 90% 的概率下雨”，可以同样计算出信息熵 $S=0.47$ bit，这句话的信息量是 $I=1-S=0.53$ bit。对于各种可能性概率不相等的普遍情况，依然是信息熵等于做出完全判断所缺乏的信息量，即信息量等于负熵。

信息熵公式 $S=-K\ln\Omega$ 和玻尔兹曼公式 $S=k\ln\Omega$ 极为相似，只是在热学中玻尔兹曼常量 $k=1.38\times10^{-23}\ \text{J}\cdot\text{K}^{-1}$，熵的单位是 $\text{J}\cdot\text{K}^{-1}$；而在信息论中 $K=\left(\frac{1}{\ln2}\right)\text{bit}$，信息熵的单位为 bit。两者比较可以得到 $1\ \text{bit}=k\ln2\ \text{J}\cdot\text{K}^{-1}=0.957\times10^{-23}\ \text{J}\cdot\text{K}^{-1}$。由上式及熵增加原理可知，要使计算机内信息存储增加 1 bit，则它的熵减小 $k\ln2$，因此环境中的熵至少要增加这么多，即在温度为 T 下计算机处理 1 bit 信息至少要消耗 $k\ln2$ 能量，这或许是能量消耗的理论下限。

内容提要

1. 热力学过程

平衡态：在没有外界影响的条件下(即孤立系统)，系统各部分的宏观性质不随时间发生变化的状态。平衡态在 $p-V$ 图上可用一点表示。

热力学过程：热力学系统的状态变化的过程。

准静态过程：在热力学过程中，系统所经历的任一中间状态都无限接近平衡态，则此热力学过程称为准静态过程，在 $p-V$ 图上可用一条曲线来表示。

2. 功、热量、内能及热力学第一定律

功和热量：做功和传递热量是系统和外界交换能量的两种形式，功和热量是与热力学过程有关的量，它们的值都与状态的变化过程相关。

内能：内能是系统状态的单值函数，对理想气体而言，内能仅是温度的单值函数。系统的内能改变只与系统的初、末状态有关，而与具体过程无关。

热力学第一定律：$Q=\Delta E+A$；对于微小的元过程：$\mathrm{d}Q=\mathrm{d}E+\mathrm{d}A$

当 $Q>0$ 时，吸热，当 $Q<0$ 时，放热；当 $\Delta E>0$ 时，内能增加，当 $\Delta E<0$ 时，内能减少；当 $A>0$ 时，系统对外做功，当 $A<0$ 时，外界对系统做功。

3. 准静态过程中功的计算

$$A=\int_{V_1}^{V_2}p\mathrm{d}V$$

4. 摩尔热容

定容摩尔热容：$C_{\mathrm{m},V}=\frac{\mathrm{d}Q_V}{\mathrm{d}T}$　　定压摩尔热容：$C_{\mathrm{m},p}=\frac{\mathrm{d}Q_p}{\mathrm{d}T}$

理想气体 $C_{\mathrm{m},p}$ 与 $C_{\mathrm{m},V}$ 的关系(迈耶公式)：$C_{\mathrm{m},p}=C_{\mathrm{m},V}+R$

比热容比：$\gamma=\dfrac{C_{m,p}}{C_{m,V}}$

5. 理想气体的摩尔热容

定容摩尔热容：$C_{m,V}=\dfrac{i}{2}R$　　定压摩尔热容：$C_{m,p}=\dfrac{i+2}{2}R$

摩尔热容比：$\gamma=\dfrac{C_{m,p}}{C_{m,V}}=\dfrac{i+2}{i}$

6. 热力学第一定律在理想气体典型的准静态过程中的应用(见表 8.3)

表 8.3　四个基本过程的计算公式

过程	特征	过程方程	吸收热量 Q	对外界做功 A	内能增量 ΔE	摩尔热容
等体	$dV=0$	$\dfrac{p}{T}=C$	$\nu C_{m,V}(T_2-T_1)$	0	$\nu C_{m,V}(T_2-T_1)$	$C_{m,V}$
等压	$dp=0$	$\dfrac{V}{T}=C$	$\nu C_{m,p}(T_2-T_1)$	$p(V_2-V_1)$ $\nu R(T_2-T_1)$	$\nu C_{m,V}(T_2-T_1)$	$C_{m,p}$
等温	$dT=0$	$pV=C$	$\nu RT\ln\dfrac{V_2}{V_1}$ $\nu RT\ln\dfrac{p_1}{p_2}$	$\nu RT\ln\dfrac{V_2}{V_1}$ $\nu RT\ln\dfrac{p_1}{p_2}$	0	∞
绝热	$dQ=0$	$pV^{\gamma}=C_1$ $V^{\gamma-1}T=C_2$ $p^{\gamma-1}T^{-\gamma}=C_3$	0	$-\nu C_{m,V}(T_2-T_1)$ $\dfrac{1}{\gamma-1}(p_1V_1-p_2V_2)$	$\nu C_{m,V}(T_2-T_1)$	0

7. 循环过程和循环效率

循环过程：系统经过一定的状态变化后，又回复到初始状态的过程。

热机效率：$\eta=\dfrac{A_j}{Q_1}=1-\dfrac{Q_2}{Q_1}$(此公式适用于一切热机)，式中 A_j 表示循环过程中工质对外界所做的净功，Q_1 为工质吸收热量的总和，Q_2 为工质放出热量的总和。

制冷系数：$w=\dfrac{Q_2}{A_j}$，式中 A_j 表示外界对工质所做的净功，Q_2 为工质从制冷对象中吸收的热量。

卡诺热机的效率：$\eta=1-\dfrac{T_2}{T_1}$(此公式只适用于卡诺热机)，式中 T_1 为高温热源的温度，T_2 为低温热源的温度。

卡诺逆循环制冷系数：$w=\dfrac{T_2}{T_1-T_2}$，式中 T_1 为高温热源的温度，T_2 为制冷对象的温度。

8. 可逆过程与不可逆过程

可逆过程：一个系统由某一状态出发经过某一过程到达另一状态，如果存在另一过程，能使系统回到原来状态，同时消除了原来过程对外界所产生的一切影响，则原来的过程就称为可逆过程。无摩擦的准静态过程是可逆过程。

不可逆过程：用任何方法都不能使系统和外界恢复原来的状态，则原过程就称为不可逆过程。一切实际过程都是不可逆过程。

9. 热力学第二定律

开尔文表述：不可能只从单一热源吸收热量，使之完全转换为功而不引起其他变化。

克劳修斯表述：不可能使热量从低温物体传向高温物体而不引起其他变化。

10. 热力学第二定律的统计意义

在一个不受外界影响的孤立系统中发生的一切实际过程，都是从热力学概率小（微观态数少）的宏观态向热力学概率大（微观态数多）的宏观态进行的。

思考题

8.1　试说明以下三种情况下，某理想气体由状态1变化到状态2的过程是什么过程？(1)内能 E 随压强 p 线性增加；(2)内能 E 随体积 V 线性增加；(3)压强 p 随温度 T 线性增加。

8.2　内能和热量有什么区别？温度越高是不是意味着内能越大，热量越多？

8.3　闭合过程如图所示，请将各量的正负填入下表中。

过程	ΔV	Δp	ΔT	A	Q	ΔE
AB						
BC						
CD						
DA						

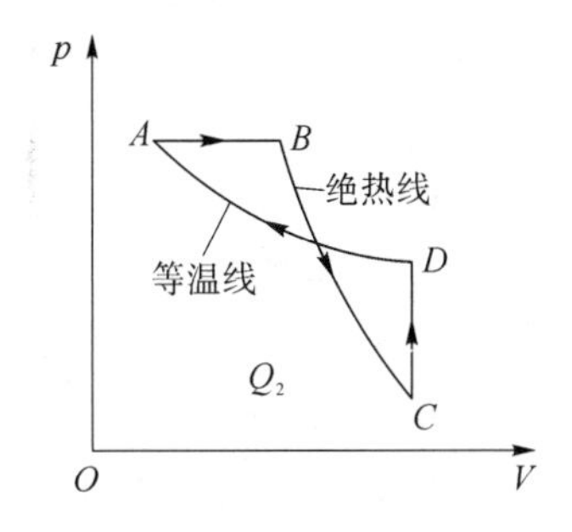

思考题 8.3 图

8.4　试解释为什么在 $p-V$ 图上，绝热线比等温线明显陡。

8.5　自行车轮胎爆炸时，胎内剩余气体的温度升高还是降低？为什么？

8.6　如思考题8.6图所示，(a)(b)(c)分别表示连接在一起的两个循环过程。(1)哪一幅图中总的净功为正？哪一幅图中总的净功为负？哪一幅图中总的净功为零？(2)循环过程中的方向与功的正负有什么规律？

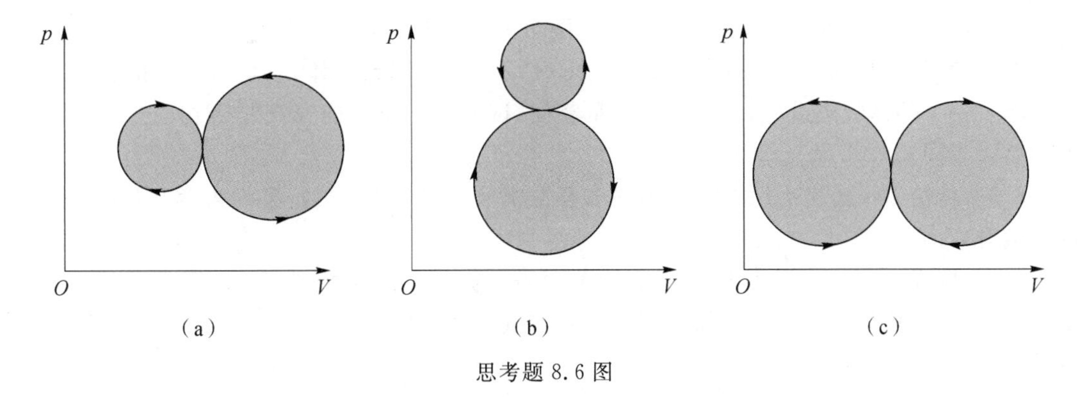

思考题 8.6 图

8.7　在等温过程当中，气体吸收的热量全部用于对外界做功，似乎效率最大，为什么我们实践中不利用等温过程来解决生产问题而利用循环过程？

习　题

一、简答题

8.1　什么是准静态过程？怎样的过程可以视为准静态过程？准静态过程在 $p-V$ 图上如何表示？

8.2　准静态过程的功如何计算？系统什么情况做正功？什么情况做负功？准静态过程的热量如何计算？

8.3　系统由状态1经历不同的过程到达状态2，则在各过程中做功是否相同？内能变化是否相同？吸收热量是否相同？为什么？

8.4　简述热力学第一定律的内容。第一定律表达式中各量的含义，正负号是如何规定的？

8.5　对单原子和双原子的理想气体分子，定容摩尔热容和定压摩尔热容分别是多少？定容摩尔热容和定压摩尔热容之间存在怎样的关系？

8.6　什么是热力学循环过程？循环过程的特点是什么？$p-V$ 图上循环曲线所围的面积表示什么？

8.7　什么是热机的循环？热机的效率怎么计算？什么是制冷机的循环？制冷机的制冷系数怎么计算？

8.8　什么是卡诺循环？卡诺热机的效率怎么计算？卡诺制冷机的效率怎么计算？

8.9　什么是可逆过程？什么是不可逆过程？不可逆过程是不是不能沿逆方向进行？

8.10　卡诺定理的内容是什么？由此我们可以得到提高热机效率的途径有哪些？

8.11　热力学第二定律的开尔文表述和克劳修斯表述内容是什么？这两种表述的本质是一样的吗？反映出自然界的什么普遍规律？

8.12　热力学第二定律的统计意义是什么？热力学第二定律的统一表述是什么？

二、计算题

8.1　一定质量的理想气体从外界吸收热量 1.73×10^3 J，并保持在压强为 1.013×10^5 Pa 下，体积从 10 L 膨胀到 15 L，试求气体对外做功多少？内能增加多少？

8.2　摩尔数相同的三种气体 He、N_2、H_2O 均可视为理想气体，它们从相同的初态出发，都经历了一个等体吸热过程，设吸收的热量相同，试问：(1)温度的升高是否相同？(2)压强的增加是否相同？

8.3　传给 1 g 氦气 1 J 的热量，若氦气压强并无变化，它的初始温度为 200 K，试求氦气的温度升高多少？

8.4　压强为 1×10^5 Pa、体积为 8.2×10^{-3} m^3 的氮气，从初始温度 300 K 加热到 400 K，如加热时(1)保持体积不变；(2)保持压强不变。试求各需吸收多少热量？哪一个过程所需吸收热量大？为什么？

8.5　质量为 0.02 kg 的氦气，温度从 17 ℃上升到 27 ℃，若在升温过程中：(1)体积保持不变；(2)压强保持不变；(3)与外界不交换热量。试分别求各过程中吸收的热量、功和内能增量。

8.6　如图所示，在一循环过程的 $p-T$ 图上，1→2 为______ 过程；2→3 为______过程。

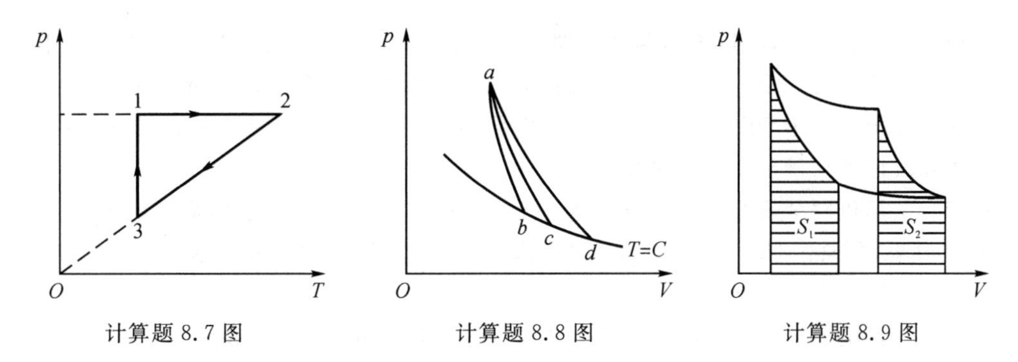

计算题 8.7 图　　计算题 8.8 图　　计算题 8.9 图

8.7　一定量的理想气体，分别从同一状态开始，经历等压、等体、等温过程。若气体在上述过程中吸收的热量相同，则气体对外做功为最大的过程是（　　）。

(A)等温过程　　(B) 等压过程　　(C) 等体过程　　(D) 不能确定

8.8　如图所示，一定量的理想气体从同一初态开始，分别经 $a-b$、$a-c$、$a-d$ 过程到达具有相同温度的终态，其中 $a-c$ 过程是绝热过程，则 $a-b$ 过程是________，$a-d$ 过程是________。（填吸热过程或放热过程）

8.9　理想气体在卡诺循环过程中的两条绝热线下的面积大小（图中阴影部分）分别为 S_1 和 S_2，则两者的大小关系为（　　）

(A) $S_1 > S_2$　　(B) $S_1 < S_2$　　(C) $S_1 = S_2$　　(D) 无法确定

8.10　10 mol 某种单原子理想气体，在压缩过程中外界对它所做的功为 209 J，其温度升高 1 K，试求气体吸收的热量和内能的增量，此过程中气体的摩尔热容是多少？

8.11　一定质量的双原子理想气体，若在等压下加热，使其体积增加为原体积的 n 倍，试求传给气体的热量中用于对外界做功与增加内能的热量之比。

8.12　1 mol 氢气在压强为 1.0×10^5 Pa、温度为 20 ℃时体积为 V_0，今使它经以下两个过程达到同一状态：(1)先保持体积不变，加热使其温度升高到 80 ℃，然后令它等温膨胀，体积变为原来的 2 倍；(2)先将它等温膨胀至原来体积的 2 倍，然后保持体积不变，加热至 80 ℃。试分别计算以上两个过程中吸收的热量、气体对外界所做的功和内能的增量，并作出 $p-V$ 图。

8.13　1 mol 氢气做如图所示的循环过程。(1) 判别各过程热量的符号；(2)试计算 ab、bc、cd、da 过程中气体吸收的热量；(3)计算完成一次循环系统对外做的净功；(4)计算此循环的效率。

8.14　1 mol 单原子理想气体，其循环过程的 $V-T$ 图如图所示。已知 $V_c=2V_a$，a 点的温度是 T_a，(1)画出此循环的 $p-V$ 图，说明此循环是热机循环还是制冷循环？(2)试以 T_a、摩尔气体常数 R 表示 ab、bc、ca 过程中气体吸收的热量；(3)试求此循环的效率。

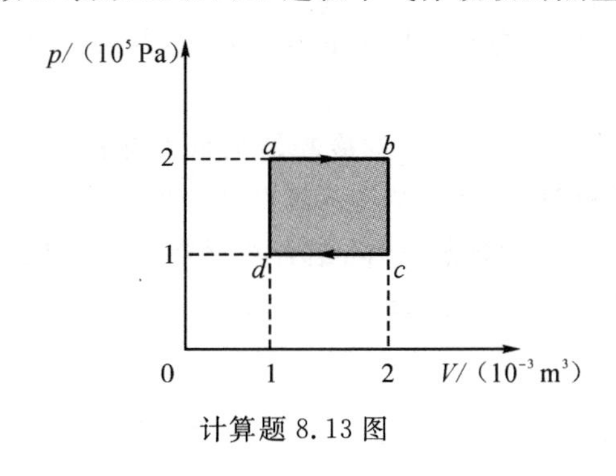

计算题 8.13 图

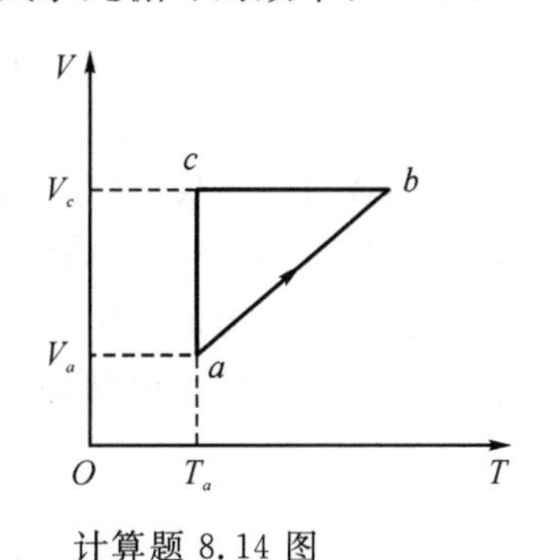

计算题 8.14 图

8.15 一卡诺热机,两热源的温度分别为 27 ℃和 127 ℃。已知工质在一次循环中,从高温热源吸收的热量为 5840 J。试求工质向低温热源放出的热量和对外界所做的功。

8.16 热机工作于 50 ℃～250 ℃,在一次循环中做功为 1.05×10^5 J,试求热机在一次循环中吸收和放出的热量至少应是多少?

8.17 某热机两个热源的温度分别为 1000 K 和 300 K。若分别使高温热源温度提高到 1100 K 和使低温热源温度降至 200 K。试求理论上热机的效率各增加多少?两种提高热机效率的办法哪一种更好?

8.18 一台电冰箱为了制冰从 260 K 的冷冻室吸收热量 209 kJ,如果室温是 300 K,假定该冰箱为理想卡诺制冷机,试问电流做功至少应是多少?若此冰箱以 0.209 kJ/s 的速率吸收热量,试问冰箱的功率至少为多大?

8.19 试用热力学第二定律证明,在 $p-V$ 图上任意两条绝热线不可能相交。

8.20 一设计者企图设计这样一热机,它能从温度为 400 K 的热源中吸收 1.06×10^7 J 的热量,向温度为 200 K 的冷源中放出 4.22×10^6 J 的热量,这样的热机能否制造成功?为什么?

三、应用题

8.1 中国古代的玩具饮水鸟,主体由玻璃制成,它的身体是一根玻璃管,管的上端是一个小球,也就是鸟头,管的下端是一个大球,也就是鸟的尾部,可以不断低头“饮水”。据国外科普读物中记载,饮水鸟曾经让大科学家爱因斯坦也惊叹不已。饮水鸟是永动机吗?它的工作原理是什么?

8.2 简述家用冰箱的工作原理。在一个房间里有一台冰箱正在工作,如果打开冰箱的门,能不能降低房间的温度,为什么?用空调能不能降低房间的温度,为什么?

8.3 斯特林热机采用外部热源,工作气体不直接参与燃烧,因此又被称为外燃机。只要外部热源温度够高,无论是使用太阳能、废热、核原料、生物能等,任何形式的热源都可以使斯特林热机运转,即安全又清洁。在能源工程技术领域人们对斯特林热机的研究兴趣日益增加,其极有可能成为未来动力的来源之一。斯特林热机的循环可等效为工质在两条等温线和两条等体线围成的闭合曲线上做正循环,试讨论其效率。

8.4 阅读材料:在火力发电机组的锅炉中,水由液态变为气态的温度远高于 100 ℃,压强也随温度升高同步增加。当温度达到 347 ℃时,压强达到 220 atm(约 22 MPa),在这个压力和温度时,水和蒸汽的密度是相同的,这就叫水的临界点。温度低于这个数值称作亚临界,高于这个数值称作超临界;温度超过 580 ℃(此时压强为 270 atm)则称为超超临界。一般超临界机组的热效率,比亚临界机组的会提高 2%～3%,超超临界机组的热效率又比超临界机组要高出 4%左右。

(1)根据所学的热力学知识分析上面材料中火力发电机组的效率问题,并列举提高热机效率的其他方法;

(2)汽油机燃烧室内燃烧的燃气为高温热源,废气排入的冷凝器为低温热源,试设计一个在实验室里可以实现的方法来提高汽油机的效率,请画出结构示意图并说明工作原理。

8.5 有一容器体积为 V,内部装有一定质量的理想气体,结合所学热力学知识设计三种方法使其内部温度降低,请画出结构示意图并说明工作原理。

第四部分 机械振动与机械波

人们习惯于按照物质运动的形态，把经典物理学分成力（包括内力）、热、光、电等子学科。然而某些形式的运动是横跨所有这些学科的，其中最典型的要算振动和波了。在力学中有机械振动和机械波，在电学中有电磁振荡和电磁波，声是一种机械波，光则是一种电磁波。在近代物理中更是处处离不开振动和波，仅从微观理论的基石——量子力学又称波动力学这一点就可看出，振动和波的概念在近代物理中的重要性了。尽管在物理学的各分支学科里振动和波的具体内容不同，在形式上它们却具有极大的相似性。所以，本部分的意义绝不局限于力学，它将为学习整个物理学打下基础。

第 9 章　机械振动

物体在一定位置附近所做的往复运动称为机械振动，简称振动。自然界中普遍存在着振动现象，例如钟摆的摆动、心脏的跳动、汽缸内活塞的运动、火车过桥时桥梁的运动、地震时地壳的运动等。除了机械振动外，自然界中还存在着电磁振动等其他形式的振动。广义而言，任何物理量在某一定值附近做周期性变化，都称为振动。例如交变的电压或电流的变化，交变的电场和磁场的变化等。由于不同的振动都遵循着共同的或相似的基本规律，因此，在描述方式和处理方法乃至某些结果的数学形式上，都有相似性和可比性。实际的振动都很复杂，然而任何复杂的实际振动都可以看成是两个或两个以上简谐振动的合成。因此，研究简谐振动是研究实际振动的基础。研究机械振动是研究其他振动的基础。

本章先对振动作简要描述，然后分析和讨论振动的特征及其基本规律。为学习机械波等其他物理知识和交流电、无线电技术等打下必要的基础。

预习提要：

1. 弹簧振子及动力学特征有哪些？
2. 什么是简谐振动？
3. 描述简谐振动的物理量有哪些，有什么特征？
4. 什么是旋转式矢量法，它是如何描述简谐振动的？
5. 做简谐振动能量有什么特征？
6. 不同简谐振动相遇会发生什么现象？
7. 振动的合成具有什么特征？

9.1 简谐振动的描述

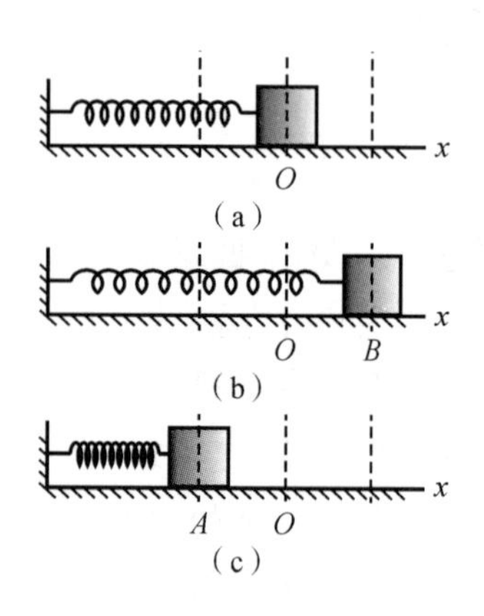

图 9.1 弹簧振子模型

振动的形式是多种多样的,简谐振动是最简单、最基本的振动。研究表明,弹簧振子的振动具有这种简单和基本的振动形式。下面以弹簧振子为例研究简谐振动的特征。

9.1.1 简谐振动模型

如图 9.1 所示,一轻弹簧的左端固定,右端系一物体,并限制在光滑水平面内运动。

轻质弹簧(质量不计)一端固定,另一端系一质量为 m 的物体,置于光滑的水平面上。物体所受的阻力忽略不计。设在 O 点弹簧没有形变,此处物体所受的合力为零,称 O 点为平衡位置。系统一经触发,就绕平衡位置做来回往复的周期性运动。这样的运动系统叫作弹簧振子。它是一个理想化的模型。

> **小贴士:**
>
> **弹簧振子满足三个条件**
>
> (1)忽略弹簧的质量和摩擦阻尼;
>
> (2)振动系统的惯性集中于振动物体;
>
> (3)振动系统的弹性(形变)集中于弹簧。
>
> 弹簧振子是一个理想化的模型。

9.1.2 简谐振动动力学模型

1. 线性回复力

分析弹簧振子的受力情况。如图 9.2 所示,取平衡位置 O 点为坐标原点,水平向右为 x 轴的正方向。由胡克定律可知,物体 m(可视为质点)在坐标为 x(即相对于 O 点的位移)的位置时所受弹簧的作用力为

$$f = -kx \tag{9.1}$$

式中的比例系数 k 为弹簧的劲度系数,它反映弹簧的固有性质,负号表示力的方向与位移的方向相反,它是始终指向平衡位置的。离平衡位置越远,力越大;在平衡位置力为零,物体由于惯性继续运动。这种始终指向平衡位置的力称为**回复力**。

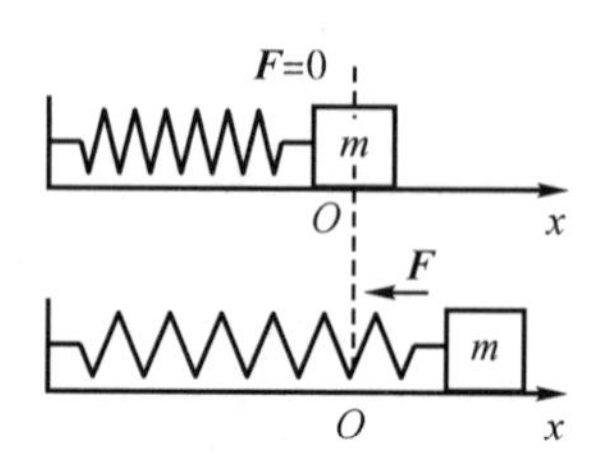

图 9.2 弹簧振子回复力

2. 动力学方程及其解

根据牛顿第二定律,

$$f = ma$$

可得物体的加速度为

$$a = \frac{f}{m} = -\frac{k}{m}x$$

对于给定的弹簧振子,m 和 k 均为正值常量,令

$$\omega^2 = \frac{k}{m}$$

则上式可以改写为 $a = -\omega^2 x$

即
$$\frac{d^2 x}{dt^2} = -\omega^2 x \tag{9.2}$$
或
$$\frac{d^2 x}{dt^2} + \omega^2 x = 0 \tag{9.3}$$

这就是简谐运动的微分方程。

9.1.3　简谐振动的运动学特征

1. 简谐振动的表达式(运动学方程)

简谐振动微分方程的通解是 $x = Ae^{i(\omega t+\varphi)}$，通常可以用其实部或者虚部表示。因此，其通解写成正弦函数或余弦函数的形式，在这里采用余弦函数形式，即
$$x = A\cos(\omega t + \varphi) \tag{9.4}$$
这就是简谐振动的运动学方程，式中 A 和 φ 是积分常数。则：

在弹簧回复力作用下，振子位移随时间按余弦(正弦)规律变化，这种运动称作简谐振动。

2. 简谐振动物体的速度和加速度

将简谐振动的运动学方程分别对时间求一阶和二阶导数，可得简谐振动的速度为
$$v = \frac{dx}{dt} = -\omega A\sin(\omega t + \varphi) \tag{9.5}$$

加速度为
$$a = \frac{d^2 x}{dt^2} = -\omega^2 A\cos(\omega t + \varphi) \tag{9.6}$$

简谐振动运动学方程、速度、加速度的图形描述如图 9.3 所示，**描述机械振动任意时刻位移、速度、加速度的曲线叫作振动曲线**，由图中可见物体做简谐振动时，其速度、加速度都以同样的角频率做简谐振动，**相位依次超前$\frac{\pi}{2}$。**

小贴士：

(1)简谐运动不仅是周期性的，而且是有界的，只有正弦函数、余弦函数或它们的组合才具有这种性质，大学物理中通常采用余弦函数。

(2)欧拉公式 $e^{i\theta} = \cos\theta + i\sin\theta$ 给出了三角函数与复数的关系，在今后的学习中我们会发现周期性运动也会用复数表示，其优点是利用复数的运算规则计算比较简便。

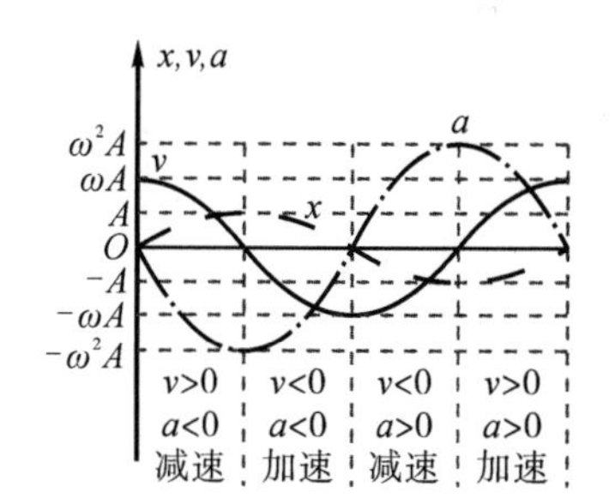

图 9.3　简谐振动运动学方程、速度、加速度

9.1.4　简谐振动判断

1. 受力特征

合外力 $f = -kx$ 与物体相对于平衡位置的位移成正比，方向与位移的方向相反，并且总是指向平衡位置的。此合外力又称为线形回复力或准弹性力。

2. 动力学特征

加速度 $a = -\omega^2 x$ 与物体相对于平衡位置的位移成正比，方向与位移的方向相反，并且总是指向平衡位置的。

说明：

物体在简谐运动时，其位移、速度、加速度都是周期性变化的。

3. 运动学特征

位移 $x = A\cos(\omega t + \varphi)$ 是时间的周期性函数。

例 9.1 一个轻质弹簧竖直悬挂,如图 9.4 所示,下端挂一质量为 m 的物体。今将物体向下拉一段距离后再放开,证明物体将做简谐振动。

证明 取物体平衡位置为坐标原点,竖直向下为 x 轴的正方向,如图所示。物体在平衡位置时所受的合力为零(考虑是一维问题,这里没有用矢量表示),即

$$mg-kl=0 \tag{1}$$

其中 mg 为物体的重力,l 为物体平衡时弹簧的伸长量。

在任一位置 x 处,物体所受的合力为

$$F=mg-k(x+l) \tag{2}$$

比较式(1)、(2)可得

$$F=-kx \tag{3}$$

可见物体所受的合外力与位移成正比,而方向相反,所以该物体将做简谐振动。

说明:

(1)判断一个物体是否做简谐振动,需判断该物体受力是否符合式(9.1),动力学方程是否符合式(9.3),或者其运动学方程是否符合式(9.4),注意只需要符合以上任意一条即可。

(2)要证明一个物体是否做简谐振动最简单的方法就是受力分析,得到物体所受的合外力满足回复力的关系。

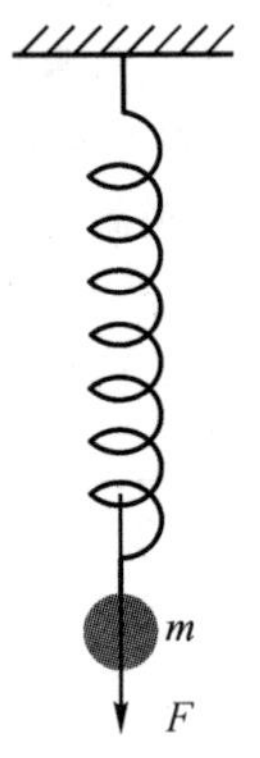

图 9.4 竖直悬挂轻质弹簧系统

9.2 描述简谐振动的物理量

在简谐振动运动学方程 $x = A\cos(\omega t + \varphi)$ 中,A、ω、$\omega t+\varphi$、φ 分别是描述谐振动的特征量:振幅、频率和周期、相位及初相。接下来讨论它们的物理意义。

9.2.1 振幅 A——反映振动幅度的大小

在简谐振动的表达式中,因为余弦或正弦函数的绝对值不能大于 1,所以物体的振动范围为 $+A$ 与 $-A$ 之间。

做简谐振动的物体离开平衡位置的最大位移的绝对值称作**振幅**,用 A 表示。

说明:(1)A 恒为正值,国际单位制中,振幅的单位为米(m);

(2)振幅的大小与振动系统的能量有关,由系统的初始条件确定。

9.2.2 周期 T 与频率——反映振动的快慢

1. 周期

物体做一次完全振动所需的时间称作**振动的周期**,用 T 表示,国际单位制中,周期的单位为秒(s)。

$$x = A\cos(\omega t + \varphi) = A\cos(\omega(t + T) + \varphi)$$

考虑到余弦函数的周期性,有

$$\omega T = 2\pi$$

因而有

$$T = \frac{2\pi}{\omega} \tag{9.7}$$

2. 频率

单位时间内物体所作的完全振动的次数称作**频率**，用 ν 表示，国际单位制中，频率的单位为赫兹(Hz)。

$$\nu = \frac{1}{T} = \frac{\omega}{2\pi} \tag{9.8}$$

3. 角频率

物体在 2π 秒时间内所做的完全振动的次数称作**角频率(或圆频率)**，用 ω 表示，单位为弧度/秒($\mathrm{rad \cdot s^{-1}}$ 或 $\mathrm{s^{-1}}$)。

$$\omega = 2\pi\nu = \frac{2\pi}{T} \tag{9.9}$$

说明：

(1)简谐振动的基本特性是它具有周期性。

(2)周期、频率或圆频率均由振动系统本身的性质所决定，故称之为固有周期、固有频率或固有圆频率。

(3)对于弹簧振子，$\omega = \sqrt{\frac{k}{m}}$，$\nu = \frac{1}{2\pi}\sqrt{\frac{k}{m}}$，$T = 2\pi\sqrt{\frac{m}{k}}$ 。

(4)简谐振动的表达式为

$$x = A\cos(\omega t + \varphi) = A\cos(\frac{2\pi}{T}t + \varphi) = A\cos(2\pi\nu t + \varphi)$$

想一想：

对于弹簧振子，其周期(频率)与弹簧振子的质量和劲度系数有对应关系，是不是可以设计一个系统，通过测量振动周期来测弹簧振子质量或劲度系数？

9.2.3　相位——反映振动的状态

1. 相位

质点在某一时刻的运动状态可以用该时刻的位置和速度来描述。对于做简谐振动的物体来说，位置和速度分别为 $x = A\cos(\omega t + \varphi)$ 和 $v = -\omega A\sin(\omega t + \varphi)$，当振幅 A 和圆频率 ω 给定时，物体在 t 时刻的位置和速度完全由 $\omega t + \varphi$ 来确定。即 $\omega t + \varphi$ 是确定简谐振动状态的物理量，称为**相位**。国际单位制中，相位的单位为弧度(rad)。

相位 $\omega t + \varphi$ 是决定谐振子运动状态的重要物理量 $\omega t + \varphi$ 和 A、ω 一起决定 t 时刻物体运动状态，即位移 x、速度 v 和加速度 a。

在一次全振动中，弹簧振子有不同的运动状态，分别与 0～2π 内的一个相位值对应，表 9.1 给出 t 分别为 0、$\frac{T}{4}$、$\frac{T}{2}$ 和 T 时刻谐振子对应的位置、速度以及相位的关系。

小贴士：

相位的英文为 phase，中译名的“相”来源于“月相”。所谓“月相”是指朔、望、上弦和下弦等，一个月内月亮由新月(朔)经上弦到满月(望)，再由满月经下弦到新月，月相的这种周而复始的变化与简谐振动的相位变化很相似。相位表示物体运动的“综合”状态，其蕴含的信息比位置、速度等物理量更丰富，例如对于做简谐振动的物体，一旦知道了相位，那么物体位置、速度、加速度等信息都明确了。

表 9.1　简谐振动相位与振动状态关系

t	x	v	$\omega t+\varphi$
0	A	0	0
$\frac{T}{4}$	0	$-\omega A$	$\frac{\pi}{2}$
$\frac{T}{2}$	$-A$	0	π
T	A	0	2π

2. 初相位

在 $t=0$ 时，相位为 φ，称为初相位，简称**初相**，它是决定初始时刻物体运动状态的物理量。对于一个简谐振动来说，开始计时的时刻不同，初始状态就不同，与之对应的初相位就不同，即初相位与时间零点的选择有关。

3. 相位差

两个振动在同一时刻的相位之差或同一振动在不同时刻的相位之差称为**相位差**。

对于同频率简谐振动，同时刻的相位：

$$x_1 = A_1\cos(\omega t+\varphi_1)$$

$$x_2 = A_2\cos(\omega t+\varphi_2)$$

相位差：

$$\Delta\varphi = (\omega t+\varphi_2)-(\omega t+\varphi_1) = \varphi_2-\varphi_1$$

即两个同频率的简谐振动在任意时刻的相位差是恒定的，且始终等于它们的初始相位差。

通常运用相位差的值来判断两个振动相互关系：

(1) $\Delta\varphi>0$，质点 2 的振动超前质点 1 的振动；

$\Delta\varphi<0$，质点 2 的振动落后质点 1 的振动。

(2) $\Delta\varphi=\pm 2k\pi, k=0,1,2,\cdots$ 同相(步调相同)；

$\Delta\varphi=\pm(2k+1)\pi, k=0,1,2,\cdots$ 反相(步调相反)。

小结：对于一个简谐振动，若振幅、周期和初相位已知，就可以写出完整的运动方程，即掌握了该运动的全部信息，因此把振幅、周期和初相位叫作描述简谐振动的三个特征量。

9.2.4　简谐振动方程中的 A 和 φ

简谐振动运动学方程为

$$x = A\cos(\omega t+\varphi)$$

其中圆频率是由系统本身的性质确定的，积分常数 A 和 φ 是求解简谐运动的微分方程时引入的，其值由初始条件(即在 $t=0$ 时物体的位移与速度)来确定。将 $t=0$ 代入位移和速度的公式，即得物体在初始时刻的位移 x_0 和初速度 v_0：

$$x_0 = A\cos\varphi \qquad v_0 = -A\omega\sin\varphi$$

由此可解得

$$A = \sqrt{x_0^2 + (\frac{v_0}{\omega})^2} \qquad \tan\varphi = -\frac{v_0}{\omega x_0} \tag{9.10}$$

初相位还需要根据速度和加速度的正、负号来确定，如图 9.5 所示。

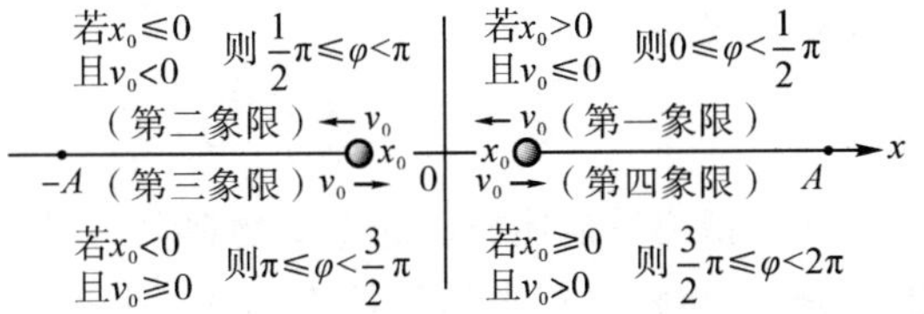

若$x_0 \leqslant 0$ 且$v_0 < 0$　则$\frac{1}{2}\pi \leqslant \varphi < \pi$
若$x_0 > 0$ 且$v_0 \leqslant 0$　则$0 \leqslant \varphi < \frac{1}{2}\pi$
(第二象限) ← v_0　　← v_0 (第一象限)
$-A$　x_0　0　x_0　A　x
$-A$ (第三象限) v_0 →　　v_0 → (第四象限) A
若$x_0 < 0$ 且$v_0 \geqslant 0$　则$\pi \leqslant \varphi < \frac{3}{2}\pi$
若$x_0 \geqslant 0$ 且$v_0 > 0$　则$\frac{3}{2}\pi \leqslant \varphi < 2\pi$

图 9.5　初相位的判断

说明：

(1)一般来说 φ 的取值在 $-\pi$ 和 π（或 0 和 2π）之间；

(2)在应用上面的式子求 φ 时，一般来说会得到两个值，还要由初始条件来判断应该取哪个值；

(3)常用方法：由 $A=\sqrt{x_0^2+\left(\frac{v_0}{\omega}\right)^2}$ 求 A，然后由 $\begin{cases} x_0 = A\cos\varphi \\ v_0 = -A\omega\sin\varphi \end{cases}$ 两者的共同部分求 φ。

例 9.2　一弹簧振子系统，弹簧的劲度系数为 $k=0.72$ N/m，物体的质量为 $m=20$ g。今将物体从平衡位置沿桌面向右拉长到 0.04 m 处释放。求振动方程。

解　要确定弹簧振子系统的振动方程，只要确定 A、ω 和 φ 即可。

由题可知，$k=0.72$ N/m，$m=20$ g$=0.02$ kg，$x_0=0.04$ m，$v_0=0$，代入弹簧振子频率公式可得

$$\omega = \sqrt{\frac{k}{m}} = \sqrt{\frac{0.72}{0.02}} = 6 \text{ rad} \cdot \text{s}^{-1}$$

$$A = \sqrt{x_0^2 + \frac{v_0^2}{\omega^2}} = \sqrt{0.04^2 + \frac{0^2}{6^2}} = 0.04 \text{ m}$$

又因为 x_0 为正，初速度 $v_0=0$，可得 $\varphi=0$，因而简谐振动的方程为

$$x = 0.04\cos(6t) \text{ (m)}$$

例 9.3　已知某质点做简谐振动，振动曲线如图 9.6 所示，试根据图中数据写出振动表达式。

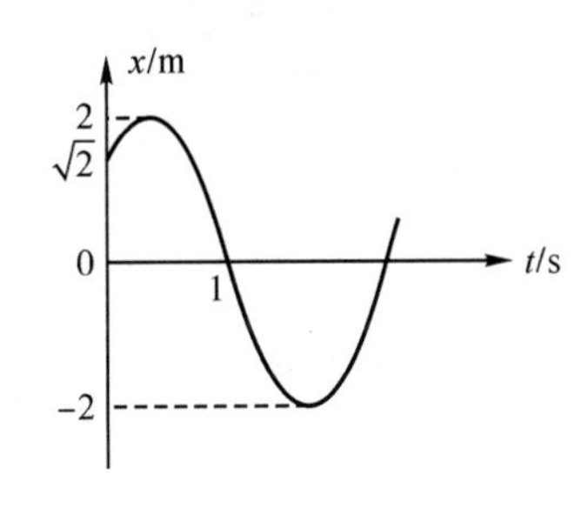

图 9.6　质点简谐振动曲线图

解　设振动表达式为

$$x = A\cos(\omega t + \varphi)$$

由图 9.6 可见：$A=2$ m，当 $t=0$ 时，有

$$x_0 = 2\cos\varphi = \sqrt{2} \tag{1}$$

$$v_0 = -2\omega\sin\varphi > 0 \tag{2}$$

由式(1)可得 $\varphi=\pm\frac{\pi}{4}$，由式(2)可知 $\sin\varphi < 0$，所以只能取 $\varphi=-\frac{\pi}{4}$。

当 $t=1$ s 时,

$$x_1 = 2\cos\left(\omega - \frac{\pi}{4}\right) = 0 \tag{3}$$

$$v_1 = -2w\sin\left(\omega - \frac{\pi}{4}\right) < 0 \tag{4}$$

由(3)可得 $\omega - \frac{\pi}{4} = \pm\frac{\pi}{2}$,由(4)可得 $\sin\left(\omega - \frac{\pi}{4}\right) > 0$,取 $\omega - \frac{\pi}{4} = \frac{\pi}{2}$,因而可得 $w = \frac{3\pi}{4}$。

所以振动方程为

$$x = 2\cos\left(\frac{3}{4}\pi t - \frac{\pi}{4}\right)(\mathrm{m})$$

由以上可知相位是描述振动的重要物理量,如果已知简谐振动的相位、振幅和频率三个物理量表达式,将很容易得到物质运动的速度、加速度等物理量表达式。那么由三个物理量能得到简谐振动物体能量的表达式吗?

9.3 旋转矢量

前面介绍了用数学表达式及曲线表示简谐振动中位移和时间的关系。本节将介绍用旋转矢量表示位移和时间的关系。

9.3.1 旋转矢量图示法

一长度为 A 的矢量 $\boldsymbol{A}$ 在 xOy 平面内绕 O 点沿逆时针方向旋转,如图 9.7 所示,其角速度为 ω,在 $t=0$ 时,矢量 $\boldsymbol{A}$ 与 x 轴的夹角为 φ,这样的矢量称为旋转矢量。在任意时刻,矢量 $\boldsymbol{A}$ 与 x 轴的夹角为 $\omega t+\varphi$,$\boldsymbol{A}$ 的矢端 M 在 x 轴上的投影为 $x=A\cos(\omega t+\varphi)$ 。**做这样运动的矢量 A 就叫作旋转矢量。**

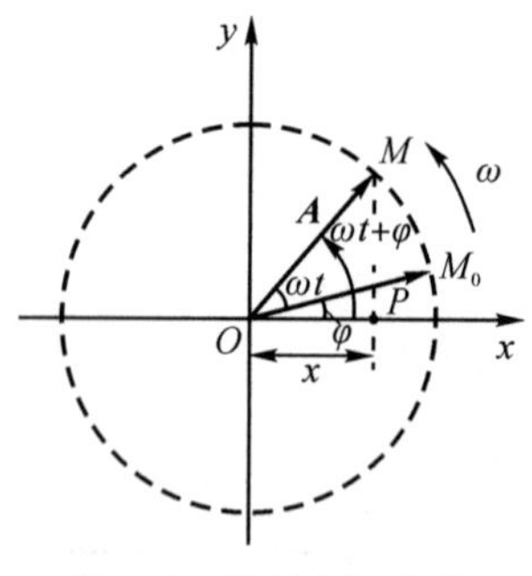

图 9.7 旋转矢量表示简谐振动

可以看到,旋转矢量本身并不做简谐振动,而是旋转矢量的矢端在 x 轴上的投影点在做简谐振动。

在旋转矢量的转动过程中,矢端做匀速圆周运动,此圆称为参考圆。

9.3.2 旋转矢量与简谐振动的关系

简谐振动的方程 $x=A\cos(\omega t+\varphi)$,根据几何学原理可以把它看作一旋转着的矢量 $\boldsymbol{A}$ 在 x 轴上的投影。振幅矢量转动一周,相当于振动一个周期。图 9.8 给出旋转矢量和位移的关系。

当一矢量 $\boldsymbol{A}$ 绕其一端点 O 以角速度 ω 旋转时,另一端点在 x 轴或 y 轴上的投影点将做简谐振动。

设 $t=0$ 时,$\boldsymbol{A}$ 与 x 轴夹角为 φ ,t 时刻,$\boldsymbol{A}$ 转过 ωt 角,则矢

量端点在 x 轴上投影点坐标为 $x = A\cos(\omega t+\varphi)$ 。

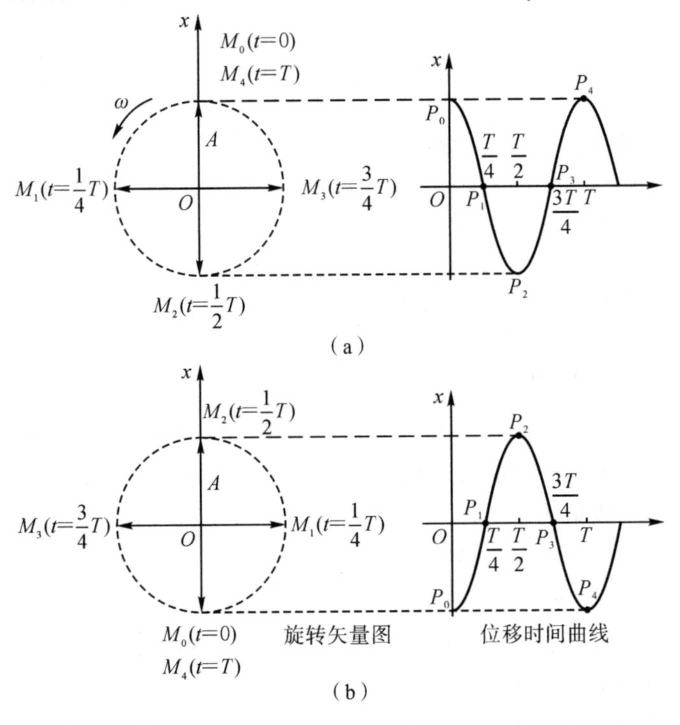

图 9.8　旋转矢量与位移时间关系图

显然投影点做简谐振动的振幅、圆频率、初相与 **A** 矢量大小、旋转角速度、初始 **A** 与 x 轴夹角一一对应。当然，投影点的速度和加速度也与简谐振动的速度和加速度相对应。

A　$\longleftrightarrow$　振幅

ω　$\longleftrightarrow$　圆频率

φ　$\longleftrightarrow$　初相位

$\omega t+\varphi$　$\longleftrightarrow$　相位

9.3.3　旋转矢量的应用

1. 作振动图

如图 9.9 所示，用旋转矢量 **A** 来表示简谐振动形象直观，一目了然，在以后分析两个以上简谐振动合成时十分有用和方便。

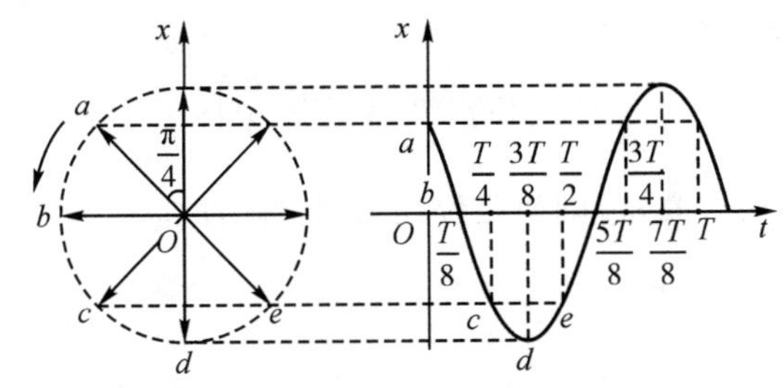

图 9.9　旋转矢量图及简谐振动的 x-t 图

2. 求初相位

如图 9.9 所示,质点在 $x=\frac{A}{2}$ 处向右运动,$\varphi=-\frac{\pi}{3}$;

质点在 $x=\frac{A}{2}$ 处向左运动,$\varphi=\frac{\pi}{3}$;

质点在 $x=-\frac{A}{2}$ 处向右运动,$\varphi=-\frac{2\pi}{3}$;

质点在 $x=-\frac{A}{2}$ 处向左运动,$\varphi=\frac{2\pi}{3}$。

3. 可以用来求速度和加速度

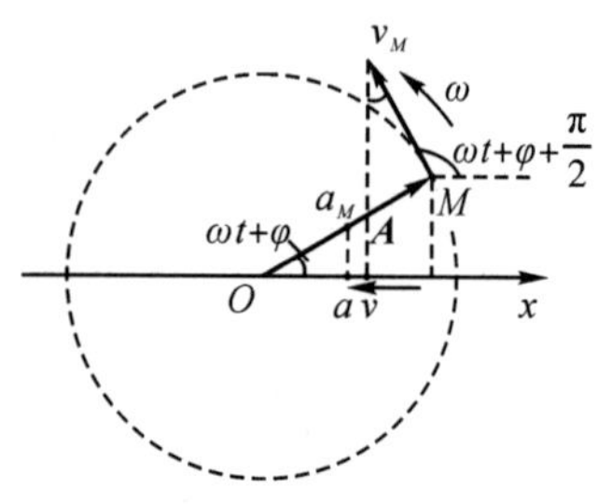

图 9.10　旋转矢量图表示速度和加速度

旋转矢量也能够直观表现出速度和加速度,如图 9.10 所示,矢端 M 的速度与加速度大小为 $v_M=\omega A$ 、$a_M=\omega^2 A$,在 x 轴上的投影为

$$v=-v_M\sin(\omega t+\varphi)=-\omega A\sin(\omega t+\varphi)$$

$$a=-a_M\cos(\omega t+\varphi)=-\omega^2 A\cos(\omega t+\varphi)$$

可以看到这正是由式(9.6)和式(9.7)得到的简谐振动速度和加速度的公式。

例 9.4　如图 9.11 所示,一个质点沿 x 轴做简谐振动,振幅 $A=0.06$ m,周期 $T=2$ s,初始时刻质点位于 $x_0=0.03$ m 处且向 x 轴正方向运动。求:(1)初相位;(2)在 $x=-0.03$ m 处且向 x 轴负方向运动时物体的速度和加速度以及质点从这一位置回到平衡位置所需要的最短时间。

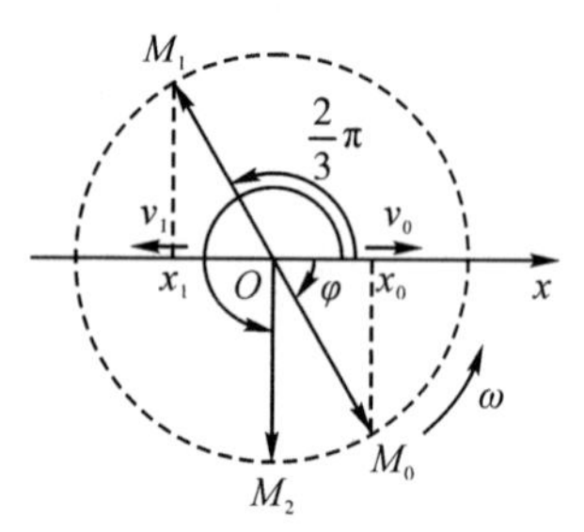

图 9.11　旋转矢量法求速度和加速度

解　(1)取平衡位置为坐标原点,质点的振动方程可写为

$$x=A\cos(\omega t+\varphi)$$

依题意,有 $A=0.06$ m, $T=2$ s,则 $\omega=\frac{2\pi}{T}=\frac{2\pi}{2}=\pi\ \mathrm{rad\cdot s^{-1}}$

在 $t=0$ 时,$x_0=A\cos\varphi=0.06\cos\varphi=0.03$ m

$$v_0=-A\omega\sin\varphi>0$$

因而解得 $\varphi=-\frac{\pi}{3}$。

故振动方程为

$$x=0.06\cos\left(\pi t-\frac{\pi}{3}\right)$$

用旋转矢量法,则初相位在第四象限,故 $\varphi=-\frac{\pi}{3}$。

(2) $t=t_1$ 时,

$$x_1=0.06\cos\left(\pi t_1-\frac{\pi}{3}\right)=-0.03\ \mathrm{m}$$

且 $\left(\pi t_1-\frac{\pi}{3}\right)$ 为第二象限角，故

$$\pi t_1-\frac{\pi}{3}=\frac{2\pi}{3}$$

得 $t_1=1\ \mathrm{s}$，因而速度和加速度为

$$v=\left.\frac{\mathrm{d}x}{\mathrm{d}t}\right|_{t=1\ \mathrm{s}}=-0.06\pi\sin\left(\pi t_1-\frac{\pi}{3}\right)=-0.16\ \mathrm{m\cdot s^{-1}}$$

$$a=\left.\frac{\mathrm{d}^2x}{\mathrm{d}t^2}\right|_{t=1\ \mathrm{s}}=-0.06\pi^2\cos\left(\pi t_1-\frac{\pi}{3}\right)=0.30\ \mathrm{m\cdot s^{-2}}$$

从 $x=-0.03\ \mathrm{m}$ 处且向 x 轴负方向运动到平衡位置，意味着旋转矢量从 M_1 点转到 M_2 点，因而所需要的最短时间满足

$$\omega\Delta t=\frac{3}{2}\pi-\frac{2}{3}\pi=\frac{5}{6}\pi$$

故　$$\Delta t=\frac{\frac{5}{6}\pi}{\pi}=\frac{5}{6}=0.83\ \mathrm{s}$$

可见用旋转矢量方法求解是比较简单的。

想一想：

引入旋转矢量有什么优点呢？

(1)形象地了解简谐运动的各个物理量；

(2)为简谐运动的合成提供了最简捷的研究方法。

9.4* 单摆与复摆

实际发生的振动问题并不像弹簧振子那么简单，大多数比较复杂。例如：

(1)回复力不一定是弹性力，也可以是重力、浮力等其他性质的力；

(2)合外力可能是非线性力，只有在一定的条件下，才能近似当作线性回复力。此时研究问题的方法一般如下：根据问题的性质，突出主要因素，建立合理的物理模型，使计算简化。下面讨论两个实际振动问题的近似处理。

9.4.1 单摆——数学摆

1. 单摆

单摆是一个理想化的振动系统：如图 9.12 所示，它是由一根无弹性的轻绳挂一个重物构成的。轻绳称为摆线，重物体积很小，质量为 m，通常称为摆锤。若把摆锤从平衡位置略微移开，那么摆锤就在重力的作用下，在竖直平面内来回摆动。

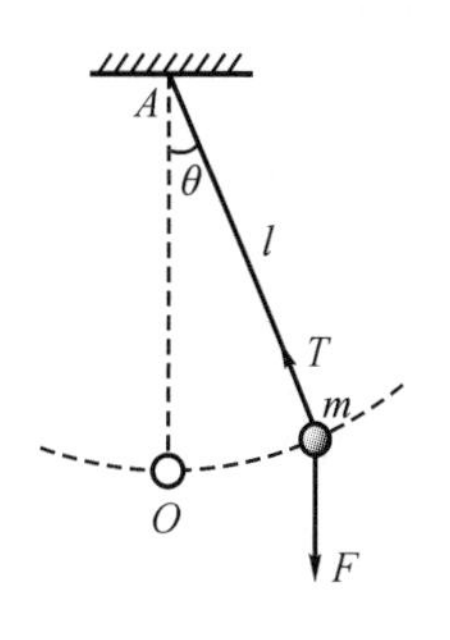

图 9.12　单摆模型

2. 动力学方程

讨论摆锤所受的力，有重力 mg，绳的拉力 T，合力即为摆锤所受的回复力为

$$F=-mg\sin\theta$$

当 θ 很小时（$\theta<5°$），$\sin\theta\approx\theta$，因而，$F=-mg\theta$ 与角位移

成正比。

又因为摆锤沿圆弧运动，$x = l\theta, \theta = \frac{x}{l}$，摆锤近似在水平方向上运动，则

$$F = -mg\frac{x}{l} = -\frac{mg}{l}x \tag{9.11}$$

故单摆做简谐振动，$\frac{mg}{l}$ 相当于弹簧振子的 k，因而单摆的圆频率为

$$\omega^2 = \frac{k}{m} = \frac{g}{l}$$

3. 运动学方程和周期

单摆的振动方程为

$$x = x_0\cos(\omega t + \varphi)$$

振幅 x_0 和初相 φ 由初始条件确定。

由简谐振动的周期公式

$$T = \frac{2\pi}{\omega} \tag{9.12}$$

得单摆的周期为

$$T = 2\pi\sqrt{\frac{l}{g}} \tag{9.13}$$

4. 说明

(1)单摆的合外力与弹性力类似，但本质不同，称为准弹性力。

(2)单摆的周期与单摆的质量无关。

(3)若单摆的振幅不是很小时，单摆周期的一般表达式为

$$T = 2\pi\sqrt{\frac{l}{g}}\left(1 + \frac{1}{2^2}\sin^2\frac{\theta_m}{2} + \frac{1}{2^2}\frac{3^2}{4^2}\sin^4\frac{\theta_m}{2} + \cdots\right)$$

式中，θ_m 为最大摆角，并且含有 θ_m 的各项逐渐减小；当 $\theta_m < 15°$ 时，实际周期与理想周期的误差不超过 0.5%。

(4)单摆准周期运动，可以当作计时器。

(5)单摆提供了一种测量重力加速度的简便装置，只要测出周期 T，则

$$g = \frac{T^2}{4\pi^2 l}$$

5. 单摆的频率

$$\omega = \frac{2\pi}{T} = \sqrt{\frac{g}{l}} \tag{9.14}$$

$$\nu = \frac{1}{T} = \frac{1}{2\pi}\sqrt{\frac{g}{l}} \tag{9.15}$$

9.4.2　复摆——物理摆

1. 复摆

如图 9.13 所示，质量为 m 的任意形状物体，被支撑在无摩擦的与纸面垂直的水平轴 O 上，将它拉开一个微小的角度 θ 后释放。如忽略阻力与摩擦力，则物体将绕轴 O 做微小的自由摆动，这样的装置叫作复摆。

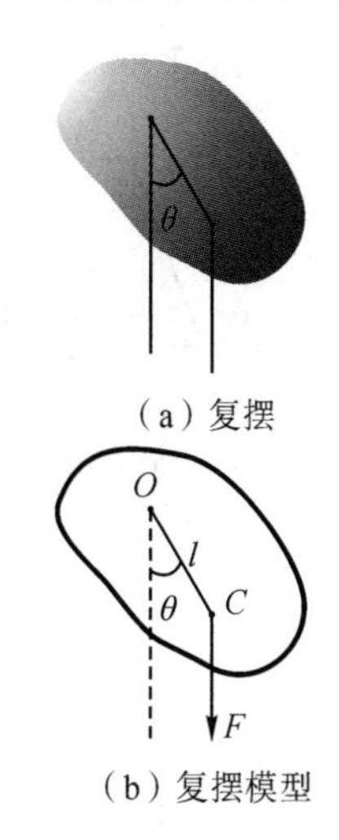

图 9.13　复摆及模型

2. 运动方程

由图 19.13(b)可知，复摆所受重力矩为

$$M = -mlg\sin\theta \approx -mlg\theta \tag{9.16}$$

当 θ 很小时($\theta < 5°$)，$\sin\theta \approx \theta$，根据转动定律，可得

$$-mgl\theta = J\beta = J\frac{d^2\theta}{dt^2}$$

故 $$\frac{d^2\theta}{dt^2} + \frac{mgl}{J}\theta = 0$$

令 $$\omega^2 = \frac{mgl}{J}$$

则 $$\frac{d^2\theta}{dt^2} + \omega^2\theta = 0$$

由上式可知复摆在摆角很小时，其运动可视为简谐振动。

3. 周期与频率

复摆周期 $$T = 2\pi\sqrt{\frac{J}{mgl}} \tag{9.17}$$

复摆角频率 $$\omega = \sqrt{\frac{mgl}{J}} \tag{9.18}$$

小贴士：

简谐振动的应用：

(1)测重力加速度：要求已知 J、l，测 T，推导出 g。

(2)测转动惯量：如果测出摆的质量、重心到转轴的距离以及单摆的周期，就可以得此物体系统绕该轴转动的转动惯量。有些形状复杂的物体的转动惯量，用数学方法计算比较困难，有时甚至不可能直接计算得到，但用振动方法可以测定(要求已知 g、l，测 T，推导出 J)。

(3)1999 年，王中林及其学生设计世界最小的“纳米称”，可以精确称量单独病毒的质量，其基本结构是将病毒固定在碳纳米管的一端，通过振动频率来测量病毒的质量。该成果在 *Science* 发表。

9.5　简谐振动的能量

做简谐振动的系统，除具有动能外，还具有势能，其能量是动能和势能的和。

9.5.1　简谐振动的能量

1. 能量表达式

以弹性振子为例。假设在 t 时刻质点的位移为 x，速度为 v，即

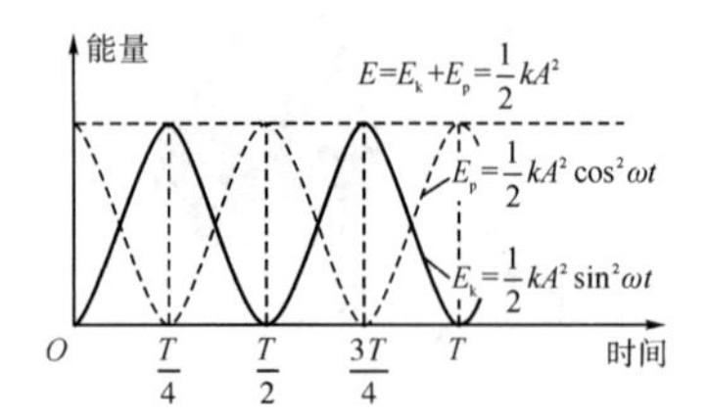

图 9.14　简谐振动能量与时间关系

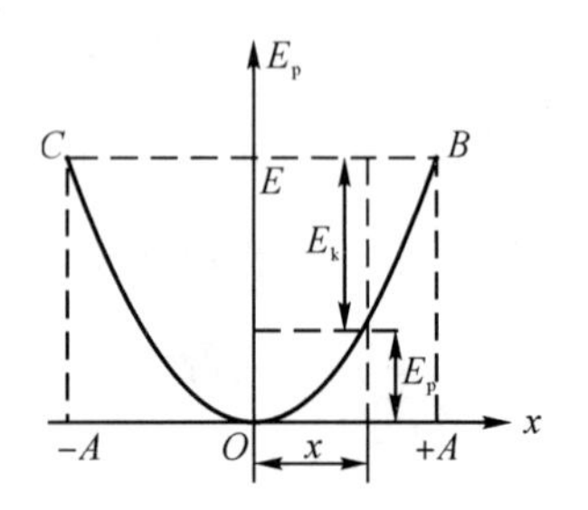

图 9.15　简谐振动势能曲线

想一想：

对于弹簧振子，动能、势能都随时间作周期性变化，但总能量在振动过程中是一个恒量。这种能量和振幅保持不变的振动也称为无阻尼振动。

弹簧振子做无阻尼自由振动时，总能量与时间 t 无关。虽然势能 E_p 和动能 E_k 各自都在不断变化，但总的机械能守恒。对于弹簧振子这个振动系统来说，弹簧力是保守力，它在任意一段时间内做的功应等于弹性势能的减少量，同时又等于物体动能的增加量。势能 E_p 和动能 E_k 此消彼长，总和不变，二者的相互转化正是通过弹簧做功来实现的。

对于弹簧振子，其机械能是守恒的，但不能把机械能守恒作为一个判据，来判断一个振动系统是否在做简谐振动。

$$x = A\cos(\omega t + \varphi)$$
$$v = -A\omega\sin(\omega t + \varphi)$$

则系统动能为

$$E_k = \frac{1}{2}mv^2 = \frac{1}{2}mA^2\omega^2\sin^2(\omega t + \varphi) \tag{9.19}$$

系统势能为

$$E_p = \frac{1}{2}kx^2 = \frac{1}{2}kA^2\cos^2(\omega t + \varphi) \tag{9.20}$$

因而系统的总能量为

$$E = E_k + E_p = \frac{1}{2}mA^2\omega^2\sin^2(\omega t + \varphi) + \frac{1}{2}kA^2\cos^2(\omega t + \varphi)$$

考虑到 $\omega^2 = \frac{k}{m}$，则

$$E = \frac{1}{2}mA^2\omega^2 = \frac{1}{2}kA^2 \tag{9.21}$$

即**弹簧振子做简谐振动的能量与振幅的平方成正比**。简谐振动系统动能和势能以及机械能与时间关系如图 9.14 所示(设初相 $\varphi=0$)。

由于系统不受外力作用，并且内力为保守力，故**在简谐振动的过程中，动能与势能相互转化，总能量保持不变**。

说明：

(1)弹簧振子机械能 $E\propto A^2$，这个结论对任何简谐振动皆成立；

(2)简谐振动动能与势能都随时间作周期性变化，变化频率是位移与速度变化频率的两倍，而总能量保持不变，且总能量与位移无关。

2. 能量曲线

图 9.15 是弹簧振子的势能曲线，图中横坐标表示位移、纵坐标表示势能，曲线 BOC 表示势能随位移的变化关系，对应不同的位移，总能量与势能之差就是动能。

理解能量守恒和动能、势能相互转化过程，由机械能守恒关系可得：$\frac{1}{2}kA^2 = \frac{1}{2}mv_0^2 + \frac{1}{2}kx_0^2$，解之即得：

$$A = \sqrt{x_0^2 + \left(\frac{v_0}{\omega}\right)^2}$$

这个结论与式(9.10)相同，这说明简谐振动是等振幅运动，其振幅 A 是由初始条件决定的。

9.5.2　能量平均值

一个随时间变化的物理量 $f(t)$，在时间 T 内的平均值定

义为

$$\overline{f} = \frac{1}{T}\int_0^T f(t)\mathrm{d}t$$

因而弹簧振子在一个周期内的平均动能为

$$\overline{E_\mathrm{k}} = \frac{1}{T}\int_0^T \frac{1}{2}mA^2\omega^2 \sin^2(\omega t + \varphi)\mathrm{d}t = \frac{1}{4}mA^2\omega^2 = \frac{1}{4}kA^2 \tag{9.22}$$

弹簧振子在一个周期内的平均势能为

$$\overline{E_\mathrm{p}} = \frac{1}{T}\int_0^T \frac{1}{2}kA^2 \cos^2(\omega t + \varphi)\mathrm{d}t = \frac{1}{4}kA^2 = \frac{1}{4}mA^2\omega^2 \tag{9.23}$$

结论：简谐振动在一个周期内的平均动能和平均势能相等，它们都等于总能量的一半。

9.6 简谐振动的合成

在实际问题中，振动系统常常参与多个振动。本节讨论一个物体同时参与两个或两个以上振动的合成问题。振动的合成在声学、光学、无线电技术与电工学中有着广泛的应用。本节主要讨论简单的情况。

想一想：

单摆的运动过程中机械能是守恒的，这一切是否都说明，单摆的确是在做简谐振动。情况真的如此吗？

原理：振动的合成符合叠加原理，振动也具有矢量性——通过振动的方向与相位反映出来。

9.6.1 同方向同频率简谐振动的合成

若某质点同时参与两个同频率且在同一条直线上的简谐振动：

$$x_1 = A_1\cos(\omega t + \varphi_1)$$
$$x_2 = A_2\cos(\omega t + \varphi_2)$$

合振动：$x = x_1 + x_2$

1. 解析法求解

$$x = x_1 + x_2 = A_1\cos(\omega t + \varphi_1) + A_2\cos(\omega t + \varphi_2)$$
$$= (A_1\cos\varphi_1 + A_2\cos\varphi_2)\cos\omega t - (A_1\sin\varphi_1 + A_2\sin\varphi_2)$$

令：$A\sin\varphi = A_1\sin\varphi_1 + A_2\sin\varphi_2$，$A\cos\varphi = A_1\cos\varphi_1 + A_2\cos\varphi_2$

则：$x = A\cos\varphi\cos\omega t - A\sin\varphi\sin\omega t = A\cos(\omega t + \varphi)$

2. 旋转矢量法求解

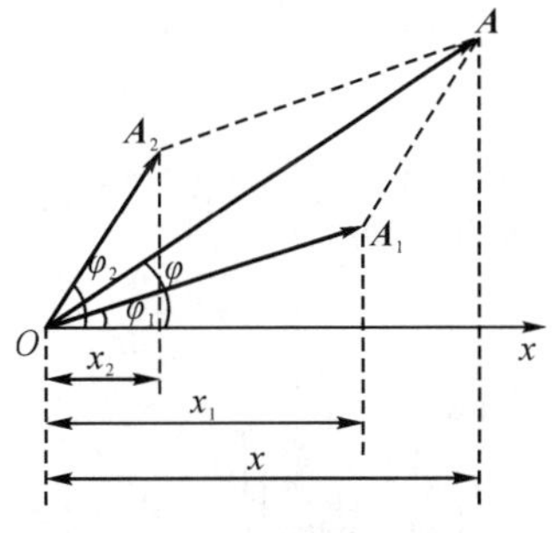

图 9.16　用旋转矢量法表示振动的合成

如图 9.16 所示，若质点参与的两个振动的旋转矢量分别是 $\boldsymbol{A}_1$、$\boldsymbol{A}_2$，大小不变，且以共同角速度 ω 旋转，它们的相对位置不变，即夹角 $(\varphi_2 - \varphi_1)$ 保持不变，所以合振动的振幅 A 大小不变，也以角速度 ω 绕 O 做逆时针旋转，故合成振动也是简谐振动。

圆频率：ω

合振幅：$A = \sqrt{A_1^2 + A_2^2 + 2A_1A_2\cos(\varphi_2 - \varphi_1)}$ (9.24)

初相位：$\varphi = \arctan\dfrac{A_1\sin\varphi_1 + A_2\sin\varphi_2}{A_1\cos\varphi_1 + A_2\cos\varphi_2}$ (9.25)

合振动：$x = A\cos(\omega t + \varphi)$

3.讨论

(1)合振动仍然是简谐振动,且频率仍为 ω 。

(2)合振动的振幅不仅与 A_1、A_2 有关,而且还与相位差 $\varphi_2 - \varphi_1$ 有关。

若 $\varphi_2 - \varphi_1 = 2k\pi, k = 0, \pm 1, \pm 2, \cdots$,则

$$\cos(\varphi_2 - \varphi_1) = 1, A = A_1 + A_2$$

即两个分振动同相时,合振幅等于分振幅之和。

若 $\varphi_2 - \varphi_1 = (2k+1)\pi, k = 0, \pm 1, \pm 2, \cdots$,则

$$\cos(\varphi_2 - \varphi_1) = -1, A = |A_1 - A_2|$$

即两个分振动反相时,合振幅等于分振幅之差的绝对值。

一般情况下,合振动的振幅则在 $|A_1 - A_2|$ 与 $A_1 + A_2$ 之间。

(3)上述结论可以推广到多个同方向同频率简谐振动的合成,根据几何关系即

$$x_i = A_i\cos(\omega t + \varphi_i), i = 1, 2, \cdots, n$$

合振动 $x = \sum_{i=1}^{n} x_i$ 也是简谐振动

$$x = A\cos(\omega t + \varphi)$$

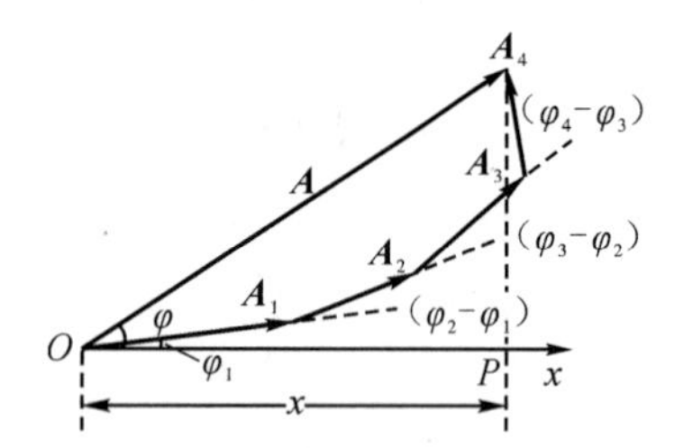

图 9.17 多个简谐振动的合成

A 和 φ 也可以用一般矢量求和的方法得到,如图 9.17 所示为多个同方向同频率振动矢量合成,n 个矢量依次相接,原点指向第 n 个矢量端点的矢量即为合矢量。

9.6.2 同方向不同频率简谐振动的合成

如果某质点同时参与两个不同频率且在同一条直线上的简谐振动,其振动方程分别是:

$$x_1 = A_1\cos(\omega_1 t + \varphi_1)$$

$$x_2 = A_2\cos(\omega_2 t + \varphi_2)$$

合振动:$x = x_1 + x_2$

由于相位差 $\Delta\varphi = (\omega_2 - \omega_1)t + (\varphi_2 - \varphi_1)$ 随时间变化,故合振动的振幅也随时间而变化,不是简谐振动,如图 9.18 所示。这里只讨论 $A_1 = A_2 = A_0, \varphi_1 = \varphi_2 = 0, \nu_1 + \nu_2 \gg |\nu_1 - \nu_2|$ 的情形,即两个频率相差很小,此时

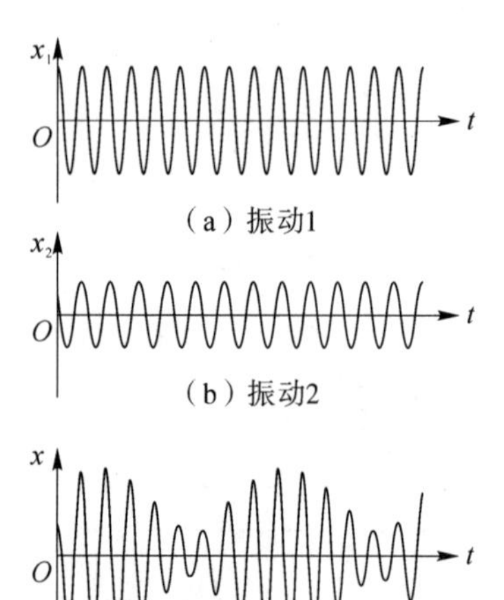

图 9.18 同方向不同频率简谐振动的合成

$$x_1 = A_1\cos\omega_1 t = A_0\cos 2\pi\nu_1 t$$

$$x_2 = A_2\cos\omega_2 t = A_0\cos 2\pi\nu_2 t$$

$$x = x_1 + x_2 = A_0\cos 2\pi\nu_1 t + A_0\cos 2\pi\nu_2 t$$

$$= \left(2A_0\cos 2\pi\frac{\nu_2 - \nu_1}{2}t\right)\cos 2\pi\frac{\nu_2 + \nu_1}{2}t \qquad (9.26)$$

由于 $2A_0\cos 2\pi\frac{\nu_2-\nu_1}{2}t$ 随时间变化比 $\cos 2\pi\frac{\nu_2+\nu_1}{2}t$ 要缓慢得多，因此可以近似地将合振动看成是振幅按 $\left|2A_0\cos 2\pi\frac{\nu_2-\nu_1}{2}t\right|$ 缓慢变化且角频率为 $\frac{\nu_2+\nu_1}{2}$ 的“准周期运动”，如图 9.19 所示。**这种两个频率都较大但两者频差很小的同方向简谐振动合成时，所产生的合振幅时而加强时而减弱的现象称为拍。**

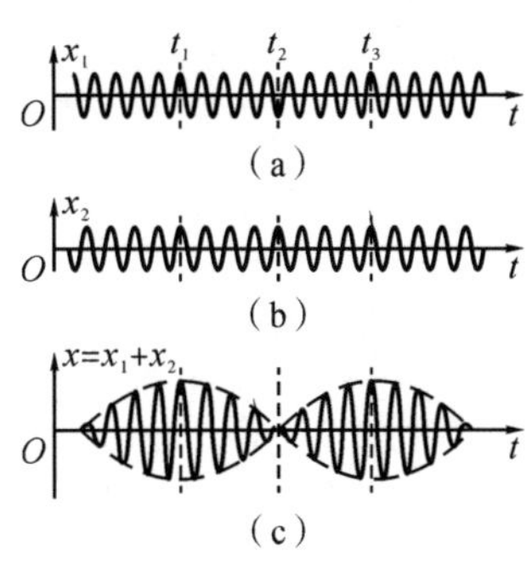

图 9.19　拍现象

即合振动的频率：$\frac{\nu_2+\nu_1}{2}$

合振幅变化的周期：$T=\frac{1}{|\nu_2-\nu_1|}$

拍频：$\nu=|\nu_2-\nu_1|$

用旋转矢量法理解拍，如图 9.20 所示。

假设 $\nu_2>\nu_1$，所以 $\boldsymbol{A}_2$ 比 $\boldsymbol{A}_1$ 转动得快，当 $\boldsymbol{A}_2$ 转到与 $\boldsymbol{A}_1$ 反方向位置时，合振幅最小；当 $\boldsymbol{A}_2$ 转到与 $\boldsymbol{A}_1$ 同方向位置时，合振幅最大，并且这种变化是周期性的。

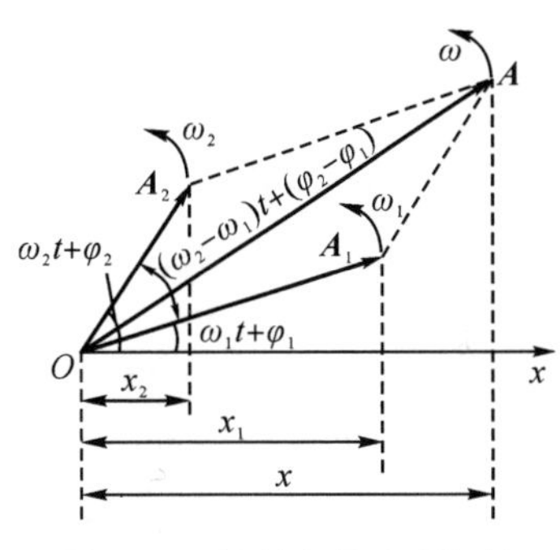

图 9.20　旋转矢量法理解拍

9.6.3　两个相互垂直的同频率简谐振动的合成

某质点同时参与两个同频率的方向互相垂直的简谐振动，其振动方程分别是：

x 方向：　$x=A_1\cos(\omega t+\varphi_1)$

y 方向：　$y=A_2\cos(\omega t+\varphi_2)$

改写为　$\frac{x}{A_1}=\cos\omega t\cos\varphi_1-\sin\omega t\sin\varphi_1$

$\frac{y}{A_2}=\cos\omega t\cos\varphi_2-\sin\omega t\sin\varphi_2$

分别对上两式乘以 $\cos\omega t$、$\sin\omega t$，并相加，可得

$$\frac{x^2}{A_1^2}+\frac{y^2}{A_2^2}-\frac{xy}{A_1A_2}\cos(\varphi_2-\varphi_1)=\sin^2(\varphi_2-\varphi_1)\quad(9.27)$$

> **小贴士：**
>
> (1)用音叉的振动来校准乐器；
>
> (2)利用拍的规律测量超声波的频率；
>
> (3)在无线电技术中，拍可以用来测定无线电波频率以及调制。

这是椭圆方程，其形状由分振动的振幅 A_1、A_2 和相位差 $\Delta\varphi=\varphi_2-\varphi_1$ 确定，如图 9.21 所示。

(1) $\Delta\varphi=\varphi_2-\varphi_1=0$ 时，$y=\frac{A_2}{A_1}x$，轨迹为直线(简谐振动)；

(2) $\Delta\varphi=\varphi_2-\varphi_1=\pi$ 时，$y=-\frac{A_2}{A_1}x$，轨迹为直线(简谐振动)；

(3) $\Delta\varphi=\varphi_2-\varphi_1=\frac{\pi}{2}$ 时，$\frac{x^2}{A_1^2}+\frac{y^2}{A_2^2}=1$，轨迹为椭圆(正椭圆)；

(4) $\Delta\varphi=\varphi_2-\varphi_1=\frac{3\pi}{2}$ 时，$\frac{x^2}{A_1^2}+\frac{y^2}{A_2^2}=1$，轨迹为椭圆(逆椭圆)。

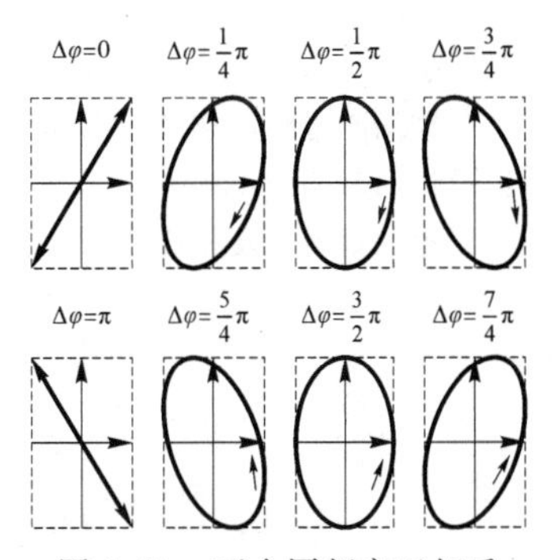

图 9.21　两个同频率互相垂直不同相位差简谐振动合成

y 方向的振动相位比 x 方向超前$\frac{\pi}{2}$,当质点在 x 方向达到最大位移时,在 y 方向质点正通过原点向负方向运动,因此质点沿椭圆轨道运动的方向是顺时针的,或者说是右旋的。

另外,对于两个相互垂直的同频率的简谐振动在不同相位差下的合成轨迹,当 $0 < \Delta\varphi < \pi$ 时,质点沿顺时针方向运动;当 $\pi < \Delta\varphi < 2\pi$ 时,质点沿逆时针方向运动。

9.6.4 两个方向相互垂直的不同频率简谐振动的合成

某质点同时参与两个不同频率的方向互相垂直的简谐振动,相应振动方程为

x 方向: $x = A_1\cos(\omega_1 t + \varphi_1)$

y 方向: $y = A_2\cos(\omega_2 t + \varphi_2)$

合振动比较复杂,分两种情况讨论。

1. 两个分振动的频率相差很小

此时可以近似地把两个振动的合成看成同频率简谐振动的合成,但它们的相位差随时间缓慢地变化,于是合振动的轨迹将由直线变为椭圆,又由椭圆变为直线,并循环地改变下去,如图 9.22 所示。

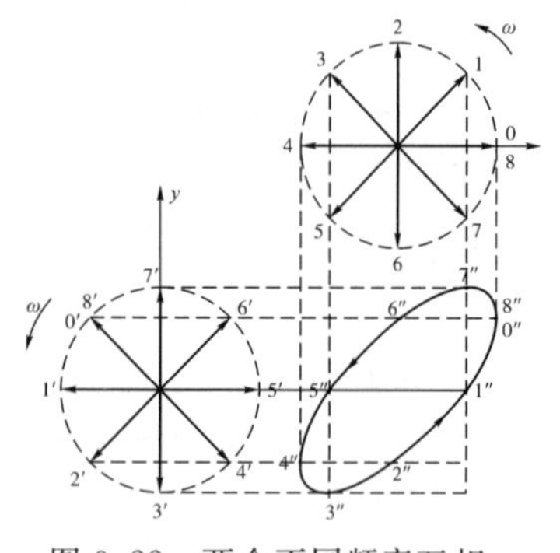

图 9.22 两个不同频率互相垂直不同相位差简谐振动合成

2. 两个分振动的频率相差较大,但有简单的整数比关系

如图 9.23 所示,此时合振动的轨迹为封闭的图形,称为李萨如图形。该图形的具体形状取决于两个方向互相垂直的简谐振动的频率之比和初相位,并且该图形与两个坐标轴的切点或最多交点个数之比和两个方向振动频率之比相等。用此方法可以测量一未知振动的频率与方向互相垂直的两个简谐振动的相位差。

想一想:

请问能否利用李萨如图形设计一种方案,测量一未知振动的频率以及相位。

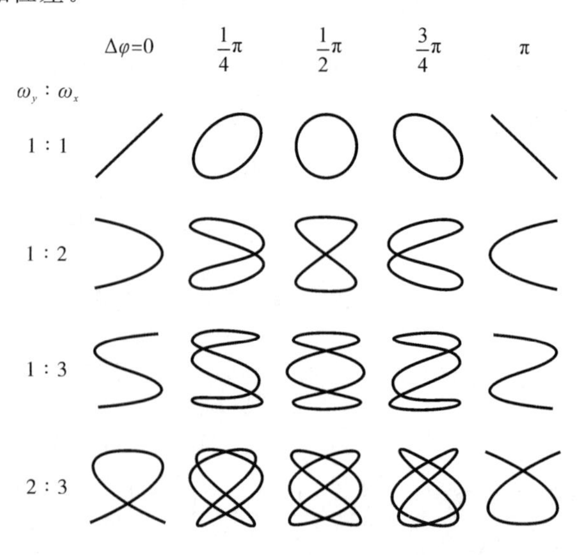

图 9.23 李萨如图形

9.7* 阻尼振动、受迫振动和共振

简谐运动的振幅不随时间变化，这就是说，振动一经发生，就能够**永远不停地以相同的振幅振动下去**。这是一种理想的情况，称为**无阻尼自由振动**。

实际上，任何振动系统都会受到阻力的作用，系统的能量将因不断克服阻力做功而损耗，振幅将逐渐减小。这种**振幅随时间减小的振动**称为**阻尼振动**。为了获得所需的稳定振动，必须克服阻力的影响而对系统施以周期性外力的作用。这种振动称为受迫振动。本节讨论这种情况。

9.7.1 阻尼振动

1. 消耗系统能量的两种方式

摩擦阻尼：系统与周围介质或系统内部的摩擦，使系统的能量变为热能。

辐射阻尼：振动向外界传播而将系统的能量变为波动能量。

本节以系统受黏滞阻力为例，讨论第一种阻尼作用下的振动情况。

2. 阻尼振动的运动（微分）方程

在系统的振动过程中，振子除了受到弹性力的作用外，还受到黏滞阻力的作用。当物体速度不太大时，黏滞阻力大小与速度的大小成正比，方向相反。

$$f = -Cv = -C\frac{\mathrm{d}x}{\mathrm{d}t} \tag{9.28}$$

其中，C 是阻尼系数，由物体的形状、大小和周围介质的性质而定。在有阻力作用时，根据牛顿第二定律，有

$$m\frac{\mathrm{d}^2x}{\mathrm{d}t^2} = -C\frac{\mathrm{d}x}{\mathrm{d}t} - kx$$

令 $\omega_0^2 = \dfrac{k}{m}, \beta = \dfrac{C}{2m}$，则上式可写成

$$\frac{\mathrm{d}^2x}{\mathrm{d}t^2} + 2\beta\frac{\mathrm{d}x}{\mathrm{d}t} + \omega_0^2 x = 0 \tag{9.29}$$

其中，ω_0 是系统的固有角频率；β 表征系统阻尼的大小，称为阻尼因子，β 越大，阻力越大。图 9.24 为阻尼振动位移随时间的变化关系图。

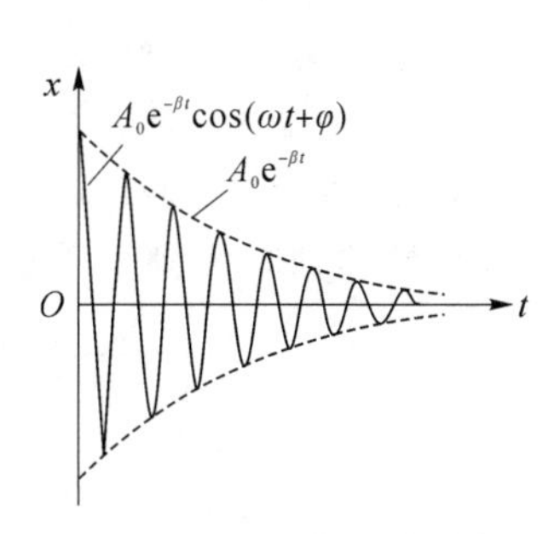

图 9.24　阻尼振动位移与时间关系曲线

3. 讨论

阻尼振动微分方程的特征方程(即将 e^{Dx} 形式的解代入式(9.29),化简后可得)为

$$D^2 + 2\beta D + \omega_0^2 = 0$$

其解为

$$D = \begin{cases} -\beta \pm \sqrt{\beta^2 - \omega_0^2} & (\beta^2 > \omega_0^2),\text{阻尼较大} \\ -\beta \pm \mathrm{i}\sqrt{\omega_0^2 - \beta^2} & (\beta^2 < \omega_0^2),\text{阻尼较小} \\ -\beta & (\beta^2 = \omega_0^2),\text{临界阻尼} \end{cases}$$

(1)弱阻尼:

$$x = A_0 e^{-\beta t}\cos(\omega t + \varphi) \tag{9.30}$$

其中,A_0、φ 为积分常数,由初始条件确定;$\omega = \sqrt{\omega_0^2 - \beta^2}$ 为阻尼振动的角频率,由振动系统的固有角频率和阻尼因子确定。

由振动方程可知,阻尼振动可看成是振幅为 $A_0 e^{-\beta t}$,角频率为 ω 的振动,阻尼振动的振幅 $A_0 e^{-\beta t}$ 随时间作指数衰减,阻尼越大,振幅衰减越快,故阻尼振动不是简谐振动。如图 9.25 中曲线 a,在阻尼不大时,可近似地看成是一种振幅逐渐减小的振动,周期为

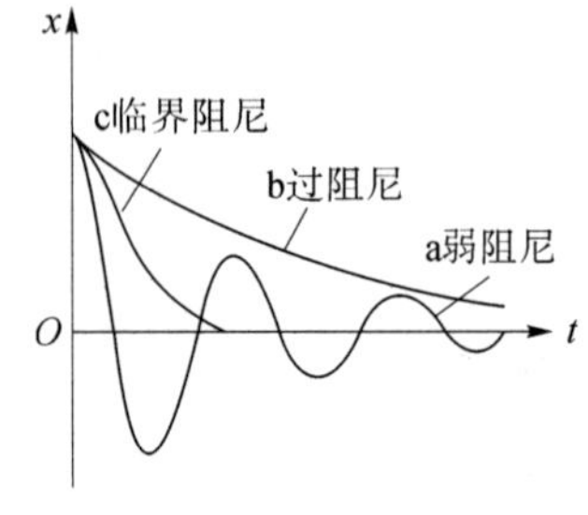

图 9.25　三种阻尼比较

$$T = \frac{2\pi}{\omega} = \frac{2\pi}{\sqrt{\omega_0^2 - \beta^2}}$$

注意:阻尼振动不是严格意义下的周期运动,因为经过一定时间后,振子不再回到原来的位置。通常称阻尼振动为准周期运动。

(2)过阻尼:

$$x = C_1 e^{-(\beta - \sqrt{\beta^2 - \omega_0^2})t} + C_2 e^{-(\beta + \sqrt{\beta^2 - \omega_0^2})t} \tag{9.31}$$

可见偏离平衡位置的振子只能缓慢地回到平衡位置。如图 9.25 中曲线 b,不再做周期性的往复运动,是一种非周期运动。

(3)临界阻尼:

$$x = (C_1 + C_2 t)e^{-\beta t} \tag{9.32}$$

振子恰好从准周期运动变为非周期运动。如图 9.25 中曲线 c,与弱阻尼和过阻尼比较,在临界阻尼情况下振子回到平衡位置而静止下来所需时间最短。

此时,β 可以理解为衰减常量,它的倒数称为弛豫时间,$\tau = \dfrac{1}{\beta}$,β 越大,弛豫时间越短,则振动衰减越快。

小贴士:

阻尼振动的应用:

(1)减小阻尼:活塞;

(2)增大阻尼:弦乐器、空气箱、减振器;

(3)临界阻尼:阻尼天平、灵敏电流计。利用临界阻尼使指针尽快回到平衡位置,节约时间,便于测量。

9.7.2　受迫振动

一切实际的振动都是阻尼振动，而且阻尼振动最终都将因为能量的损耗而停止下来。为了使系统的振动能够维持下去，要给系统补充能量。通常是对系统施加一周期性外力的作用。这种周期性的外力称为策动力(driving force)，或强迫力。在强迫力作用下系统发生的振动称为受迫振动。如扬声器中纸盆的振动，机器运转时引起机座的振动等，都是受迫振动。

1. 运动方程

设振子质量为 m，除受到弹性力 $-kx$、阻尼力 $-Cv$ 的作用外，还受到强迫力 $H\cos(\omega_p t)$ 的作用。其中 H 是强迫力的最大值，称为力幅，ω_p 为强迫力的角频率。根据牛顿第二定律可知

$$m\frac{d^2x}{dt^2}=-C\frac{dx}{dt}-kx+H\cos(\omega_p t)$$

令 $\omega_0^2=\frac{k}{m}$，$\beta=\frac{C}{2m}$，$h=\frac{H}{m}$，则上式可写成

$$\frac{d^2x}{dt^2}+2\beta\frac{dx}{dt}+\omega_0^2x=h\cos(\omega_p t)$$

这就是受迫振动的运动微分方程。其解为

$$x=A_0e^{-\beta t}\cos(\omega t+\varphi')+A\cos(\omega_p t+\varphi) \tag{9.33}$$

2. 讨论

式(9.33)的等号右边：

第一项表示阻尼振动，经过一定的时间后将消失。

第二项表示与简谐振动形式相同的等幅振动，是受迫振动的稳定解。

即在受迫振动过程中，系统一方面因阻尼而损耗能量，另一方面又因周期性外力做功而获得能量。初始时，能量的损耗和补充并非是等量的，因而受迫振动是不稳定的。当补充的能量和损耗的能量相等时，系统才得到一种稳定的振动状态，形成等幅振动。如图 9.26 所示，于是受迫振动就变成简谐振动，即定态解其运动方程为

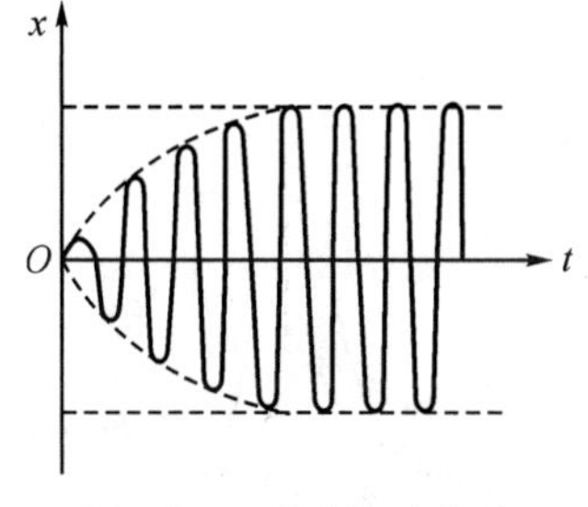

图 9.26　受迫振动位移与时间关系曲线

$$x=A\cos(\omega_p t+\varphi)$$

稳定后的振幅为

$$A=\frac{h}{\sqrt{(\omega_0^2-\omega_p^2)+4\beta^2\omega_p^2}} \tag{9.34}$$

受迫振动位移与强迫力之间的相位差为

$$\tan\varphi=-\frac{2\beta\omega_p}{\omega_0^2-\omega_p^2} \tag{9.35}$$

由以上讨论可知稳定状态下的受迫振动的角频率不是振动系统的固有角频率,而是强迫力的角频率。

受迫振动的振幅 A 和初相位 φ 并不取决于系统的初始状态,而是依赖于系统的性质、阻尼的大小和强迫力的特性。

9.7.3 共振

1. 共振

在稳定状态下,受迫振动的振幅与强迫力的角频率有关。当强迫力的角频率 ω_p 与固有角频率 ω_0 相差较大时,受迫振动的振幅较小。当 ω_p 与 ω_0 相差较小时,受迫振动的振幅较大。**当 ω_p 为某一定值时,受迫振动的振幅可能得到最大值。我们把受迫振动的振幅达到最大值的现象称为共振**,共振时对应的频率 ω_p 称为**共振频率**。

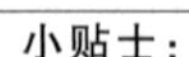

小贴士:

人体的共振频率(Hz):

胸-腹:　3～6

头-肩:　20～30

眼球:　60～90

下颚-头盖骨:100～120

2. 共振角频率与共振振幅

(1)共振角频率:系统发生共振时强迫力的角频率称为共振角频率,用 ω_r 表示。用求极值的方法

$$\frac{\partial A}{\partial \omega}=\frac{\partial}{\partial \omega}\left(\frac{h}{\sqrt{(\omega_0^2-\omega_p^2)+4\beta^2\omega_p^2}}\right)=0$$

计算可得

$$\omega_r=\sqrt{\omega_0^2-2\beta^2} \tag{9.36}$$

(2)共振振幅:

$$A_r=\frac{h}{2\beta\sqrt{\omega_0^2-\beta^2}} \tag{9.37}$$

(3)共振时受迫振动位移与强迫力之间的相位差:

$$\varphi_r=\arctan\left(-\frac{\sqrt{\omega_0^2-2\beta^2}}{\beta}\right) \tag{9.38}$$

3. 说明

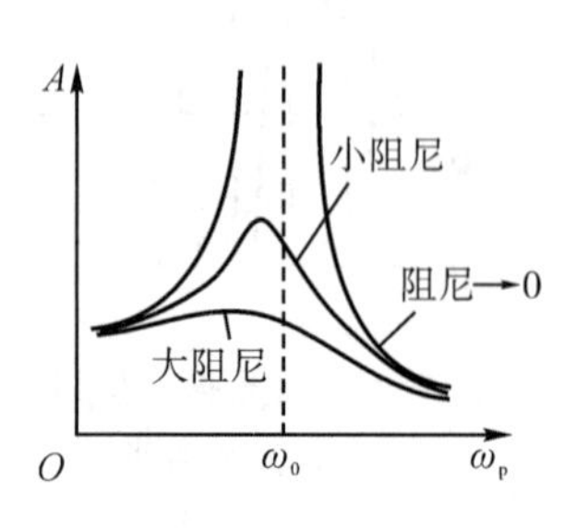

图 9.27　共振振幅与频率关系

(1)如图 9.27 所示,ω_r 略小于 ω_0,当阻尼因子 β 趋于零而发生共振现象时,共振角频率等于系统的固有角频率,即 $\omega_r=\omega_0$。

(2)当 $\beta\to 0$, $\omega_r=\omega_0$ 时,共振振幅趋于无穷大,这种情况称为尖锐共振;此时受迫振动位移与强迫力之间的相位差为

$$\varphi_r=\text{arc}\tan(-\infty)=-\frac{\pi}{2}$$

振动物体的速度为

$$v=\frac{\mathrm{d}x}{\mathrm{d}t}=-A\,\omega_r\sin(\omega_r t+\varphi)=A\,\omega_r\cos(\omega_r t) \tag{9.39}$$

即在 $\beta\to 0$ 时,在共振情况下,速度与强迫力的相位相同。因此强迫力的方向与物体振动方向相同,强迫力始终对物体做正

功，所以输入振动系统的能量最大，振幅具有极大值。

(3)严格地从外界与系统交换能量的角度看，速度振幅达到极大值才是严格的共振。但在实际中振幅共振与速度共振是较接近的。

4. 共振现象的应用

共振现象在生产和生活中普遍存在，它既有重要的应用，同时也会带来一些危害。

(1)应用：钢琴、小提琴等乐器利用共振来提高音响效果；收音机利用电磁共振进行选台；核内的核磁共振被用来进行物质结构的研究和医疗诊断等。

(2)危害：

①1904 年，一队俄国士兵以整齐的步伐通过彼得堡的一座桥时，由于产生共振而使桥倒塌；

②1940 年，美国华盛顿州的塔科麦桥，因大风引起的振荡作用同桥的固有频率相近，产生共振而导致桥毁坏；

③汽车行驶时，若发动机的频率接近于车身的固有频率，车身也会因强烈的共振而损坏。

(3)防止共振：

①改变系统的固有频率或外力的频率；

②破坏外力的周期性；

③增大系统的阻尼；

④对精密仪器使用减振台。

小贴士：

港珠澳大桥连接了香港、广东珠海和澳门，地处广东省珠江口伶仃洋海域，是世界上最长的跨海大桥之一，大桥由我国自主设计和建造，于 2017 年 7 月 7 日主体工程全线贯通。大桥所处伶仃洋海域是台风活跃地区，强风吹在桥面附近会形成周期性向上向下的吸拉波动，容易和桥产生共振，会给大桥安全带来隐患。为此，港珠澳大桥设计了悬挂式调谐质量减振器，它由弹簧、阻尼器、质量块组成。有了这个装置，台风来时共振会大大减小，从而有效保护大桥。港珠澳大桥成功抵御 16 级台风“山竹”的侵袭。

阅读材料

由单摆到混沌

从单摆动力学方程的推导中可知，我们作了一个小小的近似，也就是在小角度的情况下令 $\sin\theta\approx\theta$，其实无论角度再小这两个值也不相等，从数值上来讲这样的近似有可取之处，而且也得到了成功；从另外一个角度来讲，这个小小的近似其实掩盖了一个天大的秘密。如果没有这个近似，关于角度 θ 的二阶微分方程将不是线性的，其结果也必然不是周期的，其结果将不可预测，出现随机性的结果，这种随机性结果不是外界的什么因素影响的，系统机械能依然守恒，但随机性的结果却出现了，如同弹簧振子的周期是弹簧系统固有的一样，这种随机性也是固有的，称为内禀随机性。

混沌是在决定性动力学系统中出现的一种貌似随机的运动。

近 50 年来(1975 年学术界才创造了“混沌”(chaos)一词)，人们不仅在自然界和实验室中观察到了许多混沌现象，而且认识到混沌产生的条件、所经历的途径及其特征，在理论上发现了一些产生混沌现象的普遍规律。目前对混沌现象的研究已经成为一个跨学科的十分活跃的新方向，有人认为混沌理论是继相对论、量子论之后，20 世纪物理学的第三个重大的革命。

内容提要

1. 简谐振动

在弹性回复力的作用下，物体的位移随时间按余弦(或正弦)规律变化，物体的这种运动称为简谐振动。

(1) 简谐振动方程 $x = A\cos(\omega t + \varphi)$

(2)简谐振动的速度和加速度

简谐振动物体的速度 $v = -\omega A\sin(\omega t + \varphi)$

简谐振动物体的加速度 $a = -\omega^2 A\cos(\omega t + \varphi)$

(3) 描述简谐振动的特征量

振幅 A：物体偏离平衡位置的最大距离称为简谐振动的振幅。振幅恒取正值，其大小由初始条件决定 $A = \sqrt{x_0^2 + \frac{v_0^2}{\omega^2}}$ 。

圆频率 ω：2π 秒内，物体振动的次数称为圆频率或角频率。圆频率由振动系统性质决定。例如，弹簧振子 $\omega = 2\pi\nu = \sqrt{\frac{k}{m}}$ 。

初相位 φ：$\omega t + \varphi$ 称为简谐振动物体在 t 时刻的相位。$t = 0$ 时刻的相位称为初相位，其数值由初始条件决定 $\varphi = \arctan(-\frac{\nu_0}{\omega x_0})$ 。

(4) 简谐振动的旋转矢量表示

旋转矢量是为描述简谐振动而引入的一个辅助矢量，起点为坐标原点，长度等于简谐振动的振幅 A，初始时刻与 x 轴正方向所成的角等于初相位 φ，并以匀角速度 ω 沿逆时针方向转动。旋转矢量顶点在 x 轴上的投影 $x = A\cos(\omega t + \varphi)$ 即为简谐振动物体的振动方程。

2. 简谐振动的能量

任意时刻，简谐振动物体的动能 $E_k = \frac{1}{2}kA^2\sin^2(\omega t + \varphi)$

势能 $E_p = \frac{1}{2}kA^2\cos^2(\omega t + \varphi)$

简谐振动的总能量 $E = E_k + E_p = \frac{1}{2}kA^2$

简谐振动物体的动能和势能相互转化，但总能量守恒。

3. 简谐振动的合成

(1) 两个频率相同、振动方向相同的简谐振动的合成

合振动仍为同频率、同方向的简谐振动，其振动方程为 $x = A\cos(\omega t + \varphi)$，其中 $A = \sqrt{A_1^2 + A_2^2 + 2A_1A_2\cos\Delta\varphi}$ $(\Delta\varphi = \varphi_2 - \varphi_1)$，$\varphi = \arctan\frac{A_1\sin\varphi_1 + A_2\sin\varphi_2}{A_1\cos\varphi_1 + A_2\cos\varphi_2}$ 。

当 $\Delta\varphi = \pm 2k\pi$，$k = 0,1,2,\cdots$ 时，两分振动同相，合振幅 $A = A_1 + A_2$，合振动加强；当 $\Delta\varphi = \pm(2k+1)\pi$，$k = 0,1,2,\cdots$ 时，两分振动反相，合振幅 $A = |A_1 - A_2|$，合振动减弱。

(2)两个频率不同、振动方向相同的简谐振动的合成

合振动的振动方程为 $x = 2A\cos\left(\frac{\omega_2 - \omega_1}{2}t\right)\cos\left(\frac{\omega_1 + \omega_2}{2}t\right)$，合振动一般不再是简谐振动。

当两个分振动的频率都很大，但频率之差很小时，即 $|\omega_2-\omega_1| \ll (\omega_1+\omega_2)$，则产生拍现象，拍频为 $\nu=\dfrac{|\omega_2-\omega_1|}{2\pi}$。

(3) 两个频率相同、振动方向相互垂直的简谐振动的合成

质点在 Oxy 平面内运动的轨迹方程为

$$\frac{x^2}{A_1^2}+\frac{y^2}{A_2^2}-\frac{2xy}{A_1A_2}\cos\Delta\varphi=\sin^2\Delta\varphi$$

合振动的轨迹一般为椭圆，其具体形状取决于分振动的振幅和相位差。

(4) 两个频率不同、振动方向相互垂直的简谐振动的合成

当分振动的频率为简单整数比时，合运动轨迹为李萨如图形。

思考题

9.1　有人说谐振动是指做简谐振动的物体；也有人说简谐振动是指一个振动系统，你怎么看呢？试表述之。

9.2　一质量未知的物体挂在一劲度系数未知的弹簧上，只要测得此物体所引起的弹簧的静平衡伸长量，就可以知道此弹性系统的振动周期，为什么？

9.3　符合什么规律的运动是简谐振动？说明下列运动是不是简谐振动：(1)完全弹性球在硬地面上的跳动；(2)活塞的往复运动；(3)一小球沿半径很大的光滑凹球面滚动(设小球所经过的弧线很短)，如思考题 9.3 图所示；(4)竖直悬挂的弹簧上挂一重物，把重物从静止位置拉下一段距离(在弹性限度内)，然后放手任其运动。

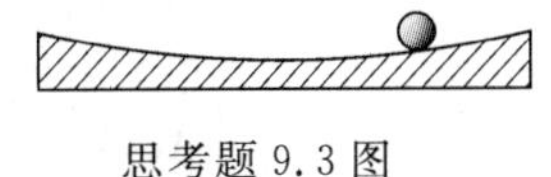

思考题 9.3 图

9.4　如果弹簧的质量不像轻弹簧那样可以略去不计，那么该弹簧的周期与轻弹簧的周期相比，是否有变化，试定性说明之。

9.5　同一弹簧振子，在光滑水平面上做一维简谐振动与在竖直悬挂情况下做简谐振动，其振动频率是否相同？如把它放在光滑斜面上，是否还做简谐振动，振动频率是否改变？当斜面倾角不同时又如何？

9.6　指出在弹簧振子中，物体处在下列位置时的位移、速度、加速度和所受的弹性力数值和方向：(1)正方向的端点；(2)平衡位置且向负方向运动；(3)平衡位置且向正方向运动；(4)负方向的端点。

9.7　两个相同的弹簧挂着质量不同的物体，当它们以相同的振幅做简谐振动时，问振动能量是否相同？

9.8　弹簧振子做简谐振动时，如果振幅增为原来的两倍而频率减小为原来的一半，问总能量怎样改变？

9.9　受迫振动的稳定状态频率由什么决定？这个频率与振动系统本身的性质有何关系？

9.10　弹簧振子的无阻尼自由振动是简谐振动，同一弹簧在简谐驱动力的作用下稳定受迫振动也是简谐振动，这两种简谐振动有什么不同？

9.11　每根铁轨长 $l=12$ m，支撑火车车厢的弹簧的固有周期 $T=0.4$ s，火车以多大速度运行时，车厢振动得最厉害？

习　题

一、简答题

9.1　什么是简谐振动?

9.2　简谐振动有什么特征?

9.3　如何判断某一个运动是做简谐振动?

9.4　请写出描述简谐振动的物理量,并说明其物理意义。

9.5　简谐振动方程中的相位是什么,如何理解相位这个概念? 什么是初相?

9.6　简谐振动的能量有什么特征,机械能守恒能否作为简谐振动的判据?

9.7　什么是相位差,如何理解相位超前和落后?

9.8　两个频率不同、振动方向相同的简谐振动的合成振动具有什么规律?

9.9　拍是怎样形成的? 拍具有什么特点?

二、计算题

9.1　一弹簧振子,重物的质量为 m,弹簧的劲度系数为 k,该振子做振幅为 A 的简谐振动,当重物通过平衡位置且向正方向运动时开始计时,则其振动方程为(　　)。

(A) $x = A\cos\left(\sqrt{\frac{k}{m}}t + \frac{\pi}{2}\right)$　　(B) $x = A\cos\left(\sqrt{\frac{k}{m}}t - \frac{\pi}{2}\right)$

(C) $x = A\cos\left(\sqrt{\frac{m}{k}}t + \frac{\pi}{2}\right)$　　(D) $x = A\cos\left(\sqrt{\frac{m}{k}}t - \frac{\pi}{2}\right)$

(E) $x = A\cos\left(\sqrt{\frac{k}{m}}t\right)$

9.2　如计算题 9.2 图所示的弹簧振子当运动到最大位移处时恰有一质量为 m_0 的泥块从正上方落到质量为 m 的物块上,并与物块粘在一起运动,设振子的振幅和周期分别为 A 和 T 。则下述结论正确的是(　　)。

(A) A 变小, T 变小　　(B) A 变小, T 不变

(C) A 不变, T 变大　　(D) A 不变, T 变小

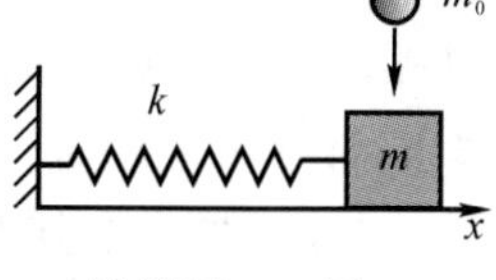

计算题 9.2 图

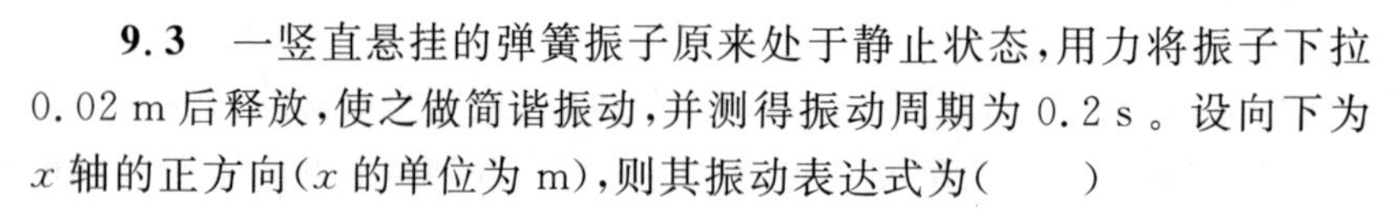

9.3　一竖直悬挂的弹簧振子原来处于静止状态,用力将振子下拉 0.02 m 后释放,使之做简谐振动,并测得振动周期为 0.2 s 。设向下为 x 轴的正方向(x 的单位为 m),则其振动表达式为(　　)

(A) $x = 0.02\cos(10\pi t + \pi)$　　(B) $x = 0.02\cos(0.4\pi t + \pi)$

(C) $x = 0.02\cos 0.4\pi t$　　(D) $x = 0.02\cos 10\pi t$

9.4　用余弦函数描述一简谐振子的运动情况。若其速度-时间($v-t$)关系曲线如计算题 9.4 图所示,则位移的初相位为(　　)。

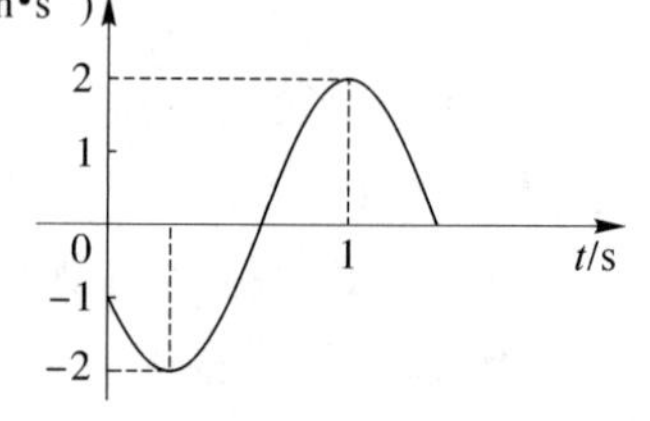

计算题 9.4 图

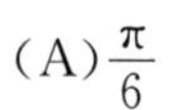

(A) $\frac{\pi}{6}$　　(B) $\frac{\pi}{3}$　　(C) $\frac{\pi}{2}$

(D) $\frac{2\pi}{3}$　　(E) $\frac{5\pi}{6}$

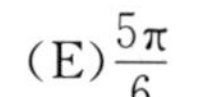

9.5　原长为 0.5 m 的弹簧,上端固定,下端挂一质量为 0.1 kg 的物体,当物体静止时,弹簧长为 0.6 m。现将物体上推,使弹簧缩回到原长,然后放手,以放手时开始计时,取竖直向下

为正向，写出振动方程。（g 取 9.8 $\mathrm{m/s^2}$）

9.6　一竖直悬挂的弹簧下端挂一物体，最初用手将物体在弹簧原长处托住，然后放手，此系统便上下振动起来，已知物体最低位置是初始位置下方 10.0 cm 处，求：(1)振动频率；(2)物体在初始位置下方 8.0 cm 处的速度大小。

9.7　两质点做同方向、同频率的简谐振动，振幅相等。当质点 1 在 $x_1=\frac{A}{2}$ 处，且向左运动时，另一个质点 2 在 $x_2=-\frac{A}{2}$ 处，且向右运动。求这两个质点的相位差。

9.8　一物体沿 x 轴做简谐振动，振幅为 12 cm，周期为 2 s，当 $t=0$ 时，位移为 6 cm，且向 x 轴正方向运动。求：

(1)运动表达式；

(2)从 $x=-6$ cm 处且向 x 轴负方向运动至回到平衡位置所需的最短时间。

9.9　一简谐振动的振动曲线如计算题 9.9 图所示，求振动方程、a 点的相位和到达该状态所用的时间。

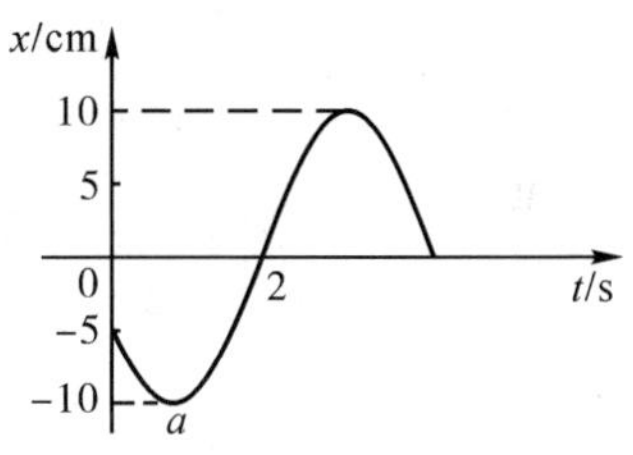

计算题 9.9 图

9.10　一弹簧振子沿 x 轴做简谐振动。已知振动物体最大位移为 $x_m=0.4$ m 时最大回复力为 $F_m=0.8$ N，最大速度为 $v_m=0.8\pi$ m/s，已知 $t=0$ 时的初位移为 0.2 m，且初速度与所选 x 轴正方向相反。求：

(1)振动能量；

(2)此振动的表达式。

9.11　一物体做简谐振动，其速度最大值 $v_m=3\times10^{-2}$ m/s，振幅 $A=2\times10^{-2}$ m。若 $t=0$ 时，物体位于平衡位置且向 x 轴的负方向运动。求：

(1)振动周期 T；

(2)加速度的最大值 a_m；

(3)振动方程；

(4)在 $x=12$ cm 处，物体的速度、动能、势能和总能量。

9.12　已知两个同方向、同频率的简谐振动的振动方程分别为 $x_1=0.05\cos\left(6t+\frac{\pi}{2}\right)$ m 和 $x_2=0.07\cos\left(6t+\frac{\pi}{2}\right)$ m，请写出它们的合振动的振动方程。

三、应用题

9.1　质量是描述一个物体物质量多少的物理量，你能说出几种测量质量的方法？如果现有一根轻质弹簧(已知劲度系数)、一个秒表，请设计一种方法，测量一个物体质量。如果不知道轻质弹簧劲度系数，若再提供一把直尺，是否能测量物体质量，请设计测量方案。

9.2*　现有一个小物体和一段细绳，请设计一种方法测量本地重力加速度。

9.3　什么是“拍”，使用乐器时经常需要校准其频率，请应用“拍”形成的原理说明用音叉的振动来校准乐器的原理。

9.4　实验中如何测量振动的频率？请利用振动合成的方法(李萨茹图形)设计一种测量声音振动频率和相位的方案。

9.5*　汽车在行使中会有颠簸，为了保证乘客的舒适性，车身和车架会装有减振装置，请根据阻尼振动的原理设计减振装置，画出原理图，说明这个减振装置所要考虑的因素，并找出最佳参数。

第 10 章　机械波

波动是一种常见的运动现象，振动的传播形成波。机械振动在弹性媒质中的传播形成机械波，声波、水波和地震波等是机械波。变化的电场和变化的磁场在空间的传播形成电磁波，光波、无线电波和 X 射线等是电磁波。对于不同的波，尽管其本质各异，但在传播过程中都具有一定的传播速度，都伴随着能量的传播，都会产生反射、折射、衍射和偏振现象，都遵循着波动共同特征，具有相似的数学表达式。

因此，研究机械波是研究其他波的基础。本章研究机械波的产生、基本性质及其主要规律。本章主要内容：机械波的形成，波函数和波的能量，惠更斯原理及其在波的衍射、干涉等方面的应用等。

预习提要：

1. 了解波动的基本概念。
2. 什么是横波和纵波？
3. 什么是波长、波的周期和频率、波速？
4. 了解平面简谐波的波函数。
5. 理解波函数的物理意义。
6. 掌握波动能量表达式和意义。
7. 了解惠更斯原理。
8. 什么是波的干涉和相干条件？
9. 理解驻波现象和形成机制。
10. 理解多普勒效应及应用*。

10.1　机械波的几个概念

10.1.1　机械波的形成

1. 波动的产生

气体、液体和固体统称为弹性媒质，组成媒质的质点或质元之间以弹性力相互联系着。如图 10.1 所示，当媒质中某一质点偏离平衡位置时，由于形变，相邻质点就将对它施以弹性力的作用，使它回到平衡位置。但是由于惯性的存在，质点回到平衡位置后，又将向相反方向运动。于是质点就在其平衡位置附近振动起来。与此同时，质点也对其相邻质点施以弹性力作用，使相邻质点也在自己的平衡位置附近振动起来。因此，媒质中一个质点的振动会引起邻近质点的振动，而邻近质点的振动又会引起较远质点的振动。这样，振动就以一定的速度在弹性媒质中由近及远地传播出去，形成波动。这种机械振动在弹性媒质中的传播称为**弹性波**，即**机械波**。

想一想：

弹簧振子做简谐振动时，由于和外界的物体没有相互作用，它会永远地振动下去，并且保持机械能守恒。振动的物体与其他物体相接触，那么被接触的物体受力状况如何，其运动状态将如何变化？

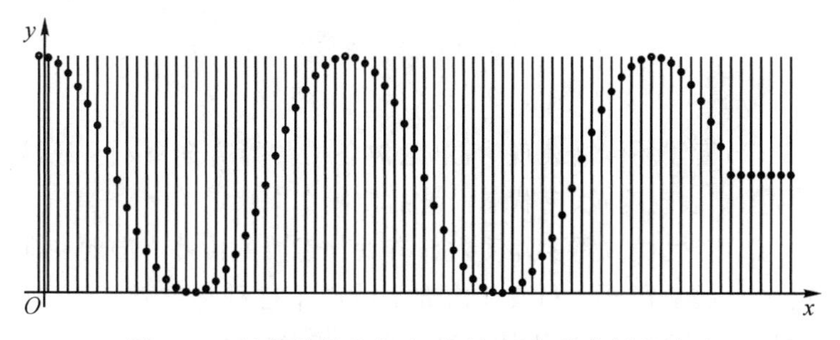

图 10.1　波的传播中各个质元振动与波传播的关系

2. 产生机械波的条件

波源：产生机械振动的振源。

弹性媒质：传播机械振动。

例如：各种发声器都是波源，空气则为传播声波的媒质。

我们可以这样理解机械波的产生，波动是波源的振动状态或波动能量在媒质中的传播。

媒质中各质元都在各自平衡位置附近做振动，并未“随波逐流”。因此波的传播不是媒质质元的传播。

波源的振动状态沿波射线的方向由近及远向外传播，因此沿波射线方向各质元的振动相位是逐一落后的。

10.1.2　波的类型

1.按媒质质点的运动方向与波动传播方向来分——横波和纵波

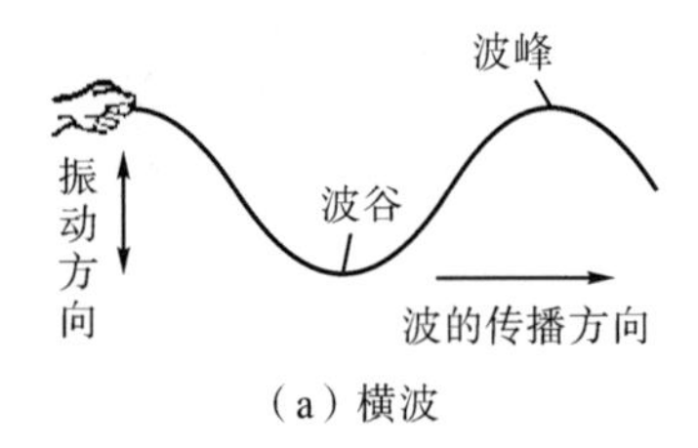

(a) 横波

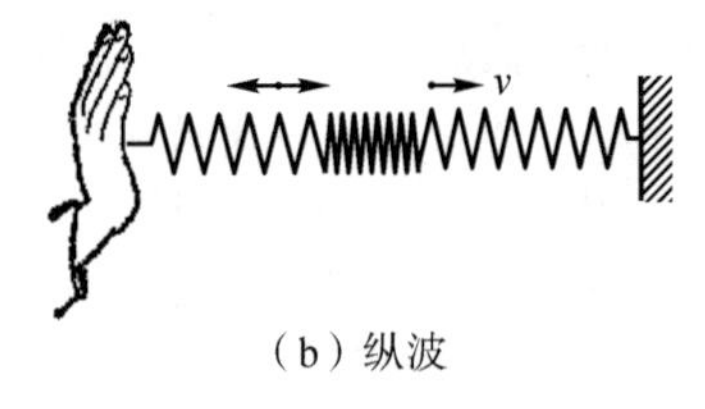

(b) 纵波

图 10.2　横波和纵波

传播方向与质点(媒质质元)的振动方向垂直的波称作**横波**。例如手抖动绳子一端引起振动的传播,如图 10.2(a)所示,绳子上交替出现凸起和凹下,其中波形凸起部分叫作波峰,凹下部分叫作波谷。

传播方向与质点(媒质质元)的振动方向平行的波称作**纵波**。例如用手拍打弹簧引起振动的传播,如图 10.2(b)所示,弹簧出现"稀疏"和"稠密"的区域,图 10.3 给出了纵波各个质元与传播方向的关系。

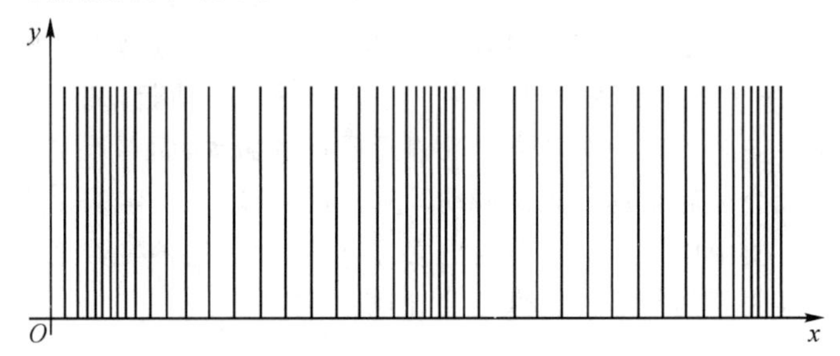

图 10.3　纵波各个质元与传播方向的关系

说明:

(1)横波的传播表现为波峰、波谷沿传播方向移动。纵波的传播则表现为疏、密状态沿波的传播方向移动。

(2)产生横波需要媒质内部有垂直于波的传播方向的切向弹性力,通常在气体和液体内部不能产生这种切向弹性力,所以只能传播纵波。在固体内部则既能传播横波又能传播纵波。

(3)在一般情况下,一个波源在固态物质中可以产生横波和纵波,例如地震波。还有一些波既不是横波又不是纵波,例如水面波,质元沿一椭圆轨道运动,因此水的质元既有平行于波传播方向的运动,又有垂直于波传播方向的运动。

2.按波的波前来分——平面波和球面波

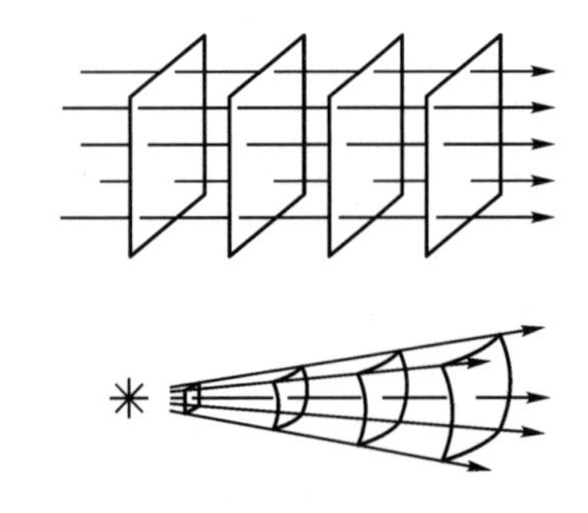
图 10.4　平面波和球面波

为了形象地描述波在空间的传播情况,如图 10.4 所示,通常沿波的传播方向作一些带箭头的线,称为**波线**(wave ray),波线的指向表示波的传播方向;在同一时刻,波动传播到的空间各点构成的曲面称为波振面或波面(wave surface),显然同一波面上各点的相位是相同的。最前面的波面称为波前(wave front)。因此,在任何时刻,波前只有一个。在各向同性媒质中,波线与波面垂直。

平面波：波前为平面。

球面波：波前为球面，由点波源产生。

3. 按波动的传播来分——行波和驻波

振动状态或振动能量由波源向外传播的波称为**行波**。

由同一直线上沿相反方向传播的两列振动方向相同、振幅相同、频率相同、相位相同或相位差恒定的波叠加而成的波称为**驻波**。驻波没有振动状态和能量的传播。

4. 按波动的明显的物理性质来分——光波、声波、水波等

5. 按传播波动的质点的行为来分——脉冲波、周期波等

10.1.3 描述波动的物理量——波长、周期与频率、波速

1. 波长 λ——反映波动的空间周期性

同一波线上两个相邻的、相位差为 2π 的振动质点之间的距离叫作**波长**，如图 10.5 所示。

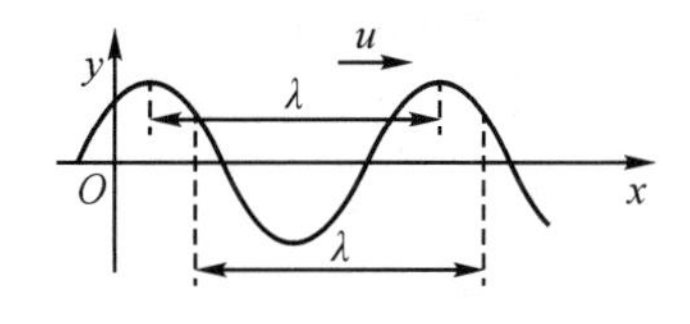

图 10.5　波长示意图

可形象地将波长想象为一个完整的"波"的长度，对于横波来说波长等于相邻两个波峰或波谷之间的距离；对于纵波来说波长等于相邻两个密部或疏部之间的距离。

2. 周期与频率——反映波动的时间周期性

波传播一个波长所需要的时间称作波的**周期**，用 T 表示。

周期的倒数称作波的**频率**，用 ν 表示

$$\nu = \frac{1}{T}$$

即波动在单位时间内前进的距离中所包含的完整的波的数目。

波的周期等于波源振动的周期，波的周期只与振源有关，而与传播媒质无关。即波源做一次完全的振动，波就前进一个波长的距离。

3. 波速 u ——描述振动状态在媒质中传播快慢程度的物理量

在波动过程中，某一振动状态在单位时间内所传播的距离为**波速**。由于振动状态的传播也就是相位的传播，因而这里的波速也称为**相速**。

说明：

(1) 波速用 u 表示，是为了和 ν 区分；当然也可以用 v 表示；

(2)波速的大小与媒质有关。在不同的媒质中,同一波的波速是不一样的。

例如声波,在空气中,波速为 331 m/s(1.013×10^5 Pa,0 ℃);在氢气中,波速为 1263 m/s(1.013×10^5 Pa,0 ℃)。

(3)波速和振动速度

①波的传播速度是振动状态传播的速度,也是相位传播的速度。因此此处的波速为相速。

②要区分波的传播速度和媒质质点的振动速度。后者是质点的振动位移对时间的导数,它反映质点振动的快慢,它和波的传播快慢完全是两回事。

③无限媒质中一般存在纵波与横波两种类型,但在液体和气体中只存在纵波。

想一想:

对于某个振动。如果希望振动传播的速度快一些,如何选择传播介质?

理论研究表明,波速取决于媒质的弹性模量和媒质的密度,而与振源无关。

a. 绳或弦上的横波速度:

$$u=\sqrt{\frac{T}{\mu}} \tag{10.1}$$

式中,T 为张力;μ 为线密度。

b. 固体中的波速:

$$u=\sqrt{\frac{G}{\rho}} \quad \text{——横波} \tag{10.2}$$

$$u=\sqrt{\frac{Y}{\rho}} \quad \text{——纵波} \tag{10.3}$$

式中,G 为切变模量;Y 为杨氏模量;ρ 为密度。

c. 液体或气体中的纵波波速:

$$u=\sqrt{\frac{B}{\rho}} \tag{10.4}$$

式中,B 为媒质的容变模量。

对理想气体: $$u=\sqrt{\frac{\gamma RT}{\mu}}=\sqrt{\frac{\gamma p}{\rho}} \tag{10.5}$$

(4)三者的关系

在一个周期中,波前进一个波长,故

$$u=\frac{\lambda}{T}=\lambda\nu \tag{10.6}$$

说明:

(1)式(10.6)是波速、波长和频率之间的基本关系式,对各种波都适用。

(2)频率反映了振动在时间上的周期性,波长反映了振动在空间上的周期性，上式把两种周期性联系起来。

(3)由于波速与媒质有关，而频率与媒质无关，故当波在不同媒质中传播时，其波长也因媒质的不同而不同。

例 10.1　在室温下，已知空气中的声速为 $u_1=340$ m/s，水中的声速为 $u_2=1450$ m/s，求频率为 200 Hz 的声波在空气和水中的波长。

解　由 $\lambda=\frac{u}{\nu}$，得

空气中，$\lambda_1=\frac{u_1}{\nu}=\frac{340}{200}=1.7\ \text{m}$

水中，$\lambda_2=\frac{u_2}{\nu}=\frac{1450}{200}=7.25\ \text{m}$

可以得到结论，同一频率的声波，在水中的波长要比在空气中的波长要长。

其原因是波速取决于媒质，频率取决于振源，所以同一波源发出的一定频率的波在不同媒质中传播时，频率不变，但波速不同，因而波长也不同。

10.1.4　波线　波前　波面

1. 波线

如图 10.4 所示，波的传播方向一般可以用波线表示。沿波的传播方向画一些带有箭头的线，叫作**波线**。

2. 波面

媒质中各质点都在平衡位置附近振动，不同波线上相位相同的点所连成的曲面，叫作波面或同相面。在任一时刻，波面可以有任意多个，一般作图时使相邻两个波面之间的距离等于一个波长，如图 10.6 所示。

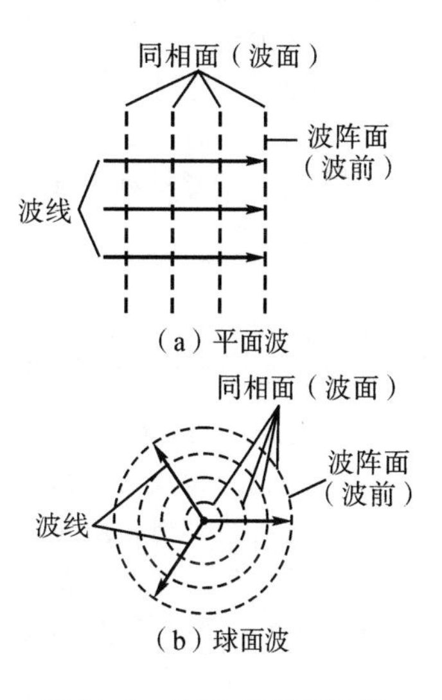

图 10.6　波面、波前和波线

3. 波前

在某一时刻，**由波源最初振动状态传到的各点所连成的曲面，叫作波前。**或者说，最前面的波面也叫波前。

显然，波前是波面的特例，但却是传到最前面的那个波面，所以，在任一时刻，只有一个波前。

在各向同性的媒质中波线与波面垂直。

4. 平面波和球面波

波前是平面的波，叫作**平面波**；在各向同性的媒质中，波线与波面垂直，如图 10.6(a)所示。

波前是球面的波，叫作**球面波**，如图 10.6(b)所示。

10.2　简谐波的波函数

10.2.1　平面简谐波的波函数

1. 波函数(波动方程)

机械波是机械振动在弹性介质中的传播，它是弹性介质内大量质点参与的一种集体运动。假设波沿 x 轴正方向传播，如果知道振动传播方向距原点 x 处的质点在任意时刻 t 的位移 y，就相当于知道振动传播的所有信息。我们把描述波传播方向上距原点 x 处质点在任意时刻 t 的位移的函数 $y(x,t)$，称作**波函数**。

2. 什么是平面简谐波？

小贴士：

一般地说，媒质中各质点振动是很复杂的，所以由此产生的波动也是很复杂的，但是可以证明，任何复杂的波都可以看作是由若干个简谐波迭加而成的。因此，讨论简谐波就有着特别重要的意义。

简谐波只是一种理想化的模型。

由于一般的波动过程是比较复杂的，我们只讨论最简单的情况，即波源做简谐振动，因而波动所到之处的各个质点也在做简谐振动，相应的波称为**平面简谐波**，或称为**简谐波**，这是一种最简单最基本的行波。平面简谐波的波前为平面。

可以证明，任何非简谐的复杂的波，都可看成是由若干个频率不同的简谐波叠加而成的。因此，研究简谐波仍具有特别重要的意义。

严格的简谐波只是一种理想化的模型。它不仅具有单一的频率相振幅，而且必须在空间和时间上都是无限延展的，所以严格的简谐波是无法实现的。

对于做简谐运动的波源在均匀、无吸收的媒质中所形成的波，只可近似地看成是简谐波。

小贴士：

导出波方程的思路：

(1)已知波源的振动方程，当振动传到各质元时，各质元都以相同的振幅、频率来重复波源的振动；

(2)波源的振动状态以某一速度先后传播到各个质元，沿波的传播方向上的各质元振动的相位依次落后。

3. 平面简谐波的波函数

假定平面简谐波在理想的、不吸收传播的振动能量的均匀无限大媒质中传播，则所有波线上波动的传播情况都相同，因此在任一条波线上的波都能够代表整个媒质中的波动。

由于波场中任一质点都是在相邻的前一质点的带动下而振动的，同时它又将带动后面的质点进行振动。它从前一质点接收能量，又把能量传给下一质点。因而波场中的任一质点都是在做受迫振动，而受迫振动的稳态解为“准谐振动”，其振动频率为驱动力的频率，由此可见，波场中任一质点的振动频率等于波源的频率。

因此建立波动方程遵循以下思路：

①写出某质点的振动方程；

②求出任意质点相对于该质点的相位差；

③写出波动方程。

如图 10.7 所示，设平面简谐波以波速 u 沿 x 轴 正方向传播，x 轴与平面简谐波的一条波线重合，各个质点的平衡位置都在 x 轴上。设 x 轴原点 O 处的质点的振动方程为

$$y_0 = A\cos\omega t$$

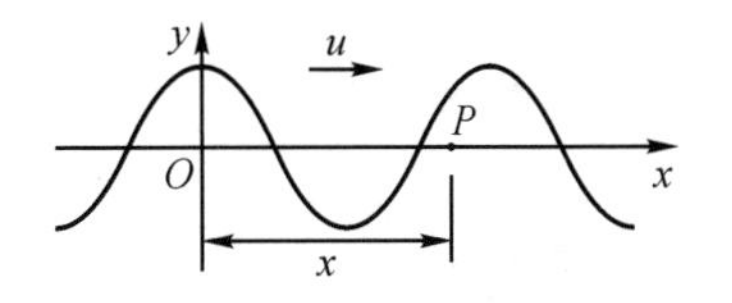

图 10.7　波状态传播

对于 x 轴上任一点 P，当振动从 O 点传到 P 点时，P 处质点将重复 O 点的振动，但是在时间上要落后 $\tau = \frac{x}{u}$，或者说 P 处振动的相位要比 O 处的相位落后 $\omega\tau$。因此在时刻 t，P 处的相位应为 $\omega t - \omega\tau$，相应的位移为

$$y_P = A\cos(\omega t - \omega\tau) = A\cos\omega\left(t - \frac{x}{u}\right)$$

该方程反映了质点 P 在任一时刻相对于平衡位置的位移，考虑 P 点的任意性，可得平面简谐波的波函数为

$$y = A\cos\omega\left(t - \frac{x}{u}\right) \tag{10.7}$$

应用 $u = \frac{\lambda}{T} = \lambda\nu$ 和 $\omega = 2\pi\nu = \frac{2\pi}{T}$，该方程又可以表示为以下形式

$$y = A\cos 2\pi\left(\frac{t}{T} - \frac{x}{\lambda}\right) \tag{10.8}$$

$$y = A\cos 2\pi\left(\nu t - \frac{x}{\lambda}\right) \tag{10.9}$$

若 O 处质点的振动初相位为 φ，则相应的波函数为

$$y = A\cos\left[\omega\left(t - \frac{x}{u}\right) + \varphi\right] \tag{10.10}$$

式中，A 为波的振幅。上式表明，**平面简谐波波线上任意一个质点在任意时刻的位移 y 随位置 x 和时间 t 按余弦规律变化**，式(10.10)就是**平面简谐波的波函数**。

3. 波动中质点振动的速度和加速度

把波函数对时间求偏导，则可以得到 x 处质点振动的速度和加速度

$$v = \frac{\partial y}{\partial t} = -A\omega\sin\omega\left(t - \frac{x}{u}\right) \tag{10.11}$$

$$a = \frac{\partial^2 y}{\partial t^2} = -A\omega^2\cos\omega\left(t - \frac{x}{u}\right) \tag{10.12}$$

注意质点振动的速度和波动传播的速度的区别：v 是质点振动的速度，它是时间的函数；u 是波速，相对于特定媒质而言，它是一个与时间无关的常量。

4. 沿 x 轴负方向传播的平面简谐波的表达式

P 点的相位比 O 点的相位超前，因而波函数为

$$y = A\cos\omega\left(t + \frac{x}{u}\right) = A\cos 2\pi\left(\frac{t}{T} + \frac{x}{\lambda}\right)$$
$$= A\cos 2\pi\left(\nu t + \frac{x}{\lambda}\right) \tag{10.13}$$

结论:写出平面简谐波的表达式的关键是写出波形上任一点的振动的相位比已知点的振动是超前还是落后。这个结论对于横波和纵波都是成立的。

10.2.2 波动表达式的物理意义

(1) x 一定,则位移仅是时间的函数,对于 $x = x_1$,

$$y = A\cos\left(\omega t - \frac{2\pi x_1}{\lambda}\right)$$

该方程表示的是 x_1 处的质点的振动方程。即 x_1 处的质点的振动情况——该质点在平衡位置附近以速度 ω 做简谐振动。

它表达了距离坐标原点为 x_0 处的质点的振动规律(独舞),不同的 x_0,相应的振动初相位不同,如图 10.8 所示。

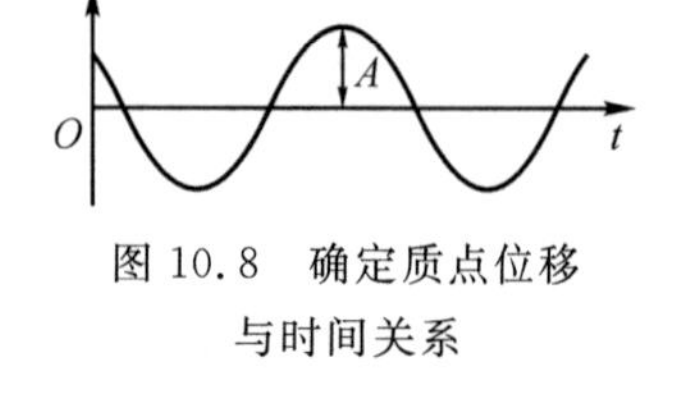

图 10.8　确定质点位移与时间关系

(2) t 一定,则位移仅是坐标的函数,对于 $t = t_1$,则

$$y = A\cos\left(\omega t_1 - \frac{2\pi x}{\lambda}\right)$$

该方程表示的是 t_1 时刻各质点相对于平衡位置的位移。即在 t_1 时刻波线上所有质点的振动情况——各个质点相对于各自平衡位置的位移所构成的波形曲线,如图 10.9 所示。

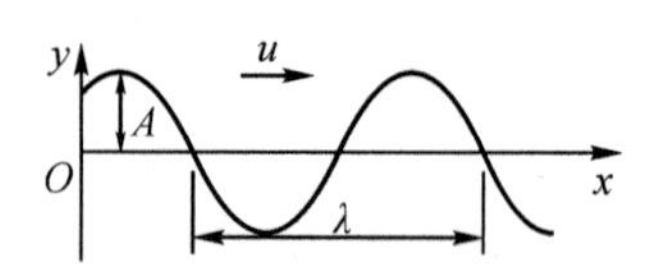

图 10.9　确定时间各质元位移与位置关系

即在某一瞬时 y 仅为 x 的函数,它给出了该瞬时波射线上各质元相对于平衡位置的位移分布情况,即表示某一瞬时的波形(集体定格)。

由此还可以得到波程差与相位差的关系

$$\Delta\varphi = \varphi_2 - \varphi_1 = -2\pi\frac{x_2 - x_1}{\lambda} = -2\pi\frac{\Delta x}{\lambda} \tag{10.14}$$

(3) x 和 t 都变化

波动表达式表示波线上所有质点在不同时刻的位移。如图 10.10 所示,实线表示 t 的波形,虚线表示 $t+\Delta t$ 时刻的波形,从图 10.10 中可以看出,振动状态(即相位)沿波线传播的距离为 $\Delta x = u\Delta t$,整个波形也传播了 Δx 的距离,因而波速就是波形向前传播的速度,波函数也描述了波形的传播。

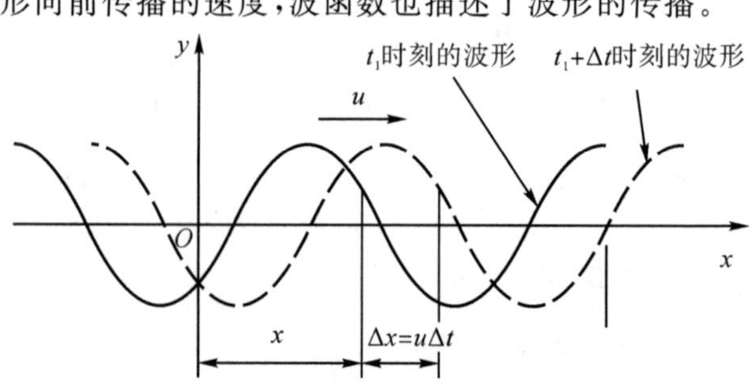

图 10.10　波形的传播

总之，波方程反映了波的时间和空间双重周期性。

时间周期性：周期 T 代表了波的时间周期性。从质点运动来看，反映在每个质点的振动周期均为 T；从整个波形看，反映在 t 时刻的波形曲线与 $t+T$ 时刻的波形曲线完全重合。

空间周期性：波长代表了波在空间的周期性。从质点来看，反映在相隔为波长的两个质点其振动规律完全相同（两质点为同相点）；从波形来看，波形在空间以波长为“周期”分布着。所以波长也叫作波的空间周期。

例 10.2　平面简谐波的传播速度为 u，沿 x 轴正方向传播。已知距原点 x_0 的 P_0 点处质点的振动规律为 $y=A\cos\omega t$，求波动表达式。

解　在 x 轴上任取一点 P，其坐标为 x，振动由 P_0 点传到 P 点所需的时间为 $\tau=\dfrac{(x-x_0)}{u}$，因而 P 处质点振动的相位比 P_0 处质点振动的相位要落后 $\omega\tau$，所以波动的表达式为

$$y=A\cos\omega\left(t-\frac{x-x_0}{u}\right)$$

例 10.3　一平面简谐波的波动表达式为

$$y=0.01\cos\pi\left(10t-\frac{x}{10}\right)\ \text{(SI)}$$

求：(1)该波的波速、波长、周期和振幅；

(2) $x=10$ m 处质点的振动方程及该质点在 $t=2$ s 时的振动速度；

(3) $x=20$ m，60 m 两处质点振动的相位差。

解　(1)将波动表达式写成标准形式

$$y=0.01\cos2\pi\left(5t-\frac{x}{20}\right)\ \text{(SI)}$$

因而振幅　$A=0.01$ m

波长　$\lambda=20$ m

周期　$T=\dfrac{1}{5}=0.2$ s

波速　$u=\dfrac{\lambda}{T}=\dfrac{20}{0.2}=100\ \text{m}\cdot\text{s}^{-1}$

(2)将 $x=10$ m 代入波动表达式，则有

$$y=0.01\cos(10\pi t-\pi)\quad\text{(SI)}$$

该式对时间求导，得

$$v=-0.1\pi\sin(10\pi t-\pi)\quad\text{(SI)}$$

将 $t=2$ s 代入，得振动速度 $v=0$。

(3) $x=20$ m，60 m 两处质点振动的相位差为

$$\Delta\varphi=\varphi_2-\varphi_1=-\frac{2\pi}{\lambda}(x_2-x_1)=-\frac{2\pi}{20}(60-20)=-4\pi$$

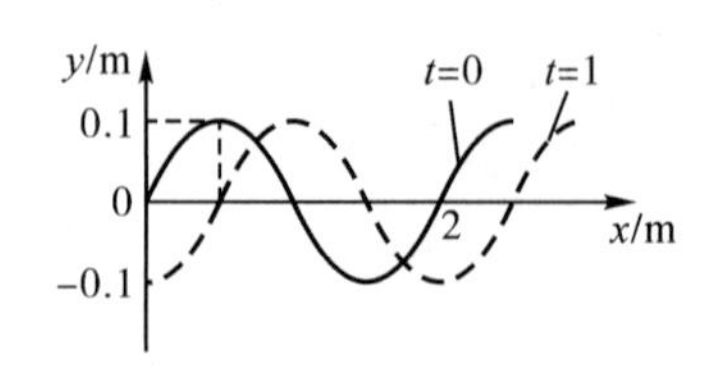

图 10.11　$t=0$ 和 $t=1$ s 时的波形

> **小贴士：**
>
> 建立波动方程的程序：
>
> (1)首先写出简谐波的标准方程；
>
> (2)根据已知条件求出波长频率、初相位相关物理量；
>
> (3)代入波动方程。

即这两点的振动状态相同。

例 10.4　平面简谐波在 $t=0$ 和 $t=1$ s 时的波形如图 10.11 所示，试求：(1)波的周期和角频率；(2)写出该平面简谐波的表达式。

解　(1)由图中可以看出振幅和波长分别为

$$A = 0.1 \text{ m}, \lambda = 2 \text{ m}$$

在 $t=0$ 到 $t=1$ s 时间内，波形向 x 轴正方向移动了 $\frac{\lambda}{4}$，故波的周期和波速为

$$T = 4 \text{ s}$$

$$u = \frac{\lambda}{T} = \frac{2}{4} = 0.5 \text{ m} \cdot \text{s}^{-1}$$

由此可得波的角频率为

$$\omega = \frac{2\pi}{T} = \frac{2\pi}{4} = \frac{\pi}{2} \text{ rad} \cdot \text{s}^{-1}$$

(2)设原点 O 处质点的运动方程为

$$y_0 = A\cos(\omega t + \varphi)$$

在 $t=0$ 时，O 处质点的位移和速度为

$$y_0 = A\cos\varphi = 0$$

$$u_0 = -A\omega\sin\varphi < 0$$

解得

$$\varphi = \frac{\pi}{2}$$

所以平面简谐波的表达式为

$$y = A\cos\left(\omega t + \varphi - \omega\frac{x}{u}\right) = 0.1\cos\left(\frac{\pi}{2}t - \frac{\pi}{2} + \pi x\right) \quad \text{(SI)}$$

10.3　波的能量

10.3.1　波动能量的传播

1. 波的传播和能量

机械波在媒质中传播时，波动传播到的各质点都在各自的平衡位置附近振动。由于各质点有振动速度，因而它们具有动能。同时因媒质产生形变，它们还具有弹性势能。故在波动传播过程中，媒质由近及远振动着，能量是向外传播出去的，这是波动的重要特征。本节以棒中传播的纵波为例来讨论波的能量。

当机械波传播到媒质中的某处时，该处原来不动的质点开始振动，因而有动能。同时该处的媒质也将发生形变，因而也具有势能，波的传播过程也就是能量的传播过程。

2. 波动的动能和势能

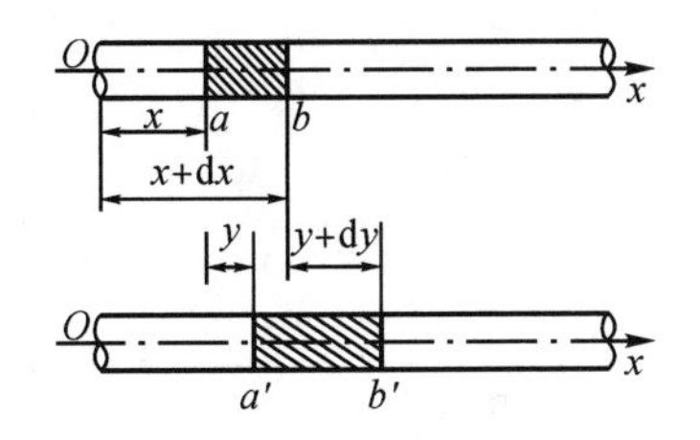

图 10.12　波能量传播

如图10.12所示，一细棒沿 x 轴放置，其质量密度为 ρ，截面积为 S，弹性模量为 Y。当平面纵波以波速 u 沿 x 轴正方向传播时，棒上每一小段将不断受到压缩和拉伸。设棒中波的表达式为

$$y = A\cos\omega\left(t - \frac{x}{u}\right)$$

在棒中任取一个体积元 ab，棒中无波动时两端面 a 和 b 的 x 轴坐标分别为 x 和 $x+\mathrm{d}x$，则体积元 ab 的自然长度为 $\mathrm{d}x$，质量为 $\mathrm{d}m=\rho\mathrm{d}V=\rho S\mathrm{d}x$。当有波传到该体积元时，其振动速度为

$$v = \frac{\mathrm{d}y}{\mathrm{d}t} = -A\omega\sin\omega\left(t - \frac{x}{u}\right)$$

因而这段体积元的振动**动能**为

$$\mathrm{d}E_{\mathrm{k}} = \frac{1}{2}(\mathrm{d}m)v^2 = \frac{1}{2}(\rho\mathrm{d}V)A^2\omega^2\sin^2\omega\left(t - \frac{x}{u}\right) \tag{10.15}$$

设在时刻 t 该体积元正在被拉伸，两端面 a 和 b 的 x 轴坐标分别为 y 和 $y+\mathrm{d}y$，则体积元 ab 的实际伸长量为 $\mathrm{d}y$。由于形变而产生的弹性回复力为

$$F = YS\frac{\mathrm{d}y}{\mathrm{d}x}$$

和胡克定律比较可得

$$k = \frac{YS}{\mathrm{d}x}$$

因而该体积元的弹性**势能**为

$$\mathrm{d}E_{\mathrm{p}} = \frac{1}{2}k(\mathrm{d}y)^2 = \frac{1}{2}\frac{YS}{\mathrm{d}x}(\mathrm{d}y)^2 = \frac{1}{2}Y\mathrm{d}V\left(\frac{\mathrm{d}y}{\mathrm{d}x}\right)^2$$

而

$$\frac{\mathrm{d}y}{\mathrm{d}x} = \frac{A\omega}{u}\sin\omega\left(t - \frac{x}{u}\right)$$

固体中的波速为

$$u = \sqrt{\frac{Y}{\rho}}$$

因而

$$\mathrm{d}E_{\mathrm{p}} = \frac{1}{2}(\rho\mathrm{d}V)A^2\omega^2\sin^2\left(t - \frac{x}{u}\right) \tag{10.16}$$

所以体积元的**机械能**为

$$\mathrm{d}E = \mathrm{d}E_{\mathrm{k}} + \mathrm{d}E_{\mathrm{p}} = (\rho\mathrm{d}V)A^2\omega^2\sin^2\left(t - \frac{x}{u}\right) \tag{10.17}$$

以上分析可见，体积元中的动能和势能是同步变化的，即两者同时达到最大，又同时减到零，体积元中的总能量随时间做周期性的变化，不是守恒的。这是因为**媒质中的每个体积元都不是孤立的，通过它与相邻媒质间的弹性力作用，不断地吸**

收和放出能量，所以小体积的能量随时在变化，并且造成机械能的传播。

波动过程伴随着振动状态的传播，**因此波动过程伴随着相位能量传播的波，称为行波。**

3. 动能和势能同步分析

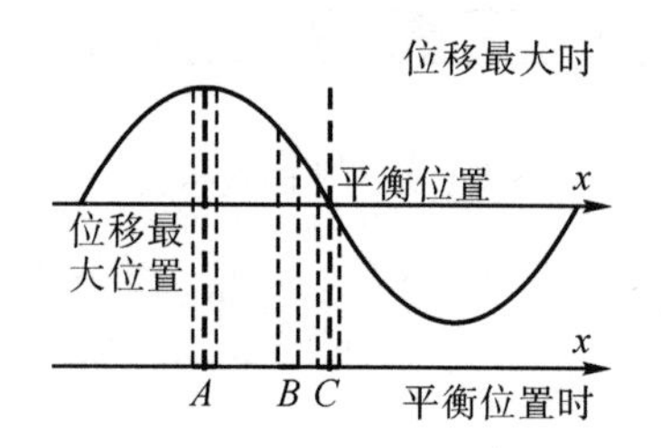

图 10.13　动能和势能变化

如图 10.13 所示，波动中动能和势能的同步变化，可从波动过程实际观察到。正在通过平衡位置的那些质点，不仅有最大的振动速度，而且由于所在处的质点间的相对形变（即 $\partial y/\partial x$）也最大，因而势能也最大。处于最大振动位移处的那些质点，不仅振动动能为零，而且由于所在处的质点间的相对形变为零（即 $\partial y/\partial x = 0$），所以势能也为零。动能和势能的变化是同步的。

在波的传播过程中，媒质中任一体积元的动能和势能同相地随时间变化，二者同时达到最大值，又同时为零，它们在任一时刻都有完全相同的值。即体积元的总能量是随时间作周期性变化的。这表明，沿着波动传播的方向，每一体积元都在不断地从后方质点获得能量，使能量从零逐渐增大到最大值，又不断把能量传递给前方的媒质，使能量从最大变为零。如此周期性地重复，能量就随着波动过程，从媒质的一部分传给另一部分。所以波动是能量传递的一种方式。

以上结论对横波也是成立的。

4. 波的能量密度——精确地描述波的能量分布

（1）单位体积媒质中的能量就是**能量密度**，用 w 表示。

（2）t 时刻 x 处媒质的能量密度

$$w = \frac{\mathrm{d}E}{\mathrm{d}V} = \rho A^2\omega^2 \sin^2\left(t - \frac{x}{u}\right) \tag{10.18}$$

上式表明波的能量密度随时间周期性变化。

（3）平均能量密度——一个周期内的能量密度的平均值

$$\bar{w} = \frac{1}{T}\int_0^T \rho A^2\omega^2 \sin^2\left(t - \frac{x}{u}\right)\mathrm{d}t = \frac{1}{2}\rho A^2\omega^2 \tag{10.19}$$

上式由平面简谐波得到，适合一切弹性波，可以看到**弹性波的能量密度与媒质的密度成正比，与波振幅的平方及频率的平方成正比。**

10.3.2　能流与能流密度

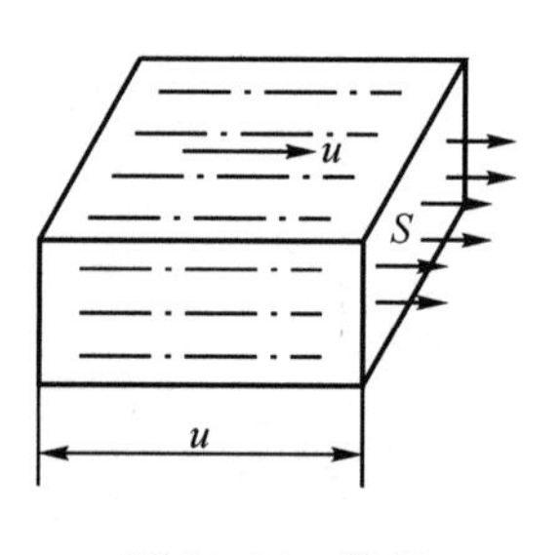

图 10.14　能流

1. 能流

单位时间内通过媒质中某一面积的能量称为通过该面积的**能流**，或**能通量**，用 P 表示，如图 10.14 所示。

$$P = wuS = uS\rho A^2\omega^2 \sin^2\left(t - \frac{x}{u}\right) \tag{10.20}$$

平均能流

$$\bar{P} = \bar{w}uS = \frac{1}{2}uS\rho A^2\omega^2 \qquad (10.21)$$

2. 平均能流密度——描述能流的空间分布和方向

通过与波的传播方向垂直的单位面积的平均能流，称为**平均能流密度**，又称为**波的强度**，简称**波强**。

$$\boldsymbol{I} = \bar{w}\boldsymbol{u} = \frac{1}{2}\rho A^2\omega^2\boldsymbol{u} \qquad (10.22)$$

能流密度(波强)与振幅的平方、频率的平方以及媒质的密度成正比，国际单位制中，波强的单位为瓦每二次方米($W \cdot m^{-2}$)。

说明：平均能流密度计算公式(10.22)是从简谐波得到的，但适合一切弹性波。

弹性波的波强是由波的性质(振幅和频率)和传播波的媒质(密度和波速)共同决定。对于声波称为声强，对于光波称为光强。

例 10.5　一球面波在均匀无吸收的媒质中以波速 u 传播。在距离波源 $r_1 = 1$ m 处质元的振幅为 A。设波源振动的角频率为 ω，初相位为零，试为出球面简谐波的表达式。

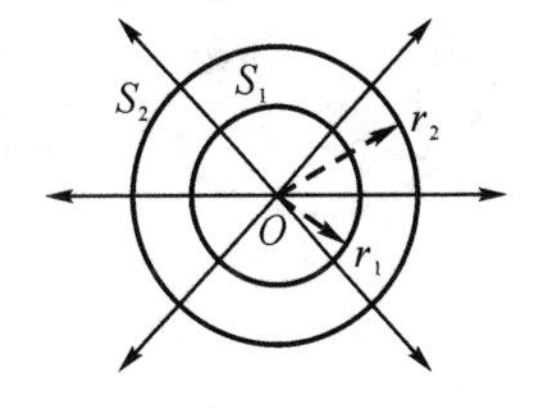

图 10.15　例 10.5 图

解　以点波源 O 为圆心作半径为 r_1 和 r_2 的两个球面，如图 10.15 所示。由于媒质不吸收波的能量，因此，单位时间内通过球面的总平均能量应该相等，即

$$4\pi r_1^2 I_1 = 4\pi r_2{}^2 I_2$$

式中，$I_1 = \frac{1}{2}\rho\omega^2 A_1^2 u$ 和 $I_2 = \frac{1}{2}\rho\omega^2 A_2^2 u$ 分别为距波源 r_1 和 r_2 处的波的强度，因而有

$$A_1 r_1 = A_2 r_2$$

可见振幅与离波源的距离成反比，因而在距波源 r 处的振幅为 $\frac{A}{r}$，相位比波源落后 $\frac{\omega r}{u}$，所以球面简谐波的表示式为

$$y = \frac{A}{r}\cos\omega\left(t - \frac{r}{u}\right)$$

10.4　惠更斯原理　波的衍射、反射和折射

波在各向同性的均匀媒质中传播时，波速、波振面形状、波的传播方向等均保持不变。但是，如果波在传播过程中遇到障碍物或传到不同媒质的界面时，则波速、波振面形状，以及波的传播方向等都要发生变化，产生反射、折射、衍射、散射等现象。在这种情况下，要通过求解波动方程来预言波的行为就比较复

杂了。惠更斯原理提供了一种定性的几何作图方法，在很广泛的范围内解决了波的传播方向等问题。

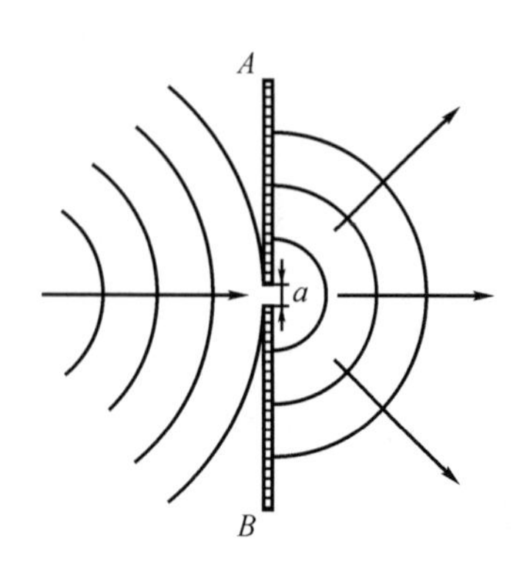

图 10.16　惠更斯原理

10.4.1　惠更斯原理

1. 波传播过程

当波在弹性媒质中传播时，媒质中任一点 P 的振动，将直接引起其邻近质点的振动。就 P 点引起邻近质点的振动而言，P 点和波源并没有本质上的区别，即 P 点也可以看作新的波源。例如，如图 10.16 所示水面波传播时，遇到障碍物，当障碍物上小孔的大小与波长相差不多时，就会看到穿过小孔后的波振面是圆弧形的，与原来的波振面无关，就像以小孔为波源产生的波动一样。

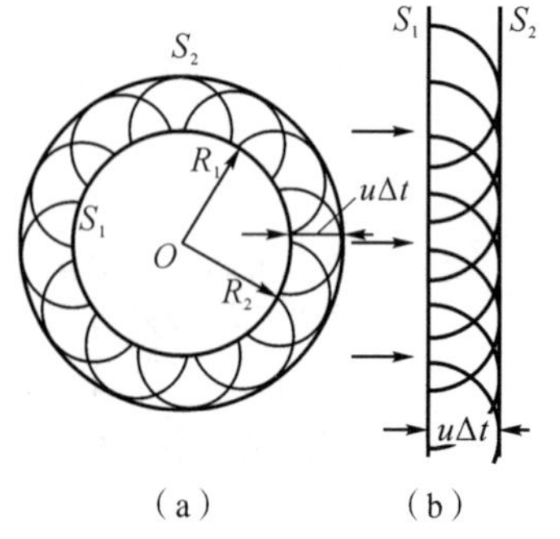

图 10.17　用惠更斯原理来解释波动的传播方向

2. 惠更斯原理——关于波面传播的理论

在总结这类现象的基础上，荷兰物理学家惠更斯于 1678 年首先提出：**媒质中任一波面上的各点，都可看成是产生球面子波(或称为次波)的波源；在其后的任一时刻，这些子波的包络面就是新的波面。**

3. 用惠更斯原理来解释波动的传播方向

不论对机械波还是电磁波，也不论波动所经过的媒质是均匀的还是非均匀的，是各向同性的还是各向异性的，惠更斯原理都是适用的。只要知道某一时刻的波面与波速，就可以根据惠更斯原理，用几何作图方法决定下一时刻的波面，从而确定波的传播方向，如图 10.17 所示。

根据惠更斯原理，应用几何作图方法，由已知的某一时刻波阵面，可以确定下一时刻的波阵面，从而确定波的传播方向。应用惠更斯原理可以解释波的折射、反射和衍射等现象。

(1)点波源 O 发出的球面波的波面、子波、波前和波传播过程如图 10.17(a)所示；

(2)平面波的波面、子波、波前和波传播过程如图 10.17(b)所示。

惠更斯原理对任何波动过程都是适用的。只要知道某一时刻的波阵面，就可根据这一原理用几何方法来确定任一时刻的波阵面，因而在很广泛的范围内解决了波的传播问题。但惠更斯原理不能说明波的强度分布。

小贴士：

惠更斯是最著名的物理学家之一。其力学研究成果很多：1656 年制成了第一座机械钟；1673 年推算出了向心力定律；1678 年他完成《光论》，提出了光的波动说，建立了著名的惠更斯原理。惠更斯原理可以预料光的衍射现象的存在。

数学方面：发表过关于计算圆周长、椭圆弧及双曲线的著作。

天文学方面：研制和改进光学仪器。他 1665 年发现了土星的光环和木星的卫星(木卫六)。

10.4.2　波的衍射

1. 什么是波的衍射现象？

波在传播过程中遇到障碍物时，能够绕过障碍物的边缘继续前进的现象叫作波的**衍射现象**。

此时波阵面的几何形状和波的传播方向均发生改变，衍射现象明显与否和障碍物的尺寸有关。

例如，水面上我们很容易看到水波绕过障碍物或穿过障碍物缺口；俗话说“隔墙有耳”，表明声音可以透过门缝、窗缝传出来。这些都是波的衍射现象，产生这些现象的原因是障碍物或者孔、缝的尺寸相对于水波或声波的波长要小。然而在生活中很难看到光波的衍射现象，想想为什么？

(1)平面波通过宽度略大于波长的缝时，在缝的中部，波的传播仍保持原来的方向，在缝的边缘处，波阵面弯曲，波的传播方向改变，波绕过障碍物向前传播。

(2)平面波通过宽度（线度）小于波长的缝时（相当于小孔），衍射现象更加明显，波阵面由平面变成球面。

2. 用惠更斯原理解释波的衍射现象

如图 10.18 所示，当平面波到达障碍物 AB 上的一条狭缝时，缝上各点可看成是子波的波源，各子波源都发出球形子波。这些子波的包络面已不再是平面。靠近狭缝的边缘处，波面弯曲，波线改变了原来的方向，即绕过了障碍物继续前进。如果障碍物的缝更窄，衍射现象就更显著。图 10.19 是水波通过狭缝的衍射现象。

说明：

(1)惠更斯原理指出了从某一时刻出发去寻找下一时刻波阵面的方法。

(2) 惠更斯原理对任何媒质中的任何波动过程都成立。（无论是均匀的或非均匀的，是各向同性的或是各向异性的，无论是机械波还是电磁波，这一原理都成立。）

(3)惠更斯原理并不涉及波的形成机制。

(4)惠更斯原理并没有说明各子波在传播中对某一点振动究竟有多少贡献。

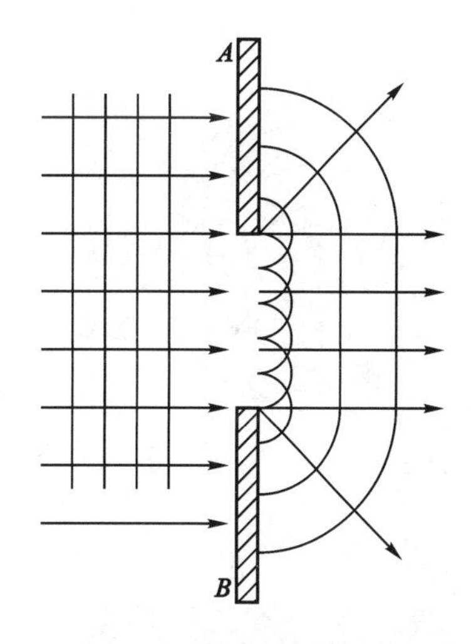

图 10.18　波的衍射

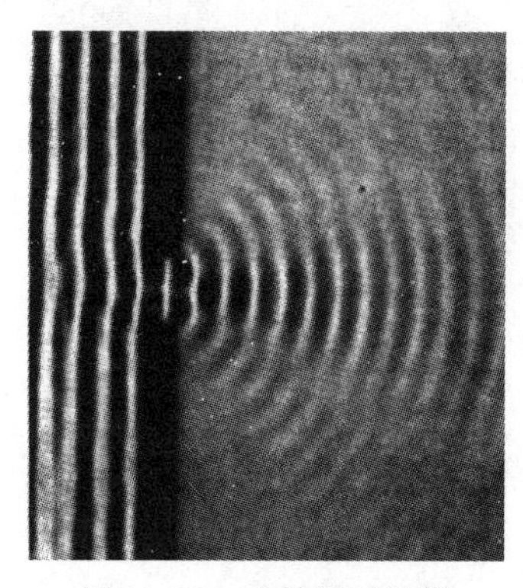

图 10.19　水波通过狭缝衍射现象

10.5　波的干涉

10.5.1　波的叠加原理

1. 波的独立传播原理

人耳能够分辨出每种乐器所演奏的声音，水面上的水波相遇后又分开等现象，说明波传播具有独特的传播特性。

几列波在同一媒质中传播时，无论是否相遇，它们将各自保持其原有的特性（频率、波长、振动方向等）不变，并按照它们原来的方向继续传播下去，好像其他波不存在一样，如图 10.20 所示。

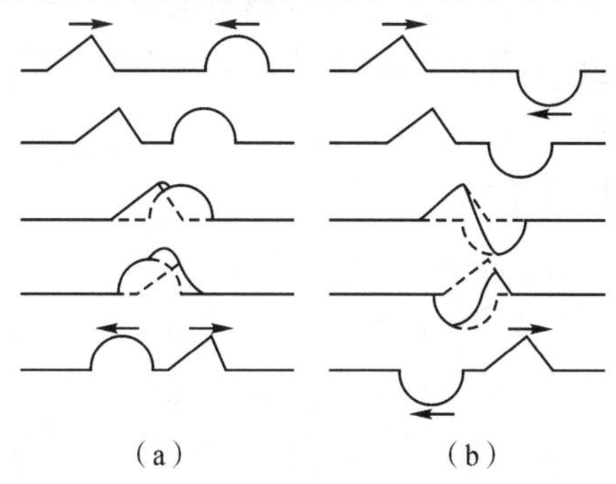

图 10.20　沿同一直线相反方向的运动波的叠加

2. 波的叠加原理

当几列波在媒质中某点相遇时，该点的振动是各个波单独存在时在该点引起振动的合振动，即该点的位移是各个波单独存在时在该点引起的位移的矢量和。

这种波动传播过程中出现的各分振动独立地参与叠加的现象称为**波的叠加原理**。

3. 波的叠加原理的意义和应用

波的叠加原理包含了波的独立传播性与可叠加性两方面的性质，是波的干涉与衍射现象的基本依据。

波的叠加原理并不是普遍成立的。只有当波的强度不太大时，描述波动过程的微分方程是线性的，它才是正确的；如果描述波动过程的微分方程不是线性的，波的叠加原理就不成立。如强度很大的冲击波，就不遵守上述叠加原理(爆炸产生的冲击波就不满足线性方程，所以叠加原理不适用)。

叠加原理在物理上的一个重要意义是将一个复杂的波动分解为几个简单的波的叠加(傅里叶级数)。

10.5.2 波的干涉

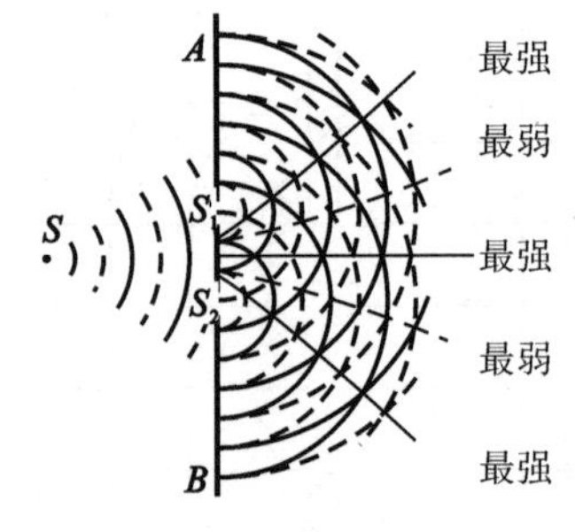

图 10.21　波的干涉

1. 相干波

当振动方向相同、频率相同、相位相同或相位差恒定的两列波，在空间相遇时，叠加的结果是使空间某些点的振动始终加强，另外某些点的振动始终减弱，形成一种稳定的强弱分布，这种现象称为**波的干涉现象**。

相干波：能够产生干涉的两列波；

相干波源：相干波的波源；

相干条件：振动方向相同、频率相同、相位相同或相差恒定。

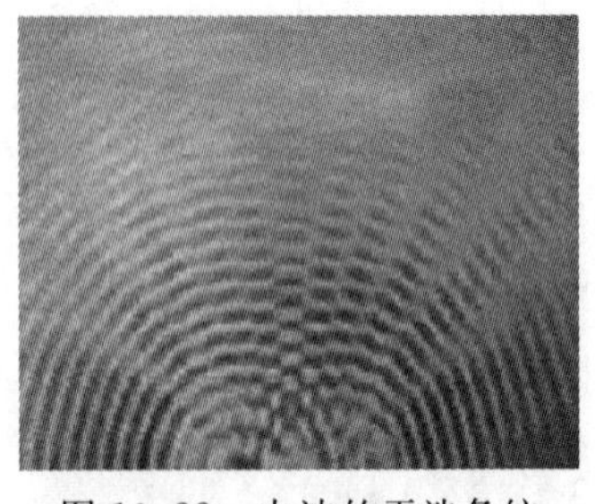

图 10.22　水波的干涉条纹

想一想：

波的三个相干条件是什么？

不满足相干条件波会干涉吗？

2. 相干波源的获得

分波振面：如图 10.21 所示，S 为波源前的一个障碍物上的一个小孔，S_1 和 S_2 是在波前进路程中的另外一个障碍物上的两个小孔，且 $SS_1 = SS_2$。根据惠更斯原理，S、S_1、S_2 都是独立的波源，S_1 和 S_2 发出的波为相干波，如图 10.22 所示为两列水波干涉图样。

3. 干涉强弱分布

设两相干波源 S_1 和 S_2 的振动方程为

$$y_{10} = A_{10}\cos(\omega t + \varphi_1)$$
$$y_{20} = A_{20}\cos(\omega t + \varphi_2)$$

从波源 S_1 和 S_2 发出的波在同一媒质中传播，假设媒质是均匀的、各向同性的，并且是无穷大的。如图 10.23 所示，设在两列波相遇的区域内任一点 P，与两波源的距离分别是 r_1 和 r_2，则 S_1、S_2 单独存在时，在 P 点引起的振动为

$$y_1 = A_1\cos\left(\omega t + \varphi_1 - 2\pi\frac{r_1}{\lambda}\right)$$

$$y_2 = A_2\cos\left(\omega t + \varphi_2 - 2\pi\frac{r_2}{\lambda}\right)$$

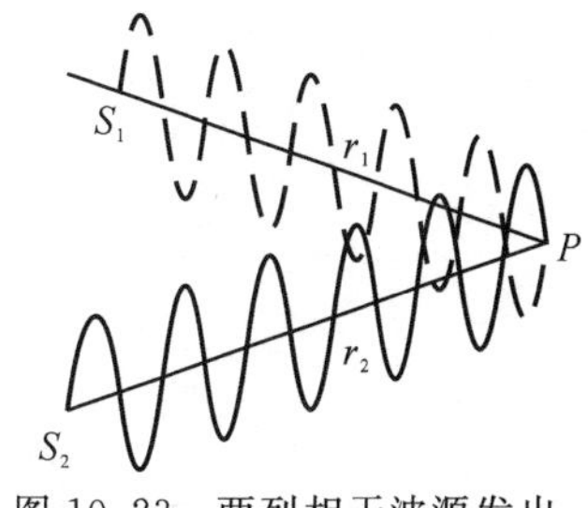

图 10.23　两列相干波源发出的平面简谐波在空间相遇

根据同方向同频率振动的合成，P 点的合振动方程为

$$y = y_1 + y_2 = A\cos(\omega t + \varphi)$$

合振幅由下式确定

$$A^2 = A_1^2 + A_2^2 + 2A_1A_2\cos\left(\varphi_2 - \varphi_1 - 2\pi\frac{r_2 - r_1}{\lambda}\right) \tag{10.23}$$

因而 P 点的强度为

$$I = I_1 + I_2 + 2\sqrt{I_1I_2}\cos(\Delta\varphi) \tag{10.24}$$

式中

$$\Delta\varphi = \varphi_2 - \varphi_1 - 2\pi\frac{r_2 - r_1}{\lambda} \tag{10.25}$$

为两列波在 P 点所引起的分振动的相位差，其中 $\varphi_2 - \varphi_1$ 为两个波源的初相差，$-2\pi\frac{r_2 - r_1}{\lambda}$ 是由于**波的传播路程**（称为**波程**）不同而引起的相位差，$r_2 - r_1$ 为两列波传播的路程差，简称**波程差**。对于叠加区域内任一确定的点来说，相位差为一个常量，因而强度是恒定的。不同的点将有不同的相位差，这将对应不同的强度值，但各自都是恒定的，即在空间形成稳定的强度分布，这就是**干涉现象**。

可见，在两列波叠加区域内的各点，合振幅或强度主要取决于相位差：

(1) $\Delta\varphi = \varphi_2 - \varphi_1 - 2\pi\frac{r_2 - r_1}{\lambda} = \pm 2k\pi, k = 0, 1, 2, \cdots$

则合振幅最大，其值为 $A = A_1 + A_2$，振动加强，称为干涉相长；

(2) $\Delta\varphi = \varphi_2 - \varphi_1 - 2\pi\frac{r_2 - r_1}{\lambda} = \pm(2k+1)\pi, k = 0, 1, 2, \cdots$

则合振幅最小，其值为 $A = |A_1 - A_2|$，振动减弱，称为干涉相消；

(3) 在相位差为其他值时，合振幅介于 $|A_1 - A_2|$ 与 $A_1 + A_2$ 之间。

如果两相干波源的振动初相位相同，即 $\varphi_2 = \varphi_1$，以 δ 表示两相干波源到 P 点的波程差，则上述条件可以简化为

(1) $\delta = r_1 - r_2 = \pm k\lambda, k = 0, 1, 2, \cdots$　　(10.26)

干涉相长；

> **小贴士：**
>
> **波的叠加解题指导**
>
> (1) 写出两列（多列）波的初相差；
>
> (2) 写出两列波相遇处的波程差，并算出相应相位差；
>
> (3) 计算总的相位差，如果总的相位差为 π 偶数倍表明两列波相干加强，如果为 π 的奇数倍表明两列波相干减弱。

$$(2)\ \delta = r_1 - r_2 = \pm (2k+1)\frac{\lambda}{2}, k = 0,1,2,\cdots \quad (10.27)$$

干涉相消。

即当两相干波源同相时，在两波叠加区域内，波程差为零或等于波长的整数倍（半波长的偶数倍）的各点，强度最大；波程差等于半波长的奇数倍各点，强度最小。

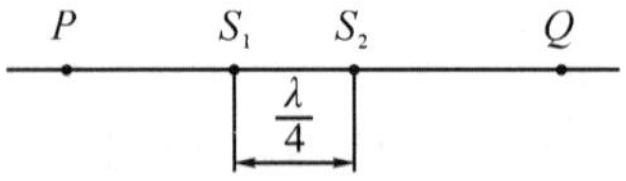

图 10.24　例 10.6 相干波源干涉

例 10.6　如图 10.24 所示，相干波源 S_1 和 S_2 相距 $\frac{\lambda}{4}$（λ 为波长），S_1 的相位比 S_2 的相位超前 $\frac{\pi}{2}$，每一列波的振幅均为 A，并且在传播过程中保持不变，P、Q 为 S_1 和 S_2 连线外侧的任意点，求 P、Q 两点的合成波的振幅。

解　波源 S_1 和 S_2 的振动传到空间任一点引起的两个振动的相位差为

$$\Delta\varphi = \varphi_2 - \varphi_1 - 2\pi\frac{\Delta r}{\lambda}$$

由题意，$\varphi_2 - \varphi_1 = -\frac{\pi}{2}$，对于 P 点，$\Delta r = S_2P - S_1P = \frac{\lambda}{4}$，故

$$\Delta\varphi = -\frac{\pi}{2} - 2\pi\frac{\lambda/4}{\lambda} = -\pi$$

即波源 S_1 和 S_2 的振动传到 P 点时，相位相反，所以 P 点的合振幅为

$$A_P = |A_1 - A_2| = A - A = 0$$

可见在 S_1 和 S_2 连线的左侧延长线上各点，均因干涉而静止。

同样，对于 Q 点，$\Delta r = S_2Q - S_1Q = -\frac{\lambda}{4}$，故

$$\Delta\varphi = -\frac{\pi}{2} - 2\pi\frac{-\lambda/4}{\lambda} = 0$$

即波源 S_1 和 S_2 的振动传到 Q 点时，相位相同，所以 Q 点的合振幅为

$$A_Q = A_1 + A_2 = A + A = 2A$$

可见在 S_1 和 S_1S_2 连线的右侧延长线上各点，均因干涉而加强。

例 10.7　波源位于同一媒质中的 A、B 两点，其振幅相等，频率皆为 100 Hz，B 的相位比 A 超前 π，若 A、B 相距 30 m，波速为 400 m/s。求 AB 连线上因干涉而静止的各点的位置。

解　取 A 点为坐标原点，AB 连线的方向为 x 轴正方向。

(1)取 AB 中的点 P，令 $AP=x$，则 $BP=30-x$。

由题意知，$\varphi_B - \varphi_A = \pi$，$\lambda = \frac{v}{\nu} = \frac{400}{100} = 4$ m

$$\Delta\varphi = \varphi_B - \varphi_A - 2\pi\frac{(30-x)-x}{4} = \pi(x-14)$$

根据干涉相消条件，可知

$$\Delta\varphi = \pi(x-14) = (2k+1)\pi$$

因而有

$$x = 15+2k,\qquad 0 \leqslant x \leqslant 30$$

所以 AB 上因干涉而静止的点为

$k=-7,-6,-5,-4,-3,-2,-1,0,1,2,3,4,5,6,7$

$x=1$ m，3 m，5 m，7 m，9 m，11 m，13 m，15 m，17 m，19 m，21 m，23 m，25 m，27 m，29 m

(2)在 A 点左侧，

$$\Delta\varphi = \varphi_B - \varphi_A - 2\pi\frac{(30-x)-(-x)}{4} = -14\pi$$

干涉相长。

(3)在 B 点右侧，

$$\Delta\varphi = \varphi_B - \varphi_A - 2\pi\frac{(x-30)-x}{4} = 16\pi$$

干涉相长。所以在 AB 两点之外没有因干涉而静止的点。

例 10.8　如图 10.25 所示，S_1 和 S_2 为同一媒质中的两个相干波源，其振幅均为 5 cm，频率均为 100 Hz，当 S_1 为波峰时，S_2 恰好为波谷，波速为 10 m·s^{-1}。设 S_1 和 S_2 的振动均垂直于纸面，试求它们发出的两列波传到 P 点时干涉的结果。

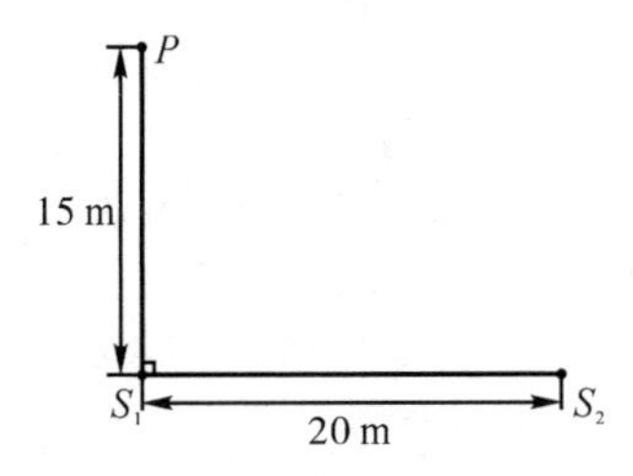

图 10.25　例 10.8 相干波干涉

解　由图可知，$S_1P=15$ m，$S_1S_2=20$ m，故 $S_2P=\sqrt{15^2+20^2}=25$ m。由题意可知 $\varphi_1-\varphi_2=\pi$(设 S_1 的振动比 S_2 的振动超前)，$A_1=A_2=5$ cm，$\nu_1=\nu_2=100$ Hz，$u=10$ m·s^{-1}，因此波长为 $\lambda=\dfrac{u}{\nu_1}=\dfrac{10}{100}=0.10$ m。

相位差为

$$\Delta\varphi = \varphi_2-\varphi_1-2\pi\frac{S_2P-S_1P}{\lambda} = -\pi-2\pi\frac{25-15}{0.10} = -201\pi$$

故合振幅为

$$A=\sqrt{A_1^2+A_2^2+2A_1A_2\cos(\Delta\varphi)} = |A_1-A_2| = 5-5=0$$

即在 P 点，质点因干涉而静止。

10.6　驻波

驻波是干涉现象中的一个特例。在同一媒质中两列振幅相同的相干波，在同一直线上沿相反方向传播叠加后就形成驻波，驻波是干涉现象中的一个特例。例如海波从悬崖或码头反射时，就可以看到它与入射波叠加后形成的驻波，在乐器中，管、弦、膜、板的振动也都是由驻波所形成的振动。驻波理论在声学和光学中都是很重要的。

10.6.1 驻波的产生

1. 驻波演示实验

图 10.26 为弦线上的驻波实验示意图。图中可知，弦线一端系在音叉上，另一端系着砝码使弦线拉紧。音叉振动时调节劈尖位置，将会看到一种“稳定”振动状态。

> **小贴士：**
>
> **弦线上的驻波**
>
> 实际上驻波形式很多。弦线上驻波容易实现，并易于观察。弦线驻波实验装置一般由振动源和一根弦线组成，弦线一端系在振动源上，另外一端固定，振动频率和弦长可以调节。振动源振动通过弦线传播形成波动，波动传播至固定点，受到固定点的约束，振动沿弦线反向传播。通过调节振动频率或弦线长度，可以在弦线上看到特殊的干涉现象，即弦线被分成长度相等的几段进行稳定的振动，此种现象称作弦线上的驻波。

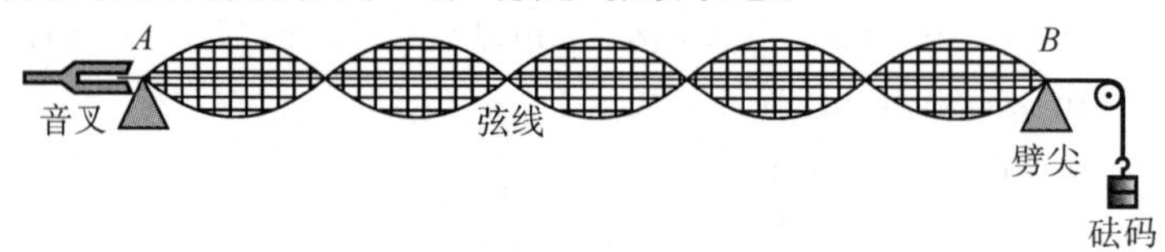

图 10.26 弦线上驻波实验示意图

2. 驻波的形成分析

驻波是由在同一媒质的同一直线上沿相反方向传播的两列振幅相同的相干波叠加后形成的，是一种特殊的干涉现象。

如图 10.26 所示，可以看到 AB 段弦线分成若干段，稳定振动的部分没有波形的传播，弦线上各点的振幅不同。其中弦线上某些点始终不动，即振幅为零，这些点称作波节；某些点振动最强，即振幅最大，这些点称作波腹；相邻波节之间的距离相等。

10.6.2 驻波方程

1. 驻波方程

设沿 x 轴正方向和负方向传播的两列相干波的表达式为

$$y_1 = A\cos 2\pi\left(\nu t - \frac{x}{\lambda}\right)$$

$$y_2 = A\cos 2\pi\left(\nu t + \frac{x}{\lambda}\right)$$

它们的合成波为

$$y = y_1 + y_2 = A\cos 2\pi\left(\nu t - \frac{x}{\lambda}\right) + A\cos 2\pi\left(\nu t + \frac{x}{\lambda}\right)$$

利用三角函数公式可得驻波的表达式为

$$y = 2A\cos\left(2\pi\frac{x}{\lambda}\right)\cos(2\pi\nu t) \tag{10.28}$$

该式由两项组成：一项只与位置有关，称为**振幅因子**；一项只与时间有关，称为**简谐振动因子**。由此可见，**在形成驻波时，波线上各质元都以同一频率做简谐振动，但是不同质元的振幅随其位置做周期性的变化。**

2. 驻波的特征

1)振幅分布

驻波的振幅为 $\left|2A\cos\frac{2\pi x}{\lambda}\right|$，可见在 x 轴上任一质点都

具有恒定的振幅，最大为 $2A$，最小为 0，其余在 $0\sim 2A$，且这种分布在空间呈周期性分布。

（1）对于波腹，$\left|\cos 2\pi \dfrac{x}{\lambda}\right|=1$，则 $\dfrac{2\pi x}{\lambda}=k\pi$，所以波腹的位置为

$$x=k\frac{\lambda}{2},k=0,\pm 1,\pm 2,\cdots \tag{10.29}$$

相邻两波腹间的距离为

$$x_{k+1}-x_k=\frac{\lambda}{2}$$

（2）对于波节，$\left|\cos 2\pi \dfrac{x}{\lambda}\right|=0$，则 $\dfrac{2\pi x}{\lambda}=\dfrac{(2k+1)\pi}{2}$，所以波节的位置为

$$x=(2k+1)\frac{\lambda}{4},k=0,\pm 1,\pm 2,\cdots \tag{10.30}$$

相邻两波节间的距离为

$$x_{k+1}-x_k=\frac{\lambda}{2}$$

（3）相邻波腹与波节之间的距离为

$$\Delta x=\frac{\lambda}{4}$$

（4）其他点的振幅为 $0\sim 2A$。

振幅分布的这一特征可以用来测量波长，通过驻波实验测出波节间或波腹间的距离，即可得到波长。

对于驻波，波腹和波节的位置是固定的，没有定向移动，**所以驻波不存在状态的传播。**

2）相位分布

使 $\cos 2\pi \dfrac{x}{\lambda}$ 为正的点，相位为 $2\pi\nu t$；

使 $\cos 2\pi \dfrac{x}{\lambda}$ 为负的点，相位为 $2\pi\nu t+\pi$。

如图 10.27 所示，两个波节之间，$\cos 2\pi \dfrac{x}{\lambda}$ 有相同的符号，因而两个相邻波节间的所有质点的振动相位相同；在波节的两侧，$\cos 2\pi \dfrac{x}{\lambda}$ 有相反的符号，即波节两侧质点的振动相位相反。即当驻波形成时，媒质在做分段振动。同一段内各质点的振动步调一致，同时达到正向最大位移，同时通过平衡位置，同时达到负向最大位移，只是各个质点的振幅不一样。相邻两段质点的振动步调相反，同时沿相反的方向通过最大位移，同时沿相反的方向通过平衡位置。每一段中质点都以确定的振幅在各自的平衡位置附近独立地振动着。只有段与段之间的相位突

说明：

两列振幅相同的沿相反方向传播的相干波合成后，各质点都做同频率的简谐振动，其振幅由 $\left|2A\cos \dfrac{2\pi x}{\lambda}\right|$ 决定。由于变量 x 和 t 分别出现在两个因子中，不表现为 $\left(\dfrac{t\pm x}{u}\right)$ 的形式，因此合成波没有一般波动意义下的波形、相位或能量的传播，驻波表达式实际上是各点的振动方程。

小贴士：

驻波由于波腹、波节之间具有固定的距离，因此常常用来测量波长、波速、距离。例如测量弦振动波速、超声波波速，测距等。

变，没有像行波那样的相位和波形的传播，故称为驻波。严格地说，驻波不是波动，而是一种特殊形式的振动。

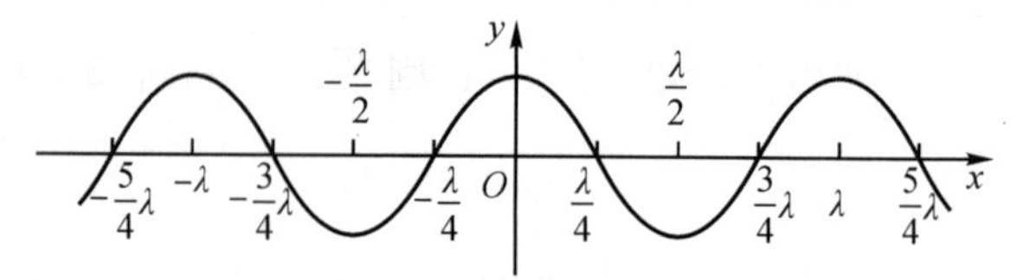

图 10.27　驻波的振动分布及相位

因此，驻波没有相位定向的传播。

3)能量分布

如图 10.28 所示：

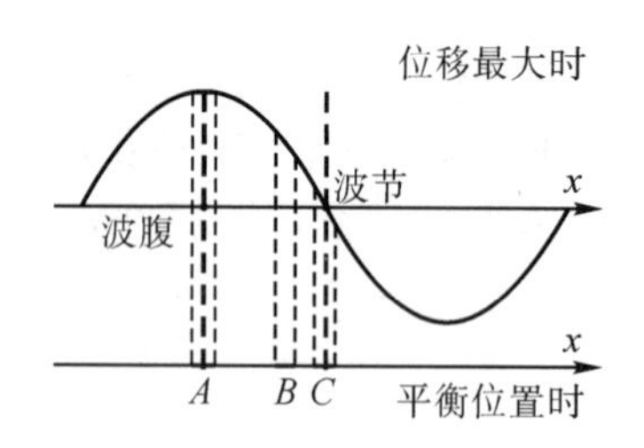

图 10.28　驻波的能量分布

(1)当媒质中质点的位移都达到最大值时，各质点的速度为零，因而动能为零，这时驻波的全部能量为势能。波节处相对形变最大，势能最大；波腹处，形变最小，势能最小。驻波的能量集中在波节附近。

(2)当媒质中质点达到平衡位置时，各质点的形变为零，因而势能为零，这时驻波的全部能量为动能。波节处速度为零，动能为零；波腹处速度最大，动能最大。驻波的能量集中在波腹附近。

(3)对于驻波而言，媒质在振动过程中动能和势能不断转换，在转换过程中，能量不断地由波腹附近转移到波节附近，再由波节附近转移到波腹附近。由于原来形成驻波的两列相干波的能流密度值相等，但是传播方向相反，因此合成波的能流密度为零，即不存在沿单一方向的能流。这就是说驻波不能传播能量。

驻波没有能量的定向传播。

10.6.3　半波损失

1.实验现象

如图 10.26 所示，形成驻波的时候，如果弦线上振动在劈尖处反射，反射点固定不动，形成波节；如果波的反射位置没有约束，称为自由端，此时反射点振幅最大，形成波腹。研究表明，反射点形成波节还是波腹，取决于该处两种媒质的密度的大小、入射角的大小和波速等。

2.波疏媒质与波密媒质

媒质的密度 ρ 与波速 u 的乘积 ρu（有时把 $Z=\rho u$ 定义为**阻抗**）较大的媒质被称为**波密媒质**，ρu 较小的媒质被称为**波疏媒质**。

3.相位突变与半波损失

在波垂直于界面入射时，若从波疏媒质传向波密媒质，并在界面处反射，则在反射处形成波节；相反，若从波密媒质传向波疏媒质，并在界面处反射，则在反射处形成波腹。要在两种媒质的分界面处形成波节，入射波和反射波必须在此处的相位相反，即反射波在分界面上相位突变了 π。由于在同一波线上相距半个波长的两点相位差为 π，因此波从波密媒质反射回波疏媒质时，如同损失（或增加）了半个波长的波程。我们将这种相位突变 π 的现象形象地叫作**半波损失**。

10.6.4　振动的简正模式

如图 10.29 所示，对于两端固定的弦线，并非任何波长（或频率）的波都能在弦线上形成驻波。只有当弦线长 l 等于半波长的整数倍，即当：

$$l = n\frac{\lambda_n}{2},\ n = 1,2,\cdots \tag{10.31}$$

时，才能形成驻波。式中 λ_n 表示与某一 n 值对应的驻波波长。

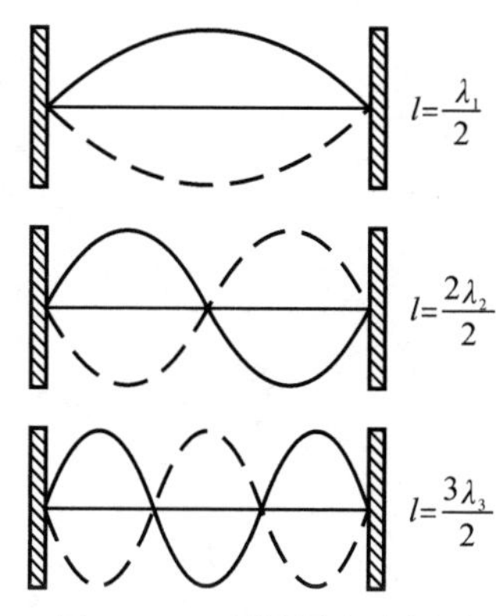

图 10.29　两端固定弦振动简正模式

当弦线上张力 T 与波速 u 一定时，利用 $\lambda_n = \frac{u}{\nu_n}$ 可以求得与 λ_n 对应的可能频率为

$$\nu_n = n\frac{u}{2l},n = 1,2,\cdots \tag{10.32}$$

上式表明，只有振动频率为 $\frac{u}{2l}$ 的整数倍的那些波，才能在弦上形成驻波。

这种频率称为本征频率，由该式决定的振动方式，称为**弦线振动的简正模式**。$n=1$ 时 ν_1 称为**基频**，$n=2,3,\cdots$ 时 ν_n 称为**谐频**。

如果弦线一端固定而另一端不固定，如图 10.30 所示驻波的几个简正模式，可以看到形成稳定驻波时其固定端为波节，而自由端为波腹，可知其对应的基频为 $\nu_1 = \frac{u}{4l}$，而谐频则为 ν_1 的奇数倍。

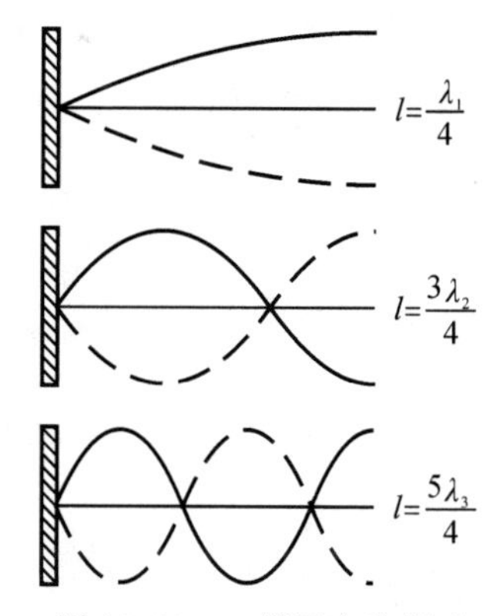

图 10.30　一端固定弦振动简正模式

例 10.9　如图 10.31 所示，有一平面简谐波

$$y = A\cos 2\pi\left(\frac{t}{T} - \frac{x}{\lambda}\right)$$

向右传播，在距坐标原点 O 为 $l=5\lambda$ 的 B 点被垂直界面反射，设反射处有半波损失，反射波的振幅近似等于入射波振幅。试求：

（1）反射波的表达式；

（2）驻波的表达式；

（3）在原点 O 到反射点 B 之间各个波节和波腹的坐标。

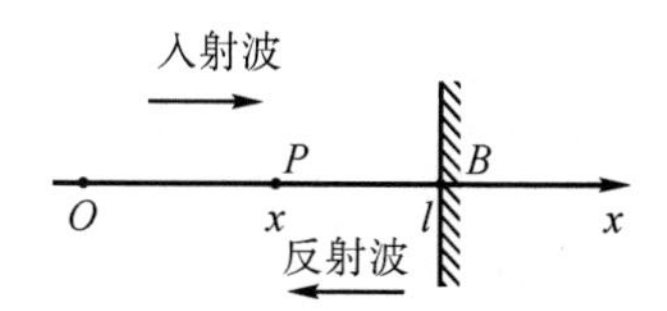

图 10.31　例 10.9 驻波形成

解　（1）要写出反射波的表达式，首先要写出反射波在某

点的振动方程,这一点就选择在反射点 B 。依照题意,入射波在 B 点的振动方程为

$$y_{入B} = A\cos 2\pi\left(\frac{t}{T} - \frac{l}{\lambda}\right)$$

由于在 B 点反射时有半波损失,所以反射波在 B 点的振动方程为

$$y_{反B} = A\cos\left(2\pi\left(\frac{t}{T} - \frac{l}{\lambda}\right) - \pi\right)$$

在反射波行进方向上任取一点 P,其坐标为 x,P 点的振动比 B 点的振动相位落后$\dfrac{2\pi(l-x)}{\lambda}$,由此可得反射波的表达式为

$$y_{反} = A\cos\left(2\pi\left(\frac{t}{T} - \frac{l}{\lambda}\right) - \pi - 2\pi\,\frac{(l-x)}{\lambda}\right)$$

将 $l=5\lambda$ 代入上式得

$$y_{反} = A\cos\left(2\pi\,\frac{t}{T} - 2l\pi - 2\pi\,\frac{x}{\lambda}\right)$$

$$= -A\cos 2\pi\left(\frac{t}{T} + \frac{x}{\lambda}\right)$$

(2)驻波的表达式为

$$y = y_{入} + y_{反} = A\cos 2\pi\left(\frac{t}{T} - \frac{l}{\lambda}\right) - A\cos 2\pi\left(\frac{t}{T} + \frac{x}{\lambda}\right)$$

$$= -2A\sin\frac{2\pi}{\lambda}\cdot\sin\frac{2\pi}{T}t$$

(3)由 $\sin\left(\dfrac{2\pi x}{\lambda}\right)=0$,即由

$$\frac{2\pi}{\lambda}x = k\pi,\ k = 0,1,2,\cdots,10$$

得波节坐标为

$$x = \frac{k}{2}\lambda$$

即 $x = 0,\dfrac{\lambda}{2},\lambda,\dfrac{3\lambda}{2},2\lambda,\dfrac{5\lambda}{2},3\lambda,\dfrac{7\lambda}{2},4\lambda,\dfrac{9\lambda}{2},5\lambda$。

由 $\left|\sin\left(\dfrac{2\pi x}{\lambda}\right)\right|=1$,即由

$$\frac{2\pi}{\lambda}x = (2k+1)\,\frac{\pi}{2},\ k = 0,1,2,\cdots,9$$

得波腹坐标为

$$x = (2k+1)\,\frac{\lambda}{4}$$

即 $x = \dfrac{\lambda}{4},\dfrac{3\lambda}{4},\dfrac{5\lambda}{4},\dfrac{7\lambda}{4},\dfrac{9\lambda}{4},\dfrac{11\lambda}{4},\dfrac{13\lambda}{4},\dfrac{15\lambda}{4},\dfrac{17\lambda}{4},\dfrac{19\lambda}{4}$

10.7* 声波、超声波和次声波

10.7.1 声波

1. 什么是声波？

声波是机械波的一种，在弹性媒质（固体、液体、气体）中，频率在 20～20000 Hz 的机械振动称为**声振动**。由声振动激起的波动称为声波。在空气与水中传播的声波是纵波，在固体中传播的声波则可以是纵波，也可以是横波。

2. 声波的分类

20～20000 Hz	声波（sound wave）	引起听觉
低于 20 Hz	次声波（infrasonic wave）	不引起听觉
高于 20000 Hz	超声波（supersonic sound）	不引起听觉

3. 声波的速度

气体中纵波的速度：

$$v=\sqrt{\frac{\gamma p}{\rho}}$$

其中，$\gamma=C_{m,p}/C_{m,V}$ 是气体的定压摩尔热容与定容摩尔热容之比；ρ 和 p 分别为气体的密度和压强。

在 1 atm 和 0 ℃时，空气中声速为

$$v=\sqrt{\frac{1.4\times1.013\times10^{5}}{1.293}}=331\ \mathrm{m\cdot s^{-1}}$$

由理想气体状态方程 $\rho=\frac{\mu p}{RT}$ 得到声波在气体中的传播速度

$$v=\sqrt{\frac{\gamma RT}{\mu}} \tag{10.33}$$

声波的传播速度几乎与频率无关，但是由于速度与媒质的密度有关，所以声波的传播速度对温度和压强的变化很敏感。

表 10.1 是在不同温度下，声波在气体、液体与固体中的传播速度，可以看到声波在液体与固体中的传播速度大于在空气中的速度。

表 10.1　在不同温度下,声波在气体、液体与固体中的速度

媒质	温度/℃	声速/(m·s^{-1})
空气(1 atm)	0	331
空气(1 atm)	20	343
氢气(1 atm)	0	1270
玻璃	0	5500
花岗岩	0	3950
冰	0	5100
水	20	1460
铝	20	5100
黄铜	20	3500

小贴士:

乐音和噪声

(1)单个频率或者有少数频率及其谐频合成的声波,如果强度不大,听起来悦耳的,通常称为乐音;

(2)不同频率和不同强度的声波无规律地组合在一起,听起来就是噪声。

噪声及治理

(1)噪声在城市中已成为污染的重要因素,噪声可能会影响和损坏听力,使人的神经、心血管,消化等系统功能衰退甚至紊乱;

(2)减轻和消除噪声已经是目前环境保护的一个重要课题。降低噪声思路:一是尽可能降低噪声源的声强;二是安装消声设备,利用吸收和散射材料对声波进行隔离处理。

4. 声强

声波的能流密度叫作**声强**。

$$I = \frac{1}{2}\rho v A^2 \omega^2 \tag{10.34}$$

国际单位制中,声强的单位为瓦每二次方米(W·m^{-2})。由式(10.34)可知声波频率 ω 越大声强就越大,振幅 A 越大声强越大。

对于人类,如果声强太小,不引起听觉,这是能够产生听觉的下限;如果声强太大,不会引起听觉,会引起痛觉,这是产生听觉的上限。图 10.32 为人的听觉范围。

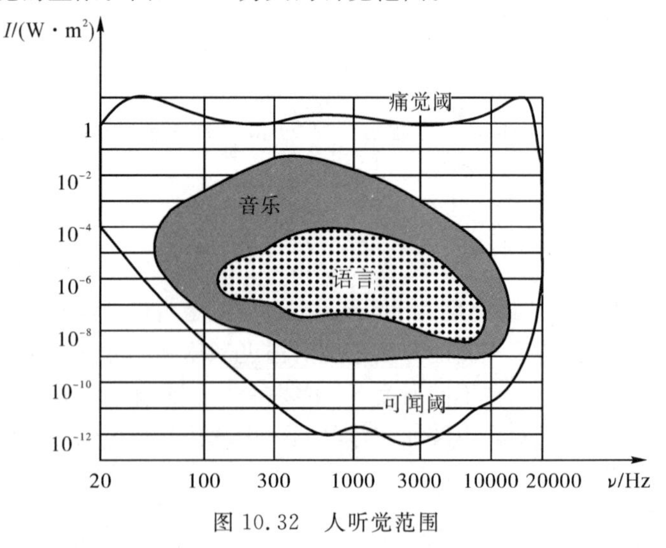

图 10.32　人听觉范围

不同频率的声波,引起听觉的上下限值是不同的,其中各频率上限连接而成的曲线——痛觉阈,各频率下限连接而成的曲线——可闻阈,两条曲线之间为听觉范围:10^{-12} W·m^{-2}～1 W·m^{-2}。

5. 声强级

引起人们听觉的声强范围很大，为 10^{-12} W·m^{-2}～1 W·m^{-2}，数量级相差很大。因此比较媒质中各点声波的强度时通常不使用声强，而是使用声强级。规定声强级的基准值为 $I_0 = 10^{-12}$ W·m^{-2}，即 1000 Hz 的声波能引起听觉的最弱声强。把声强 I 与基准声强之比的对数称为**声强级**。

$$L = \lg \frac{I}{I_0} \tag{10.35}$$

声强级单位是贝耳(B)，通常采用分贝(dB)。定义为

$$L = 10\lg \frac{I}{I_0} \tag{10.36}$$

适中的声强级为 40～60 dB，表 10.2 是几种声音的声强、声强级和响度。

表 10.2　几种声音的声强、声强级及响度

声源	声强/(W·m^{-2})	声强级/dB	响度
引起痛觉的声音	1	120	
炮声	1	120	
铆钉机	10^{-2}	100	震耳
交通繁忙的街道	10^{-5}	70	响
通常的谈话	10^{-6}	60	正常
耳语	10^{-10}	20	轻
树叶沙沙声	10^{-11}	10	极轻
引起听觉的最弱声音	10^{-12}	0	

小贴士：

(1) 人耳对声音响亮程度的主要感觉用声音的响度度量，人耳对声音的响度的感觉规律大致上是声强每增加 10 倍，响度约增加 1 倍。声强级和响度有一定的关系，所以通常用声强级来表征声波的强弱，声强级的单位为分贝(dB)，声强级越大人耳听起来声音越响亮；

(2) 当多个声源同时发声，总声强为各个声波单独存在声强之和，而总声强级不等于各个声波单独存在的声强级之和。

10.7.2　超声波

1. 什么是超声波？

频率高于 20000 Hz 的声波称作**超声波**，通常可用机械法或电磁法来产生，例如利用石英晶体的弹性振动可产生 10^9 Hz 甚至更高频率的超声波。

2. 超声波的特点

由于频率高、波长短，故超声波具有许多一般声波所没有的特性：

(1) 能流密度大：由于能流密度与频率的平方成正比，故超声波的能流密度比一般声波大得多。

(2) 方向性好：由于超声波的波长短，衍射效应不显著，所

以可以近似地认为超声波沿直线传播,即传播的方向性好,容易得到定向而集中的超声波束,能够产生反射、折射,也可以被聚焦。超声波的这一特性,称为束射特性。

(3)穿透力强:超声波的穿透本领大,特别是在液体和固体中传播时,衰减很少;在不透明的固体中,也能穿透几十米的厚度,所以超声波主要用在固体和液体中。超声波在空气中衰减较快,与电磁波相反。

(4)空化作用:超声波在液体中会产生空化作用。超声波的频率高、功率大,可以引起液体的疏密变化,使液体时而受压、时而受拉。由于液体承受拉力的能力很差,所以在较强的拉力作用下,液体会断裂,产生一些近似真空的小空穴。在小空穴的形成过程中,由于摩擦产生正、负电荷,引起放电发光等现象。这就是超声波的空化作用。

超声波能把水银捣碎成小粒子,使其与水均匀地混合在一起成乳浊液;在医药上用以捣碎药物制成各种药剂;在食品工业上用以制成许多调味剂;在建筑业上用以制成水泥乳浊液等。

小贴士:

利用电与磁的变化产生的高频机械振动是获得超声波的重要方法:

(1)利用适当切割的压电晶体片,如石英、钛酸钡等,在其表面加上交变电压,从而引起晶片快速的机械伸缩,由此可以获得高频机械振动,从而产生超声波,这样的装置叫作压电式超声发生器;

(2)利用具有磁致伸缩效应的某些金属,如镍、铝铁合金等,在交变磁场作用下产生机械伸缩变形,由此获得机械振动,从而产生超声波,这样的装置叫作磁致伸缩超声发生器。

3. 超声波的应用

(1)声纳:利用超声波的定向反射特性,可以探测鱼群、测量海洋深度,研究海底的起伏等。由于海水具有良好的导电性,对电磁波的吸收很强,因而电磁雷达无法使用,利用声波雷达,即声纳,可以探测潜艇的方位和距离。

(2)超声波探伤:超声波能在不透明的材料中传播,所以还可以用超声探伤,在工业上用超声波检查金属零件内部的缺陷(如砂眼、气泡、裂缝等)。

(3)医学B超(B型超声诊断仪):其原理是超声波反射——人体的不同器官和组织的声阻抗不同,形成不同的反射波;医学上可以用这些反射波显示人体内部的病变。

(4)焊接:在工业上则可以利用超声波的能量大而集中的特点,切割、焊接、钻孔、清洗、粉碎金属。

(5)非声学量的声学测量:利用超声波在媒质中传播的声学量与媒质的各种非声学量之间的关系,通过测量声学量的方法,间接测量其他物理量。

10.7.3 次声波

1. 特性

次声波具有频率低(<20 Hz)、波长长、大气吸收少,可以远距离传输等特性。1883年8月27日印度尼西亚的苏门答

腊岛和爪哇岛之间发生的一次火山爆发，产生的次声波，传播了十余万公里，历时100余小时。

2. 次声波波源

次声波的波源有爆发的火山、地震、大气湍流、坠入大气层的流星、雷爆、磁暴、台风、龙卷风等。

3. 应用

(1)科学研究：次声波与地壳、海洋、大气等的大规模运动有密切的关系，因此，次声波成为人们研究地壳、海洋、大气运动的有力工具。人们可以通过探测次声波源的位置、大小和其他特性，对自然灾害性事件(如火山爆发、地震等)进行预报，也可以对诸如核爆炸、火箭发射等人为事件进行探测、识别和警报；还可以通过研究自然现象产生次声波的机制和特性，深入认识自然规律。

(2)军事应用：①军事侦察，次声波在媒质中传播时，能量衰减缓慢，速度快，而且隐蔽性好，不易被对方发现，可以用来侦察军事情报；②次声波有杀伤性，利用和人体器官固有频率相近的次声波与人体器官产生共振，导致人体器官的变形和移位，甚至破裂，达到杀伤敌方的目的。

> **小贴士：**
>
> **次声波的特性与应用**
>
> 由于次声波波长特别长，在大气中传播时衰减非常小，因此次声波可以远距离、长时间传播自然信息。根据次声波所携带的的自然信息，人们可以了解到自然现象的规律。例如：强烈地震时，沿地面传播的地震波有纵波、横波和表面波。三种波所激发次声波的强度各不相同，接收这三种不同的次声波，可以推算出地震波的垂直振幅、方向以及水平传播的速度等。次声波这种特性还可以用于气象探测和军事侦察等。

10.8* 多普勒效应

前面讨论的波动过程中，假定波源与观察者都是相对于媒质静止的情形，所以观察者接收到的波的频率与波源的频率相同。如果波源与观察者之间有相对运动，将会产生什么现象呢？

在日常生活中，常会遇到这种情形：当一列火车迎面开来时，听到火车汽笛的声调变高，即频率增大；当火车远离时，听到火车汽笛的声调变低，即频率减小。

这种由于波源或观察者发生相对运动而使观测到频率发生变化的现象称为**多普勒效应**。这是奥地利物理学家多普勒(C. Doppler)在1842年发现的。

假定波源与观察者在同一条直线上，观察者相对于媒质的运动速度为v_0，波源相对于媒质的运动速度为v_s，声波在媒质中的传播速度为u，波源的频率为ν，问观察者接收到的频率为多少？下面分三种情况来讨论。

10.8.1　波源静止，而观察者以速度 v_0 相对于媒质运动

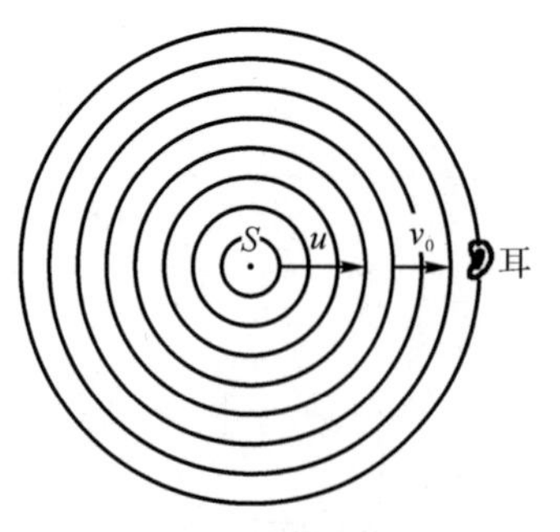

图 10.33　观察者运动时的多普勒效应

如图 10.33 所示，图中两相邻波面之间的距离为一个波长。当观察者 O 向着波源运动时，在单位时间内，原来处在观察者 O 处的波面向右传播了 u 的距离，同时 O 向左移动了 v_0 的距离，这相当于波通过观察者 O 的总的距离为 $u+v_0$（相当于波以速度 $u+v_0$ 通过观察者）。因此在单位时间内通过观察者的完整波的个数为

$$\nu'=\frac{u+v_0}{\lambda}=\frac{u+v_0}{uT} \tag{10.37}$$

或

$$\nu'=\frac{u+v_0}{u}\nu \tag{10.38}$$

可见观察者接收的频率升高了，为原来频率的 $\left(1+\frac{v_0}{u}\right)$ 倍。

当观察者 O 以速度 v_0 背着波源运动时，可以得到同样的结论，只是 v_0 为负值。显然，O 处观察者接收的频率降低了。

10.8.2　观察者相对于媒质静止，波源以速度 v_s 相对于媒质运动

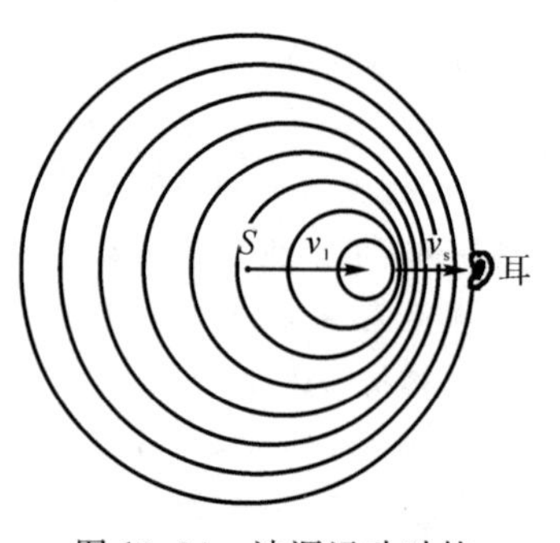

图 10.34　波源运动时的多普勒效应

如图 10.34 所示，设波源向着观察者 O 运动。因为波在媒质中的传播速度与波源的运动无关，振动一旦从波源发出，它就在媒质中以球面波的形式向四周传播，球心就在发生该振动时波源所在的位置。经过时间 T，波源向前移动了一段距离 v_sT，显然下一个波面的球心向右移动了 v_sT 距离。以后每个波面的球心都向右移动了 v_sT 的距离，使得依次发出的波面都向右挤紧了，这就相当于通过观察者所在处的波的波长比原来缩短了 v_sT，即波长变为

$$\lambda'=\lambda-v_sT$$

因此在单位时间内通过观察者的完整波的个数为

$$\nu'=\frac{u}{\lambda-v_sT}=\frac{u}{(u-v_s)T} \tag{10.39}$$

或

$$\nu'=\frac{u}{u-v_s}\nu \tag{10.40}$$

可见观察者接收的频率升高了，为原来频率的 $\frac{u}{(u-v_s)}$ 倍。

当波源 S 以速度 v_s 背着观察者运动时，可以得到同样的结论，只是 v_s 为负值。显然，O 处观察者接收的频率降低了。

当波源向着观察者运动的速度超过波速时，根据计算公式(10.40)可得频率小于零，此式失去意义。因为这时在任一时

刻波源本身将超过它发出的波前,在波源的前方不可能有任何波动产生。飞机、炮弹等以超音速飞行时就是这种情况,地面上的人先看到飞机无声地掠过,然后才听到越来越大的声响。当观察者以比波速大的速度背离波源时,根据公式,也将出现负的频率。其实,如果观察者前方已有波阵面在前进,他将追赶波阵面,好像波迎面传来;否则,他就观测不到波源传出来的波动。

小贴士:

一般将多普勒效应中的频率升高叫作多普勒紫移(Doppler blueshift),频率降低叫作多普勒红移(Doppler redshift)。

10.8.3　波源和观察者同时相对于媒质运动

根据以上的讨论可知,改变频率的因素有两个:一个是波源 S 的移动使波长变为 $\lambda' = \lambda - v_s T$;一个是观察者 O 的移动,使波在单位时间内通过观察者 O 的总距离变为 $u+c$,所以观察者 O 接收到的频率为

$$\nu' = \frac{u+v_0}{u-v_s}\nu \tag{10.41}$$

式中,v_0:观察者向着波源运动时为正,观察者背着波源运动时为负;v_s:波源向着观察者运动时为正,波源背着观察者运动时为负。

波源与观察者相互接近时,就会产生频率升高的多普勒效应;波源与观察者彼此分离时,则会产生频率降低的多普勒效应。

多普勒效应的应用主要有根据地面上的参考系来追踪运动物体;测量流体的流动、振动体的振动和潜艇的速度;监测车速与报警。

小贴士:

多普勒效应应用

多普勒效应是波动过程的一个重要特征,不仅机械波,包括光波在内的电磁波都有多普勒效应,由于多普勒效应与波源速度和观察者速度有着密切的关系,所以多普勒效应在和运动相关问题有着广泛应用。例如:

(1)科学研究中人们发现几乎所有的恒星发出的光谱波长都在变长,这表明几乎所有的恒星都在相互远离,也说明我们所处的宇宙在“膨胀”;

(2)利用多普勒效应可以检测车辆运动速度,可以测量人造卫星、飞机、导弹等飞行器运动的速度;

(3)医疗诊断中可以测量人体心脏运动、血液流动和胎儿的活动状态等。

例 10.10　车上一警笛发射频率为 1500 Hz 的声波,该车正以 20 m/s 的速度向某方向运动,某人以 5 m/s 的速度跟随其后。已知空气中的声速为 330 m/s,求该人听到的警笛发声频率以及在警笛后方空气中声波的波长。

解　设没有风。已知 $\nu = 1500$ Hz,$u = 330$ m/s,观察者向着警笛运动,应取 $v_0 = 5$ m/s,而警笛背着观察者运动,应取 $v_s = 20$ m/s。因而该人听到的频率为

$$\nu' = \frac{u+v_0}{u-v_s}\nu = \frac{330+5}{330+20}\times 1500 = 1436\ \text{Hz}$$

警笛后方的空气并不随波前进,相当于 $v_0 = 0$,因此其后方空气中声波的频率为

$$\nu' = \frac{u}{u-v_s}\nu = \frac{330}{330+20}\times 1500 = 1414\ \text{Hz}$$

相应的波长为

$$\lambda' = \frac{u}{\nu'} = \frac{330}{1414} = 0.233\ \text{m}$$

阅读材料

马赫波

当波源速度 v_s 大于波速 u 的时候,波源位于波前的前方,如图 10.35 所示,设在时间 t 内点波源由 A 运动到 B,$AB=v_st$,而在同一时间内,A 处波源发出的波才传播了 ut,结果使各处波前的切面形成一锥面,其半顶角 α 为

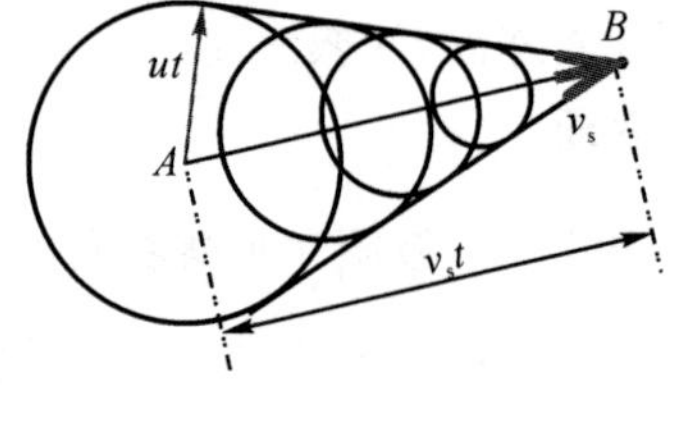

图 10.35 马赫锥示意图

$$\sin\alpha = \frac{u}{v_s}$$

随着时间的推移,各波前不断扩展,锥面也不断扩展,这种由点波源形成的锥面的传播称为马赫波。锥面就是受扰动的媒质与未受扰动的媒质的分界面,在两侧存在着压强、密度和温度的突变。

跟踪卫星

电磁波的多普勒效应为跟踪人造地球卫星提供了一种简单的方法。如图 10.36 所示,卫星从位置 1 运动到位置 2 的过程中,向着跟踪站的速度分量减小。在从位置 2 到位置 3 的过程中,离开跟踪站的速度分量增加。因此,如果卫星不断发射恒定频率的无线电信号,当卫星经过跟踪站上空时,地面接收的信号频率是逐渐减小的,如果把接收到的信号与接收站另外产生的恒定频率信号合成拍,则拍频可以产生一个听得见的声波。卫星经过上空时,这个声音的音调将降低。

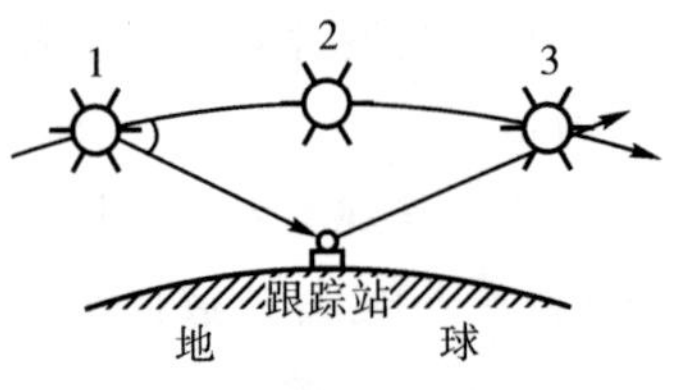

图 10.36 多普勒效应跟踪人造地球卫星

内容提要

1. 机械波

(1)产生的条件:波源与弹性媒质。

(2)描述波动的物理量:

波速:单位时间内振动状态传播的距离,由媒质决定;

波长:同一波线上相位差为 2π 的两点间的距离。

波长、波速、周期三者的关系为

$$\lambda = vT$$

周期:振动状态向前传播一个波长所经历的时间。

2. 平面简谐波

(1)平面简谐波的表达式

$$y = A\cos\omega\left(t \mp \frac{x}{u}\right) = A\cos2\pi\left(\frac{t}{T} \mp \frac{x}{\lambda}\right) = A\cos2\pi\left(\nu t \mp \frac{x}{\lambda}\right)$$

(2)平面简谐波的能量

平均能量密度：　$\bar{w}=\frac{1}{2}\rho A^2\omega^2$

平均能流密度：　$\boldsymbol{I}=\bar{w}\boldsymbol{u}=\frac{1}{2}\rho A^2\omega^2\boldsymbol{u}$

3. 惠更斯原理和波的叠加原理

(1)惠更斯原理：媒质中任一波面上的各点，都可看成是产生球面子波(或称为次波)的波源；在其后的任一时刻，这些子波的包络面就是新的波面。

(2)波的叠加原理：几列波在同一媒质中传播时，无论是否相遇，它们将各自保持其原有的特性(频率、波长、振动方向等)不变，并按照它们原来的方向继续传播下去，好像其他波不存在一样；在相遇区域内，任一点的振动均为各列波单独存在时在该点所引起的振动的合成。

4. 波的干涉

(1)频率相同、振动方向平行、相差恒定的两列波相遇时，在叠加区域内，某些地方振动加强，某些地方振动减弱的现象。

(2)相干条件：振动方向相同、频率相同、相位相同或相位差恒定。

(3)干涉相长和干涉相消的条件：

用相位差表示：

$\Delta\varphi=\varphi_2-\varphi_1-2\pi\frac{r_2-r_1}{\lambda}=2k\pi, k=0,\pm1,\pm2,\cdots$ 干涉相长；

$\Delta\varphi=\varphi_2-\varphi_1-2\pi\frac{r_2-r_1}{\lambda}=(2k+1)\pi, k=0,\pm1,\pm2,\cdots$ 干涉相消。

用波程差表示：

$\delta=r_1-r_2=k\lambda, k=0,\pm1,\pm2,\cdots$ 干涉相长；

$\delta=r_1-r_2=(2k+1)\frac{\lambda}{2}, k=0,\pm1,\pm2,\cdots$ 干涉相消。

5. 驻波

(1)形成驻波的条件。

(2)驻波的特征。

6. 声波

(1)声波的频率范围。

(2)声强和声强级：　$I=\frac{1}{2}\rho v A^2\omega^2 L=\lg\frac{I}{I_0}$

(3)多普勒效应：　$\nu'=\frac{u+v_0}{u-v_s}\nu$

7. 典型问题

(1)根据已知条件，建立平面简谐波的波动方程。

(2)已知波动方程，绘制波形图。

(3)计算波的能量密度及波的强度。

(4)波的干涉问题。

(5)驻波问题。

思考题

10.1　什么是波动？振动与波动有什么区别和联系？

10.2　关于波的概念有三种说法,试分析是否一致:(1)波长是指同一波线上相位差为 2π 的两个振动质点之间的距离;(2)波长是指在一个周期内,振动所传播的距离;(3)波长是指横波的相邻波峰(波谷)之间的距离,纵波的两个相邻波密(波疏)对应点之间的距离。

10.3　什么是波长？怎样理解波长的概念？波速与哪些因素有关?

10.4　机械波的波长、频率、周期和波速四个量中,(1)在同一介质中,哪些物理量是不变的？(2)当波从一种介质进入另一种介质中时,哪些量是不变的?

10.5　试说明波形曲线与振动曲线有什么不同。

10.6　平面简谐波在介质传播过程中任一质元动能、势能以及总机械能表达形式分别是什么,它们具有什么样的特征？与单个弹簧振子能量比较,说明它们的不同之处。

10.7　请写出平均能流密度的定义,并说明它与哪些因素有关。

10.8　试判断下面几种说法,哪些是正确的,哪些是错误的:(1)机械振动一定产生机械波;(2)质点振动的速度和波的传播速度是相等的;(3)质点振动的周期和波的振动周期是相等的;(4)波动方程式中的坐标原点是选取在波源位置上的。

10.9　为什么说波的传播就是振动相位和能量的传播过程？质元的动能和势能同相变化,是否违背能量守恒定律?

10.10　波动的能量与哪些物理量有关,试比较波动的能量和简谐振动的能量。

10.11　波的干涉条件是什么,如果两列波振动方向相同、频率不同,则它们在空间叠加时,加强和减弱处是否稳定?

10.12　若两列波不是相干波,则它们相遇时且相互穿过后互不影响;若两列波是相干波,则它们相遇时且相互穿过后相互影响。这句话正确吗？为什么?

10.13　驻波相邻两个波节之间各质点振动的振幅是否相同,振动的频率是否相同,相位是否相同?

10.14　驻波的能量有没有定向移动,为什么?

习　题

一、简答题

10.1　产生机械波的基本条件是什么?

10.2　请写出描述简谐波的物理量,并说明其物理意义。

10.3　什么是波速,波速与什么有关?

10.4　什么是波长,波长、波速、频率有什么关系?

10.5　简述惠更斯原理的基本内容。

10.6　什么是波叠加原理?

10.7　请用惠更斯原理说明波的衍射过程?

10.8　何为波的干涉现象？波的干涉现象具有什么规律？怎样实现波的干涉？

10.9　请简述波的相干条件。

10.10　什么是驻波，驻波有什么特征？举出几个与驻波有关系的例子。

10.11　驻波是怎样形成的？驻波的特征是什么？为什么说驻波中没有振动相位和能量的传播？

10.12*　简述多普勒效应，请说明多普勒效应中只有波源运动或者只有接收者运动时，接收者频率改变的原因有什么不同？

10.13*　声波中的可闻声有什么条件，乐音和噪声有什么区别，噪声的危害有哪些？

10.14*　超声波和次声波如何界定，它们各自应用有哪些，有什么危害？

二、计算题

10.1　如计算题 10.1 图所示，有一平面简谐波沿 x 轴负方向传播，坐标原点 O 的振动方程为 $y = A\cos(\omega t + \varphi_0)$，则 B 点的振动方程为(　　)。

(A) $y = A\cos\left(\omega t - \dfrac{l}{u} + \varphi_0\right)$

(B) $y = A\cos\omega\left(t + \dfrac{l}{u}\right)$

(C) $y = A\cos\left(\omega\left(t - \dfrac{l}{u}\right) + \varphi_0\right)$

(D) $y = A\cos\left(\omega\left(t + \dfrac{l}{u}\right) + \varphi_0\right)$

计算题 10.1 图

10.2　如计算题 10.2 图所示为一简谐波在 $t = 0$ 时刻的波形图，波速 $u = 200$ m/s，则图中 O 点的振动加速度的表达式为(　　)。

(A) $a = 0.4\pi^2\cos\left(\pi t - \dfrac{\pi}{2}\right)$　(SI)

(B) $a = 0.4\pi^2\cos\left(\pi t - \dfrac{3\pi}{2}\right)$　(SI)

(C) $a = -0.4\pi^2\cos(2\pi t - \pi)$　(SI)

(D) $a = -0.4\pi^2\cos\left(2\pi t + \dfrac{\pi}{2}\right)$　(SI)

计算题 10.2 图

10.3　平面余弦波波动方程为 $y = a\cos(bt - cx)$（a、b、c 皆为正值常数）。则此波频率为________，波长为________，波速为________，媒质质点振动时的最大速度为________。

10.4　如计算题 10.4 图所示一平面简谐波在 $t=2$ s 时刻的波形图，波的振幅为 0.2 m，周期为 4 s，则图中 P 点处质点的振动方程为________________________.

10.5　一沿 x 轴正向传播的平面简谐波在某时刻的波形如图，计算题 10.5 图中所示位于 A、B、C 处的三个质点中，动能最大的是________，势能最大的是________。

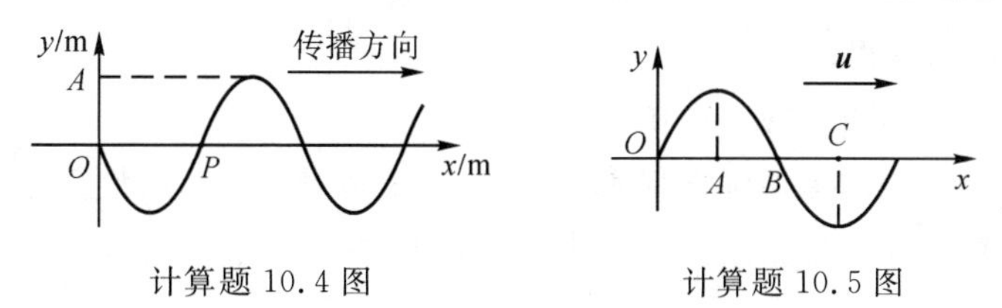

计算题 10.4 图　　　计算题 10.5 图

10.6　两相干波源 S_1 和 S_2 的振动方程分别是 $y_1 = A\cos\omega t$ 和 $y_2 = A\cos\left(\omega t + \frac{1}{2}\pi\right)$。$S_1$ 距 P 点 3 个波长，S_2 距 P 点 $\frac{21}{4}$ 个波长。两波在 P 点引起的两个振动的相位差是________。

10.7　一横波沿绳子传播，其波的表达式为 $y = 0.05\cos(100\pi t - 2\pi x)$ (SI)：

(1)求此波的振幅、波速、频率和波长；

(2)求绳子上各质点的最大振动速度和最大振动加速度；

(3)求 $x_1 = 0.2$ m 处和 $x_2 = 0.7$ m 处二质点振动的相位差。

10.8　如计算题 10.8 图所示，一平面简谐波沿 x 轴的负方向传播，波速大小为 u，若以 O 点为坐标原点，P 处介质质点的振动方程为 $y_P = A\cos(\omega t + \varphi)$，求：

(1) O 点处质点的振动方程；

(2)该波的波动表达式；

(3)与 P 处质点振动状态相同的那些点的位置。

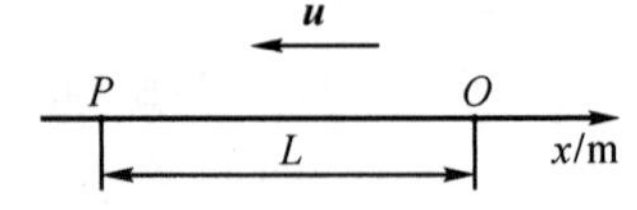

计算题 10.8 图

10.9　计算题 10.9 图中，S_1 、S_2 为同一媒质中沿其连线方向发射平面简谐波的波源，两者相距 $\frac{5}{4}\lambda$，做同方向、同频率、同振幅的简谐振动。设 S_1 经过平衡位置向负方向运动时，S_2 恰处在正向最远端，且媒质不吸收波的能量。求：

(1) S_1 、S_2 外侧合成波的强度；

(2) S_1 、S_2 之间因干涉而静止点的位置，设两列波的振幅都是 A，强度都是 I 。

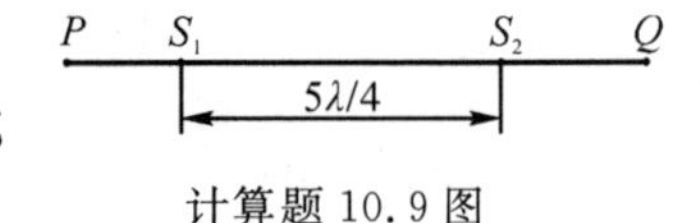

计算题 10.9 图

10.10　一平面简谐波在介质中以速度 $u = 20$ m/s 自左向右传播，已知在传播路径上的某一点 A 的振动方程为 $y = 3\cos(4\pi t - \pi)$ cm，另一点 D 在 A 点右方 9 m 处。

(1)若取 x 轴正方向向左，并以 A 为坐标原点(见计算题 10.10 图(a))，试写出波动方程，并求出 D 点的振动方程；

(2)若取 x 轴正方向向右，以 A 左方 5 m 处的 O 点为 x 轴原点(如计算题 10.10 图(b))，重新写出波动方程及 D 点的振动方程。

(a)　　(b)

计算题 10.10 图

10.11　设入射波的波动方程为 $y_1 = A\cos\left(2\pi\left(\frac{t}{T} + \frac{x}{\lambda}\right)\right)$ (SI)，在 $x = 0$ 处发生反射，反射点为一自由端，求：

(1)反射波的波动方程；

(2)合成波方程，并指出波腹、波节的位置。

10.12*　试计算：一波源振动的频率为 2040 Hz，以速度 v_s 向墙壁接近(如计算题 10.12 图所示)，观察者在 A 点听得拍音的频率为 $\Delta\nu = 3$ Hz，求波

计算题 10.12 图

源移动的速度 v_s，设声速为 340 m/s。

三、应用题

10.1　驻波原理可用于测量机械波的波长，请设计一种装置利用驻波原理测量超声波的波长。

10.2　道路上汽车行驶噪声影响着道路旁边的居民，请利用所学原理设计减少噪声的装置，画出结构图，并说明原理。

10.3　海豚可以通过发出声音测距和定位，请说明其原理，并设计一种利用超声波测量距离和定位的装置。

10.4*　为了限制车辆超速，道路上有超速检测装置，请根据多普勒效应设计一种超速测量装置，并说明原理。

10.5*　应用多普勒效应设计一种测量血液流速的装置，并说明原理。

第五部分 光学

光学是一门古老而又不断发展的学科，具有强大的生命力和不可估量的前途。光学的发展过程是人类认识客观世界的进程中一个重要的组成部分，是不断揭露矛盾、克服矛盾，从不完全和不确切的认识逐步走向较完善和较确切认识的过程。它的不少规律和理论是直接从生产实践中总结出来的，有相当多的发现来自长期的系统的科学实验。因此，生产实践和科学实验是光学发展的源泉。光学的发展为生产技术提供了许多精密、快速、生动的实验手段和重要的理论依据；而生产技术的发展，又反过来不断向光学提出许多要求解决的新课题，并为进一步深入研究光学准备了物质条件。光学的发展大致可分为五个时期：一、萌芽时期；二、几何光学时期；三、波动光学时期；四、量子光学时期；五、现代光学时期。

从墨翟开始后的两千多年的漫长岁月构成了光学发展的萌芽时期，在此期间西方的光学发展比较缓慢。这一时期除了对光的直线传播、反射和折射等现象的观察和实验外，在生产和社会需要的推动下，在光的反射和透镜的应用方面，逐渐有了一些成果。1672 年牛顿完成了著名的三棱镜色散试验，并发现了牛顿圈。牛顿于 1704 年出版的《光学》，提出了光是微粒流的理论。惠更斯反对光的微粒说，1678 年他在《论光》一书中从声和光的某些现象的相似性出发，认为光是在“以太”中传播的波。19 世纪初，波动光学初步形成，其中托马斯 · 杨圆满地解释了“薄膜颜色”和双狭缝干涉现象。菲涅耳于 1818 年以杨氏干涉原理补充了惠更斯原理，由此形成了今天为人们所熟知的惠更斯 - 菲涅耳原理，用它可圆满地解释光的干涉和衍射现象，也能解释光的直线传播。19 世纪末到 20 世纪初，光学的研究深入到光的发生、光和物质相互作用的微观机制中。1900 年，普朗克从物质的分子结构理论中借用不连续性的概念，提出了辐射的量子论。量子论不仅很自然地解释了黑体辐射能量按波长分布的规律，而且以全新的方式提出了光与物质相互作用的整个问题。1905 年，爱因斯坦运用量子论解释了光电效应。这样，在 20 世纪初，一方面从光的干涉、衍射、偏振以及运动物体的光学现象确证了光是电磁波；而另一方面又从热辐射、光电效应、光压以及光的化学作用等无可怀疑地证明了光的量子性——微粒性。20 世纪中叶，特别是激光问世以后，光学进入了一个新的时期。由于激光具有极好的单色性、高亮度和良好的方向性，所以自 1958 年发现以来，得到了迅速的发展和广泛应用，引起了科学技术的重大变化。现代光学和其他学科和技术的结合，在人们的生产和生活中发挥着日益重大的作用和影响，正在成为人们认识自然、改造自然以及提高劳动生产率的越来越强有力的工具。

本书不全面研究整个光学，只讨论波动光学的内容。

第11章　波动光学

我们在上一章学习了机械波，对波动的特征已经有了初步的了解。光是电磁波，与机械波本质虽然不同，但都是波，都具有波动的特征，比如都有能量，都能发生干涉和衍射现象等。19世纪末到20世纪初，光学深入到对发光原理、光与物质相互作用的研究，发现了光在这一领域明显表现出粒子性，从而最终使人们认识到光不但具有波动性，还具有粒子性，即光具有波粒二象性。20世纪60年代激光的出现，引起了光学学科革命性的发展，出现了“信息光学”“非线性光学”“量子光学”等光学分支，并对化学、生物学、电子学、医学、材料学和国防科学等产生巨大的影响。如今，光学及其应用已经深入到许多基础学科及国民经济的多个部门，特别是光机电的结合已成为当今科学技术的重要特征。因此，我们学习波动光学，不仅能为后续课程打好基础，更是今后了解和掌握现代科技所必需的。

预习提要：

1. 什么是相干光？光的相干条件是什么？

2. 怎么理解普通光源的发光机制？利用普通光源如何获得相干光？

3. 可见光的波长范围是多少？人眼对什么光最灵敏？它的波长是多少？

4. 两光波叠加区域，最亮的地方光强是多少？能量哪里来的？最暗的地方光强是多少？能量又去了哪里？

5. 在杨氏双缝实验中，若减小双缝间距，干涉条纹如何变化？将屏移向双缝，干涉条纹又如何变化？

6. 实验室中空气劈尖的干涉条纹为什么叫作等厚干涉条纹？牛顿环的干涉条纹是不是等厚干涉条纹，为什么？

7. 什么是半波带法？

8. 白光垂直入射单缝时，夫琅禾费衍射条纹如何分布？

9. 假设使用一个高质量的显微镜，其分辨率仅由衍射效应决定，用红光还是蓝光可得到更高的分辨率？

10. 什么是偏振？怎么理解偏振的概念？

11. 怎样检验自然光和偏振光？

11.1 光是什么?

在我们的日常生活中会看到很多美丽的光现象,例如北极光(如图 11.1 所示)、彩虹(如图 11.2 所示)、激光等,这些美丽的光现象是怎么产生的?光是由什么构成的?光的本质是什么?请在我们以下的学习内容中寻找答案。

图 11.1 美丽的北极光

图 11.2 彩虹

11.1.1 光的本质

光使大自然更加的美丽,可光究竟是什么呢?自古以来人们对此有过种种猜测和争论。进入 17 世纪,关于光的本性的争论主要表现在以牛顿为代表的微粒说与以惠更斯为代表的波动说之争。

英国物理学家牛顿在 1672 年进行了著名的光的色散的实验,从光的色散实验出发,牛顿开始探讨光的本质的问题。根据光的直线传播性质,牛顿提出光是由发光物体发出的遵循力学规律做等速运动的粒子流。这种学说可以很好地解释光的直线传播和反射、折射等现象,但是根据微粒说,光在水中的速度将大于光在空气中的速度。实验证明,光的微粒说是错误的。

与牛顿同一时期的荷兰物理学家惠更斯将光类比水波,认为光是一种机械波,它依靠所谓的弹性介质"以太"来传播。惠更斯运用他的波动理论中的子波原理,同样解释了光的反射和折射现象。但是由于历史条件的限制,光的波动的现象很难被人们看到,而且微粒说能比较直观地说明光的直线传播现象,波动并说未被普遍接受。

直到 19 世纪,英国物理学家托马斯·杨和法国物理学家菲涅耳等人进行了大量关于光的干涉、衍射、偏振等的研究工作,并且利用强有力的实验证明了**光具有波动性,并且是横波**,光的波动说获得普遍承认。19 世纪后期,麦克斯韦建立电磁理论并被赫兹用实验所证实,人们才认识到**光不是一种机械波,而是一种电磁波**,如图 11.3 所示,从而形成了以电磁理论为基础的波动光学。

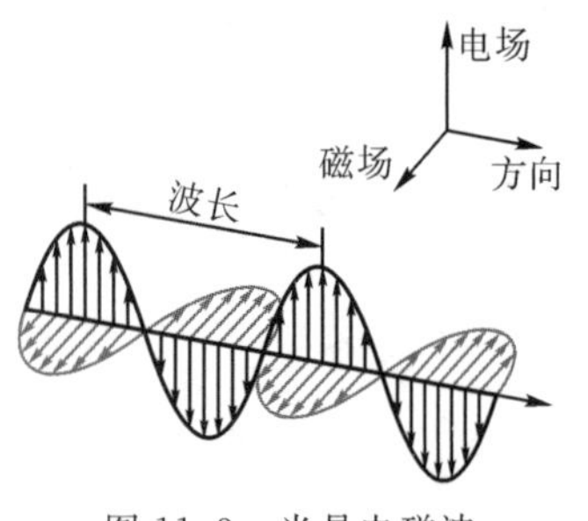

图 11.3 光是电磁波

在光的波动理论获得巨大成功的同时,也遇到了严重的困难,例如,这一理论无法解释黑体辐射、光电效应和原子线状光谱等问题。1900 年,普朗克提出辐射的量子理论,1905 年,爱因斯坦提出光量子理论,至此,人们才认识到光具有波粒二象性。**在研究光的传输过程时,光主要表现波动的特征,在研究光与物质的相互作用时,主要考察其粒子的特征。**

11.1.2　几个重要的概念

1. 光波

光波是电磁波的一部分，仅占电磁波谱很小的一部分，如图 11.4 所示，它与无线电波、X 射线等其他电磁波的区别只是频率不同，能够引起人眼视觉的那部分电磁波称为可见光。可见光的波长范围为 400～760 nm，相应的频率为 $7.50\times10^{14}\sim3.95\times10^{14}$ Hz，可见光谱的红端以外，还有能够产生热效应的部分，称为红外线；可见光的紫端以外，还有能够产生化学效应的部分，称为紫外线。广义而言，光波包含红外线与紫外线。

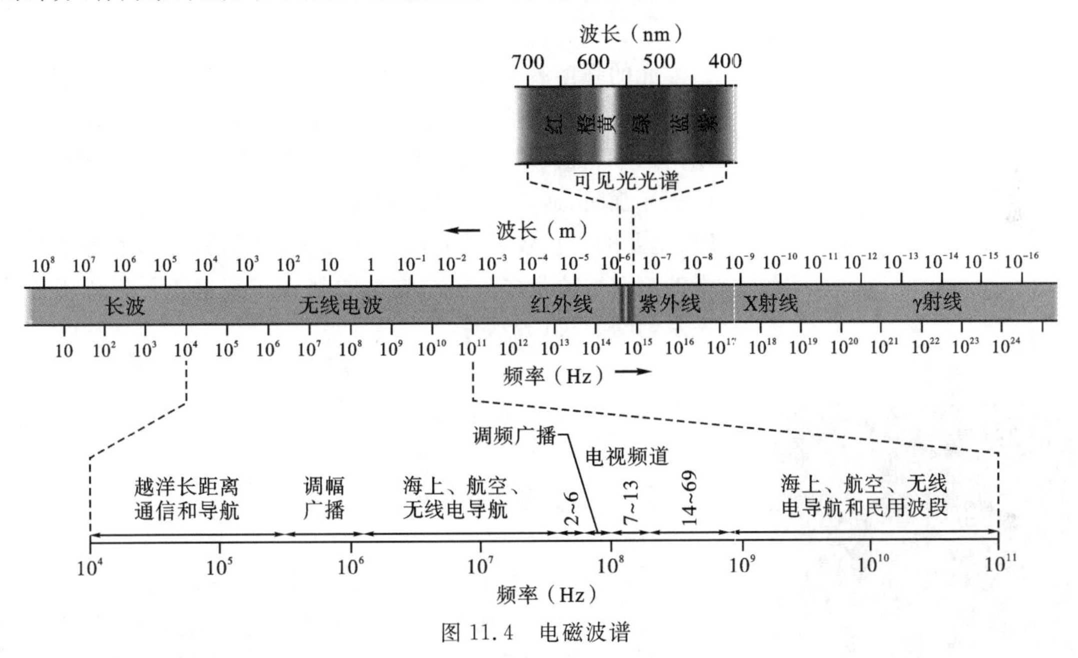

图 11.4　电磁波谱

光的颜色由光波的频率决定，不同频率的光波产生不同的色彩效果，我们将只含单一频率的光称为**单色光**，如激光。不同频率单色光的混合，称为**复色光**，如白光。

2. 光的速度与折射率

光在介质中传输时的速度为

$$v=\frac{1}{\sqrt{\varepsilon\mu}}$$

真空中，$c=\dfrac{1}{\sqrt{\varepsilon_0\mu_0}}=3.0\times10^8\ \mathrm{m\cdot s^{-1}}$

介质中，$v=\dfrac{1}{\sqrt{\varepsilon\mu}}=\dfrac{1}{\sqrt{\varepsilon_0\varepsilon_r\mu_0\mu_r}}=\dfrac{c}{\sqrt{\varepsilon_r\mu_r}}$

其中，$n=\dfrac{1}{\sqrt{\varepsilon_r\mu_r}}$ 为介质的折射率，由介质本身的性质决定。折射

> **小贴士：**
> 几种常见介质的折射率：
> 真空　$n=1$
> 空气　$n\approx1$
> 水　$n=1.33$
> 玻璃　$n=1.50\sim2.0$

率大的物质,称为**光密介质**;折射率小的物质,称为**光疏介质**。如水相对于空气是光密介质,相对于玻璃则是光疏介质。

3. 光矢量

光是一种电磁波,是电磁场中电场强度矢量与磁感应强度矢量周期性变化在空间的传播。实验证明,电磁波中能引起视觉和使感光材料感光的原因主要是振动着的电场强度,因而我们只关心电场的振动,并把**电场的简谐振动称为光振动,电场强度称为光矢量**。即光振动实质上是指电场强度按简谐振动规律做周期性变化。

4. 光强

光的强度就是光的平均能流密度,简称**光强**,它表示单位时间内通过与传播方向垂直的单位面积的光的能量在一个周期内的平均值(单位面积上的平均光功率)。在波动光学中,当谈到光强时,通常是指光的相对强度,因为在做波动光学实验时,重要的是比较各处光的相对强度,并不需要知道各处的光强的绝对数值是多少。根据波的强度与其振幅平方成正比的关系,光强可以表示为

$$I = E_0^2$$

其中,E_0 为光振动的振幅。

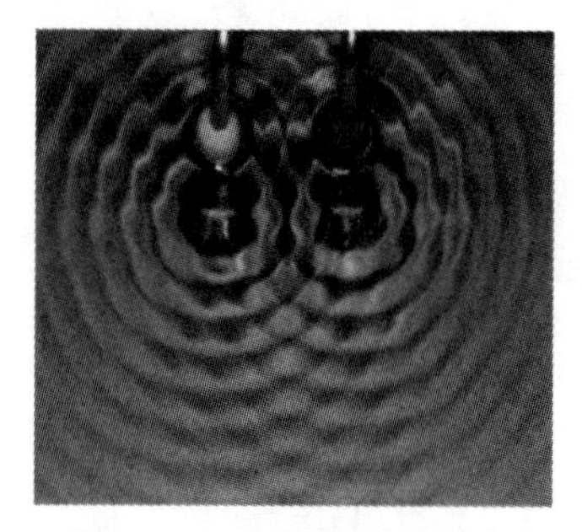

图 11.5　水波的干涉现象

11.2　光的相干性

在机械波一章中,我们知道,两束满足相干条件的机械波相遇时将产生干涉现象。比如,把两个完全相同的音叉作为振动源放入水中,水面上就会产生两列波,它们相互叠加,产生干涉现象,如图 11.5 所示。由此我们可以联想,两列光波在空间相遇,也应该能够产生这样的干涉现象。比如,我们点亮两盏完全相同的灯,甚至是两盏钠光灯(单色光源),我们却都看不到干涉现象。为什么呢?请在以下的学习内容中寻找答案。

11.2.1　相干光

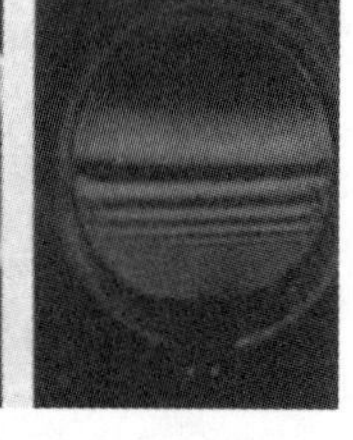

图 11.6　光的干涉条纹

光波是电磁波,与机械波有完全不同的物理本质,但描述它们的数学方程是相似的,因此机械波的叠加原理对光波也是成立的。与机械波类似,**两束光在相遇的区域形成稳定的、有强有弱的光强分布,即在某些地方光振动始终加强(明条纹),在某些地方光振动始终减弱(暗条纹),从而出现明暗相间的干涉条纹图样**,如图 11.6 所示,称作光的干涉现象。光的干涉现象是波动过程的特征之一。

只要两束光在相遇区域振动方向相同、振动频率相同、相位相同或相位差恒定,那么在两束光相遇的区域内就会产生干涉现象。**两束满足相干条件的光称为相干光,相应的光源称为相干光源。**

光干涉相长(加强)或干涉相消(减弱)的条件用相位差表示:

$$\Delta\varphi = \begin{cases} \pm 2k\pi,\ k = 0,1,2,\cdots \text{ 明条纹} \\ \pm (2k+1)\pi\ k = 0,1,2,\cdots \text{ 暗条纹} \end{cases} \tag{11.1}$$

用波程差表示:

$$\delta = \begin{cases} \pm k\lambda,\ k = 0,1,2,\cdots \text{ 明条纹} \\ \pm (2k+1)\dfrac{\lambda}{2},\ k = 0,1,2,\cdots \text{ 暗条纹} \end{cases} \tag{11.2}$$

11.2.2　相干光的获得

发射光波的物体称为光源。太阳、日光灯和水银灯等都是常见的光源。不同材料的物体在不同激发方式下的发光过程可以不相同,但有一个共同点,即都是物质发光的基本单元(原子、分子等),从具有较高能量的激发态到较低能量激发态(特别是基态)跃迁过程中释放能量的一种形式。

1. 普通光源的发光机理

当光源中大量的原子(分子)受外来激励而处于激发状态,处于激发状态的原子是不稳定的,它要自发地向低能级状态跃迁,并同时向外辐射电磁波,如图 11.7 所示。当这种电磁波的波长在可见光范围内时,即为可见光。原子的每一次跃迁时间很短(10^{-8} s)。由于一次发光的持续时间极短,所以每个原子每一次发光只能发出频率一定、振动方向一定而长度有限的一个波列。由于原子发光的无规则性,同一个原子先后发出的波列之间,以及不同原子发出的波列之间都没有固定的相位关系,且振动方向与频率也不尽相同,所以普通光源发出的光不是相干光,一般不会产生相干现象。

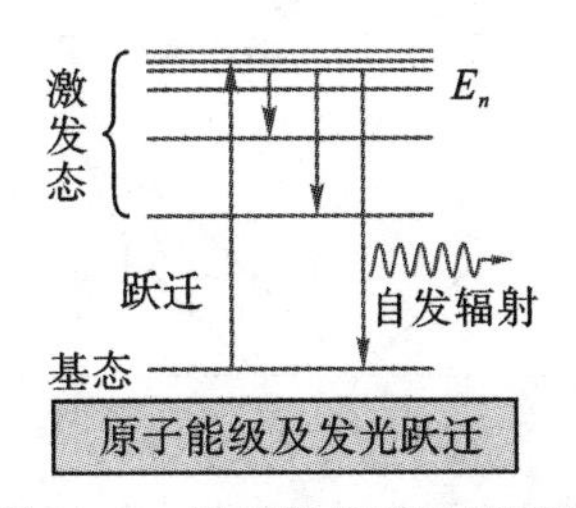

图 11.7　原子能级跃迁原理图

2. 获得相干光源的两种方法

根据光源的发光机理我们知道,普通光源发出的光波是由光源中原子发出的波列组成的,而这些波列之间没有固定的相位关系。因此,来自两个独立光源的光波,即使是频率相等、振动方向平行,它们的相位也不可能保持恒定。同一光源的两个不同部分发出的光也不满足相干条件。因此由普通光源获得相干光,必须将同一光源上同一点或极小区域(可视为点光源)发出的一束光分成两束,让它们经过不同的传播路径后,再使

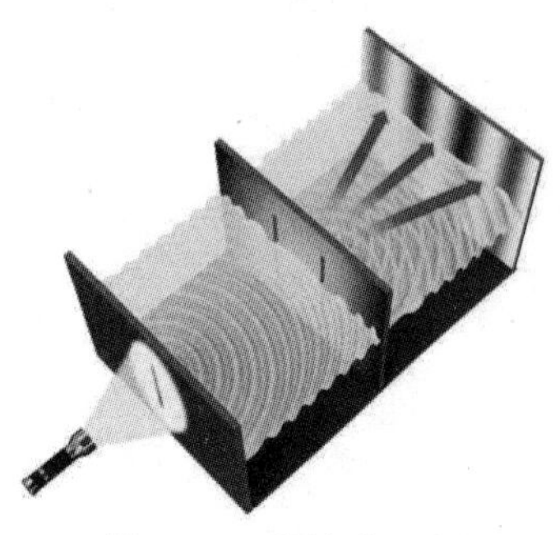
图 11.8　分波阵面法

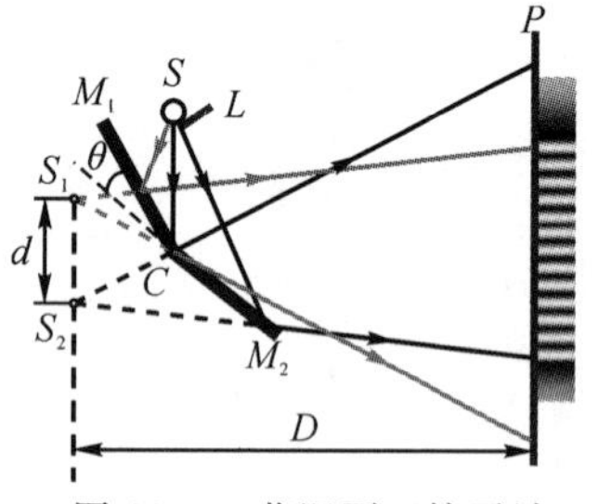

图 11.9　菲涅耳双镜干涉

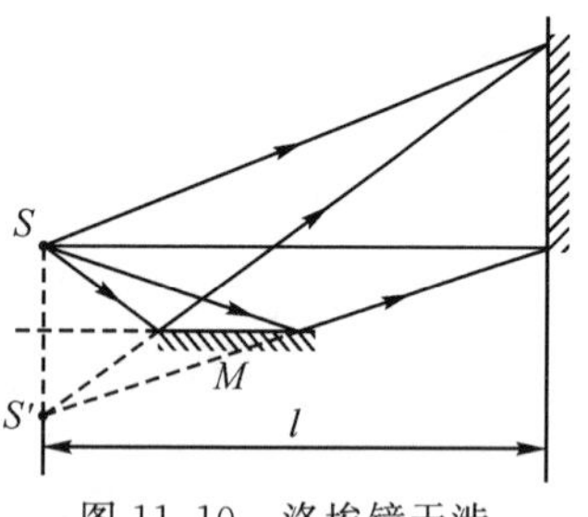

图 11.10　洛埃镜干涉

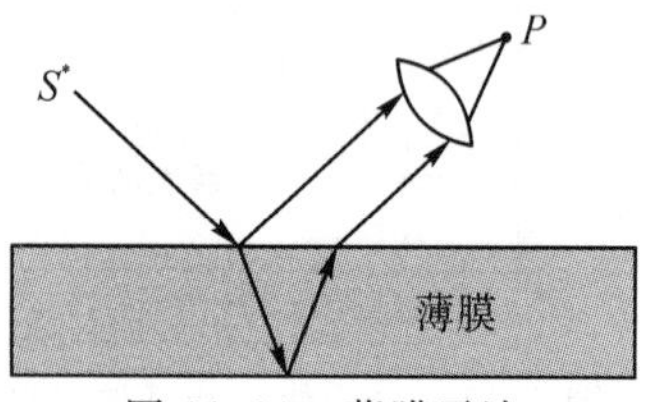

图 11.11　薄膜干涉

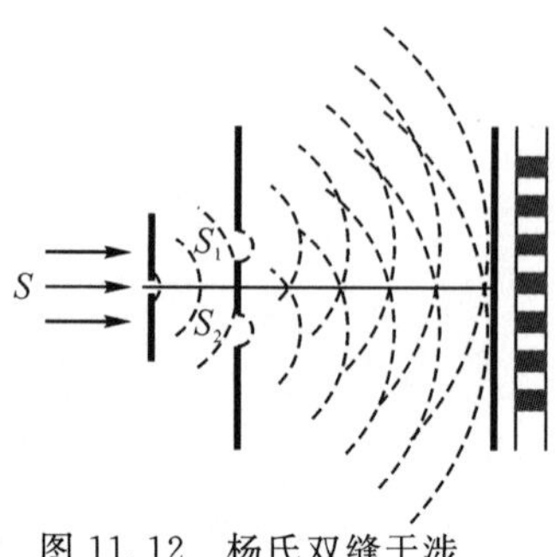

图 11.12　杨氏双缝干涉实验装置

它们相遇，这时，这一对由同一光束分出来的光的频率和振动方向相同，在相遇点的相位差也是恒定的，因而是相干光。

获得相干光的方法一般有两种：

(1)分波阵面法：把光波的同一波阵面分为两部分，获得相干光，如图 11.8 所示。例如：杨氏双缝干涉，菲涅耳双镜干涉(如图 11.9 所示)，洛埃镜干涉(如图 11.10 所示)。

(2)分振幅法：利用薄膜上下表面的反射光获得相干光，如图 11.11 所示，例如：劈尖干涉、牛顿环、薄膜干涉。

1960 年激光器问世，激光光源和普通光源不同，具有优异的相干性。激光的发光机理、特性与应用详情见本书第 15 章。另外，快速光电接收器件的出现，使人们可以看到比过去短暂得多的干涉现象。

11.3　杨氏双缝干涉

18 世纪前后，牛顿的“光的微粒说”在光学研究中占统治地位。英国物理学家托马斯·杨在德国留学期间便对光的微粒说提出了质疑。他在博士论文中提出了关于声和光都是波动，不同颜色的光和不同频率的声都是不同的波的观点。1801 年，杨氏出版了《声和光的实验和探索概要》一书，系统地论述了光的波动观点。

为了证实光的波动说的正确性，托马斯·杨用非常巧妙的方法得到了两个相干光源，进行了著名的光的干涉实验。他最初的实验方法是用强光照射小孔，以孔作为点光源，发出球面波，在离开小孔一定距离的地方放置另外两个小孔，它们把前一小孔发出的球面波分离成两个很小的部分作为相干光源。于是在这两个小孔发出的光波相遇区域产生了干涉现象，在双孔后面的屏幕上得到了干涉图样。杨氏用叠加原理解释了干涉现象，在历史上第一次测定了光的波长，为光的波动学说的确立奠定了基础。

杨氏双缝干涉实验装置如图 11.12 所示，光源发出的光照射到单缝 S 上，在单缝 S 的前面放置两个相距很近的狭缝 S_1、S_2，S 到 S_1、S_2 的距离很小并且相等。按照惠更斯原理，S_1、S_2 是由同一光源 S 形成的，满足振动方向相同、频率相同、相位差恒定的相干条件，故 S_1、S_2 为相干光源。这样 S_1、S_2 发出的光在空间相遇，将会产生干涉现象。在双缝后面放一接收屏，那么我们就可以在接收屏上看到明暗相间的干涉条纹。而且光屏上每一点的明暗情况取决于这两列波在该点的叠加结果。对于光屏上任一点 P，到 S_1 和 S_2 的距离分别为 r_1 和 r_2，

假如 S_1、S_2 位于光波的同一个波阵面上，它们具有相同的相位。根据干涉加强和干涉减弱条件，则有：

$\delta = r_2 - r_1 = \pm k\lambda (k = 0,1,2,\cdots)$，干涉加强，形成明纹；

$\delta = r_2 - r_1 = \pm (2k-1)\dfrac{\lambda}{2} (k = 1,2,\cdots)$，干涉减弱，形成暗纹。

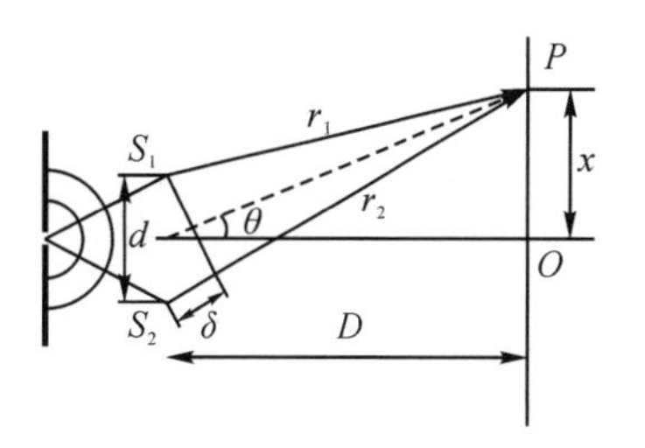

图 11.13　双缝干涉条纹形成原理

在上式中我们可以看到 P 点产生明暗纹的条件取决于两束光从 S_1、S_2 传播到 P 点的距离之差。下面我们来计算这个距离差。

如图 11.13 所示，O 为屏幕中心，$OS_1 = OS_2$。设双缝的间距为 d，双缝到屏幕的距离为 D，且 $D \gg d$，P 到 O 点的距离为 x。由几何关系可得：

$$\delta = r_2 - r_1 \approx d\sin\theta \tag{11.3}$$

$$\sin\theta \approx \tan\theta = \frac{x}{D} \tag{11.4}$$

根据以上两式又可得：

$$\delta = d\frac{x}{D} \tag{11.5}$$

根据相干条件则有：

(1)光屏上明条纹的位置：

$$\delta = d\frac{x}{D} = \pm k\lambda \tag{11.6}$$

$$x = \pm k\frac{D}{d}\lambda (k = 0,1,2,\cdots) \tag{11.7}$$

式中正负号表示干涉条纹在 O 点两侧，呈对称分布，当 $k = 0$ 时，$x = 0$，表示屏幕中心为零级明条纹，对应的光程差为 $\delta = 0$，$k = 1,2,3,\cdots$ 的明条纹分别称为第一级、第二级、第三级……明条纹。

(2)光屏上暗条纹的位置：

$$\delta = d\frac{x}{D} = \pm (2k-1)\frac{\lambda}{2} \tag{11.8}$$

$$x = \pm (2k-1)\frac{D}{d}\cdot\frac{\lambda}{2} (k = 1,2,\cdots) \tag{11.9}$$

式中正负号表示干涉条纹在 O 点两侧，呈对称分布，$k = 1,2,3,\cdots$ 的暗条纹分别称为第一级、第二级、第三级……暗条纹，如图 11.14 所示。

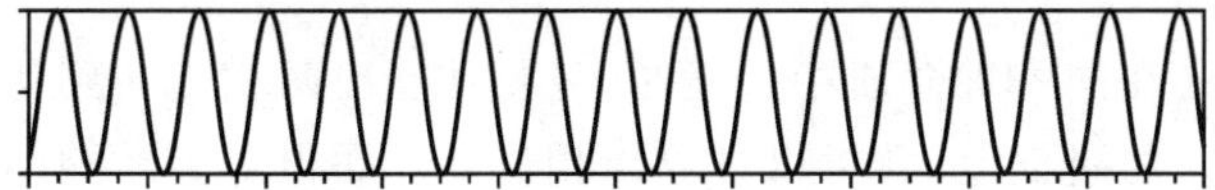

图 11.14　双缝干涉条纹特征

(3)条纹间距:相邻明纹中心或相邻暗纹中心的距离称为条纹间距,它反映干涉条纹的疏密程度。由明暗条纹位置可见明纹间距和暗纹间距均为

$$\Delta x = \frac{D}{d}\lambda \tag{11.10}$$

讨论:

(1)当干涉装置和入射光波长一定,即 D 、d 、λ 一定时,Δx 也一定。这说明双缝干涉条纹是明暗相间的等距的直条纹。

(2)当 D 、λ 一定时,Δx 与 d 成反比。所以观察双缝干涉条纹时双缝间距要小,否则因条纹过密而不能分辨。例如,当 $\lambda = 500$ nm 、$D = 1$ m 时要清楚地看到干涉条纹则要求 $\Delta x > 0.5$ mm,必须有 $d < 1$ mm 。

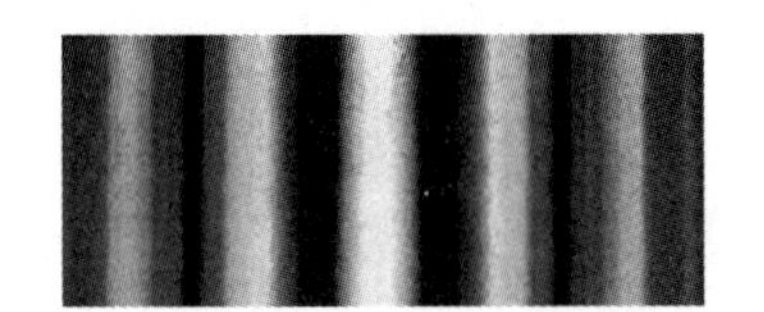

图 11.15　白光双缝干涉条纹特征

(3)若已知 D 、d,由于 Δx 与波长 λ 成正比,故对于不同的光波,其波长不同,明暗条纹的间距也不同。若用白光照射,除中央因各色光重叠仍为白色外,两侧因各色光波长不同而呈现彩色条纹,同一级明条纹形成一个由紫到红的彩色条纹,如图 11.15 所示。

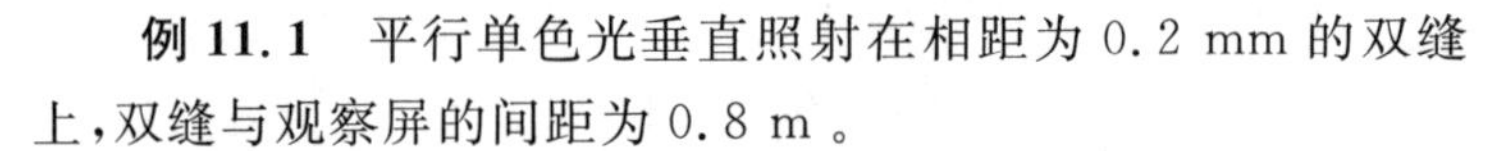

例 11.1　平行单色光垂直照射在相距为 0.2 mm 的双缝上,双缝与观察屏的间距为 0.8 m 。

(1) 若从第一级明条纹到第四级明条纹之间的距离为 7.5 mm,试求入射光的波长;

(2) 若入射光的波长为 600 nm,试求相邻两条明条纹中心的间距。

解　(1) $\Delta x = \frac{D\lambda}{d} = \frac{7.5\ \text{mm}}{3} = 2.5\ \text{mm}$

$\lambda = 625\ \text{mm}$

(2) $\Delta x = \frac{D\lambda}{d} = 2.4\ \text{mm}$

例 11.2　将波长为 632.8 nm 的一束激光垂直照射在双缝上,在双缝之后 2 m 处的屏上,观察到中央明纹和第一级明纹的间距为 14 mm,试求双缝的间距。

解　由 $\Delta x = \frac{D\lambda}{d}$ 可知,

$$d = \frac{D\lambda}{\Delta x} = \frac{2.0 \times 632.8 \times 10^{-9}}{14 \times 10^{-3}} = 9.0 \times 10^{-5}\ \text{m}$$

小贴士:

杨氏双缝干涉是一种典型的分波阵面获得干涉现象的例子,它是通过在同一个波振面放置两个狭缝获得两束相干光。在物理学史上还有两个著名的分波阵面产生干涉现象的实验,分别是菲涅耳双镜干涉和洛埃镜干涉实验,其装置分别如图 11.9 和 11.10 所示,它们共同点是利用反射镜实现分波阵面从而获得相干光,其相干条纹特点和计算与杨氏干涉条纹类似。

11.4　光程和光程差

光在同一种介质中传播时,只要计算出两相干光到达某一点的几何路程差,就可以计算出相位差。而很多实际的问题会涉及两束光在不同介质中的传播情况。对于这样的问题,则不

能用上式进行计算，为此我们引入光程的概念。

一波长为 λ 的单色光，在折射率为 n 的介质中传播时，光速为 $u=\frac{c}{n}$，若单色光的频率为 ν，则在介质中光波的波长为

$$\lambda_n=\frac{u}{\nu}=\frac{c}{n\nu}=\frac{\lambda}{n} \tag{11.11}$$

由于 $n>1$，因此同一光波在介质中的波长比在真空中的波长要短，光在真空中和在介质中的波长如图 11.16 所示。光波在传播过程中的相位变化，与介质的性质以及传播距离有关。无论是在真空中还是在介质中，光波每传播一个波长的距离，相位都要改变 2π，如果光波要通过几种不同的介质，由于折射率(波长)的不同，相位的变化也就不同，因而给相位变化的计算增加了困难。此时我们该如何计算相干光的相位差呢？

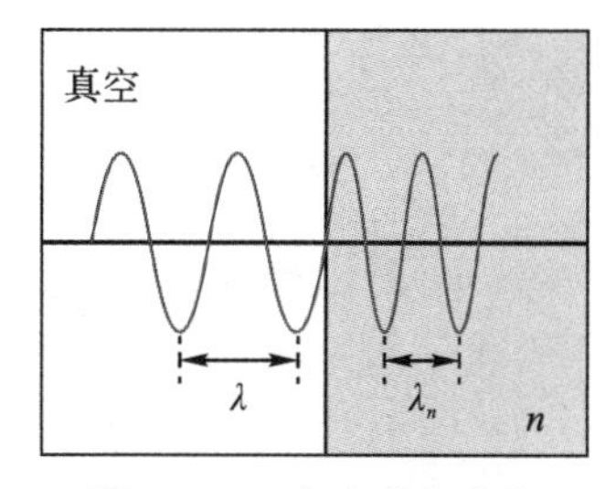

图 11.16　光在真空中和在介质中的波长

例如，真空中波长为 λ 的单色光，在折射率为 n 的介质中传播时，通过长为 l 的路程后，相位改变量为

$$2\pi\frac{l}{\lambda_n}=2\pi\frac{nl}{\lambda} \tag{11.12}$$

所用的时间为 $\frac{l}{v}=\frac{l}{c/n}=\frac{nl}{c}$，这表明光在介质中传播几何路程 l 所用的时间和在真空中传播路程 nl 所用的时间相同，其相应的相位变化也相同。

想一想：

为什么要引入光程的概念，它与光程差、相位和相位差有什么关系？

为此我们引入光程的概念：**光程是一个折合量，它表示在传播时间相同或相位变化相同的条件下把光在介质传播的集合路程折合为光在真空中传播的相应路程**。在数值上，**光程等于介质折射率乘以光在介质中传播的路程**，即

$$\delta=nl \tag{11.13}$$

其中，n 为介质的折射率，l 为光在介质中传播的距离，则相位变化可以写成

$$\Delta\varphi=\frac{2\pi}{\lambda_n}l=\frac{2\pi}{\lambda}nl=\frac{2\pi}{\lambda}\delta \tag{11.14}$$

引入光程，相当于把光在不同介质中的传播都折算到真空中计算。这样计算通过不同介质的相干光的相位差，可以不用介质中光的波长，而统一采用真空中光的波长。定义光程后，两束光的干涉情况，取决于它们的光程差，而不是路程差。

讨论：(1)光程差与相位差的关系为

$$\Delta\varphi=\frac{2\pi}{\lambda}\delta$$

例如，如图 11.17 所示 AB 之间的光程：

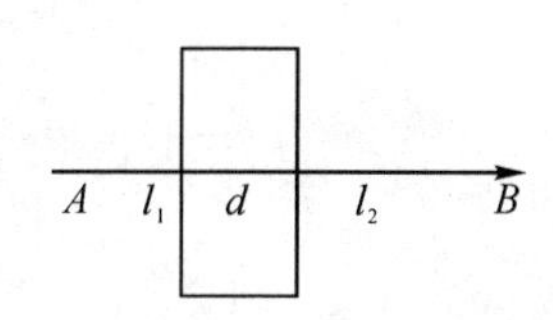

图 11.17　光在不同介质中的光程

$$\begin{aligned}\delta&=\sum_{i=1}^{3}\delta_i=l_1+nd+l_2\\&=l_1+d+l_2+(n-1)d=l+(n-1)d\end{aligned}$$

(2)薄透镜具有等光程性。当用透镜或透镜组成的光学仪器观测干涉时,观测仪器不会带来附加的光程差。

(3)干涉条件:

用相位差表示:

$$\Delta\varphi = \begin{cases} \pm 2k\pi & k = 0,1,2,\cdots \text{ 明条纹} \\ \pm (2k+1)\pi & k = 0,1,2,\cdots \text{ 暗条纹} \end{cases}$$

用光程差表示:

$$\delta = \begin{cases} \pm k\lambda & k = 0,1,2,\cdots \text{ 明条纹} \\ \pm (2k+1)\dfrac{\lambda}{2} & k = 0,1,2,\cdots \text{ 暗条纹} \end{cases}$$

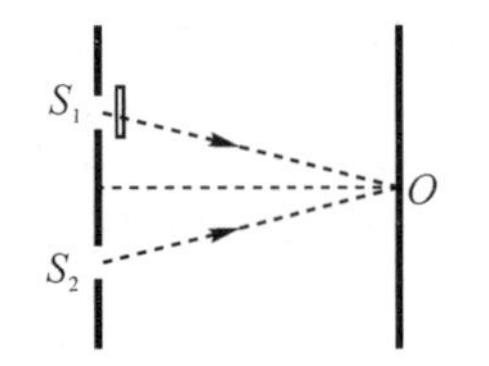

图 11.18　双缝干涉装置的一条狭缝后面盖上云母片

例 11.3　当双缝干涉装置的一条狭缝后面盖上折射率为 $n = 1.58$ 的云母片时,观察到屏幕上干涉条纹移动了 9 个条纹间距。已知波长 $\lambda = 550$ nm,求云母片的厚度。

解　如图 11.18 所示,没有云母片时,零级明条纹在 O 点;当 S_1 缝后盖上云母片后,光线 1 的光程增大。由于零级明条纹所对应的光程差为零,所以这时零级明条纹只有上移才能使光程差为零。依题意,S_1 缝盖上云母片后,零级明条纹由 O 点移动原来的第九级明条纹位置 P 点,当 S_1S_2 间距 $x \ll D$ 时,S_1 发出的光可以近似看作垂直通过云母片,设云母片厚度为 b,则光程增加为 $(n-1)b$,从而有

$$(n-1)b = k\lambda$$

$$b = \frac{k\lambda}{n-1} = \frac{9}{1.58-1} \times 5500 \times 10^{-10} = 8.53 \times 10^{-6} \text{ m}$$

图 11.19　增透膜

11.5　薄膜等厚干涉

在现代光学仪器中,为减少入射光能量在透镜等光学元件的玻璃表面上反射引起的损失,常在镜面上镀一层厚度均匀透明薄膜,其折射率介于空气与玻璃之间,当膜的厚度适当时,可使某波长的反射光因干涉而减弱,从而使更多的光能透过元件,这种使透射光增强的薄膜称为增透膜,如图 11.19 所示。那么增透膜是如何增透的呢?请在以下的学习内容中寻找答案。

图 11.20　路面上的油膜

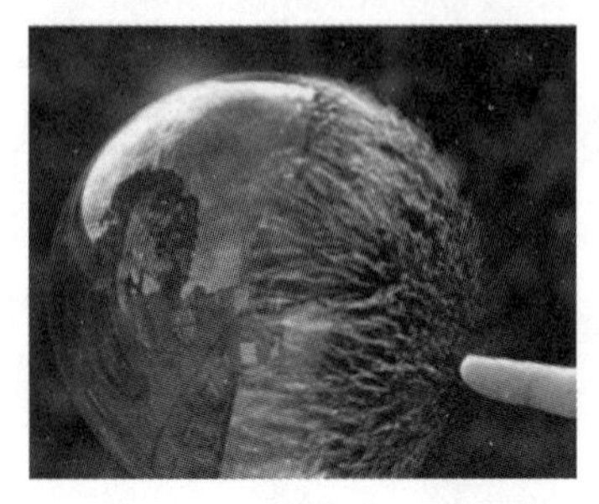

图 11.21　绚丽的肥皂泡膜

干涉现象是光的波动性的重要体现。在我们的日常生活中,在太阳光的照射下,水面上的油膜(如图 11.20 所示)、肥皂膜(如图 11.21 所示),以及一些昆虫的翅膀上会呈现出彩色的条纹,这是一种光波经薄膜两表面反射后相叠加所形成的干涉现象,这种现象称为薄膜干涉。这里膜的厚度一般是与所涉及的光波的波长同数量级的,因为若膜厚度较大会破坏产生彩色

条纹所需的光的相干性。对薄膜干涉现象的详细分析比较复杂，在这里我们着重介绍比较简单但实际用途较多的薄膜等厚干涉。

11.5.1　劈尖干涉

两平板玻璃，一端相接触，另一端被一直径为 D 的细丝隔开，因而在两玻璃间形成一空气薄层，叫作空气劈尖，两玻璃接触处为劈尖的棱边。两玻璃之间也可以充以其他折射率的透明介质，形成不同材料的劈尖，如图 11.22(a)所示。现有一束单色平行光垂直入射到空气劈尖上，在劈尖的上表面有反射光和透射光，透射光进入空气劈尖，在劈尖下表面又有反射光和透射光，下表面的反射光穿过空气劈尖，从劈尖上表面透射出去，与上表面的反射光相遇，形成干涉现象。

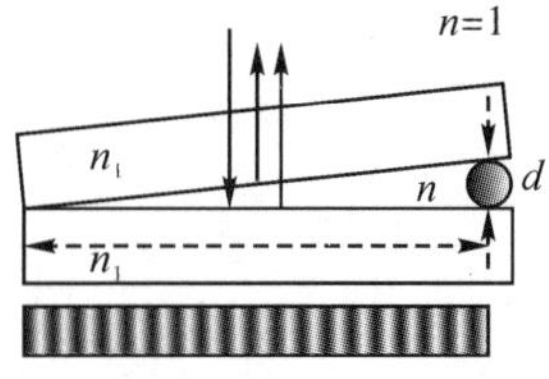

(a) 条纹的形成图

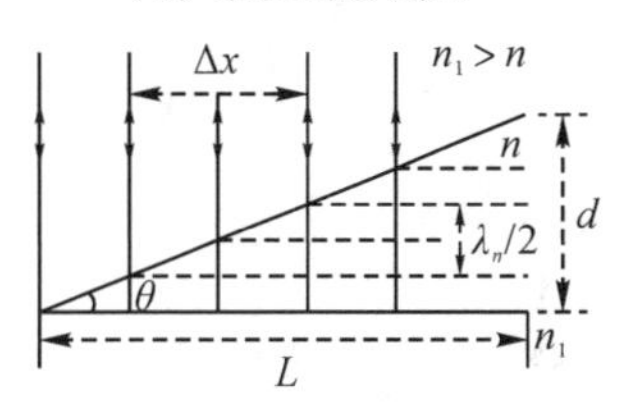

(b) 条纹特征图

图 11.22　劈尖干涉的形成及特征

假如单色光入射处空气劈尖的厚度为 d，我们可以计算出在劈尖上下表面的反射光的光程差为

$$\delta = 2nd + \frac{\lambda}{2} \tag{11.15}$$

其中，因为光在劈尖上表面反射时，是从玻璃介质进入空气介质，即从光密介质进入光疏介质，没有半波损失；光在劈尖下表面反射时，是从空气介质进入玻璃介质，即从光疏介质进入光密介质，有半波损失。所以考虑到半波损失现象，光程差上就要加上半个波长。

因此明暗纹的形成条件：

$$\delta = 2nd_k + \frac{\lambda}{2} = \begin{cases} k\lambda \ , k = 1,2,\cdots \text{ 明条纹} \\ (2k+1)\dfrac{\lambda}{2} \ , k = 0,1,\cdots \text{ 暗条纹} \end{cases} \tag{11.16}$$

在薄膜表面上，相长干涉处光强大，形成明纹；相消干涉处光强小，形成暗纹。式中的 k 为条纹级数，d_k 表示第 k 级明条纹或暗条纹处对应的劈尖厚度。在上式中，我们可以看到，条纹级数取决于上下表面反射光相遇时的光程差，而光程差在其他条件确定的情况下，只取决于相遇点劈尖的厚度。因此**同一干涉条纹对应于薄膜上厚度相同点的连线，这种条纹称为等厚干涉条纹。**因此劈尖的等厚干涉条纹是一系列等间距、明暗相间的平行于棱边的直条纹。劈尖边缘 $d = 0$，$\delta = \frac{\lambda}{2}$ 为暗条纹，与实验相符合。

讨论：

(1)由上面的分析我们可以看出，等厚干涉和杨氏双缝干涉不同，在这里相干光束是把一个波列的波分割而形成的，即利用分振幅法获得相干光。若所用点光源是非单色的，则等于各种波长的光各自在薄膜表面形成自己的一套单色干涉图像，而且各自的干涉条纹又是互相错开的，于是在薄膜表面就会形成色彩绚丽的彩色条纹，这正是我们前面所提到的各种薄膜干涉现象。

(2)如图 11.19(b)所示，根据劈尖干涉明暗纹条件，由式(11.16)，对于明纹和明纹：

第 $k+1$ 级： $2nd_{k+1}+\dfrac{\lambda}{2}=(k+1)\lambda$

第 k 级： $2nd_k+\dfrac{\lambda}{2}=k\lambda$

$$\Delta d=d_{k+1}-d_k=\frac{\lambda}{2n} \tag{11.17}$$

即相邻明条纹所对应的空气层的厚度差等于半个波长。

同样对于暗纹：

$$2nd_{k+1}+\frac{\lambda}{2}=(2(k+1)+1)\frac{\lambda}{2}$$

第 $k+1$ 级：

$$2nd_k+\frac{\lambda}{2}=(2k+1)\frac{\lambda}{2}$$

第 k 级：

$$\Delta d=d_{k+1}-d_k=\frac{\lambda}{2n} \tag{11.18}$$

即相邻暗条纹所对应的空气层的厚度差也等于半个波长。

(3)相邻两明纹或暗纹之间间距为 b，由于劈尖夹角很小，近似地，$\tan\theta\approx\theta$：

$$\Delta d=b\tan\theta\approx b\theta$$

故
$$b=\frac{\Delta d}{\theta}=\frac{\lambda}{2n\theta} \tag{11.19}$$

从上面的式子我们可以看到：

① 劈尖角 θ 越大，则条纹越密，条纹过密则分辨不清，通常 $\theta<1^\circ$。

② 相邻明纹或相邻暗纹之间的距离相等，故条纹是等间距的。所以劈尖干涉的条纹是平行于棱边的等距的直条纹。

③ 当空气层厚度增加时，等厚干涉条纹向棱边移动；反之，当空气层厚度减小时，等厚干涉条纹向远离棱边的地方移动。

(4)劈尖干涉应用：

薄膜等厚干涉是测量和检验精密机械零件或光学元件的重要方法，在现代科学技术中有着广泛的应用。

① 测量长度的微小改变——干涉膨胀仪(如图 11.23 所示)。

原理：将空气劈尖的表面移动 $\dfrac{\lambda}{2}$ 距离，光程差变化 λ，干涉条

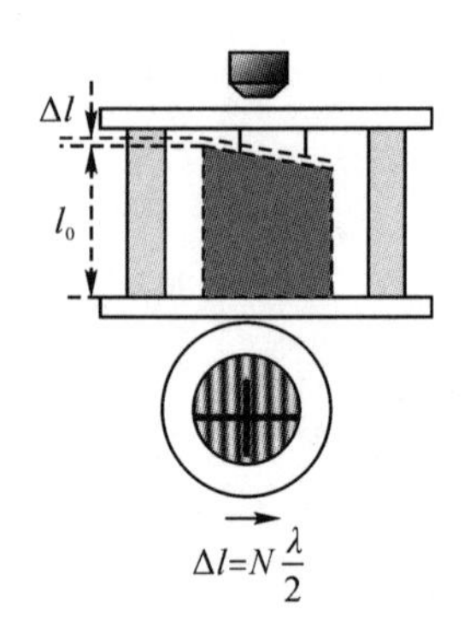

图 11.23　干涉膨胀仪

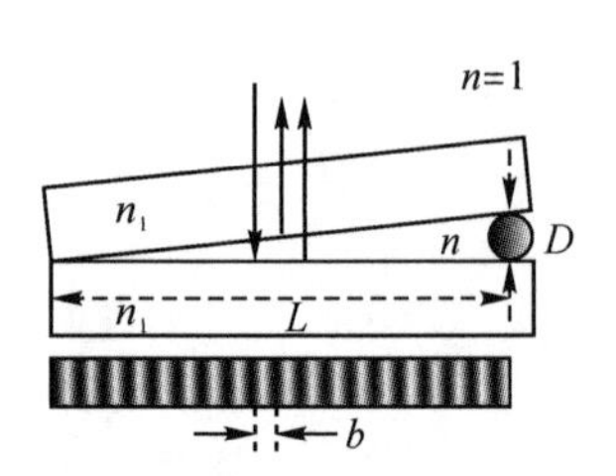

图 11.24　干涉法测金属丝的直径

纹发生一暗一明的变化，好像干涉条纹在水平方向动了一条，数出在视场中移过条纹的数目，就能测得劈尖表面的移动距离。

② 薄膜厚度的测定。

利用等厚干涉可以测量微小长度，比如金属丝的直径。如图 11.24 所示。

$$\tan\theta \approx \frac{D}{L}$$

由前面的讨论中我们知道 $\tan\theta = \frac{\lambda}{2nb}$，故可求出金属丝直径。

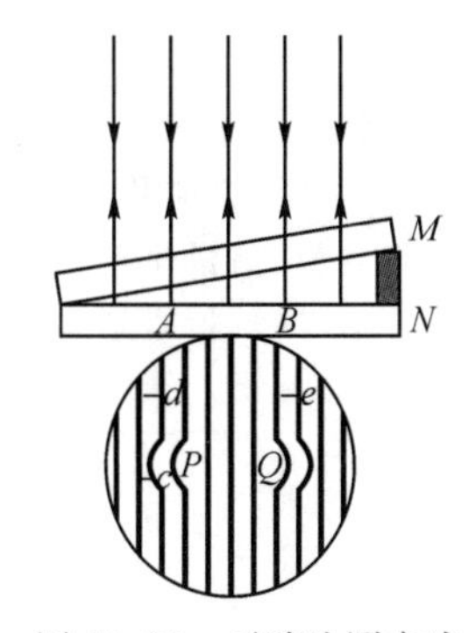

图 11.25　干涉法测定光学元件表面的平整度

③ 测定光学元件表面的平整度(如图 11.25 所示)。

由前面的讨论可知，如劈尖上下两个表面都是光学平面，则等厚干涉条纹是一系列平行且等距的明暗相间的条纹。实践中利用这一现象来检验加工平面的平整度。用一块光学平的标准玻璃块，放在待检平面上，并使两者形成一空气劈尖。若观察到平行等距的干涉条纹，表明待检平面平整度好；若是不平行、不等距说明加工平面有凹或凸的缺陷，由于相邻两明暗条纹之间厚度差为 $\frac{\lambda}{2}$，所以这种检验能察觉 $\frac{\lambda}{4}$ 的缺陷，精密度可达微米量级。

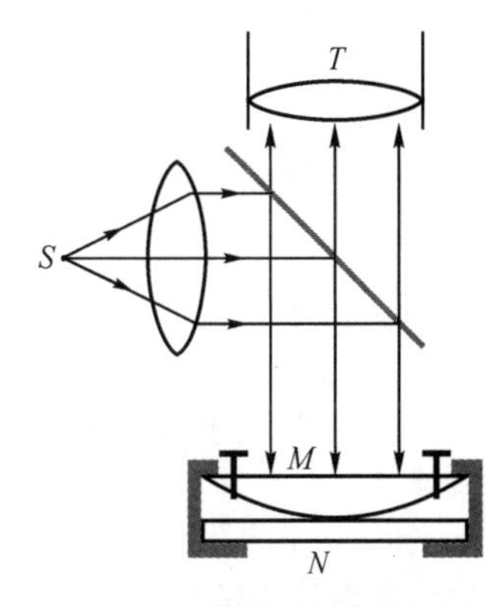

图 11.26　牛顿环实验装置图

例 11.4　有一玻璃劈尖，放在空气中，劈尖夹角 $\theta < 8 \times 10^{-5}$ rad，用波长 $\lambda = 589$ nm 的单色光垂直入射时，测得干涉条纹的宽度为 $\Delta x = 2.4$ mm，求玻璃的折射率。

解　由于　$\Delta x = \frac{\Delta d}{\theta} = \frac{\lambda}{2n\theta}$

所以　$n = \frac{\lambda}{2\Delta x\theta} = \frac{5890 \times 10^{-10}}{2 \times 2.4 \times 10^{-3} \times 8 \times 10^{-5}} = 1.53$

11.5.2　牛顿环

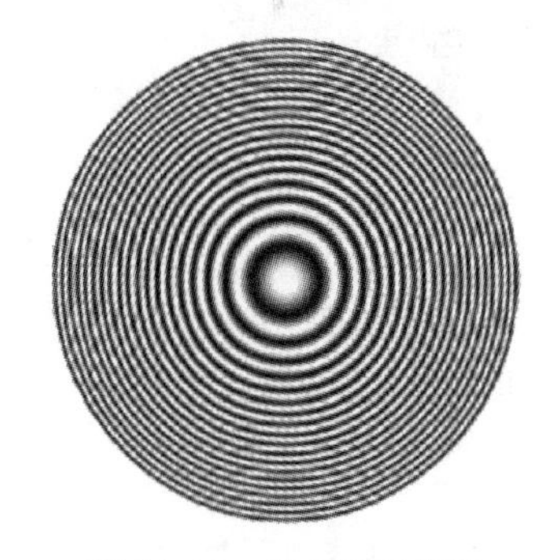
图 11.27　牛顿环示意图

将一曲率半径很大的凸透镜的曲面与一平板玻璃接触，其间形成一层平凹球面形的薄膜，如图 11.26 所示。显然，这种薄膜厚度相同处的轨迹是以接触点为中心的同心圆，因此，若以单色平行光垂直投射到透镜上，则会在反射光中观察到一系列以接触点为中心点的明暗相间的同心圆环，如图 11.27 所示这种等厚干涉条纹称为牛顿环。

如图 11.28 所示，根据几何关系可得：

$$(R-d)^2 + r^2 = R^2$$

由于 $R \gg d$，将上式展开后略去高阶小量 d^2 可得：

$$d = \frac{r^2}{2R}$$

所以光程差为

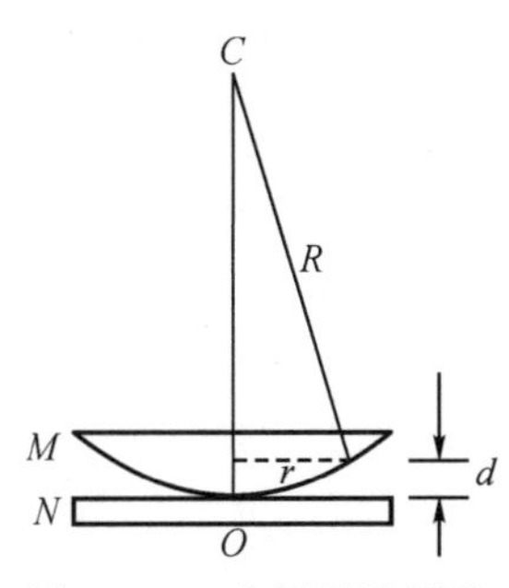

图 11.28　牛顿环原理图

$$\delta = 2nd + \frac{\lambda}{2} = \frac{nr^2}{R} + \frac{\lambda}{2}$$

小贴士：

牛顿环的应用：测量光的波长；测量平凸透镜的曲率半径；检查透镜的质量。

将相干条件代入可得

$$r = \begin{cases} \sqrt{\dfrac{\left(k - \dfrac{1}{2}\right)R\lambda}{n}}, & k = 1,2,\cdots \text{ 明纹} \\ \sqrt{\dfrac{kR\lambda}{n}}, & k = 1,2,\cdots \text{ 暗纹} \end{cases} \tag{11.20}$$

所以，牛顿环是一系列以接触点为中心点的明暗相间的同心圆环。

例 11.5　将 He－Ne 激光器发出的 $\lambda = 633$ nm 的单色光用于牛顿环实验，测得第 k 个暗环半径为 5.63 mm，第 $k+5$ 个暗环半径为 7.96 mm，求平凸透镜的曲率半径 R 。

解　由暗纹公式，可知

$$r_k = \sqrt{kR\lambda}$$

$$r_{k+5} = \sqrt{(k+5)R\lambda}$$

故，

$$5R\lambda = r_{k+5}^2 - r_k^2$$

所以，

$$R = \frac{r_{k+5}^2 - r_k^2}{5\lambda} = \frac{(7.96^2 - 5.63^2) \times 10^{-6}}{5 \times 6.33 \times 10^{-10}} = 10.0 \text{ m}$$

小贴士：

(1)光干涉问题讨论的依据是干涉加强和减弱条件；

(2)光干涉加强和减弱的判据是光程差，因此计算光程差是这类问题的核心内容；

(3)计算光程差时需考虑两个因素：一是由传播几何路程和介质折射率引起的光程差，另一个由反射引起的半波损失导致的光程差，总的光程差是这两者之和。

讨论：

(1)牛顿环是等厚干涉条纹，环心是暗的。

(2)随着半径 r 增长，牛顿环越来越密。

随着干涉级次的增加，相邻明环或暗环的半径之差越来越小，所以牛顿环是内疏外密的一系列同心圆。

(3)入射光为白光时将产生彩色条纹。

牛顿环中心为暗环，级次最低。离开中心越远，光程差越大，圆条纹间距愈小，即越密。

11.5.3　增透膜

在现代光学仪器中，为减少入射光能量在透镜等光学元件的玻璃表面上反射引起的损失，常在镜面上镀一层厚度均匀透明薄膜(如氟化镁)，其折射率介于空气、玻璃之间，当膜的厚度适当时，可使某波长的反射光因干涉而减弱，从而使光能透过元件，这种使透射光增强的薄膜称为**增透膜**。波长为 $\lambda = 550$ nm 的黄绿色光对人眼和照相底片最敏感，要是照相机对此波长反射小，可在照相机镜头上镀一层氟化镁(MgF_2)薄膜，已知氟化镁的折射率为 $n = 1.38$，玻璃的折射率为 1.55。我们来计算一下氟化镁薄膜的最小厚度。

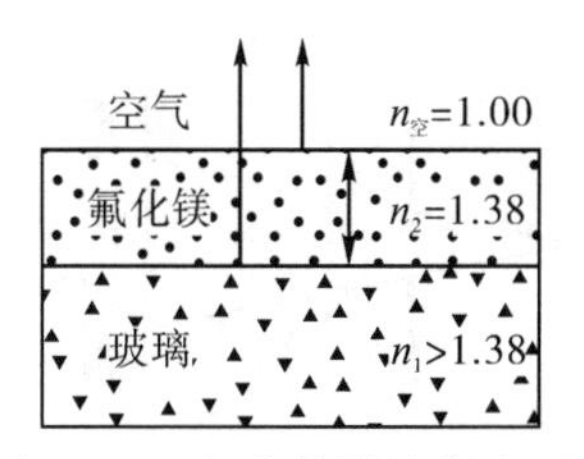

图 11.29 氟化镁增透膜原理图

设光线垂直入射，如图 11.29 所示。因为氟化镁的折射率介于空气与玻璃之间，所以，光在氟化镁薄膜上、下表面反射时，均有半波损失。两反射光的光程差为 $2nd$，根据反射光干涉相消的条件，则有：

$$2nd = (2k+1)\frac{\lambda}{2} \tag{11.21}$$

当 $k=0$ 时，可得氟化镁薄膜的最小厚度为

$$d = \frac{\lambda}{4n} = \frac{550\ \text{nm}}{4\times 1.38} = 99.64\ \text{nm} \tag{11.22}$$

一般情况下，为了达到良好的增透效果，需要采用两层、三层或更多层的增透膜。

如图 11.30 所示，在照相机等光学仪器的镜头表面镀上 MgF_2 薄膜后，能使对人眼视觉最灵敏的黄绿光反射减弱而透射增强，这样的镜头在白光照射下，其反射常给人以蓝紫色的视觉感受，这是白光中波长大于和小于黄绿光的光不完全满足干涉的缘故。

图 11.30 照相机镜头呈现蓝紫色

在镜面上镀上透明薄膜后，能使某些波长的反射光因干涉而增强，从而使该波长的光能得到更多反射，这种使反射光增强的薄膜称为**增反膜**。在白光照射下，增反膜呈现出全亮的光泽，很多珠宝表面、太阳镜的镜片就是这样处理的。

11.5.4 迈克耳孙干涉仪

利用干涉原理可以制成各种型式的干涉仪，它们是科学研究和精密测量的重要仪器。1881 年迈克耳孙所设计的干涉仪至今还在使用着，它的装置原理也是后来发展起来的许多干涉仪的基础，所以它有典型意义。

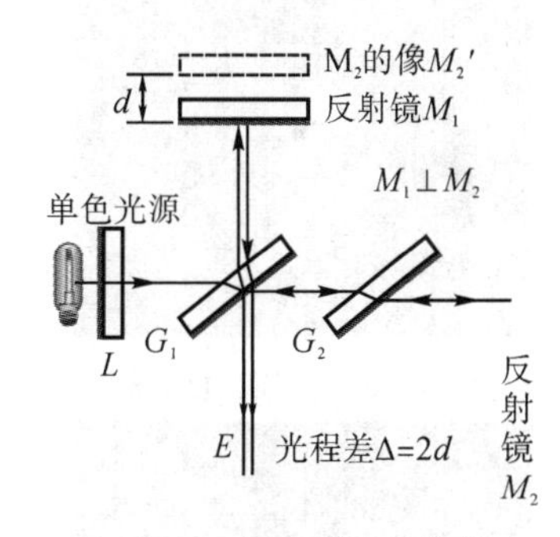

图 11.31 迈克耳孙干涉仪原理图

如图 11.31 所示，来自光源 S 的光，经过透镜 L 后，平行射向 G_1，一部分被反射后向 M_1 传播，经过反射后再穿过 G_1 向 E 处传播(光束 1)；另一部分则透过 G_1，向 M_2 传播，经过 M_2 反射后，再穿过 G_2 经 G_1 反射后也传播到 E 处(光束 2)。显然，到达 E 处的光束 1 和光束 2 是相干光。

G_2 的作用是使光束 1、光束 2 都是三次穿过厚度相同的玻璃，从而避免光 1 和光 2 之间存在较大的光程差，因而 G_2 也叫作补偿板。

G_1 实质是反射镜，使 M_1 附近形成一个平行于 M_1 的虚像 M_2'，光在 M_1、M_2 的反射相当于 M_1 与 M_2' 的反射，于是迈克耳孙干涉仪所产生的干涉图样就如同由 M_2' 与 M_1 之间的空气薄膜产生的一样。

当 M_1 与 M_2 相互严格垂直时，M_1 与 M_2' 之间形成平行平面空气膜，这时可以观察到等倾条纹；当 M_1 与 M_2 不严格垂直

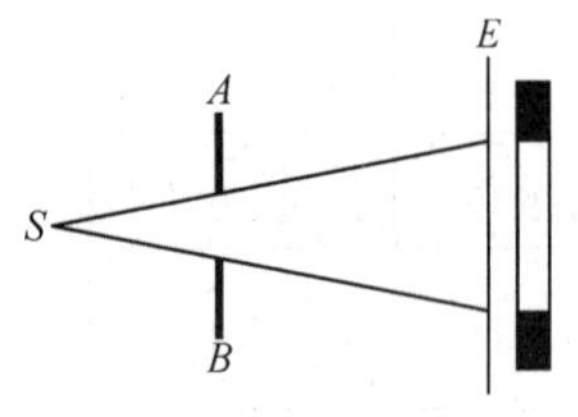

图 11.32　直线传播

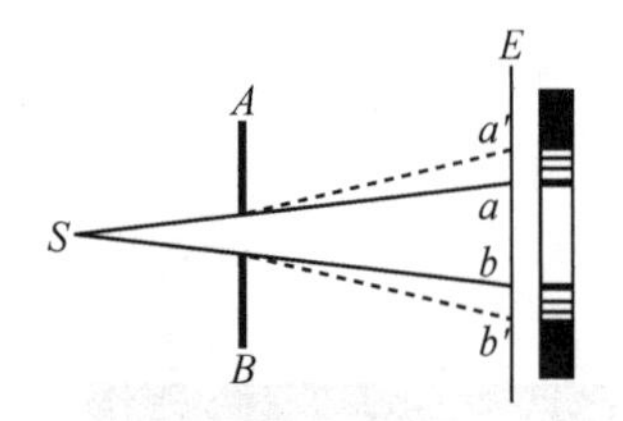

图 11.33　衍射

图 11.34　正三边形孔

图 11.35　正四边形孔

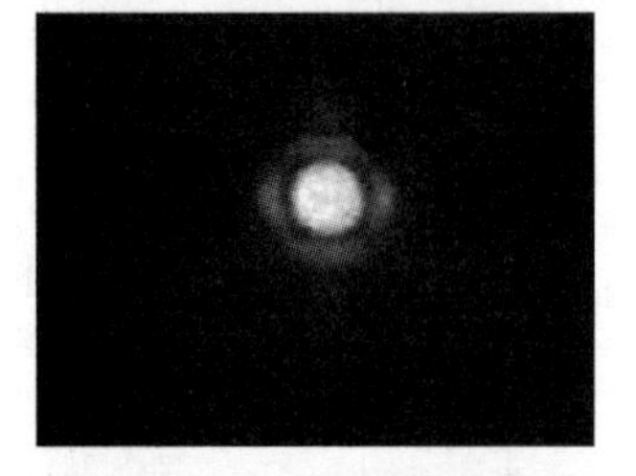
图 11.36　正六边形孔

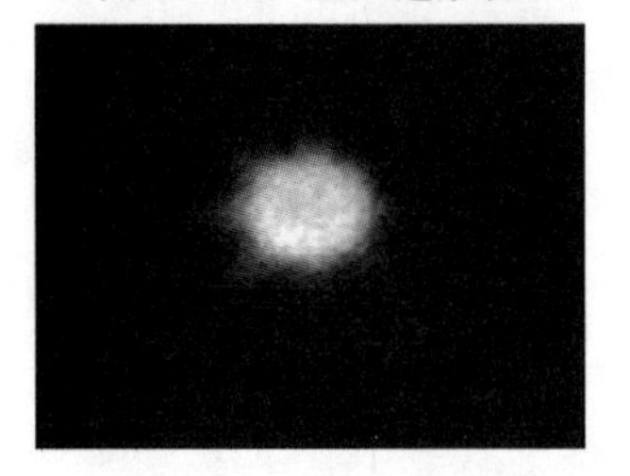
图 11.37　正八边形孔

时,M_2'、M_1之间形成空气劈尖,这时可观察到等厚干涉条纹。

等倾:位置变化——圆形条纹不断从中心冒出或向中心收缩。

等厚:位置变化——条纹移动,移动距离与条纹数目的关系:

$$d = N\frac{\lambda}{2} \tag{11.23}$$

迈克耳孙曾用自己的干涉仪测量了红镉线的波长为

$$\lambda = 643.84696 \text{ nm}$$

11.6　光的衍射

在日常生活中我们会用“隔墙有耳”来形容即使隔着墙,声音也可能传播过去,这是声波的衍射效应决定的。我们也经常会看到水波可以绕过石头、树枝、树叶等障碍物继续传播,这是水波的衍射现象。光是一种电磁波,光也应该具有衍射现象,但我们却很少看到,为什么呢?请在以下的学习内容中寻找答案。

11.6.1　光的衍射现象

光通过狭缝照射在屏上,按几何光学的观点,屏上呈现狭缝的像,如图 11.32 所示,狭缝缩小、像缩小。但实验发现,狭缝较大时,呈上述规律,但当狭缝与光波波长相当时,屏上像亮度降低,但范围反而扩大,有明暗相间的条纹,如图 11.33 所示,这就是光的衍射现象。

光波遇到障碍物时,偏离直线传播而进入几何阴影区域,使光强重新分布的现象,称为衍射现象。

衍射效应是否显著,取决于障碍物的线度与光的波长的相对比值。只有障碍物的线度比光的波长大得不多时,衍射效应才显著;当障碍物的线度小到与光的波长可以比拟时,衍射范围将弥漫整个视场。

光束在衍射屏的什么方向上受到了限制,则在接收屏上的衍射图样就沿该方向扩展;光孔越小,对光束的限制越厉害,则衍射图样越扩展,衍射效应越显著。如图 11.34～图 11.37 所示,为各种孔型的夫琅禾费衍射图样。

11.6.2　惠更斯-菲涅耳原理

1690 年惠更斯提出惠更斯原理,认为波前上的每一点都可以看作是发出球面子波的新的波源,这些子波的包络面就是下一时刻的波前。惠更斯原理可以定性地解释光绕过障碍物，改变传播方向的现象，但不能说明衍射时为什么会出现明暗相间的条纹。原因是惠更斯原理的子波假设不涉及子波的强度和相位问题。

1818 年，法国科学院举行了悬赏征文活动，主题之一为"利用精密的实验确定光的衍射效应"，菲涅耳运用子波相干叠加的概念，发展了惠更斯原理，正确地解释了光的衍射效应，获得了奖金。他假设从**同一波面上各点发出的子波，在传播到空间某一点时，该点的振幅就是各子波在该点的相干叠加，这就是惠更斯-菲涅耳原理。**

惠更斯-菲涅耳原理主要思想是把波阵面化成无限多个子波源，然后这些子波发出的波在空间某点的叠加。数学上写成积分的形式，称作菲涅耳积分公式，通过该公式可以解释子波为什么只能向前传播。原则上通过该公式可以求解任意波阵面的衍射问题，但实际上计算相当复杂。本书采用菲涅耳提出的半波带法来研究单缝和圆孔衍射问题，该方法把积分问题转化为代数求和，而且所得物理图像清晰。

11.6.3　衍射的分类

衍射系统一般由光源、衍射屏和接收屏组成。按它们相互距离的关系，通常把光的衍射分为两大类：当光源和屏，或两者之一离障碍物的距离为有限远时产生的衍射现象，称为**菲涅耳衍射**，如图 11.38 所示；当光源和屏离障碍物的距离均为无限远时产生的衍射，称为**夫琅禾费衍射**，如图 11.39 所示。

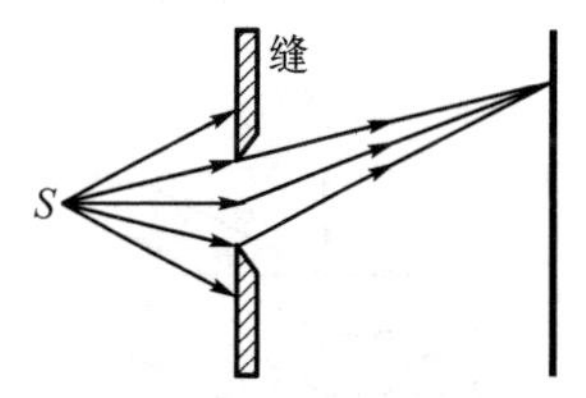

图 11.38　菲涅耳衍射

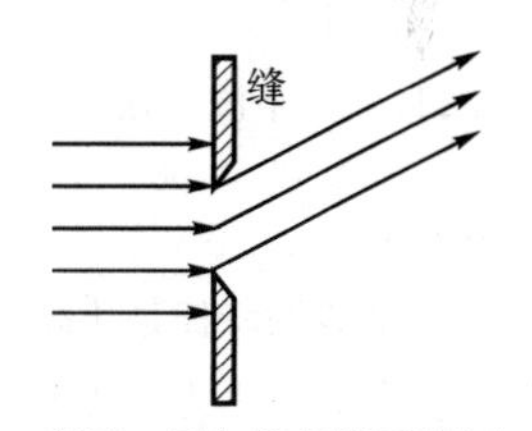

图 11.39　夫琅禾费衍射

夫琅禾费衍射的特点是用平行光，实验室中是用透镜来实现。本书只讨论夫琅禾费衍射。

11.7　夫琅禾费单缝衍射

当单色平行光垂直入射到单缝(宽度远小于长度的矩形孔)上后，由缝平面上各面元发出的向不同方向传播的平行光束，被透镜会聚到放在其焦平面处的屏幕上，则在屏幕上可以观察到如图 11.36 所示的衍射条纹。为一组平行于狭缝的明暗相间的衍射条纹，屏幕中心为中央明纹，两侧对称分布着其他明纹。下面我们利用菲涅耳半波带法来定性说明衍射条纹的形成过程。

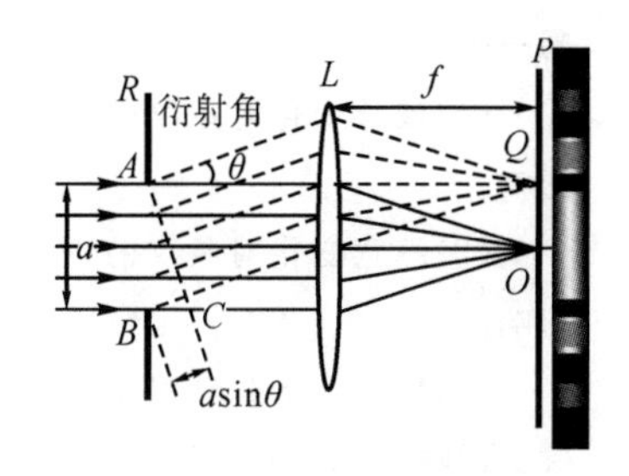

图 11.40　夫琅禾费单缝衍射条纹形成示意图

设一束平行光垂直入射到缝宽为 a 的单缝上，根据惠更斯-

菲涅耳原理,在单缝 AB 处的波面上各点可看作新的子波波源,子波向各个方向发射,必然要扩展到几何阴影区,这就是衍射现象。屏上形成的衍射条纹就是这些子波发出的光在屏上相干叠加的结果。

如图 11.40 所示,定义衍射光线与缝面法线方向夹角 θ 为衍射角。对于 $\theta=0$ 的平行光线,经透镜会聚于 O 点,从 AB 发出时相位相同,到达 O 点光程差相同,在 O 点形成中央明纹。

对于衍射角为 θ 的一束平行光,会聚于屏上的 Q 点。作 $AC \perp BC$,则由 AC 面上各点到 Q 点光程相等,这组平行光的光程差仅取决于它们从缝面各点到达 AC 面时的光程差,最大光程差为 $a\sin\theta$。设想作相距为半个波长且平行于 AC 的平面,这些平面恰好把 BC 分成 n 个等分,则它们同时也将单缝处的波阵面 AB 分成面积相等的 n 个部分,如图 11.41 所示,每一个部分称为一个波带,这样的波带就是**菲涅耳半波带**,从各个波带发出的子波在 Q 点强度可近似认为相等。

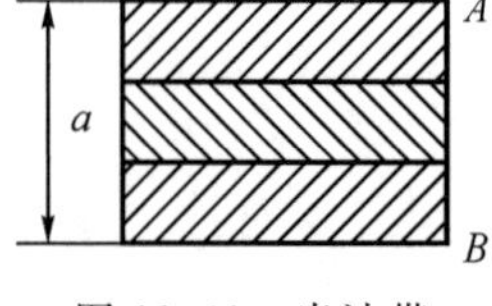

图 11.41　半波带

屏上的不同位置对应于衍射角不同的一束平行光,由此单缝处波面被分成的半波带数目不同,半波带的个数完全取决于单缝两边缘光线的光程差。由图 11.40 可知:$BC = a\sin\theta$。如当 BC 恰好是半波长偶数倍,单缝处波面恰好可被分为偶数个半波带,两个相邻半波带的任意两个对应点,当它们发出衍射光到达屏上时,光程差都是 $\frac{\lambda}{2}$,如图 11.42 所示,衍射光将相互抵消,因此两个相邻半波带所发出的衍射光都将干涉相消,在 Q 点出现暗纹。因此暗纹形成的条件为

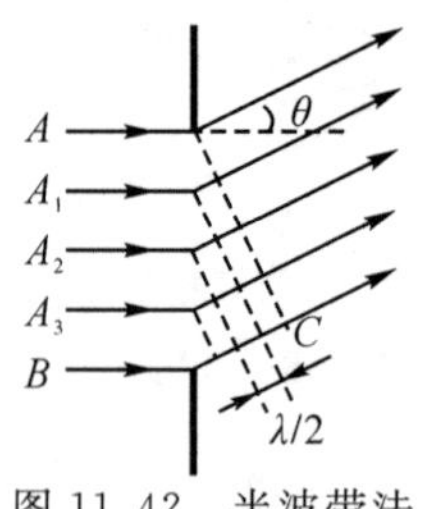

图 11.42　半波带法

$$a\sin\theta = \pm 2k\frac{\lambda}{2}(k = 1,2,3,\cdots) \tag{11.24}$$

想一想:

半波带的特征是什么?为什么称之为半波带?

式中,k 称为衍射级次,$2k$ 为单缝面上可分出的半波带数目,“±”表示明暗条纹对称分布在中央明纹的两侧。

如当 BC 恰好是半波长奇数倍,单缝处波面可被分为奇数个半波带,两个相邻半波带所发出的衍射光两两相消后,还剩下一个半波带的光振动没被抵消,Q 点出现明纹。即形成衍射明纹的条件为

$$a\sin\theta = \pm(2k+1)\frac{\lambda}{2}(k = 1,2,3,\cdots) \tag{11.25}$$

想一想:

(1)波长变化对条纹的影响;

(2)缝宽变化对条纹的影响;

(3)单缝上下移动对条纹的影响;

(4)透镜上下移动对条纹的影响。

式中,k 称为衍射级次,$2k+1$ 为单缝面上可分出的半波带数目,“±”表示明暗条纹对称分布在中央明纹的两侧。

对于任意衍射角,BC 一般不能恰好被分成整数个半波带,若 BC 不等于半波长整数倍,则 Q 点光强介于最明与最暗

之间。所以明暗条纹都有一定的宽度。

由实验和进一步的计算可得单缝衍射的光强分布如图 11.43 所示。单缝衍射的光强分布并不均匀，中央明纹最亮，其他明纹的光强随级次增大而迅速减小。这是因为中央明纹是所有子波干涉加强的结果，第一级明纹，三个半波带，只有一个干涉加强；第二级明纹，五个半波带，只有一个干涉加强；以此类推。

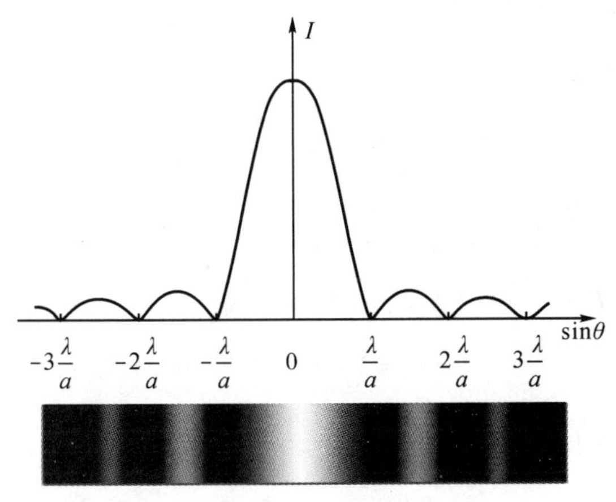

图 11.43　单缝衍射光强分布

从图 11.43 中还可以看出中央明纹的宽度可以用第一级暗纹之间的范围来确定。即设透镜焦距为 f，则中央明纹宽度为

$$\Delta x_0 = 2f\sin\theta_0 = 2f\frac{\lambda}{a} \tag{11.26}$$

其他明纹宽度：

$$l_0 = \theta_{k+1}f - \theta_k f = \left(\frac{k+1}{a}\lambda - \frac{k}{a}\lambda\right)f = f\frac{\lambda}{a} \tag{11.27}$$

对于一定的波长 λ，若 a 大，明纹向中央靠拢，衍射不明显。当 $a \gg \lambda(\lambda/a \to 0)$，光沿直线传播，衍射效应可以忽略。

讨论：

(1)对于给定的波长，θ 与 a 成反比，a 越小，则 θ 越大；a 越大，则 θ 越小；当 a 很大时，$\theta \to 0$，近似为直线传播。

(2)当 a 一定时，θ 与波长成反比，波长越长，衍射效应越显著；波长越短，衍射效应可以忽略。几何光学是波动光学在波长趋于零时的短波极限。

(3)用白光光源垂直照射单缝，衍射图样的中央仍为白光，其两侧则呈现由紫到红的彩色条纹。

例 11.6　用单色平行可见光，垂直照射到缝宽为 $a = 0.5$ mm的单缝上，在缝后放一焦距 $f = 1$ m 的透镜，在位于焦

> **小贴士：**
>
> **单缝衍射应用**
>
> (1)通过单缝衍射现象可以判断狭缝宽度的数量级；
>
> (2)通过单缝衍射现象可以测量物体之间的微小间隔和位移；
>
> (3)通过单缝衍射现象可以测量细微物体的线度。

平面的观察屏上形成衍射条纹,已知屏上离中央纹中心为 $x=1.5$ mm 处的 P 点为明纹,求:

(1)入射光的波长;

(2) P 点的明纹级次和对应的衍射角,以及此时单缝波面可分成的半波带数;

(3)中央明纹的宽度。

解 (1)对 P 点,由

$$\tan\theta=\frac{x}{f}=\frac{1.5\times10^{-3}}{1}=1.5\times10^{-3}$$

当 θ 很小, $\tan\theta=\sin\theta=\theta$,由单缝衍射公式可知

$$\lambda=\frac{2a\sin\theta}{2k+1}=\frac{2a\tan\theta}{2k+1}$$

当 $k=1$ 时, $\lambda=500$ nm ; 当 $k=2$ 时, $\lambda=300$ nm ;在可见光范围内,入射光波长为 $\lambda=500$ nm 。

(2) P 点为第一级明纹, $k=1$,则

$$\theta=\sin\theta=\frac{3\lambda}{2a}=1.5\times10^{-3}\text{ rad}$$

半波带数为

$$2k+1=3$$

(3)中央明纹宽度为

$$\Delta x=2f\frac{\lambda}{a}=2\times1\times\frac{5000\times10^{-10}}{0.5\times10^{-3}}=2\times10^{-3}\text{ m}$$

光的干涉与衍射一样,本质上都是光波相干叠加的结果。一般来说,**干涉是指有限个分立的光束的相干叠加,衍射则是连续的无限个子波的相干叠加**。干涉强调的是不同光束相互影响而形成相长或相消的现象;衍射强调的是光线偏离直线而进入阴影区域的问题。

11.8 圆孔衍射 光学仪器的分辨率

从几何光学来看,只要增大光学仪器的放大率,就可以把任何微小的物体放大到可看清的程度。可事实却并非如此,为什么呢? 请在以下的学习内容中寻找答案。

大多数光学仪器上所用的透镜边缘为圆形,因此研究圆孔夫琅禾费衍射具有重要的实际意义。这对于分析光学仪器的成像质量是必不可少的。

11.8.1 圆孔衍射

用单色平行光照射小圆孔时,在透镜 L 的焦平面处的屏幕上,将看到圆孔夫琅禾费衍射图样,由中央圆形亮斑以及外

围一系列明暗相间的同心圆环组成,如图 11.44 所示。圆环中心的亮斑最亮,称为**艾里斑**,占通过圆孔总光能的 84%左右。艾里斑的直径 d 对应圆孔衍射一级暗环的直径,如图 11.45 所示,艾里斑对应角半径:

$$\theta = 1.22\frac{\lambda}{D} \tag{11.28}$$

其中,λ 为入射光波长,D 为圆孔直径。

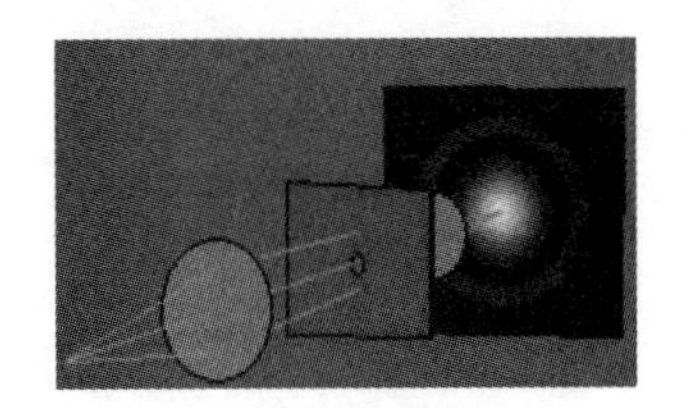
图 11.44　圆孔衍射

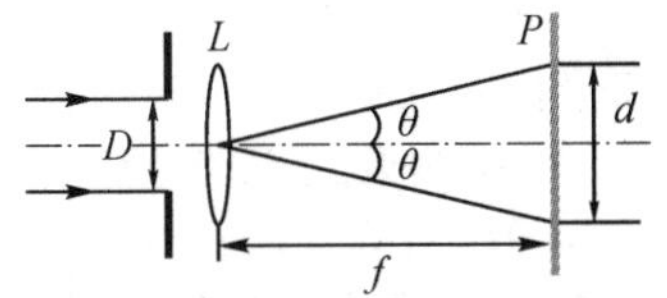

图 11.45　艾里斑直径、对透镜光心张角与圆孔直径关系图

11.8.2　光学仪器的分辨率

从几何光学来看,只要增大光学仪器的放大率,就可以把任何微小的物体放大到可看清的程度。其实不然。因为从波动光学角度来看,即使是无相差的各种光学仪器都存在圆孔衍射,如眼睛的瞳孔、望远镜、显微镜等物镜都相当于一个衍射小孔。因此如图 11.46 所示,在成像过程中,像点就不再是几何点,而是具有一定大小的艾里斑。这会影响像的清晰度。如果两个物点靠得很近,它们的艾里斑就会重叠在一起,从而无论光学系统的放大率多大,两物点仍然无法分辨,而被认为是一个物点。

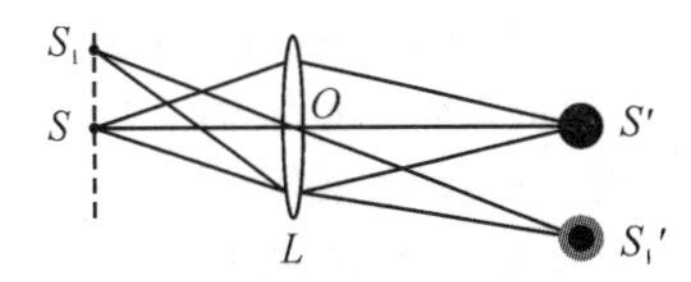

图 11.46　衍射对成像质量的影响

为了确定光学仪器分辨率,英国物理学家瑞利提出了一个作为确定光学仪器分辨极限的判据,即**瑞利判据**:如果一个物体在像平面上形成的艾里斑中心恰好落在另一个物点的衍射图样第一级暗环上,则这两个物点恰能被光学仪器所分辨,如图 11.47 所示。

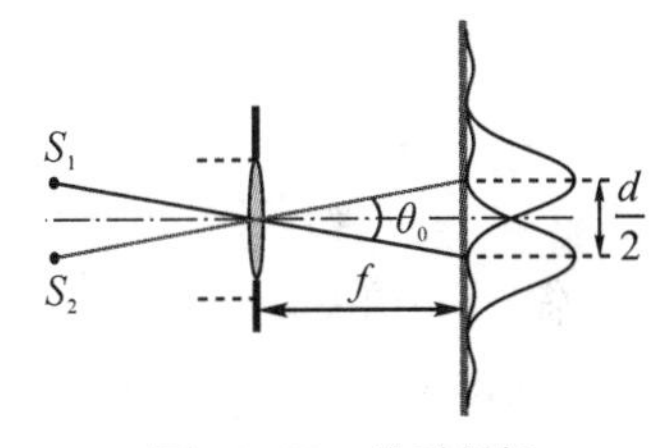

图 11.47　瑞利判据

现假设用望远镜观察太空中一对双星(两个点光源),双星发出的光线经过望远镜的物镜后产生了两个艾里斑,根据瑞利判据,如果双星的两个艾里斑中心所对应的张角大于单个艾里斑半径对应张角,此时如图 11.48 所示,两个艾里斑分得较开,边缘有较少重叠甚至没有重叠,双星能被分辨。

$$\theta_0 > \theta = 1.22\frac{\lambda}{D} \tag{11.29}$$

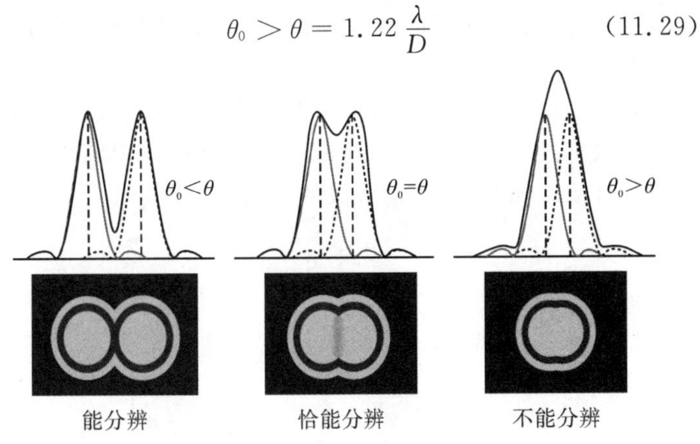

图 11.48　光学仪器的分辨本领

如果双星的两个艾里斑中心所对应的张角小于单个艾里斑的角半径,此时两个艾里斑有较多重叠,双星不能被分辨。

$$\theta_0 < \theta = 1.22\frac{\lambda}{D} \tag{11.30}$$

如果双星的两个艾里斑中心所对应的张角恰好等于单个艾里斑的角半径,两个艾里斑虽稍有重叠,此时双星恰好能被分辨。

$$\theta_0 = \theta = 1.22\frac{\lambda}{D} \tag{11.31}$$

这时两物点对透镜光心的张角 θ_0 称为光学仪器的**最小分辨角**,

$$\theta_0 = 1.22\frac{\lambda}{D} \tag{11.32}$$

即满足瑞利判据时,双星的两个艾里斑中心所对应的张角等于单个艾里斑半径对应张角。

在光学中,光学仪器的最小分辨角的倒数称作**分辨率**或者**分辨本领**,用 R 表示,

$$R = \frac{1}{\theta_0} = \frac{D}{1.22\lambda} \tag{11.33}$$

从上式可见,光学仪器的分辨本领与 D 成正比,与 λ 成反比。在实际应用中,为了提高望远镜的分辨本领通常采用大口径物镜;显微镜则采用短波长的照明光以提高分辨率。近代的电子显微镜是利用电子的波动性,当电子的加速电压达几十万伏时,电子的波长数量级约为 $10^{-2} \sim 10^{-3}$ nm,如果把光学显微镜中的可见光换成电子束,则其分辨本领就可提高几个数量级。这样的仪器称作电子显微镜,它可以观察到原子尺度的图像,已成为揭示微观领域奥秘的利器。详情参见本书第 13 章关于物质波的内容。

例 11.7　假设汽车两盏灯相距 $r = 1.5$ m,人的眼睛瞳孔直径 $D = 4$ mm,问最远在多少米的地方,人眼恰好能分辨出这两盏灯?

解　假设所求距离只取决于眼睛瞳孔的衍射效应,并以对视觉最敏感的黄绿光 $\lambda = 550$ nm 进行讨论,设眼睛恰好能分辨两盏灯的距离为 S,则对人眼的张角为

$$\theta = \frac{r}{S}$$

根据瑞利判据:

$$\theta = \theta_0 = \frac{1.22\lambda}{D}$$

所以,

$$S = \frac{rD}{1.22\lambda}$$

代入数据,得:

小贴士:

哈勃太空望远镜(Hubble Space Telescope,HST),1990 年发射升空,通光口径 2.4m 的反射式天文望远镜。它观测得到数据对人类对宇宙的认识做出巨大的贡献。

詹姆斯·韦伯太空望远镜(James Webb Space Telescope,JWST)为一台红外线观测用太空望远镜,为哈勃空间望远镜的继任者,2021 年 12 月 25 日发射升空,其通光口径达到 6.5m。

小贴士:

中国天眼

中国天眼(Five - hundred - meter Aperture Spherical radio Telescope, FAST)是口径达 500m 的球面射电望远镜,是世界已经建成的最大射电望远镜。为我国自主研制建造,并具有自主知识产权。2016 年 9 月 25 日落成,2020 年 1 月 11 日通过国家验收正式开放运行。FAST 的分辨率是世界第二大射电望远镜——美国的阿雷西博射电望远镜(Arecibo)灵敏度的 2.25 倍以上。截至 2020 年 3 月 23 日,FAST 已发现并认证的脉冲星达到 114 颗。

$$S=\frac{1.5\times4\times10^{-3}}{1.22\times5500\times10^{-10}}=8.9\times10^{3}\ \mathrm{m}$$

11.9　衍射光栅

前文中讨论过，利用单缝衍射条纹原则上可以测定单色光的波长，但是单缝衍射条纹太宽，光强也较弱，因而利用单缝衍射不能精确地进行测量。那么怎样才能得到亮度大、分得开、宽度窄的明条纹呢？

前文中讨论的干涉和衍射条纹其边沿不够明晰，都不能准确地确定条纹的精确位置，进而对波长进行高精度的测量。为了得到亮度大、条纹细且分得开的衍射条纹，我们引入光栅这一光学元件，光栅是利用多缝衍射原理发生色散的光学元件，能精确地测量光的波长，广泛应用于物理、化学、天文、地质等基础学科和当代许多的生产技术中。

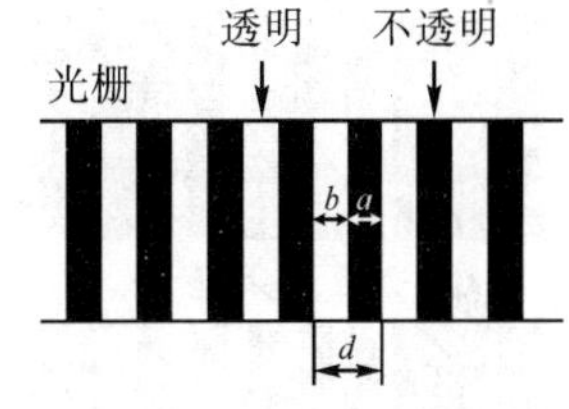

图 11.49　平面透射光栅

用金刚石尖在玻璃片上刻划大量的等宽且等间距的平行刻线，在每条刻痕处，入射光向各个方向散射而不易透过；相邻两个刻痕之间的玻璃面是可以透光的部分，相当于一个狭缝。这样平行排列的许多等距离、等亮度的狭缝构成的光学元件称为**平面透射光栅**。设每个狭缝的宽度为 a，相邻两缝之间不透光部分的宽度 b，相邻两缝的间距 $d=a+b$，如图 11.49 所示，称为**光栅常数**，是代表光栅性能的重要参数。

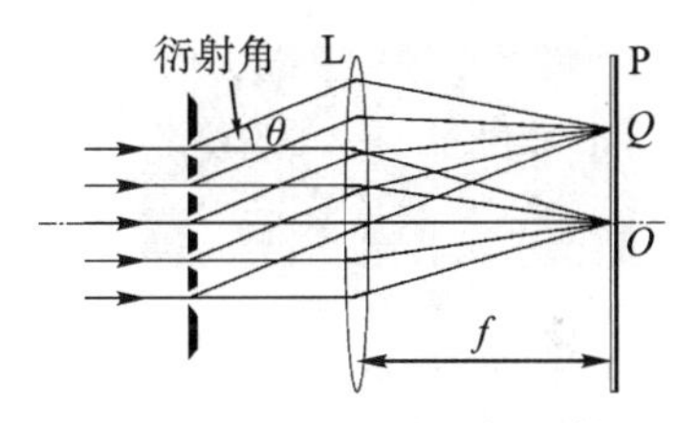

图 11.50　投射式光栅衍射装置示意图

透射光栅一般是在玻璃片上刻划大量等宽度、等间距的平行刻痕制成；也可以利用激光干涉生成的等间距、等宽度条纹通过感光而制成，称为**全息光栅**。除透射光栅外，还有平面反射光栅和凹面光栅等。

1. 明纹形成条件

由于衍射存在，光栅中的每一条缝按单缝衍射规律对入射光进行衍射，由于各单缝发出的光是相干光，在相遇区域还要产生干涉，因此**光栅衍射图样是衍射与干涉的综合结果**。

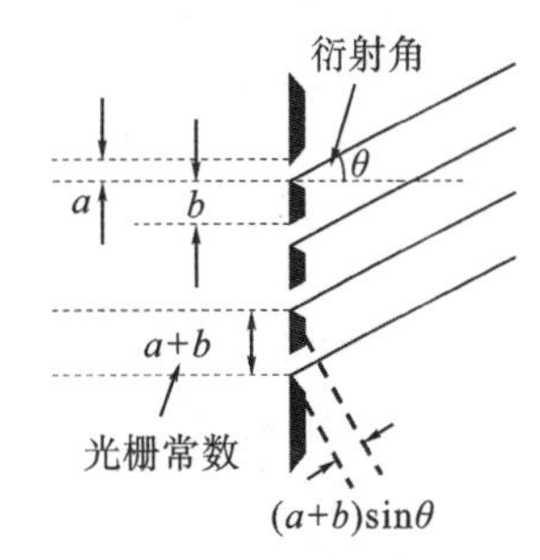

图 11.51　光栅衍射相邻狭缝光程差

下面我们来分析光栅衍射的形成过程和条纹特征。如图 11.50 所示，单色平行光垂直照射到光栅上，从各缝发出衍射角 θ 相同的平行光穿过透镜 L 会聚于平面屏上的同一点，衍射角不同的各组平行光则会聚于不同的点，从而形成光栅衍射图样。对于衍射角确定的一组平行光，任意相邻两缝发出的光具有相同的光程差，由图 11.51 可知，其光程差为 $\delta=(a+b)\sin\theta$。如果这个光程差正好等于入射光波长的整数倍，那么这两束光在屏上相遇将干涉加强，也就是任意相邻狭缝发出的光都满足干涉加强，进而所有缝发出的光线在屏上相遇时都满足干涉加强条件，形成明条纹。以 N 表示总缝数，则合振

幅是一个缝透过光的振幅的 N 倍，而叠加后的光强为每条缝光强的 N^2 倍，因此条纹很亮。即

光栅方程：

$$(a+b)\sin\theta = \pm k\lambda,\ k=0,1,2,\cdots \tag{11.34}$$

以上方程通常称为光栅方程，它给出了光栅明纹和衍射角之间的关系。式中 $k=0$ 对应于中央明纹；$k=0,1,2,\cdots$ 对应于第一级明纹，第二级明纹…；$\pm$ 表示各明纹在中央明纹两侧对称分布。

讨论：

(1)明纹位置由 $\frac{k\lambda}{a+b}$ 确定，与光栅的缝数无关，缝数增大只是使条纹亮度增大且条纹变窄。

(2)光栅常数越小，条纹间隔越大。

(3)由于 $|\sin\theta|\leqslant 1$，k 的取值有一定的范围，故只能看到有限级的衍射条纹。

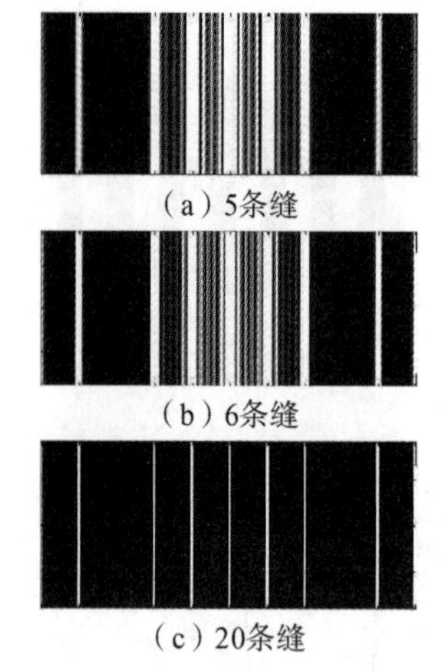

图 11.52 缝宽对条纹分布的影响

如果以 N 表示总缝数，则合振幅是一个缝透过光的振幅的 N 倍，而叠加后的光强为每条缝光强的 N^2 倍，因此条纹很亮。实验中也发现了这种现象，如图 11.52 所示。

由图 11.52 还可以看出光栅衍射图样具有以下特征，屏幕上对应于光直线传播的成像位置上出现中央明纹，中央明纹最亮，明条纹的亮度随着与中央的距离增大而减弱；光栅衍射条纹随着 N 的增大明纹变得明亮；明条纹的宽度随 N 的增大而变细，明纹间出现较宽暗区。

那么出现暗区原因是什么？

2. 暗纹的形成

在光栅衍射中，相邻主极大之间分布有一些暗条纹，称为**极小**。这些暗条纹是由各缝射出的光会聚于观测屏上，因干涉减弱而形成的。设光栅上狭缝数目为 N，对应于衍射角为 θ 时，每个狭缝射出光束光矢量分别写作 $E_1, E_2, E_3, \cdots, E_N$，这些光矢量大小相等、夹角相同。此时，任意相邻两狭缝射出的光束到达观测屏的相位差 α 为

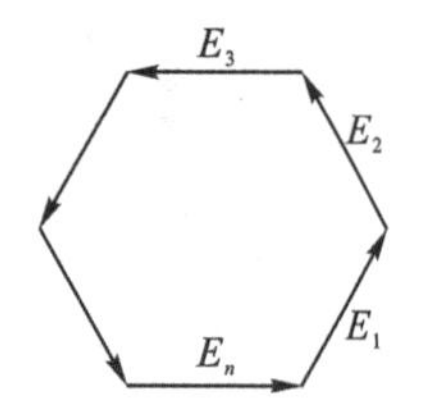

图 11.53 N 个光矢量叠加示意图

$$\alpha = \frac{2\pi\delta}{\lambda} = \frac{2\pi(a+b)\sin\theta}{\lambda} \tag{11.35}$$

根据矢量叠加法，当这 N 各矢量叠加后完全相消，这些矢量恰好组成闭合的等边多边形，如图 11.52 所示。N 个矢量构成闭合多边形时满足 $N\alpha = 2m\pi$，于是暗纹条件为

$$N(a+b)\sin\theta = \pm m\lambda \tag{11.36}$$

式中，$m=1,2,\cdots,N-1,N+1,N+2,\cdots,2N-1,2N+1,2N+2,\cdots$。当 $m=N,2N,3N,\cdots$ 时，即 m 等于 N 的整数倍时，满足主极大条纹的条件。

综上所述，在相邻的两个极大明纹之间，有 $N-1$ 个极小，

在这 $N-1$ 个极小之间显然还有 $N-2$ 个次级大明纹，这些次级大明纹几乎看不见，在相邻两主极大明纹之间实际上形成一片暗区。

3. 缺级现象

光栅上的每一狭缝都要单独产生衍射图样，但是每个衍射图样只取决于衍射角，与缝的上下位置无关。这是由透镜的会聚规律决定的。因此，每个单缝在屏幕上形成的衍射图样的位置和光强分布都相同。不考虑缝宽，通过多个狭缝的光在屏幕相遇将形成等间距的干涉条纹。考虑到单缝衍射效应，屏幕上干涉条间距依然相等，但光强分布和单缝衍射光强分布相同。光栅衍射条纹是多个狭缝的衍射光相互干涉的结果，如图 11.54 所示。

因此在 θ 方向的衍射光在满足光栅明纹条件：

$$(a+b)\sin\theta = \pm k\lambda,\ k=0,1,2,\cdots$$

若同时还满足单缝衍射暗纹公式：

$$a\sin\theta = \pm k'\lambda,\ k'=1,2,3,\cdots$$

则尽管在 θ 衍射方向上各缝间的干涉是加强的，但由于各单缝本身在这一方向上的衍射强度为零，其结果仍为零，因而该方向的明纹不出现，如图 11.54 所示。这种**满足光栅明纹条件而实际上明纹不出现的现象，称为光栅的缺级**。

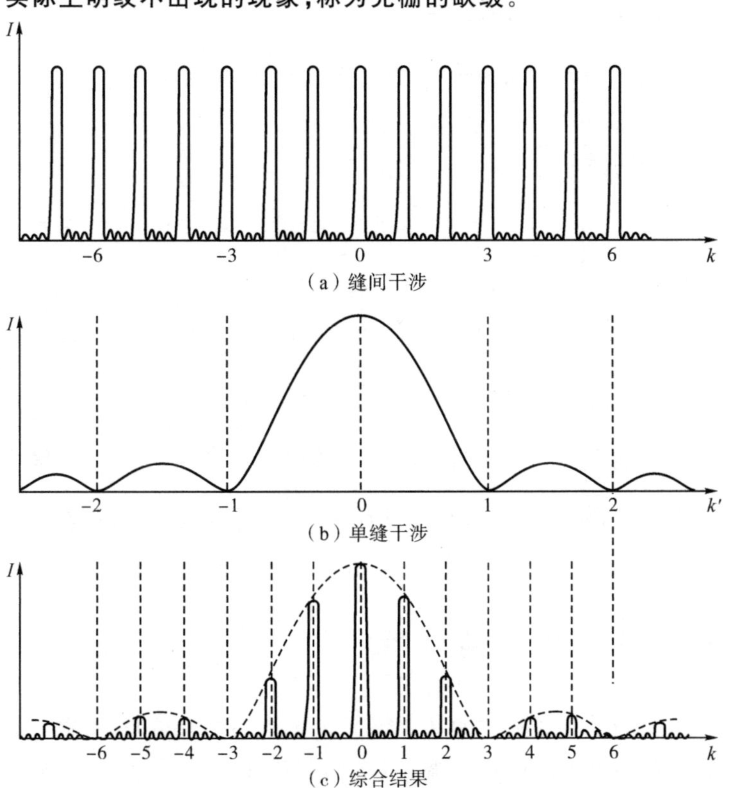

图 11.54　光栅衍射光强分布和缺级的形成

> **小贴士：**
>
> **光栅光谱仪及其应用**
>
> 利用光栅的分光作用，以光栅加上感光元件以及控制系统可以制成光栅光谱仪，光栅光谱仪一般使用反射光栅，它避免了投射光栅零级没有色散却占据能量的大部分这一弊端。光谱仪可以分析光谱的成分，也可以作为单色仪运用。
>
> 由于电磁波与物质相互作用时，物质的状态会发生变化，伴随有发射和吸收能量的现象，利用光谱仪对物质发射光谱和吸收光谱的研究已成为研究物质结构的重要手段之一。

由以上两式可得光栅缺级的级次为

$$k=\pm\frac{a+b}{a}k',k'=1,2,3,\cdots \tag{11.37}$$

例如：$\frac{a+b}{a}=3$ 时，±3，±6，$\cdots$ 级次明条纹不出现。

如果光源发出的是白光，则光栅光谱中除零级近似为一条白色亮线外，其他各级亮线都排列成连续的光谱带，如图11.55所示。由于电磁波与物质相互作用时，物质的状态会发生变化，伴随有发射和吸收能量的现象，因此关于物质发射光谱和吸收光谱的研究已成为研究物质结构的重要手段之一。

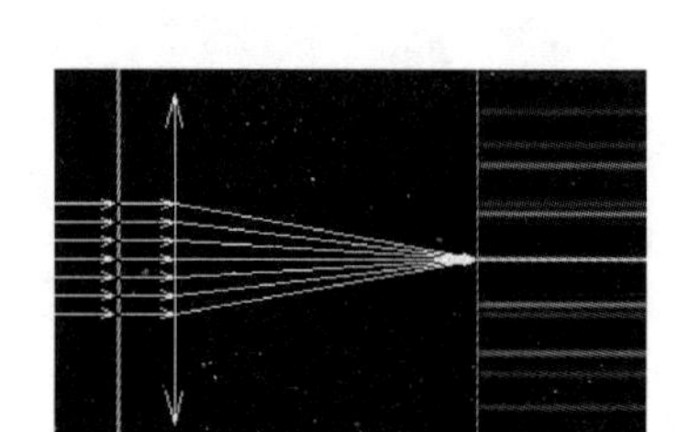

图 11.55　白光光谱

想一想：

白色光透过光栅在光屏形成的光谱带按颜色如何排布？

例 11.8　用波长为 500 nm 的单色光垂直照射到每毫米有 500 条刻痕的光栅上，求：

(1)第一级和第三级明纹的衍射角；

(2)若缝宽与缝间距相等，则用此光栅最多能看到几条明纹？

解　(1)光栅常量

$$a+b=\frac{1\times10^{-3}}{500}=2\times10^{-6}\ \mathrm{m}$$

由光栅方程

$$(a+b)\sin\theta=\pm k\lambda$$

可知，第一级明纹 $k=1$，

$$\sin\theta_1=\pm\frac{\lambda}{a+b}=\pm\frac{500\times10^{-9}}{2\times10^{-6}}=\pm0.25$$

$$\theta_1=\pm14°28'$$

第三级明纹 $k=3$，

$$\sin\theta_2=\pm\frac{3\lambda}{a+b}=\pm\frac{3\times500\times10^{-9}}{2\times10^{-6}}=\pm0.75$$

$$\theta_1=\pm48°35'$$

(2)理论上能看到的最高级谱线的极限，对应衍射角

$$\theta=\frac{\pi}{2},k_{\max}=\frac{a+b}{\lambda}=\frac{2\times10^{-6}}{500\times10^{-9}}=4$$

即最多能看到第 4 级明条纹，考虑缺级 $\frac{a+b}{a}=2$，第 2、4 级明纹不出现，从而实际出现的只有 0、±1、±3 级，因而只能看到 5 条明纹。

11.10　光的偏振性

偏振是一切横波的共同特征。光是一种电磁波，电磁波的振动包括电场和磁场的振动，电场和磁场相互垂直，并且都垂直于电磁波的传播方向，所以电磁波是横波。那么光应该具有

横波特征，具有偏振特性，但是普通光源所发出的光却不会出现偏振现象，为什么？请在以下的学习内容中寻找答案。

11.10.1　光的偏振性

光是电磁波，那么光是横波还是纵波呢？横波和纵波无法通过前面的干涉和衍射现象进行区分，但是横波和纵波确实在某些现象中的表现截然不同。如绳上的横波，在传播方向上遇到一狭缝时，若缝的长度方向与绳上质点振动方向平行，波可以穿过狭缝，继续向前传播，如图 11.56(a)所示。若缝的长度方向与绳上质点振动方向垂直，则波不能穿过狭缝，如图 11.56(b)所示。但是对于纵波来说，无论缝长方向如何，波都可以穿过狭缝。

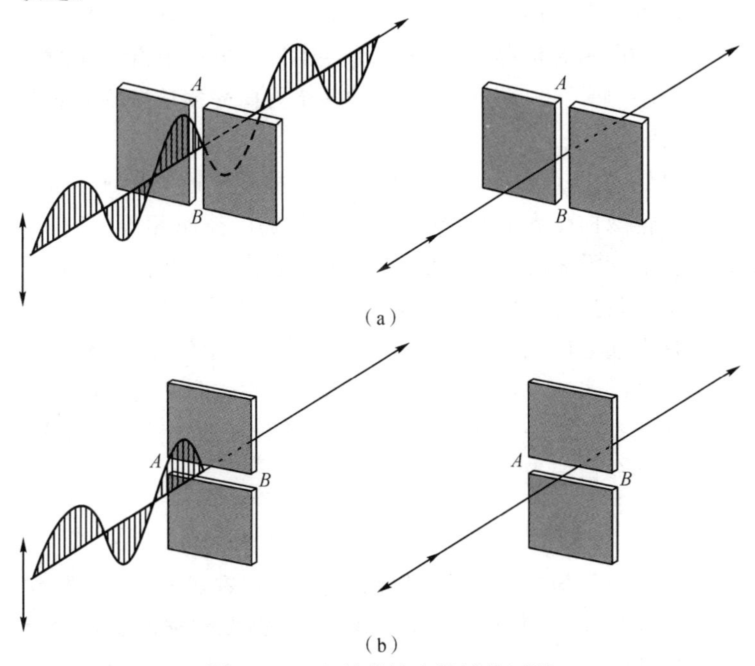

图 11.56　机械横波和纵波的区别

如果把通过波的传播方向并包含振动矢量在内的平面称为振动面，则振动面与其他不包含振动矢量在内的任何平面都是不相同的，即波的振动方向对传播方向不具有对称性。**振动方向对于传播方向的不对称性称为偏振性。**只有横波才具有偏振现象，偏振现象是横波与纵波之间一个最明显的区别。

对于平面电磁波，光矢量 $\boldsymbol{E}$ 的振动方向与传播方向垂直。光矢量 $\boldsymbol{E}$ 的振动方向总是与光的传播方向垂直的，即光矢量的横向振动状态，相对于传播方向不具有对称性，这种**光矢量的振动相对于传播方向的不对称性，称为光的偏振性。**

光的横波性表明，光的振动矢量与光的传播方向垂直，然而在与传播方向垂直的二维空间内，可以有各种各样的振动状态，我们称此为光的偏振状态。

1. 线偏振光

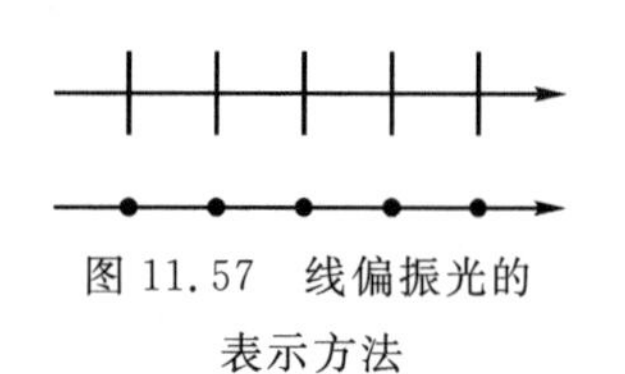

图 11.57　线偏振光的表示方法

在垂直于传播方向的平面内，光矢量只沿某一个固定方向振动，则称为**平面偏振光**，又称为**线偏振光**。如图 11.57 所示，短线表示振动方向平行于纸面的线偏振光；而点表示振动方向垂直于纸面的线偏振光。

2. 自然光

光是由光源中大量原子(分子)发出的。各原子发出的光的波列不仅初相位彼此不同，而且振动方向也各不相同。在每一时刻，光源中大量原子所发出的光的总和，实际上包含了一切可能的振动方向，而且平均说来，没有哪个方向上的光振动比其他方向占有优势，因而表现为在不同的方向上有相同的能量和振幅，如图 11.58 所示。**这种各个方向光振动振幅相同的光，称为自然光。**

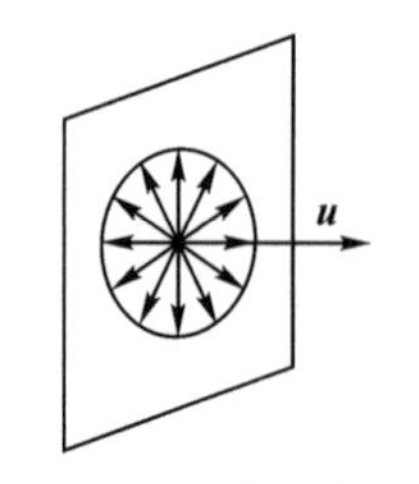

图 11.58　自然光的能量均匀分布于各个方向

自然光中任何一个方向的光振动，都可分解为振动方向相互垂直但取向任意的两个线偏振光，它们的振幅相等，且在各光振动之间没有确定的相位关系，因此它们各占自然光总光强的一半。自然光可以用两个相互独立、没有固定相位关系、等振幅且振动方向相互垂直的线偏振光表示，如图 11.59 所示。

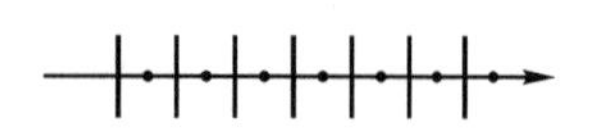

图 11.59　自然光的表示方法

在光学实验中，常采用某些装置完全移去自然光中两相互垂直的分振动之一而获得线偏振光。若分振动之一部分移去，则获得部分偏振光。

3. 部分偏振光

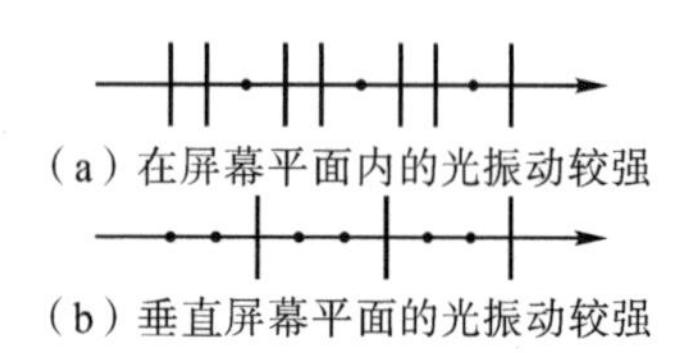

(a) 在屏幕平面内的光振动较强

(b) 垂直屏幕平面的光振动较强

图 11.60　部分偏振光的表示方法

光波中不同方向上的光振动振幅不等，在某一方向上振幅最大，而与之垂直的方向上的振幅最小，则此种光称为部分偏振光。部分偏振光两垂直方向光振动之间无固定的相位差，其表示方法如图 11.60 所示。

11.10.2　偏振光的产生

1. 偏振片

普通光源发出的是自然光，从自然光中获得偏振光过程称为**起偏**，获得偏振光的器件称为**起偏器**。人的眼睛不能区分自然光与偏振光，用于鉴别光的偏振状态的器件称为**检偏器**。常用的起偏器有：偏振片、尼科耳棱镜等。能作起偏器的仪器也可以当作检偏器。

图 11.61　偏振片

所谓的偏振片就是只能透过沿某个方向振动的光矢量，而不能透过与该方向垂直振动光矢量的光学元件，如图 11.61 所示。在科学研究和实际生产中常用人工的方法制成偏振片，如将聚乙烯醇薄膜在碘溶液中浸泡后，在高温下拉伸、烘干，然后粘在两个玻璃片之间就制成了偏振片。偏振片有一个特定的方向，只让平行于该方向振动的光矢量通过。这个透光方向称为**偏振化方向**或**起偏方向**。

2. 起偏与检偏

自然光通过偏振片后成为线偏振光，线偏振光的振动方向与偏振片的偏振化方向一致，在这里偏振片起着起偏器的作用。如图 11.62 所示，自然光透过偏振片 A 后，迎着光的传播方向观察透射光的强度，当转动偏振片时，光强不变；这是因为自然光的光矢量沿传播方向是轴对称性分布的，是无固定相位关系的大量线偏振光的混合，不论偏振片的偏振化方向转到什么方向，总有相同的光强透过偏振片。自然光透过偏振片 A 后，变为光振动方向与偏振片 A 的偏振化方向相同的线偏振光。在这里偏振片 A 就是一个起偏器。当通过偏振片 A 的线偏振光入射到偏振片 B 时，如果 B 的偏振化方向与线偏振光的光振动方向相同，则该线偏振光可以透过；如果 B 的偏振化方向与线偏振光的光振动方向垂直，则该线偏振光不能透过。当以入射线偏振光的传播方向为轴，旋转偏振片 B 时，就会看到透过 B 的光强经历由亮变暗、由暗变亮的变化过程，在这里偏振片 B 就是一个检偏器。那么 B 的偏振化方向与线偏振光的光振动方向既不平行又不垂直时，透过 B 的光强究竟有多少，与角度有没有关系，下面利用马吕斯定律来具体分析。

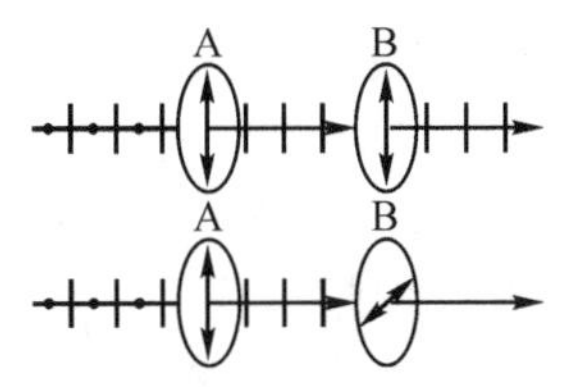

图 11.62　起偏和检偏

马吕斯(Etienne Louis Malus 1775—1812)，法国物理学家

3. 马吕斯定律

马吕斯在研究线偏振光透过检偏器的光强时发现：在不考虑偏振器对光的吸收的情况下，强度为 I_0 的偏振光，通过检偏器后，透射光的强度为

$$I = I_0\cos^2\alpha \tag{11.38}$$

其中，α 为检偏器的偏振化方向与入射偏振光的偏振化方向之间的夹角。式(11.36)表示的透过检偏器出射光和入射光光强的关系称为**马吕斯定律**。

如图 11.63 所示，M 为起偏器，N 为检偏器，偏振片偏振化方向 OM 、ON 之间的夹角为 α，自然光通过起偏器后，变为线偏振光，假设振幅为 E_0，可以分解为平行和垂直于检偏器偏振化方向 OM 的两个分量：

$$E_{//} = E_0\cos\alpha \quad E_{\perp} = E_0\sin\alpha$$

检偏器 N 只允许平行于偏振化方向 ON 的光振动通过，因而透射光强为

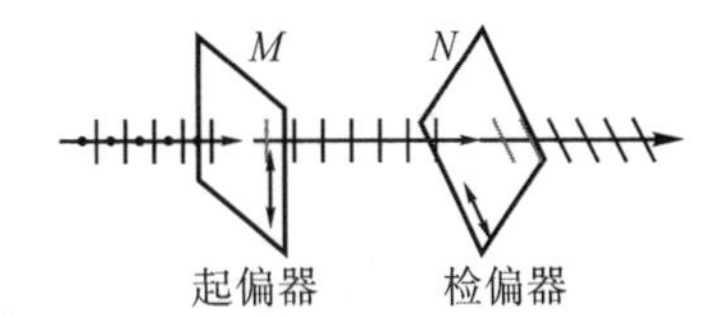

(a) 自然光经过起偏器和检偏器

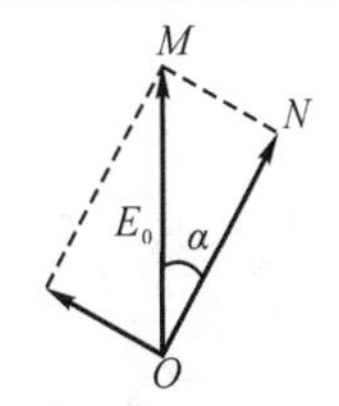

(b) 线偏振光的振幅可以分解在平行和垂直于检偏器的偏振化方向

图 11.63　起偏与检偏

$$I = E_{\perp}^2 = E_0^2\cos^2\alpha$$

即
$$I = I_0 \cos^2\alpha$$

由上式可知:当 $\alpha = 0$ 或 $\alpha = \pi$, $I = I_0$,这时光全部从检偏器中透过;当 $\alpha = \dfrac{\pi}{2}$ 或 $\alpha = \dfrac{3\pi}{2}$, $I = 0$,这时没有光从检偏器中透过。

小贴士:

利用马吕斯定律计算起偏和检偏问题思路

该类问题是一个典型顺序性问题,解题时首先从入射光开始,每通过一个起偏器(检偏器),根据起偏器(检偏器)偏振化方向判断出射光偏振方向,再利用马吕斯定律计算出出射光强度。通过第二个起偏器(检偏器)时,把通过第一个起偏器(检偏器)出射光当成了入射光进行处理,以此类推,直到通过最后一个起偏器(检偏器),即可获得结果。

例 11.9　自然光垂直射到互相垂直的两个偏振片上,若(1)透射光强为透射光最大光强的三分之一;(2)透射光强为入射光强的三分之一;则这两个偏振片的偏振化方向的夹角为多少?

解　设自然光的光强为 I_0,通过第一个偏振片以后,光强为 $\dfrac{I_0}{2}$,因此通过第二个偏振片后的最大光强为 $\dfrac{I_0}{2}$ 。根据题意和马吕斯定律有

(1) $\dfrac{I_0}{2}\cos^2\alpha = \dfrac{1}{3}\dfrac{I_0}{2}$,解得 $\alpha = \pm 54°44'$

(2) $\dfrac{I_0}{2}\cos^2\alpha = \dfrac{I_0}{3}$,解得 $\alpha = \pm 35°16$

讨论:

(1)当检偏器以入射光为轴转动时,透射光强度将有变化。起偏器与检偏器偏振化方向平行时:$\alpha = 0$ 或 $\alpha = \pi$, $I = I_0$,透射光强度最大;起偏器与检偏器偏振化方向垂直时:$\alpha = \dfrac{\pi}{2}$ 或 $\alpha = \dfrac{3\pi}{2}$, $I = 0$,透射光强度最小;α 为其他角度时,透射光的强度介于 $0 \sim I_0$ 之间。

(2)马吕斯定律是对偏振光的无吸收而言的,对于自然光并不成立。若是自然光 I_0,通过偏振片后,$I = \dfrac{I_0}{2}$,偏振片在这里实际上起着起偏器的作用。

(3)当两个偏振片互相垂直时,光振动沿第一个偏振片偏振化方向的线偏振光被第二个偏振片完全吸收,出现所谓的消光现象。

11.10.3　反射光和折射光的偏振

实验发现,自然光在两种各向同性介质的分界面上反射和折射时,不但光的传播方向会改变,而且光的偏振状态也会改变,所以反射光和折射光都是部分偏振光。

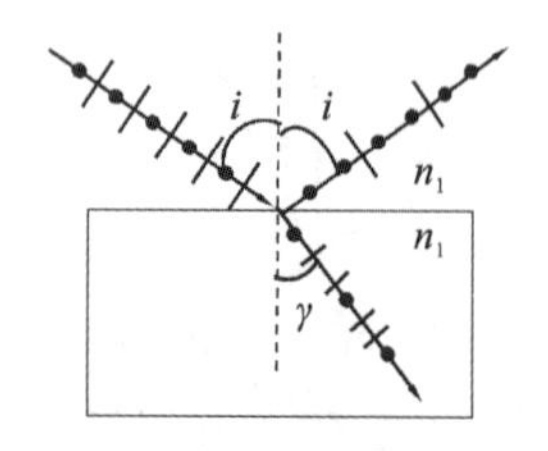

图 11.64　自然光经反射和折射后产生部分偏振光

偏振状态与入射角和两介质折射率有关,如图 11.64 所示,在一般情况下,反射光是以垂直于入射面的光振动为主的部分偏振光,折射光是以平行于入射面的光振动为主的部分偏振光。

反射光的偏振化程度与入射角有关,若光从折射率为 n_1

的介质射向折射率为 n_2 的介质，当入射角满足

$$\tan i_0 = \frac{n_2}{n_1} \tag{11.39}$$

时，反射光中就只有垂直于入射面的光振动，而没有平行于入射面的光振动，这时反射光为线偏振光，而折射光仍为部分偏振光，如图 11.65 所示。这就是布儒斯特(Brewster)定律，是布儒斯特于 1812 年发现的。其中 i_0 叫作**起偏角或布儒斯特角**。

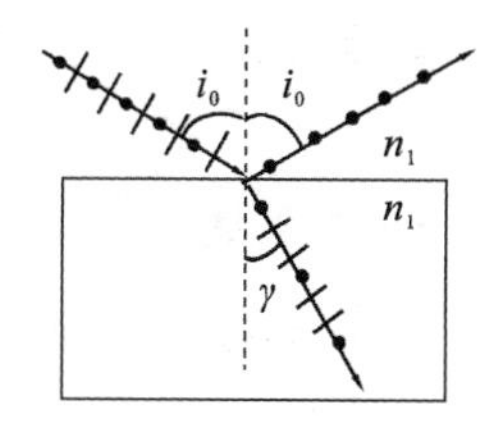

图 11.65　入射角为布儒斯特角时，反射光为线偏振光

理论实验表明：当自然光照射到透明玻璃上时反射所获得的线偏振光仅占入射自然光总能量的 7.4%，而约占 85%的垂直分量和全部平行分量都折射到玻璃中。反射光能量较弱，透射光较强。为了获得一束强度较高的偏振光，如图 11.66 所示，可以将自然光以布儒斯特角入射这一玻璃堆，此时除反射光为偏振光外，多次折射后的折射光的偏振化程度将越来越高，最后也变为偏振光，但反射偏振光和折射偏振光的振动面相互垂直。

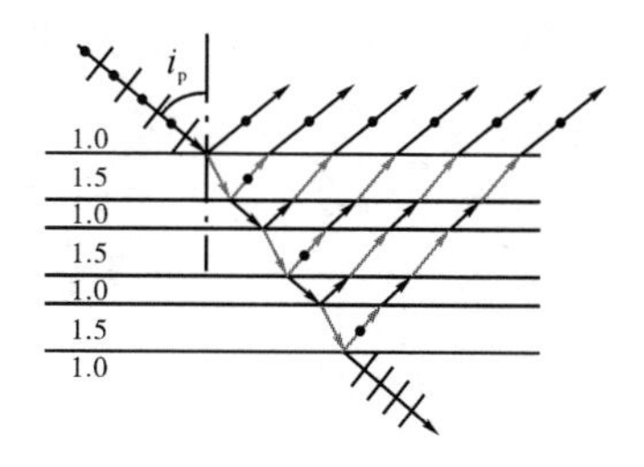

图 11.66　多次折射产生偏振光

例 11.10　已知某材料在空气中的布儒斯特角 $i_p = 58°$，求该材料的折射率。若将该材料放在水中(水的折射率为 1.33)，求此时布儒斯特角，该材料对水的相对折射率是多少？

解　设该材料的折射率为 n，空气的折射率为 1

$$\tan i_p = \frac{n}{1} = \tan 58° = 1.599 \approx 1.6$$

即 $n = 1.6$。放在水中，则对应有

$$\tan i'_p = \frac{n}{n_{水}} = \frac{1.6}{1.33} = 1.2$$

所以：$i'_p = 50.3°$

该材料对水的相对折射率为 1.2。

偏振光的应用非常广泛。例如 3D 电影是用左右两个摄影机分别拍摄同一图像的左右两幅景像，这与人眼观察物体是相似的。放映时在放映机的两个物镜前，分别加上偏振片，并且使两者偏振化方向相互垂直，然后投影到屏幕上。看电影的人也戴上偏振化方向垂直的偏振眼镜，使左眼只能看见左边放映机投射的画面，而右眼只能看见右边放映机投射的画面，两者混合，便产生了立体的感觉，如图 11.67 所示。又如：在拍摄橱窗中的陈列品时，由于窗玻璃发出的强反射光，使拍摄效果欠佳，照片模糊不清。在镜头前加上一偏振片，旋转偏振片使其透光方向与窗玻璃反射光的偏振方向垂直，就可滤掉这些反射光，从而拍摄出清晰的照片。汽车大灯灯罩和前挡风玻璃装有偏振片，可以消除汽车行驶过程中远光对驾驶员的视线影响。

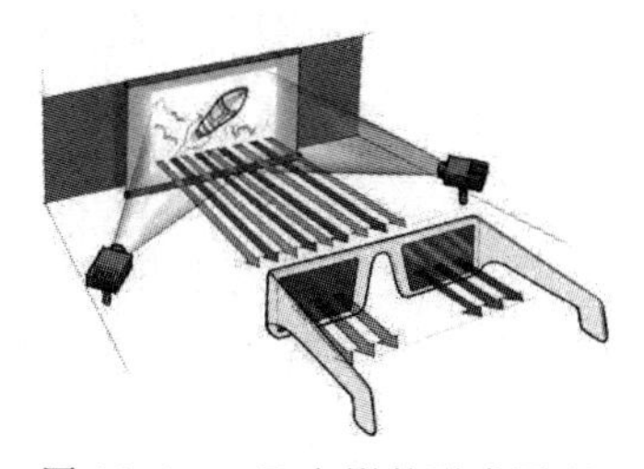

图 11.60　3D 电影的形成原理

想一想

生活中有哪些地方可以用到偏振光和偏振现象？

阅读材料：

X 射线及其应用

一、X 射线

1. X 射线的发现

威谦·康拉德·伦琴(德国物理学家,1845—1923)

1895 年伦琴(W. C. Rontgen)(左图)发现，高速电子撞击某些固体时，会产生一种看不见的射线，它能够透过许多对可见光不透明的物质，对感光乳胶有感光作用，并能使许多物质产生荧光，这就是所谓的 X 射线或伦琴射线。历史上第一张 X 射线照片，就是伦琴拍摄他夫人的手的照片。由于 X 射线的发现具有重大的理论意义和实用价值，伦琴于 1901 年获得首届诺贝尔物理学奖。

2. X 射线的产生

X 射线一般由高速电子撞击金属产生。如图 11.68 所示是一种产生 X 射线的真空管，K 是发射电子的热阴极，A 是由钼、钨或铜等金属制成的阳极。两极之间加有数万伏特的高电压，使电子流加速，向阳极 A 撞击而产生 X 射线。

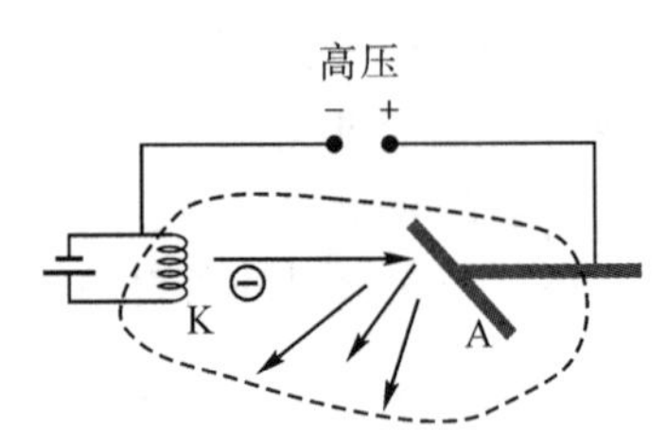

图 11.68　X 射线的产生原理

X 射线的产生原因：

(1)原子内壳层电子的跃迁产生；

(2)高速电子在靶面上骤然减速时产生。

3. X 射线的特点

研究表明，X 射线是波长大约为 4～100 nm 的电磁波，其特点如下：

(1)波长短；

(2)穿透力强(很容易穿过由 H、O、C、N 等元素组成的肌肉组织，但不容易穿透骨骼)；

(3)在电磁场中不发生偏转；

(4)使某些物质发荧光，使气体电离，底片感光。

当加速电子的电压提高时，X 射线的波长更短，甚至可以穿过一定厚度的金属。由此发展了一门新技术领域——X 射线探伤学。

二、劳厄实验

劳厄(德国物理学家,1879—1960)

X 射线是电磁波，也可以产生干涉、衍射等现象。在伦琴发现 X 射线后的十多年内，X 射线的波动性一直没有被实验证实。主要原因是 X 射线的波长太短，普通光栅 $a \gg \lambda$(X 光的波长)，无法观察到衍射现象。1912 年，劳厄(Laue)考虑到晶体中原子排列成有规则的空间点阵，而原子间距为 10^{-10} m 的数量级，与 X 射线的波长同数量级，因此可以利用晶体作为天然光栅。根据劳厄的设想设计的 X 射线衍射的实验称为劳厄实验。实验过程为一束 X 射线穿过铅板上的小孔后射向一单晶片，经晶片衍射后使底片感光，结果在底片上得到一些规则分布的斑点，称为劳厄斑点。它是由相互加强的 X 射线束在照相底片上感光所形成的衍射斑点，如图 11.69、图 11.70 所示。

劳厄实验证明了 X 射线的波动性，同时还证实了晶体中原子排列的规则性。对劳厄斑点的位置及强度进行研究，可以推断晶体中原子的排列情况。

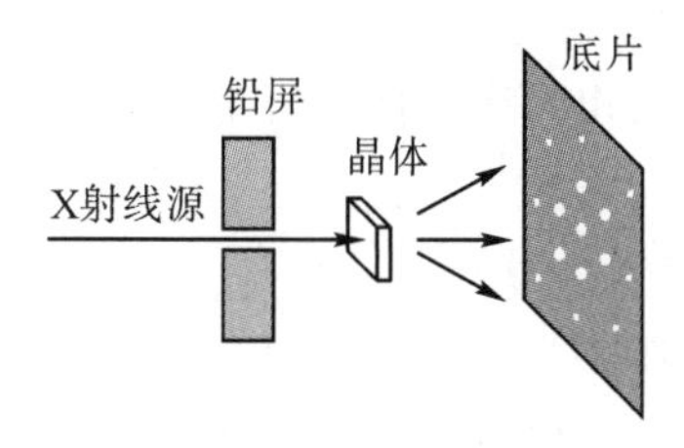

图 11.69　劳厄实验

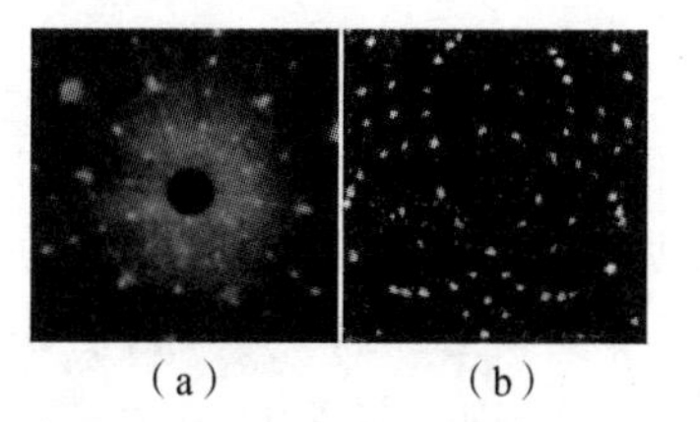

图 11.70　劳厄斑点

三、布拉格公式

布拉格父子

布拉格父子(W. H. Bragg 和 W. L. Bragg)，于 1913 年提出一种较为简单的研究 X 射线衍射的方法，他们认为晶体是由一系列平行原子层组成的，这些原子层称为晶面。在 X 射线的照射下，晶体表面和内部每一原子层的原子都成为子波中心，向各个方向发出 X 射线，这种现象称为散射。这些散射的 X 射线彼此相干，在空间将产生干涉。

如图 11.64 所示对于不同晶面所散射的 X 射线，其相干叠加后的强度由相邻两束“反射光”的光程差确定，即

$$AC + CB = 2d\sin\theta$$

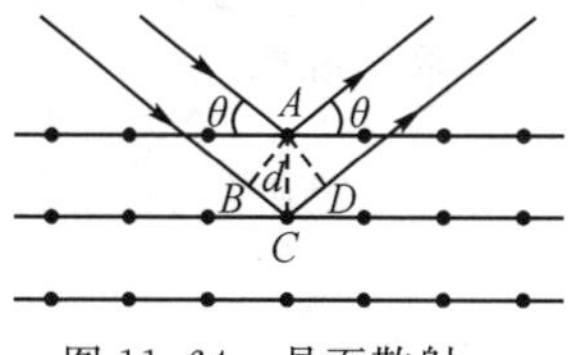

图 11.64　晶面散射

式中，d 为各原子层之间的距离，称为晶格常数。当符合下列条件时

$$2d\sin\theta = \pm k\lambda,\ k = 1,2,3,\cdots$$

各层“反射线”互相加强，形成亮点。式中，λ 为 X 射线波长。此公式称为布拉格公式。

用布拉格公式对劳厄斑点进行定性解释：晶体内有许多不同方向的原子层，各原子层组的晶格常数 d 各不相同。当 X 射线从一定方向入射到晶体表面时，对不同原子层组的掠射角也不同，因此从不同的原子层组散射出去的 X 射线只有满足布拉格公式时，才能相互加强，在底片上形成劳厄斑点。

四、X 射线衍射的应用

X 射线的应用开创了研究晶体结构的新领域，用 X 射线作光谱分析在工程技术上有着广泛的应用，在医学和分子生物学领域也不断有新的突破。

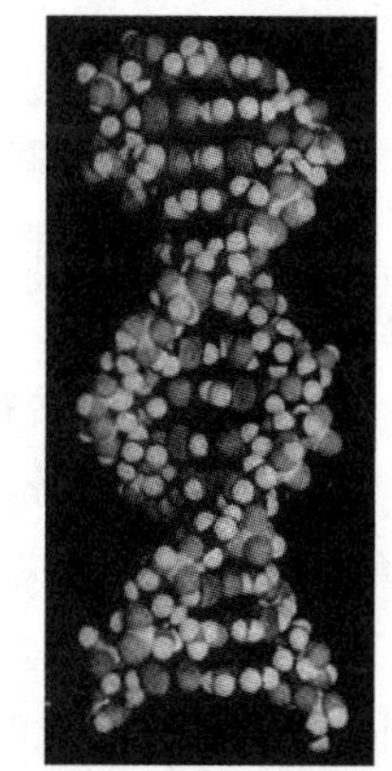

图 11.71　DNA 双螺旋结构

1953 年英国的威尔金斯、沃森和克里克利用 X 射线的结构分析

得到了遗传基因脱氧核糖核酸(DNA)的双螺旋结构,如图11.71所示,荣获了1962年度诺贝尔生理学或医学奖。

内容提要

一、光的干涉

1. 相干光

(1)相干光的条件:频率相同,振动方向相同,相位相同或相位差恒定。

(2)获得相干光的方法:分波阵面法和分振幅法。

(3)干涉加强和减弱的条件:

$$\Delta\varphi = 2\pi\frac{\delta}{\lambda} = \begin{cases} \pm 2k\pi,\ k = 0,1,2,\cdots(\text{干涉加强}) \\ \pm(2k+1)\pi,\ k = 0,1,2,\cdots(\text{干涉减弱}) \end{cases}$$

2. 杨氏双缝干涉(分波阵面法获得相干光)

(1)条纹形状:明暗相间的等间距的直条纹。

(2)光程差:$\delta = \frac{d}{D}x$ 。

(3)条纹间距:$\Delta x = \frac{D}{d}\lambda$ 。

3. 薄膜干涉(分振幅法获得相干光)

(1)劈尖的干涉条纹:明暗相间的等间距的与棱边平行的直条纹。

相邻明(暗)纹之间的劈尖的厚度差:$\Delta e = \frac{\lambda}{2n}$

条纹间距:$l = \frac{\lambda}{2n\sin\theta} \approx \frac{\lambda}{2n\theta}$

(2)牛顿环:内疏外密的同心圆环。

牛顿环半径:$r = \begin{cases} \sqrt{\frac{(2k-1)R\lambda}{2n}},\ k = 1,2,\cdots(\text{明环}) \\ \sqrt{\frac{kR\lambda}{n}},\ k = 0,1,\cdots(\text{暗环}) \end{cases}$

二、光的衍射

1. 惠更斯-菲涅耳原理

波阵面上各点都可当作子波波源,其后波场中各点处的波的强度由多个子波在该点的相干叠加决定。

2. 单缝夫琅禾费衍射

可用半波带法分析。单色光垂直照射时,明暗条纹条件为

$$a\sin\theta = \begin{cases} 0,\text{中央明纹} \\ \pm 2k\frac{\lambda}{2},\ k = 1,2,\cdots\ \text{暗纹} \\ \pm(2k+1)\frac{\lambda}{2},\ k = 1,2,\cdots\ \text{明纹} \end{cases}$$

中央明纹的半角宽度：$\theta_0 = \dfrac{\lambda}{a}$

中央明纹的线宽度：$\Delta x_0 = 2f\dfrac{\lambda}{a}$

3. 圆孔夫琅禾费衍射

艾里斑半角宽度：　$\theta_0 = 0.61\dfrac{\lambda}{a} = 1.22\dfrac{\lambda}{D}$

光学仪器的分辨本领：$\dfrac{1}{\theta_0} = \dfrac{D}{1.22\lambda}$

4. 光栅衍射

衍射图样的特点：细而明亮的条纹；缝数越多，条纹越细且明亮；有缺级现象。

光垂直照射时的光栅方程：

$$d\sin\theta = (a+b)\sin\theta = \pm k\lambda, k = 0,1,2,\cdots$$

缺级级次：$k = \dfrac{a+b}{a}k'$。

三、光的偏振

1. 光是横波

从偏振情况，光可分为自然光、线偏振光、部分偏振光、椭圆偏振光和圆偏振光。

2. 偏振片或尼科耳棱镜可产生和检验线偏振光

马吕斯定律：$I = I_0\cos^2\alpha$。

3. 反射光和折射光的偏振

当入射角等于起偏角（布儒斯特角）时，反射光为振动方向垂直于入射面的线偏振光，折射光为以平行于入射面的光振动为主的部分偏振光。

布儒斯特定律：$\tan i_0 = \dfrac{n_2}{n_1}$。

思考题

11.1　获得相干光的基本原则是什么？为什么要这么做？

11.2　杨氏双缝实验用白光作光源时，若在缝 S 后面放一红色滤光片，在缝 S 后面放一绿色滤光片，问能否观察到干涉条纹？为什么？

11.3　请问牛顿环干涉圆环宽度是均匀的吗，宽度变化有什么规律？

11.4　一束单色光在空气中和在水中传播，在相同的时间内，传播的路程是否相等？光程是否相等？

11.5　如果形成空气劈尖的两块玻璃板内表面凹凸不平，等厚干涉条纹还平行于棱边吗？

11.6　产生衍射条纹与产生干涉条纹的根本原因有差别吗？为什么？

11.7　假设使用一高质量的显微镜，其分辨率仅由衍射效应决定，用红光还是蓝光可得到更高的分辨率？

11.8　自然光射到前后放置的两个偏振片上，这两个偏振片的取向使得光不能透过，如果把第三个偏振片放在这两个偏振片之间,是否有光透过？为什么？

习　题

一、简答题

11.1　什么是相干光？两个独立光源发出的光能不能获得干涉现象？通过什么方法可以获得相干光？

11.2　相干光应满足的条件是什么？两束光相干加强和相干减弱时,其光程差δ与波长λ之间的关系分别是什么？

11.3　什么是光程？为什么要引入光程？光程差和相位差之间有何关系？

11.4　等厚干涉中的“等厚”是什么意思？试举两个等厚干涉的例子。

11.5　请写出劈尖干涉的明纹和暗纹条件,指出靠近棱边的干涉条纹是明纹还是暗纹。

11.6　在日常生活中,声波为什么比光波的衍射现象明显？

11.7　什么是半波带？单缝衍射中,为什么衍射角越大明条纹的光强越小？

11.8　试写出单缝衍射的明纹和暗纹条件,如果用白光照射单缝,衍射屏看到什么图案？

11.9　和单缝衍射相比,光栅衍射图样有什么特点,为什么可以利用光栅将复色光分离？

11.10　什么是光栅中的缺级现象,光栅衍射中可以观察到的衍射级次和哪些因素有关？

11.11　什么是光学仪器的分辨率？可以通过什么途径提高望远镜和显微镜的分辨本领？

11.12　请说明什么是自然光,什么是偏振光,什么是部分偏振光,怎么用偏振片区分线偏光和自然偏振光？

二、计算题

11.1　在相同的时间内,一束波长为λ的单色光在空气中和在玻璃中(　　)。

(A)传播的路程相等,走过的光程相等

(B)传播的路程相等,走过的光程不相等

(C)传播的路程不相等,走过的光程相等

(D)传播的路程不相等,走过的光程不相等

11.2　在空气中做光的双缝实验,屏幕E上的P点处是明条纹。若将缝S_2盖住,并在S_1S_2连线的垂直平分面上放一面反射镜M,其他条件不变(如计算题11.2图所示),则此时(　　)。

(A)P处仍为明条纹　　(B)P处为暗条纹

(C)P处于明、暗条纹之间　　(D)屏幕E上的P无干涉条纹

计算题11.2图

11.3　波长为λ的单色光垂直入射在缝宽$a=4\lambda$的单缝上,对应于衍射角$\varphi=30°$,单缝处的波面可划分为__________个半波带。

11.4　用平行的白光垂直入射在平面透射光栅上时,波长为$\lambda_1=440$ nm的第3级光谱线将与波长为$\lambda_2=$__________nm的第2级光谱线重叠。

11.5　平行单色光垂直照射在相距为0.2 mm的双缝上,双缝与观察屏的间距为0.8 m。

(1) 若从第一级明条纹到同侧第四级明条纹之间的距离为7.5 mm,试求入射光的波长;

(2) 若入射光的波长为 600 nm,试求相邻两条明条纹中心的间距。

11.6　将波长为 632.8 nm 的一束激光垂直照射在双缝上,在双缝之后 2 m 处的屏上,观察到中央明纹和第一级明纹的间距为 14 mm,试求双缝的间距。

11.7　如计算题 11.7 图所示,从点光源 S 发出的单色光经透镜 L_1 后变为平行光,通过两个小孔 S_1 和 S_2 后又通过透镜 L_2 会聚于焦点 P 点。如果在下面一束光的光路上插入一厚度 $d=6.0\ \mu\text{m}$,折射率 $n=1.50$ 的云母片,而单色光的波长 $\lambda=600$ nm,试求 P 点两束光的光程差,并判断 P 点形成的是明条纹还是暗条纹?

11.8　如计算题 11.8 图所示,在玻璃平板表面上镀一层硫化锌介质膜,如适当选取膜层厚度,则可使在硫化锌薄膜上下表面的反射光干涉加强,从而使反射光增强。已知玻璃的折射率为 1.50,硫化锌的折射率为 2.37,垂直入射的红光的波长为 633.0 nm,试求硫化锌膜层的最小厚度。

11.9　利用空气劈尖干涉可以检测工件表面的平整度,当波长为 λ 的单色光垂直入射时,观察到干涉条纹如计算题 11.9 图所示,条纹弯曲部分的顶点恰与左边条纹的直线部分相切,据此可判断工件表面缺陷是凹还是凸,为什么?凹陷的最大深度或凸起的最大高度为多少?

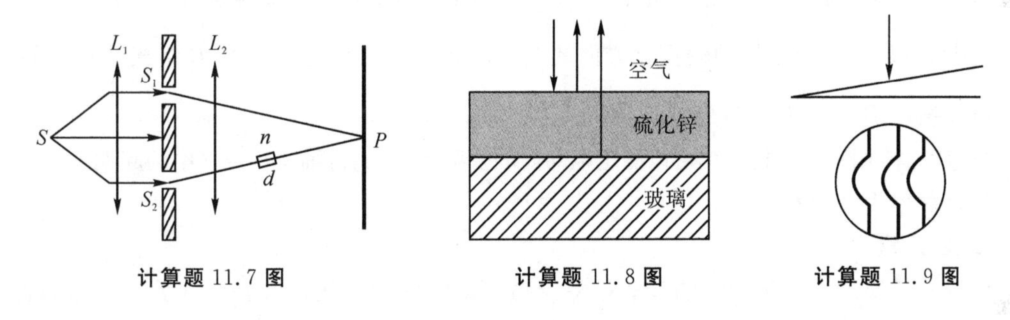

计算题 11.7 图　　计算题 11.8 图　　计算题 11.9 图

11.10　两束相干光的光强均为 I,在空间某处相遇,若两束光的相位相同,则合成光的强度为多少?若两束光的相位差为 π,则合成光的强度为多少?

11.11　在真空中波长为 λ 的单色光,在折射率为 n 的透明介质中从 A 沿某路径传播到 B,若 A、B 两点的相位差为 3π,则此路径 AB 的光程为多少?

11.12　如计算题 11.12 图所示,用平行单色光垂直照射单缝 AB,若通过单缝两端 A、B 处的两条光线到屏上 P 点的光程差 $\delta=2.5\lambda$,则可把单缝 AB 分成多少个半波带,P 点处的衍射条纹为明条纹还是暗条纹?

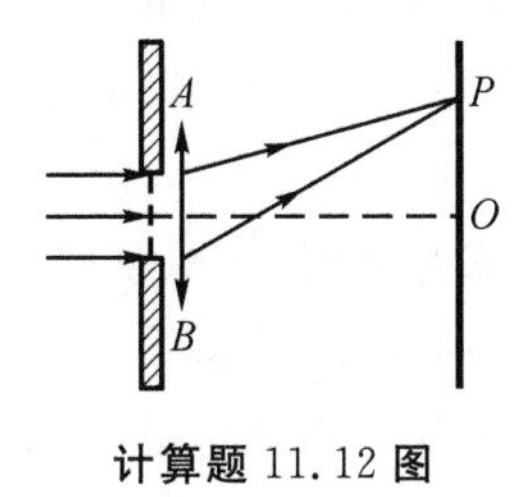

计算题 11.12 图

11.13　在夫琅禾费单缝实验中,垂直入射的平行单色光波长为 $\lambda=600$ nm,缝宽 $a=0.3$ mm,透镜焦距 $f=1$ m。求:

(1)中央明纹宽度；

(2)第二级明纹中心至中央明纹中心的距离；

(3)相应于第二级和第三级明纹，可将单缝分出多少个半波带，每个半波带占据的宽度是多少？

11.14　一束直径为 2 mm 的氦氖激光（$\lambda = 632.8$ nm），自地球表面发射向月球，已知月球与地面的距离为 3.76×10^5 km 。问在月球上得到的光斑有多大？设大气的影响可不计，如果把这样的激光束经过扩束成直径为 2 m 的光束，再向月球发射，月球上光斑有多大？

11.15　波长 $\lambda = 600$ nm 的单色平行光垂直入射到一光栅上，已知第一级谱线的衍射角 θ_1 满足 $\sin\theta_1 = 0.3$，试求：

(1) 光栅常数 d ；

(2) 能观察到的谱线的最高级次；

(3) 能观察到的最高级次谱线对应的衍射角。(计算结果精确至 0.01°)

11.16　用 He-Ne 激光器的红光(波长 $\lambda = 632.8$ nm)垂直地照射在每厘米有 8×10^3 条刻痕的光栅上，是否能看到第二级明纹？若用波长为 400.0 nm 的紫光照射，情况又如何？

11.17　光强为 I_0 的自然光先后通过两个偏振片 A 和 B，从偏振片 B 射出的光强为 $\frac{1}{2}I_0$，则 A 、B 两个偏振片的偏振化方向的夹角为多少？然后把偏振片 B 绕光线再旋转60°，则透过偏振片 B 的光强为多少？

11.18　应用布儒斯特定律可以测定电介质的折射率，今测得釉质在空气中的起偏角 $i_0 = 58°$，则它的折射率为多少？

三、应用题

11.1　你知道一根头发丝的直径是多少吗？试根据干涉法设计一个实验对其进行测量，画出实验方案图并说明原理及具体的测量步骤。

11.2　已知某种纸厚度的数量级为 10^{-2} mm，请设计一种方案来精确测量纸的厚度。请画出方案的原理图，说明具体的测量步骤。

11.3　为了提高成像质量，光学系统一般由多个透镜组合而成，对于普通的六片透镜组成的光学系统而言，光能量的反射损失就可以达到整个入射能量的一半左右。怎样才能减少反射光造成的能量损失呢，说明原理(画出示意图)，并说明相机的镜头呈现蓝紫色或紫红色的原因。

11.4　对于迎面驶来的汽车，距离较远时看到的是一盏灯，距离较近时看到的是两盏灯，请说明原因(画示意图)。两盏前灯相距 120 cm，试问人在离汽车多远的地方，眼睛恰好能分辨这两盏灯？

11.5　早上或傍晚的时候，阳光掠射水面上，用照相机拍照时，画面存在大量杂散光，影响画面质量，利用什么方法(元件或装置)可以改善画质，请说明原理。

11.6　3D 电影给人视觉上带来一种身临其境的感受，3D 电影的立体效果是如何产生的呢？在观看 3D 电影时，观众要戴上一副特制的眼镜，这样看到的图像才有立体感，如果不戴这副眼镜，银幕上的图像为重影。这种眼镜由什么制成的，有什么特点？说明 3D 电影原理。

第六部分 近代物理

17 世纪至 19 世纪末这段时间里，物理学取得了巨大成就，形成了一个包括力学、热学、声学、光学、电磁学等诸多分支的宏伟完整的理论体系，我们把这个时期的物理学成就称作经典物理。当时已知的大量的物理现象几乎都可以用这个理论体系给予合理的解释。因此，当时的物理学家们普遍认为物理学的基本框架已经完成了，物理学的基本规律已被揭露出来，今后的任务只是使这些规律进一步完善，并把物理学的基本定律应用到具体问题和用来说明新的实验事实而已。

然而此时的一些实验事实却给经典物理带来巨大的冲击，一是 1887 年的迈克尔孙 – 莫雷实验否定了绝对参考系的存在；二是 1900 年瑞利和金斯用经典的能量均分定理来说明热辐射现象时出现“紫色灾难”；三是 1897 年汤姆孙发现电子，从而说明原子不是构成物质的最小单元。经典物理无法对这些新的实验结果做出合理的解释。

20 世纪初很多物理学家致力于解决这些问题，重新思考了物理学中某些基本概念。经过艰苦曲折的研究，诞生了相对论和量子理论。20 世纪初创立的这两门理论的基本概念、原理、方法与之前的物理学存在根本性的差异，它们的创立被称为物理学的两场革命。后来，人们把相对论和量子力学之前的物理学称为经典物理，之后的物理学称为近代物理。

相对论和量子力学不仅是物理学自身里程碑式的重大发展，为现代工程技术的发展奠定了基础，同时也对人们的观念带来了巨大的变化。半导体技术、激光、量子通信、引力波等正在或者即将深刻地改变人们的生活。在这里我们将分两章分别介绍狭义相对论和量子力学的基础和主要思想。接下来的两章我们还会简要介绍能带、激光、量子通信等相关内容，从而使大家对近代物理和相关科技前沿有一个初步的认识。

第12章　狭义相对论基础

力学曾经指出，机械运动是物体空间位置随时间的变化。要研究这种变化，必须选取适当的参考系，应用基本物理学定律。这就产生了一个问题，即对于不同参考系，基本物理学定律的形式是否相同？另外，对运动的描述和基本物理学定律的表达，都离不开时间和空间的量度。因此，与上述问题相关的是相对于不同参考系，时间和空间的测量结果是否相同？物理学对这些基本问题的回答，经历了从牛顿经典力学到爱因斯坦相对论的漫长发展过程。

以牛顿运动定律为基础的经典力学，描述的是宏观物体低速运动的规律，时间、空间及物体的质量被认为是与运动无关的。这种观念并没有加以证明，人们根据自己的经验，认为这是理所当然、天经地义的。随着人们实践范围的扩大，开始接触到微观的、高速的物体运动，发现一些新的实验事实用经典的理论和观念无法解释。人们不得不突破经典物理学的束缚，提出一些新的假设和概念，爱因斯坦的狭义相对论，就是在这种情况下产生的。

预习提要：

(1)如何理解经典力学时空观？

(2)什么是光速不变原理？

(3)狭义相对论的相对性原理主要思想是什么？

(4)如何理解“同时”的相对性？

(5)理解时间膨胀和长度压缩的基本思想。

(6)熟悉相对论动力学基本方程表达，理解质量和动量的概念，同经典力学的相关内容进行比较，理解它们之间的关系。

(7)熟悉相对论质能方程表达式，理解其含义，了解其应用。

(8)掌握相对能量表达式，理解其内涵以及相对论动量和能量之间的相互关系。

12.1 伽利略变换与经典力学的时空观

经典力学曾经讨论过不同惯性参考系物体的速度、加速度的相互关系，也就是相对运动的问题。现在继续讨论这个问题。

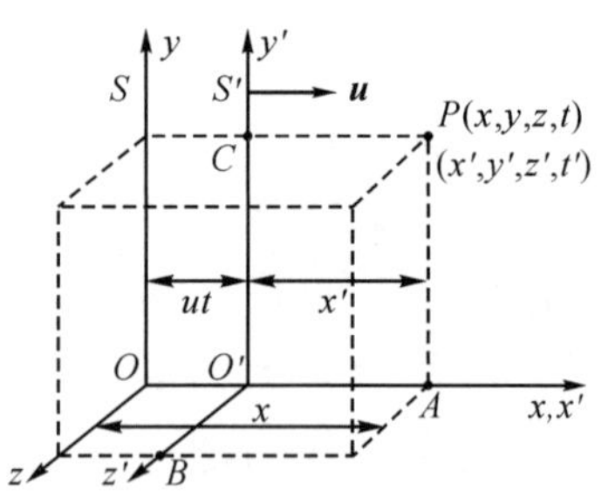

图 12.1 参考系 S(简称 S 系)和参考系 S′(简称 S′系)观察同事件

如果有两个观察者，如图 12.1 所示，从不同的参考系 S(简称 S 系)和 S'(简称 S' 系)观察同事件，在 S 系中的观察者测得某事件发生的时刻为 t，发生地点 P 的位置坐标为 (x,y,z)。在 S' 系中的观察者测得同一事件发生的时刻为 t'，发生地点的位置坐标为 (x',y',z')。那么，(x,y,z,t) 和 (x',y',z',t') 之间有什么关系呢?

为简单起见，我们只讨论 S 系和 S' 系相对做匀速直线运动的情况。若在 S 系和 S' 系上分别固结坐标系 $O-xyz$ 和 $O'-x'y'z'$，并使 x 轴与 x' 轴重合，S' 系相对于 S 系沿 x 轴正方向以速度 u 运动，如图 12.1 所示。两观察者在 O 与 O' 重合时开始计时，即两坐标系重合时 $t=t'=0$。

经典力学认为，在不同参考系中的观察者，测量两事件经历的时间间隔是相同的。因此，在 S 系和 S' 系的观察者，测得从 O 与 O' 重合时刻到事件发生时刻所经历的时间间隔 t 和 t' 是相等的，即

$$t=t' \tag{12.1}$$

若在 S 系的观察者测得事件发生处 P 的坐标为 (x,y,z)，而在时刻 t，O' 点的坐标为 $(ut,0,0)$，该观察者认为 $O'A$、$O'B$、$O'C$ 的长度分别为 $x-ut$、y、z。由于经典力学认为，在不同参考系的观察者测量空间两点的距离是相同的，因此，在 S' 系的观察者也认为 $O'A$、$O'B$、$O'C$ 的长度，即 P 点相对于 S' 系的坐标为

$$x'=x-ut,\ y'=y,\ z'=z \tag{12.2}$$

式(12.1)和式(12.2)称为**伽利略变换**。

根据伽利略变换，可以导出相对于 S 和 S' 系物体的速度和加速度之间的关系。将式(12.2)对 t' 求导，并利用式(12.1)，可得

$$\left.\begin{aligned} v'_x&=\frac{\mathrm{d}x'}{\mathrm{d}t'}=\frac{\mathrm{d}x}{\mathrm{d}t}-u=v_x-u\\ v'_y&=\frac{\mathrm{d}y'}{\mathrm{d}t'}=\frac{\mathrm{d}y}{\mathrm{d}t}=v_y\\ v'_z&=\frac{\mathrm{d}z'}{\mathrm{d}t'}=\frac{\mathrm{d}z}{\mathrm{d}t}=v_z \end{aligned}\right\} \tag{12.3}$$

再将上式对 t' 求导数，可得

$$\left.\begin{aligned}\frac{\mathrm{d}v'_x}{\mathrm{d}t'}&=\frac{\mathrm{d}v_x}{\mathrm{d}t}=a_x\\ \frac{\mathrm{d}v'_y}{\mathrm{d}t'}&=\frac{\mathrm{d}v_y}{\mathrm{d}t}=a_y\\ \frac{\mathrm{d}v'_z}{\mathrm{d}t'}&=\frac{\mathrm{d}v_z}{\mathrm{d}t}=a_z\end{aligned}\right\}\boldsymbol{a}'=\boldsymbol{a} \tag{12.4}$$

式(12.3)和(12.4)表明，对于相对做匀速直线运动的参考系，物体运动的速度不同，但其加速度是相同的。

若 S 系为惯性系，则牛顿运动定律在 S 系中成立，即

$$\left.\begin{aligned}F_x&=m\frac{\mathrm{d}^2x}{\mathrm{d}t^2}\\ F_y&=m\frac{\mathrm{d}^2y}{\mathrm{d}t^2}\\ F_z&=m\frac{\mathrm{d}^2z}{\mathrm{d}t^2}\end{aligned}\right\}\boldsymbol{F}=m\boldsymbol{a} \tag{12.5}$$

经典力学认为，在不同参考系的观察者，测得物体的质量和物体之间相互作用力的数值是相同的。按照伽利略变换，相对于 S 系和 S' 系的加速度相等，因而对 S' 系牛顿运动定律

$$\left.\begin{aligned}F'_x&=m\frac{\mathrm{d}^2x'}{\mathrm{d}t^2}\\ F_y{}'&=m\frac{\mathrm{d}^2y'}{\mathrm{d}t^2}\\ F_z{}'&=m\frac{\mathrm{d}^2z'}{\mathrm{d}t^2}\end{aligned}\right\}\boldsymbol{F}'=m'\boldsymbol{a}' \tag{12.6}$$

也成立，所以 S' 系应是惯性系。

对于不同的惯性系，牛顿运动定律的形式相同，或者说牛顿运动定律具有伽利略变换的不变性，这称为经典力学相对性原理。可以证明，经典力学中所有的基本定律，如动量守恒定律、机械能守恒定律等都具有这种不变性。由此可见，在一个惯性系中所做的任何力学实验，都不能确定这个惯性系是静止状态，还是在做匀速直线运动。

说明：

在两相互做匀速直线运动的惯性系中，牛顿运动定律具有相同的形式。

应当注意，伽利略变换是建立在两事件的时间间隔和空间两点之间的距离，对任何惯性系中的观察者来说，测量的数值都相同的观念上的，这是经典力学的时空观。后面会看到，这种观念只是在两惯性系相对运动速度远比光速小的情况下才是正确的。在广义相对论中，可以证明时空的性质与物质有关，时间间隔和空间距离在巨大物质附近，有被实验所能察觉的影响。时空性质不因其附近物质的存在而有所改变也只是近似来说的。由于牛顿运动定律只适用于低速宏观物体在惯性系中的运动。因此，在经典力学中就形成了自然界除了存在一般物质外，还存在与物质及其运动无关的“绝对时间”和“绝

对空间”，经典力学认为绝对时间中两事件的时间间隔，绝对空间中两点间的距离，任何观察者测量的结果都是相同的。正如牛顿所说：“绝对的、真正的和数学的时间就其本性来说，均匀地流逝而与任何外在事物无关。”“绝对空间”就其本性来说，与任何外在的事物无关，而且永远是相同的和不动的。正是经典力学的相对性原理，构成了对牛顿绝对空间概念怀疑的起点，如果存在绝对空间，则物体相对于这个绝对空间的运动就应当是可以测量的。这相当于要求在某些运动定律中包含有绝对速度。然而，相对性原理要求物体的运动定律中不能含有绝对速度。亦即绝对速度在原则上是无法测量的。许多物理学家先后对绝对空间的观念都提出过质疑，指出没有证据能表明绝对时空的存在。

小贴士：

(1)经典力学的相对性原理告诉我们，所有的惯性系都是等价的，任何力学实验都无法区分惯性系是静止还是做匀速直线运动。

(2)**绝对空间**：空间与运动无关，空间绝对静止。空间的度量与惯性系无关，绝对不变。

(3)**绝对时间**：时间均匀流逝，与物质运动无关，所有惯性系有统一的时间。

12.2 狭义相对论的基本原理和洛伦兹变换

12.2.1 迈克耳孙-莫雷实验

想一想：

经典力学的相对性原理和绝对空间存在什么矛盾？

经典力学认为有绝对空间存在，历史上许多物理学家都曾探讨过，哪个惯性系相对于绝对空间是静止的？地球相对于绝对空间的速度是多少？由于相对于任何惯性系，力学规律都相同，从力学现象无法判别哪一个惯性系是绝对静止的。在电磁学的麦克斯韦方程建立后，又有人提出，能否从电磁学实验测出地球相对于“绝对空间”的速度？

根据电磁理论，光在真空中传播的速度为

$$c=\frac{1}{\sqrt{\varepsilon_0\mu_0}} \tag{12.7}$$

由于 ε_0 和 μ_0 都是与参考系无关的常量，所以光速与参考系无关。不论对哪个参考系，真空中沿各个方向传播的光速都应为 c 。但是，根据伽利略变换，相对于 S 系沿 x 轴正方向以速度 c 传播的光，相对于 S' 系的速度为 $c-u$；沿 x 轴负方向以速度 c 传播的光，相对于 S' 系的速度应为 $c+u$ 。因此若伽利略变换成立，电磁现象就不会相对于所有参考系都遵守麦克斯韦方程。19世纪末，有人提出：“只有以绝对静止的以太为参考系时，麦克斯韦方程组才适用，光沿各个方向传播的速度才能都为 c 。”按照这个假设，如果真的有绝对静止的以太存在，只要在地面上测得光沿各个方向传播速度的差别，就可以确定地球相对于以太的速度。当时有许多科学家都曾做过这方面的实验，其中最著名的是迈克耳孙-莫雷实验，不过这些实验的结果表明，并未找到地球相对于以太的速度。

迈克耳孙-莫雷实验的主要装置迈克耳孙干涉仪，如图12.2 所示。设干涉仪两臂 PM_1 和 PM_2 的长度均为 l 。由光源 S 发出的光，在半透半反银层 P 处分成两束，光束 1 经 M_1 镜反射后回到 P 处，光束 2 经 M_2 镜反射后也回到 P 处。若静止的以太存在，某时刻地面相对以太运动的方向沿 PM_1 臂，其速度为 $\boldsymbol{u}$。按照伽利略变换，光由 P 到 M_1 的速度大小为 $c-u$，由 M_1 到 P 的速度大小为 $c+u$ 。因此，光束 1 由 P 到 M_1 再返回 P 所需时间为

$$t=\frac{l}{c-u}+\frac{l}{c+u}=\frac{2lc}{c^2-u^2}$$

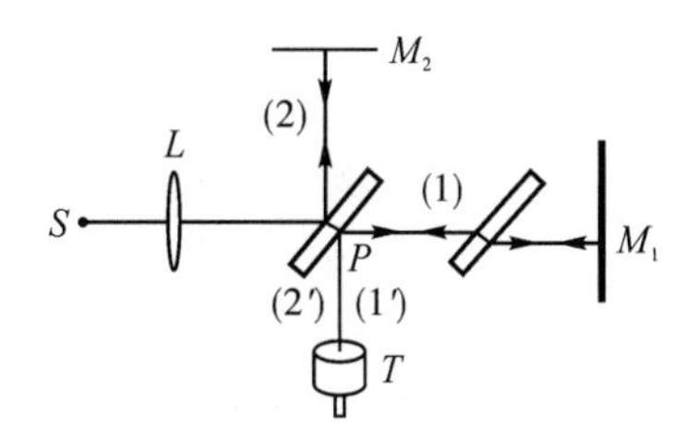

图 12.2　迈克耳孙干涉仪示意图

光束 2 相对于地面的速度为 $\boldsymbol{c}-\boldsymbol{u}$。由于光束 2 相对于地面的速度垂直于地面相对于以太的速度，所以 $\boldsymbol{c}-\boldsymbol{u}$ 的大小为 $\sqrt{c^2-u^2}$，如图 12.3 所示。因此光束 2 由 P 到 M_2 再返回 P 所需时间为

$$t'=\frac{2l}{\sqrt{c^2-u^2}}$$

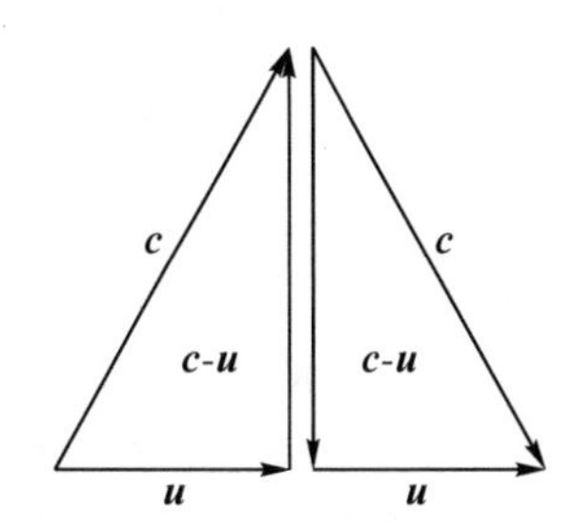

图 12.3　光相对“以太”传播相对速度

若由 S 发出的光的频率为 ν ，则在 P 处 1、2 两束光的相位差为

$$\Delta\varphi=2\pi\nu(t'-t)=2\pi\nu\left(\frac{2l}{\sqrt{c^2-u^2}}-\frac{2lc}{c^2-u^2}\right)$$

若将整个装置在水平面上旋转 90°，使光束 1 与光束 2 对调，两束光的相位差将变为

$$\Delta\varphi=-2\pi\nu\left(\frac{2l}{\sqrt{c^2-u^2}}-\frac{2lc}{c^2-u^2}\right)$$

由于相位差改变 2π，干涉图样将移动一个条纹。

迈克耳孙和莫雷把整个实验装置放在很重的石台上，用以维持观测的稳定性，整个石台又悬浮在水银面上，使其可以方便地转动。还利用多面反射镜加长光路，使实验精度提高到可以测量 1/100 条纹的移动。他们在平地上、高山上、白天、夜晚，一年四季进行了长期的观测，都未发现条纹丝毫的移动。这个实验后来又由许多人在地球上的不同地方重复进行，都没有得到预期的结果。20 世纪 60 年代，还有人利用微波和激光以极高的精度做了类似的实验，都没有观察到条纹的移动。

迈克耳孙-莫雷实验的零结果，意味着相对于地面沿任何方向光速都是相同的。这促使人们思考，是伽利略变换正确，电磁现象不符合相对性原理？还是电磁现象本身符合相对性原理，而伽利略变换应该修正？

小贴士：

迈克耳孙毕生从事光学精密测量，是光速测定的国际中心人物，1881 年为测定地球相对于以太的运动而创制了迈克耳孙干涉仪。后来又利用精细的结构，第一次以光的波长为基准对标准米尺进行测定，为此他于 1907 年成为美国获得诺贝尔物理学奖的第一人。

小贴士：

爱因斯坦对任何一个看来无可非议的问题总要问一个为什么？如他对一米就是一米，一秒就是一秒也要产生怀疑。

12.2.2　狭义相对论的基本原理

> 小贴士：
>
> 爱因斯坦(Albert Einstein，1879—1955)，20世纪最伟大的物理学家之一，于1905年和1915年先后创立了狭义相对论和广义相对论，于1905年提出了光量子假设，为此他于1921年获得诺贝尔物理学奖，他还在量子理论方面做出很多的重要贡献。

爱因斯坦对光速问题进行了深入的研究，怀疑经典理论有问题，伽利略变换应该修正。他不固守绝对时空观和经典力学的观念，在对前人研究结果进行仔细分析的基础上，从新的角度考虑问题。他认为自然界是对称的，包括电磁现象在内的一切物理现象和力学现象一样，都应该满足相对性原理。物理定律的表达式对所有惯性系都是相同的。因而用任何方法都不能发现绝对静止的惯性系。他还指出许多实验都证明对所有惯性系，光在真空中的速度都是相同的。在此基础上，爱因斯坦提出了以下两条基本假设，建立了狭义相对论。

1. 光速不变原理

对任何惯性系，光在真空中总是以确定的速度 c 传播，在各个方向上光速都相同，与光源及观察者的运动状态无关。

2. 狭义相对论的相对性原理

一切物理定律在所有惯性系中其形式保持不变。或者说，对于描述一切物理现象的规律来说，所有惯性系都是等价的。

> 小贴士：
>
> 洛伦兹(H. A. Lorentz，1853—1928)，荷兰物理学家。洛伦兹变换式原来是洛伦兹在1904年研究电磁场理论时提出的，当时未给予正确的解释，第二年爱因斯坦从狭义相对论基本原理出发，独立地导处这个变换式，但这个变换式通常仍以洛伦兹命名。

很显然，狭义相对论的相对性原理是经典力学相对性原理的推广和发展。光速不变原理实际上对不同惯性系之间的坐标变换提出了新的要求。

12.2.3　洛伦兹变换

根据狭义相对论的相对性原理，可以导出与之适合的洛伦兹变换，洛伦兹变换在 $u \ll c$ 的条件下能转化为伽利略变换。

假设在任意两个惯性系 S 和 S' 中，当坐标原点 O 和 O' 重合时，由原点处光源发出光波传播到空间某处 P 这个事件，如图12.4所示。在 S 系中，事件的时空坐标为(x,y,z,t)，光速为 c，则光的波面方程为

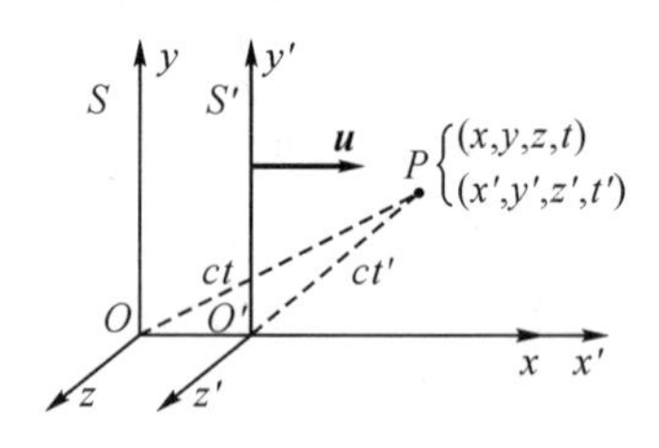

图12.4　光在两个惯性系传播

$$x^2+y^2+z^2-c^2t^2=0 \tag{12.8}$$

在 S' 系中，同一事件的时空坐标为(x',y',z',t')，根据光速不变原理，光速仍为 c，则光的波面方程为

$$x'^2+y'^2+z'^2-c^2t'^2=0 \tag{12.9}$$

又根据狭义相对论的相对性原理，在 S 系和 S' 系中，光信号传播的规律应在坐标变换时形式保持不变，即

$$x'^2+y'^2+z'^2-c^2t'^2=x^2+y^2+z^2-c^2t^2=0 \tag{12.10}$$

可以证明适合上述关系的坐标变换为

$$\left.\begin{aligned} x' &= \frac{x-ut}{\sqrt{1-\left(\frac{u}{c}\right)^2}} = \frac{x-ut}{\sqrt{1-\beta^2}} \\ y' &= y \\ z' &= z \\ t' &= \frac{t-\frac{u}{c^2}x}{\sqrt{1-\left(\frac{u}{c}\right)^2}} = \frac{t-\frac{u}{c^2}x}{\sqrt{1-\beta^2}} \end{aligned}\right\} \tag{12.11}$$

式中，$\beta=\frac{u}{c}$ 。从上式可解得

$$\left.\begin{aligned} x &= \frac{x'+ut'}{\sqrt{1-\beta^2}} \\ y &= y' \\ z &= z' \\ t &= \frac{t'+\frac{u}{c^2}x'}{\sqrt{1-\beta^2}} \end{aligned}\right\} \tag{12.12}$$

式(12.11)和(12.12)称为洛伦兹变换。

当 $u \ll c$ 时，式(12.11)和(12.12)中的 $\frac{u^2}{c^2}$ 及 $\frac{u}{c^2}x$（或 $\frac{u}{c^2}x'$）忽略不计，洛伦兹变换就变成了伽利略变换。这说明在 $u \ll c$ 时，伽利略变换与事实是近似相符的。在日常生活中，我们见到的宏观物体的速度一般比光速小得多，即使宇宙火箭的速度也只有光速的几万分之一。这就是为什么我们不能从日常直观看到的运动中，发现伽利略变换的偏离。

说明：

洛伦兹变换是狭义相对论里两个惯性系中的空间、时间坐标的变换关系。

例 12.1　设地面参考系 S 中，$t=0.02$ s 时刻，在 $x=2.0\times10^6$ m 处一颗炸弹爆炸。一飞船沿 x 轴正方向以 $u=0.8c$ 的速度运动。试求在飞船参考系 S' 中，观察者测得炸弹爆炸的地点和时间。

解　根据洛伦兹变换式(12.11)，在飞船参考系 S' 中，测得爆炸地点的坐标和时间分别为

$$x' = \frac{x-ut}{\sqrt{1-\beta^2}} = \frac{2\times10^6-0.8\times3\times10^8\times0.02}{\sqrt{1-0.8^2}} = -4.67\times10^6 \text{ m}$$

$$t' = \frac{t-\frac{u}{c^2}x}{\sqrt{1-\beta^2}} = \frac{0.02-\frac{0.8\times3\times10^8}{(3\times10^8)^2}\times2\times10^6}{\sqrt{1-0.8^2}} = 0.0245 \text{ s}$$

$x'<0$，说明在 S' 系中测得爆炸地点在坐标原点左边 x' 为负的一侧。$t'\neq t$，说明在 S 和 S' 系中测得爆炸的时刻不同。

若按照伽利略变换，则有

$x' = x - ut = 2 \times 10^6 - 0.8 \times 3 \times 10^8 \times 0.02 = -2.8 \times 10^6$ m

$t' = t = 0.02$ s

结果显然不同,说明在本题的条件下,必须用洛伦兹变换来计算。

12.3 狭义相对论的时空观

12.3.1 “同时”的相对性

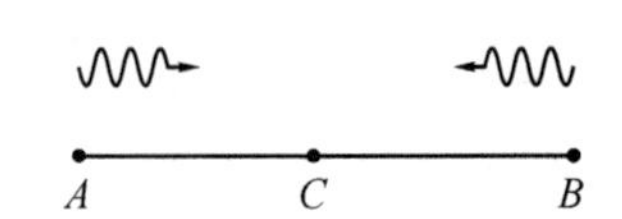

图 12.5　同一惯性系中的同时性

在一惯性系中, A 、B 两地各发生一事件,如何判断这两事件是同时发生的呢? 我们可以在 A 、B 的中点放一光信号接收器 C (如图 12.5 所示),当 A 、B 处各发出一光信号时,观察这两个光信号是否同时被 C 所接收。因为光信号沿各个方向传播的速度大小相同,所以,当 C 同时接收到两光信号时,两事件一定是同时发生的。

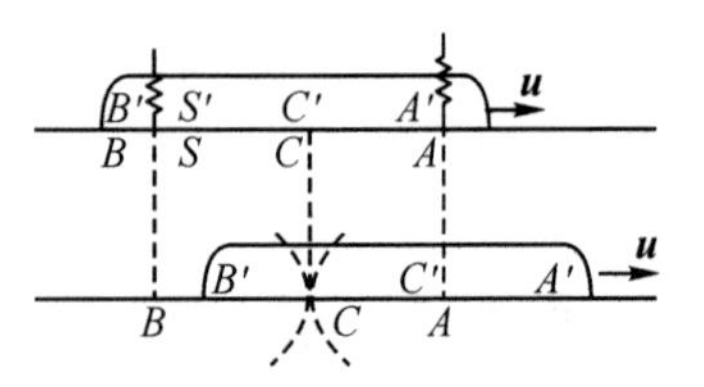

图 12.6　不同惯性系同时的相对性

若在一惯性系中异地同时发生两个事件,那么相对于另一惯性系,这两个事件是否是同时发生的呢?

如以地面为一惯性性系 S,以相对于地面做匀速直线运动的火车为另一惯性系 S' 。设火车相对于地面的速度为 $\boldsymbol{u}$,若在 A 、B 处各发生一雷击事件,在地面参考系中,测得雷击时从 A 、B 发出的闪光同时到达 AB 中点 C 点,因此两雷击事件是同时发生的,如图 12.6 所示。在雷击发生时,火车上的 A' 、B' 点分别与地面上的 A 、B 点重合。由于火车向右运动, A (亦即 A')处发出的闪光将比 B (亦即 B')处发出的闪光先到达 A' 、B' 的中点 C' 。因此,火车上的观察者得出结论, A' 处发生的雷击早于 B' 处发生的雷击。同样可以证明,若在火车上的观察者测得不同地点同时各发生一事件,地面上的观察者将测得两事件发生在不同时刻。

设上述两雷击事件相对于 S 系的时空坐标分别为 (x_1, y_1, z_1, t_1) 和 (x_2, y_2, z_2, t_2),相对于 S' 系的时空坐标分别为 (x'_1, y'_1, z'_1, t'_1) 和 (x'_2, y'_2, z'_2, t'_2)。根据洛伦兹变换,分别有

$$t'_2 = \frac{t_2 - \frac{u}{c^2}x_2}{\sqrt{1-\beta^2}},\ t'_1 = \frac{t_1 - \frac{u}{c^2}x_1}{\sqrt{1-\beta^2}}$$

于是, S' 系中的观察者测得两事件的时间间隔为

$$\Delta t' = t'_2 - t'_1 = \frac{(t_2 - t_1) - \frac{u}{c^2}(x_2 - x_1)}{\sqrt{1-\beta^2}} = \frac{\Delta t - \frac{u}{c^2}\Delta x}{\sqrt{1-\beta^2}} \tag{12.13}$$

可以看出,一般来说在 S 系中异地($x_2 \neq x_1$)发生的两事

小贴士

(1)沿两个惯性系运动方向,不同地点发生的两个事件,在其中一个惯性系中是同时的,在另一惯性系中观察则不同时,所以同时具有相对意义;

(2)只有在同一地点、同一时刻发生的两个事件,在其他惯性系中观察也是同时的。

件的时间间隔，在 S' 系中测得的结果不同。若在 S 系中异地（$x_2 \neq x_1$）同时（$t_2 = t_1$）发生的两事件，在 S' 系中的观察者看来并非同时（$t_2 \neq t_1$），反之亦然，这说明"同时"的概念具有相对性，也就是说，两个事件在一个惯性系中是同时的，在另一个惯性系中却不一定同时，这就是的**同时的相对性**。

例 12.2　北京到广州的距离约为 1.89×10^3 km，某时刻从北京和广州同时对开两列火车。今有一飞船以 $u = 0.5c$ 的速度沿北京到广州的方向飞行，如图 12.7 所示。则从飞船上看两列火车是否同时开出？若不同时，哪列先开出？

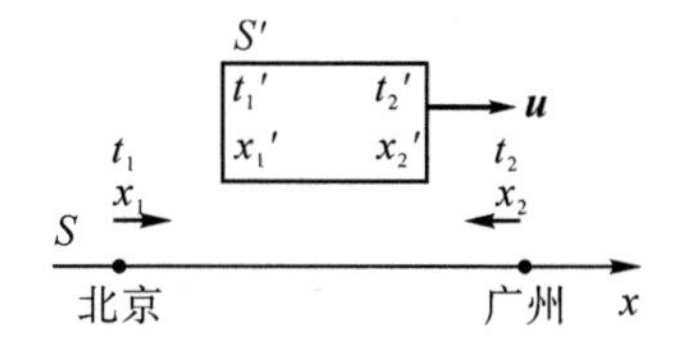

图 12.7　例 12.2 图

解　根据式(12.13)有

$$t_2'-t_1' = \frac{(t_2 - t_1) - \frac{u}{c^2}(x_2 - x_1)}{\sqrt{1-\beta^2}}$$

依题意 $t_1 = t_2$，所以

$$t_2'-t_1' = \frac{-\frac{0.5c}{c^2} \times 1.89 \times 10^3}{\sqrt{1-(0.5)^2}} = -3.6 \times 10^{-6}\ \text{s}$$

由于 $t_2'-t_1' < 0$，所以 $t_2' < t_1'$，因此从飞船上看两列火车不同时开出，而是广州的列车先开出。

12.3.2　时间膨胀效应

若在某惯性系中两事件发生在同一地点，则在该惯性系中测得两事件经历的时间间隔称为**原时**（**固有时**），用 τ_0 表示。在与这一惯性系相对运动的另一惯性系中，测得同样两事件发生的时间间隔用 τ 表示，称为**运动时**。那么，τ 和 τ_0 的关系如何呢？

设在 S 系中某处 x（$x_1 = x_2 = x$）发生两事件的时刻分别为 t_1 和 t_2，则 $\tau_0 = t_2 - t_1$，为两事件的原时。在相对于 S 系运动的 S' 系中，观测这两事件发生的时空坐标为（x_1', t_1'）和（x_2', t_2'），则 $\tau = t_2' - t_1'$。由洛伦兹变换知

$$t_2'-t_1' = \frac{(t_2 - t_1) - \frac{u}{c^2}(x_2 - x_1)}{\sqrt{1-\beta^2}} = \frac{t_2 - t_1}{\sqrt{1-\beta^2}}$$

即

$$\tau = \frac{\tau_0}{\sqrt{1-\beta^2}} \tag{12.14}$$

由上式可见，$\tau > \tau_0$，即在**运动的惯性系中测得两事件发生的时间间隔都大于两事件的原时**，这称为时间膨胀（延缓）效应。当然，在 S' 系中同地（$x_1' = x_2' = x'$）发生的两事件，在 S

> **小贴士：**
> 1971 年科学家将两台铯(Cs)原子钟放在不同飞机上，飞机分别沿赤道向东和向西绕地球一周。回到原处后，东行飞机上的钟比静止在地面上的钟慢了 59 ns，西行飞机上的钟比地面上的钟快 273 ns。

系中观测这两事件发生的时间间隔也大于在 S' 系中观测这两事件发生的时间间隔。可见,时间具有相对性。

想一想:

假设有人乘坐速度接近光速的飞船,寿命会延长吗?

当 $u \ll c$ 时,$\tau = \tau_0$,这就是经典力学中的时间观念。

时间膨胀效应在基本粒子物理学中,已得到大量的实验验证。

例 12.3 π 介子可以衰变为介子和中微子。在实验室中,对于相对静止的 π 介子,测得其平均寿命 $\tau_0 = 2.6 \times 10^{-8}$s,若某加速器中射出的 π 介子速度为 $0.8c$,试求:

(1)实验室中测得该 π 介子的平均寿命;

(2)π 介子在衰变之前在实验室中走过的平均距离。

解 (1)由式(12.14)知,实验室中测得该 π 介子的平均寿命为

$$\tau = \frac{\tau_0}{\sqrt{1-\beta^2}} = \frac{2.6 \times 10^{-8}}{\sqrt{1-(0.8)^2}} = 4.33 \times 10^{-8} \text{ s}$$

(2)π 介子在衰变之前在实验室走过的平均距离为

$$l = \tau u = 4.33 \times 10^{-8} \times 0.8 \times 3 \times 10^8 = 10.4 \text{ m}$$

12.3.3 长度收缩效应

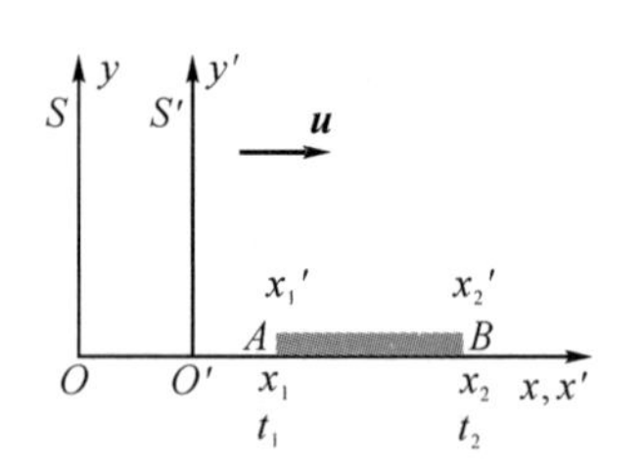

图 12.8 长度收缩

设在 S' 系中沿 x' 轴方向放细棒 AB,它与 S' 系一起以速度 u 相对于 S 系沿 x 轴正方向运动,如图 12.8 所示。细棒相对于 S' 系静止,在 S' 系中测得细棒的长度 l_0 称为尺的**原长(固有长度)**。

在 S' 系中,测得细棒两端 A、B 的坐标分别为 x_1' 和 x_2',则 $l_0 = x_2' - x_1'$。要在 S 系中测细棒的长度,观察者必须同时测得细棒两端 A、B 的坐标 x_1 和 x_2,同时意味着 $t_1 = t_2 = t$,则细棒的长度 $l = x_2 - x_1$。由洛伦兹变换,分别有 $x_2' = \frac{x_2 - ut_2}{\sqrt{1-\beta^2}}$ 和 $x_1' = \frac{x_1 - ut_1}{\sqrt{1-\beta^2}}$。于是,细棒的原长为

$$l_0 = x_2' - x_1' = \frac{(x_2 - x_1) - u(t_2 - t_1)}{\sqrt{1-\beta^2}} = \frac{x_2 - x_1}{\sqrt{1-\beta^2}} = \frac{l}{\sqrt{1-\beta^2}}$$

想一想:

如将物体固定于 S 系,由 S' 系测量,同样出现长度收缩现象吗?

所以有

$$l = l_0\sqrt{1-\beta^2} \tag{12.15}$$

由上式可见,$l < l_0$,表示**运动细棒沿运动方向长度缩短了,这称为长度收缩效应。**在不同惯性系中测同物体的长度不同,说明空间间隔具有相对性。

当 $u \ll c$ 时,$l = l_0$,这就是经典力学的空间观念。

长度收缩效应在粒子物理学中也得到了大量的实验验证。例如宇宙射线中的 μ 介子,平均寿命为 2.2×10^{-6} s,即使以光速运动,它在衰变前走过的距离不过为 660 m,然而它却能穿

过大气层到达地面。这是因为，在相对于 μ 介子运动的参考系中看，μ 介子的寿命长了。在相对于 μ 介子静止的参考系中看，大气层的厚度缩短了。

例 12.4　在地面上有一跑道长为 100 m，运动员从起点跑到终点所用的时间为 10 s，现从以 0.8c 速度沿跑道方向飞行的飞船上观测，试求：

(1)跑道的长度；

(2)运动员从起点跑到终点所用的时间和跑过的距离。

解　(1)如图 12.9 所示，跑道固定在地面 S 系上，原长 $l_0 = 100$ m。根据式(12.15)，在飞船 S' 系上观测，跑道的长度为

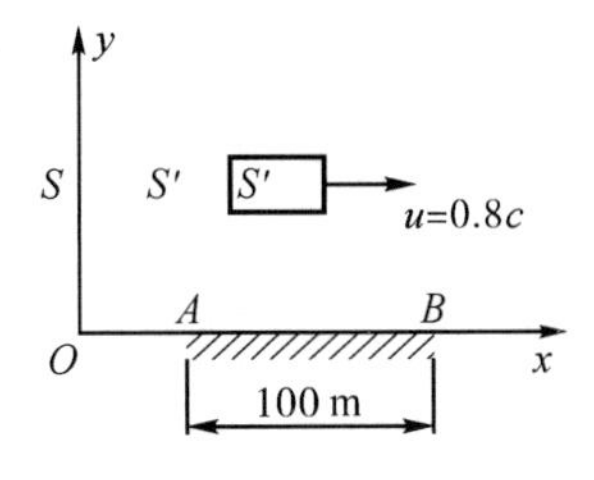

图 12.9　例 12.4 图

$$l = l_0\sqrt{1-\beta^2} = 100 \times \sqrt{1-(0.8)^2} = 60 \text{ m}$$

在飞船 S' 系上观测，运动员从起点跑到终点所用的时间为

$$\Delta t' = \frac{\Delta t - \frac{u}{c^2}\Delta x}{\sqrt{1-\beta^2}} = \frac{\Delta t - \frac{u}{c^2}l_0}{\sqrt{1-\beta^2}} = \frac{10 - \frac{0.8c}{c^2}\times 100}{\sqrt{1-(0.8)^2}} = 16.6 \text{ s}$$

运动员跑过的距离为

$$\Delta x' = \frac{\Delta x - u\Delta t}{\sqrt{1-\beta^2}} = \frac{l_0 - u\Delta t}{\sqrt{1-\beta^2}} = \frac{100 - 0.8\times 3\times 10^8\times 10}{\sqrt{1-(0.8)^2}}$$

$$= -4.0\times 10^9 \text{ m}$$

“—”号表示从飞船 S' 系中看运动员沿 x 轴的负方向运动。

小贴士：

狭义相对论时空观

1. 同时性是相对的。

2. 相对于观测者运动的惯性系沿运动方向的长度对观测者来说收缩了。

3. 相对于观测者运动的惯性系的时钟系统对测者来说变慢了。

4. 时-空不互相独立，而是不可分割的整体。

5. 光速 c 是建立不同惯性系间时空变换的纽带。

12.4* 狭义相对论的速度变换

设 S' 系中有一质点沿 x' 轴正方向以 v'_x 运动，如图 12.10 所示，根据洛伦兹变换，分别有

$$t' = \frac{t - \frac{u}{c^2}x}{\sqrt{1-\beta^2}},\ x = \frac{x' + ut'}{\sqrt{1-\beta^2}}$$

则质点相对于 S 系的速度为

$$v_x = \frac{\mathrm{d}x}{\mathrm{d}t} = \frac{\mathrm{d}x}{\mathrm{d}t'}\cdot\frac{\mathrm{d}t'}{\mathrm{d}t}$$

$$= \frac{1}{\sqrt{1-\beta^2}}\left(\frac{\mathrm{d}x'}{\mathrm{d}t'} + u\right)\frac{1}{\sqrt{1-\beta^2}}\left(1 - \frac{u}{c^2}\frac{\mathrm{d}x}{\mathrm{d}t}\right)$$

$$= \frac{1}{\sqrt{1-\beta^2}}(v'_x + u)\left(1 - \frac{u}{c^2}v_x\right)$$

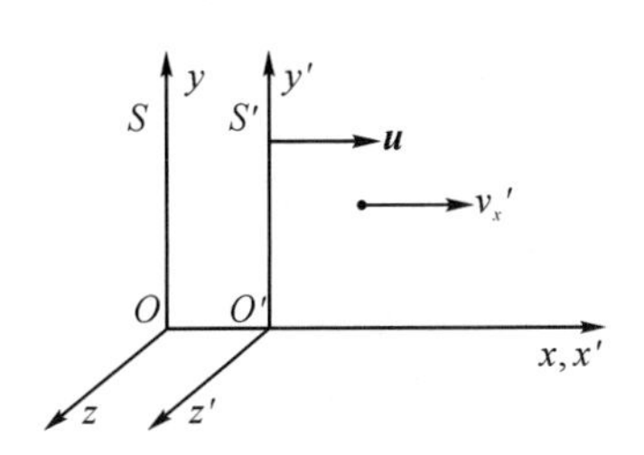

图 12.10　狭义相对论 速度变换

整理后可得 $v_x = \dfrac{v'_x + u}{1 + \frac{u}{c^2}v'_x}$

同理可得 $v_y = \dfrac{\sqrt{1-\beta^2}\,v'_y}{1 + \frac{u}{c^2}v'_x}$，$v_z = \dfrac{\sqrt{1-\beta^2}\,v'_z}{1 + \frac{u}{c^2}v'_x}$，即

$$\left.\begin{aligned} v_x &= \frac{v'_x + u}{1 + \frac{u}{c^2} v'_x} \\ v_y &= \frac{\sqrt{1-\beta^2}\, v'_y}{1 + \frac{u}{c^2} v'_x} \\ v_z &= \frac{\sqrt{1-\beta^2}\, v'_z}{1 + \frac{u}{c^2} v'_x} \end{aligned}\right\} \tag{12.16}$$

当 $u \ll c$ 时,这个变换可转换为经典力学中的速度变换关系

$$v_x = v'_x + u$$
$$v_y = v'_y$$
$$v_z = v'_z$$

狭义相对论的速度变换关系与光速不变原理是相符合的,如 $v'_x = c$,则根据经典力学的速度变换关系 $v_x = v'_x + u = c + u > c$,而根据狭义相对论的速度变换关系,则有

$$v_x = \frac{v'_x + u}{1 + \frac{u}{c^2} v'_x} = \frac{c + u}{1 + \frac{u}{c}} = \frac{c+u}{c+u} c = c$$

这表明光速是绝对的,光速是物体运动速度的极限值。

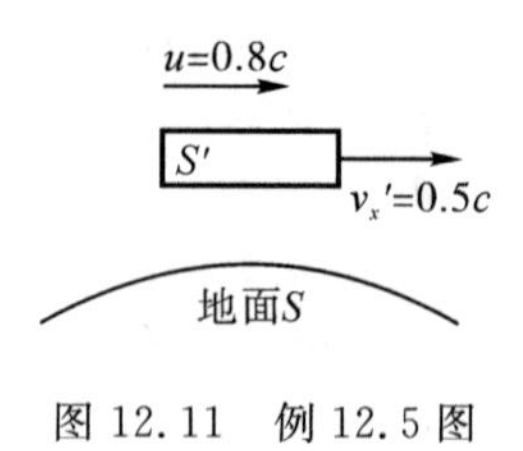

图 12.11　例 12.5 图

例 12.5　飞船相对于地面运动的速度为 $u = 0.8c$,从飞船上沿运动方向以相对飞船的速度 $v'_x = 0.5c$ 向前发射一物体,如图 12.11 所示。试求地面上的观察者看到物体的速度。

解　根据式(12.16),有

$$v_x = \frac{v'_x + u}{1 + \frac{u}{c^2} v'_x} = \frac{0.5c + 0.8c}{1 + \frac{0.8c}{c^2} \times 0.5c} = 0.93c$$

12.5　狭义相对论动力学的主要结论

经典力学的动力学基本方程是牛顿第二定律

$$\boldsymbol{F} = m\boldsymbol{a} = m\frac{\mathrm{d}\boldsymbol{v}}{\mathrm{d}t}$$

其中,m 是与运动无关的常量。前面讲过,这个方程和经典力学的其他基本定律都具有伽利略变换的不变性。但是,该方程不具有洛伦兹变换的不变性,因而不满足狭义相对论的相对性原理。

另外,如果 m 为常量,当质点受到一个与速度方向相同的作用力时,即使这个力不大,只要作用的时间足够长,质点的速度不断增大,总会达到或者超过光速,这与狭义相对论的结论不符,也与高能物理实验的结果相矛盾。

我们必须寻求新的动力学基本方程，它应该满足两个基本条件。首先应符合狭义相对论的相对性原理，具有洛伦兹变换下的不变性；其次，在低速运动情况下应与牛顿第二定律的形式近似。

12.5.1　相对论动力学基本方程及质量和动量

爱因斯坦提出，若把动力学基本方程写成

$$\boldsymbol{F} = \frac{\mathrm{d}(m\boldsymbol{v})}{\mathrm{d}t} \tag{12.17}$$

的形式，并认为物体的质量与运动速度成以下关系

$$m = \frac{m_0}{\sqrt{1 - v^2/c^2}} \tag{12.18}$$

则式(12.17)符合上述两个要求。m_0 为物体相对于观察者静止时测得的物体质量，称为**物体的静止质量**。式(12.18)称为**质速关系**。该式也表明，质量 m 与运动速度有关，称为**相对论质量**。实验证明式(12.17)和(12.18)与事实相符。因此，相对论中把

$$\boldsymbol{F} = \frac{\mathrm{d}}{\mathrm{d}t}\left(\frac{m_0}{\sqrt{1 - v^2/c^2}}\boldsymbol{v}\right) \tag{12.19}$$

作为动力学的基本方程。

若定义

$$\boldsymbol{p} = m\boldsymbol{v} = \frac{m_0}{\sqrt{1 - v^2/c^2}}\boldsymbol{v} \tag{12.20}$$

为动量，则式(12.19)也可以写成

$$\boldsymbol{F} = \frac{\mathrm{d}\boldsymbol{p}}{\mathrm{d}t} \tag{12.21}$$

物体的质量随运动速度改变，是相对论力学的重要结论之一。式(12.18)在高速微观粒子的研究中已经得到证明和应用。由于一般宏观物体的速度远比光速小，其质量比静止时增加微乎其微，可近似认为不变。我们还可以看到，当 $u \to c$ 时，物体的质量趋于无穷大，这时不能再使物体的速度增加，因此物体的速度不能超过光速。

在相对论中，如果系统不受外力或所受外力的合力为零时，系统的动量守恒，即

$$\sum_i \boldsymbol{p}_i = \sum_i m_i \boldsymbol{v}_i = \sum_i \frac{m_{0\,i}\boldsymbol{v}_i}{\sqrt{1 - {v_i}^2/c^2}} = \text{恒矢量} \tag{12.22}$$

当 $v \ll c$ 时，v_i^2/c^2 可以忽略不计，则上式与经典力学中的动量守恒定律一致。当物体的速度很大时，式(12.22)是否与事实相符呢？在量子光学中已经证明它与事实符合得很好，而

且可以证明它对洛伦兹变换具有不变的形式。

12.5.2　相对论能量

1. 相对论动能

在经典力学中,物体的动能 $E_k=\frac{1}{2}mv^2$,式中 m 为物体的静止质量。根据动能定理,物体动能的增量等于合力对物体所做的功。

在相对论力学中,认为动能定理仍然适用。若取速率为零时,物体的动能为零。当物体在力 $\boldsymbol{F}$ 的作用下,速率从零增大到 v 时,其动能为

$$E_k=\int\boldsymbol{F}\cdot d\boldsymbol{r}=\int\frac{d(m\boldsymbol{v})}{dt}\cdot d\boldsymbol{r}=\int_0^v d(m\boldsymbol{v})\cdot\boldsymbol{v}$$

$$=\int_0^v(dm\boldsymbol{v}\cdot\boldsymbol{v}+md\boldsymbol{v}\cdot\boldsymbol{v})=\int_0^v(v^2dm+mvdv) \tag{12.23}$$

又由质速关系式(12.18),可得

$$m^2v^2=m^2c^2-m_0^2c^2$$

对上式两边微分,整理后可得

$$v^2dm+mvdv=c^2dm$$

代入式(12.23),即得

$$E_k=\int_{m_0}^m c^2dm=mc^2-m_0c^2 \tag{12.24}$$

这就是**相对论动能**的表达式。

当 $v\ll c$ 时,由于

$$\left(1-\frac{v^2}{c^2}\right)^{-\frac{1}{2}}\approx1+\frac{1}{2}\frac{v^2}{c^2}$$

代入式(12.24),可得

$$E_k=\frac{1}{2}m_0v^2$$

这就是经典力学中的动能表达式。

> **小贴士:**
> 自然界能量的主要形式有热能(分子动能、势能)、化学能(使原子结合的能量)、电磁能(使核和电子结合的能量)、结合能(核子间的结合能、粒子间的结合能)以及各组成部分(电子、中子、质子等)的静止能。

2. 质能关系式

由动能表达式(12.24)

$$E_k=mc^2-m_0c^2=E-E_0$$

爱因斯坦指出,式中 $E_0=m_0c^2$ 为物体静止时所具有的能量,称为**静能**,$E=mc^2$ 为物体运动时具有的**总能量**。两者之差即为物体由于运动而增加的能量,也就是**动能** E_k。

物体的静能和总能量分别为

$$E_0 = m_0c^2, E = mc^2 \tag{12.25}$$

式(12.25)称为**质能关系式**。它揭示出能量和质量之间的内在联系，是相对论动力学的又一重要结论。

一个系统若与外界没有能量交换，且系统内动能与其他形式的能量没有转换时，系统内动能的总和应保持不变，即

$$\sum_i (m_ic^2 - m_0c^2) = \text{恒量} \tag{12.26}$$

当系统内的动能与其他形式的能量有转换时，系统内的动能的总和将不守恒，但总能量是守恒的，即

$$\sum_i m_ic^2 = \text{恒量} \tag{12.27}$$

可以证明，式(12.27)对洛伦兹变换具有不变的形式。

质能关系式在原子核反应过程中得到证实。在某些原子核反应中，会发生静止质量减少的现象，这称为**质量亏损**。当静止质量减少时，静能也相应减少，但总质量和总能量仍是守恒的。这意味着静能可以转化为反应后粒子具有的动能，这些动能又可以转变为其他形式的能量释放出来，这就是某些核反应能释放出巨大能量的原因。质能关系是人类打开核能仓库的一把钥匙。

例 12.6　μ 介子以 $v = 0.9c$ 的速度运动，试求此时的质量是静止质量的多少倍？

解　将 $v = 0.9c$ 代入式(12.18)，可得 μ 介子的质量

$$m = \frac{m_0}{\sqrt{1 - v^2/c^2}} = \frac{m_0}{\sqrt{1 - (0.9)^2}} = 2.3m_0$$

例 12.7　电子的静止质量 $m_0 = 9.11 \times 10^{-31}$ kg，试求静止的电子经 1.0×10^6 V 电压加速后的速度。

解　电子的静能为

$$E_0 = m_0c^2 = 9.11 \times 10^{-31} \times (3 \times 10^8)^2 = 8.20 \times 10^{-14} \text{ J}$$

经 1.0×10^6 V 电压加速后的动能为

$$E_k = eU = 1.6 \times 10^{-19} \times 1.0 \times 10^6 = 1.6 \times 10^{-13} \text{ J}$$

由于 $E_k \approx 2E_0$，所以必须考虑相对论效应，电子的质量为

$$m = \frac{E}{c^2} = \frac{E_0 + E_k}{c^2} = \frac{8.20 \times 10^{-14} \times 1.6 \times 10^{-13}}{(3 \times 10^8)^2}$$

$$= 2.69 \times 10^{-30} \text{ kg}$$

由质速关系可得

$$v = \sqrt{1 - \left(\frac{m_0}{m}\right)^2}\, c = \sqrt{1 - \left(\frac{9.11 \times 10^{-31}}{2.69 \times 10^{-30}}\right)^2}\, c = 0.94c$$

例 12.8　轻元素的原子核发生聚变时会释放出巨大的能量，试计算氢弹爆炸中，核聚变反应

> **小贴士：**
>
> 质能关系的意义：
>
> (1)反映了物体能量和质量内在的深刻联系；
>
> (2)对孤立系统而言，总质量和总能量守恒；
>
> (3)为开创原子能时代提供了理论基础。

> **小贴士：**
>
> 核能利用是当今能源开发利用的重要组成部分。当前核电以裂变能利用为主，我国核电站经历了合作到自主建设的过程，具有自主知识产权的第三代核电技术——华龙一号，已经在多地开工建设，标志着我国核电技术达到了世界先进水平。在第四代核电的发展上，高温气冷堆技术领跑全球，快中子堆等方面有了重大突破。华能石岛湾高温气冷堆核电站是全球首座将四代核电技术成功商业化的示范项目，2021 年 12 月 1 号反应堆成功并网发电。
>
> 我国聚变能利用也有了突破进展。2020 年 12 月，中国环流器二号 M 装置(HL－2M)在成都建成并实现首次放电，标志着中国自主掌握了大型先进托卡马克装置的设计、建造、运行技术，为我国核聚变堆的自主设计与建造打下坚实基础。

$$ {}_1^2\mathrm{H}+{}_1^3\mathrm{H}\rightarrow{}_2^4\mathrm{He}+{}_0^1\mathrm{n} $$

过程中放出的能量。

解　核反应前静止质量的总和为

$$ \begin{aligned} m_{10} &= m_0({}_1^2\mathrm{H}) + m_0({}_1^3\mathrm{H}) \\ &= 3.3437\times10^{-27}+5.0049\times10^{-27} \\ &= 8.3486\times10^{-27}\ \mathrm{kg} \end{aligned} $$

反应后静止质量的总和为

$$ \begin{aligned} m_{20} &= m_0({}_2^4\mathrm{He}) + m_0({}_0^1\mathrm{n}) \\ &= 6.6425\times10^{-27}+1.6750\times10^{-27} \\ &= 8.3175\times10^{-27}\ \mathrm{kg} \end{aligned} $$

根据质能关系，与质量亏损所对应的静能的减少量，就是反应后粒子具有的总动能，也就是反应过程中释放出来的能量

$$ \begin{aligned} \Delta E_\mathrm{k} &= (m_{10}-m_{20})c^2 \\ &= (8.3486\times10^{-27}-8.3175\times10^{-27})\times(3\times10^8)^2 \\ &= 2.80\times10^{-12}\ \mathrm{J} = 17.5\ \mathrm{MeV} \end{aligned} $$

3. 相对论能量和动量的关系

有时为考察粒子的动量，必须建立能量 E 与动量 p 的关系。在经典力学中，物体的动能和动量之间的关系是

$$ E_\mathrm{k} = \frac{1}{2}mv^2 = \frac{p^2}{2m} $$

在相对论中，由质速关系知

$$ m^2\left(1-\frac{v^2}{c^2}\right) = m_0^2 $$

等式两边同乘以 c^4，整理可得

$$ m^2c^4 = m^2v^2c^2 + m_0^2c^4 $$

所以有

$$ E^2 = p^2c^2 + E_0^2 \tag{12.28} $$

这就是相对论中粒子的**能量和动量之间的关系**。

对于光子，静止质量和静能为零，其能量为

$$ E = pc = h\nu \tag{12.29} $$

h 称为普朗克常量，其值由实验测得为 $6.626069529\times10^{-34}\ \mathrm{J\cdot s}$。

光子的动量为

$$ p = \frac{E}{c} = \frac{h\nu}{c} = \frac{h}{\lambda} \tag{12.30} $$

光子具有动量和质量(运动质量)，所以光经过一个大星球旁时，大星球的万有引力会使光线发生弯曲，这已被天文观测所证实。

内容提要

1. 经典力学的相对性原理

经典力学的相对性原理：在一切惯性系中，力学定律的形式相同。

2. 伽利略变换

S' 系相对惯性系 S 以速度 $\boldsymbol{u}$ 沿 x 轴正方向做匀速直线运动。在经典力学中，两个惯性系中描述同一物理事件的时空坐标满足伽利略变换：

$$x' = x - ut, y' = y, z' = z, t' = t$$

3. 狭义相对论的基本原理

(1) **狭义相对论的相对性原理：**一切物理定律在所有惯性系中的形式都相同。

(2) **光速不变原理：**在所有的惯性系中，光在真空中的传播速率都相等。

4. 洛伦兹变换

S' 系相对惯性系 S 以速度 $\boldsymbol{u}$ 沿 x 轴正方向做匀速直线运动。在狭义相对论中，两个惯性系中描述同一物理事件的时空坐标满足洛伦兹变换：

$$x' = \frac{x - ut}{\sqrt{1 - u^2/c^2}}, y' = y, z' = z, t' = \frac{t - \frac{u}{c^2}x}{\sqrt{1 - u^2/c^2}}$$

5. 狭义相对论的时空观

(1) 同时性的相对性

在一个惯性系中的观测者观测到同时发生的两事件，在其他任何惯性系中的观测者观测时，两事件不一定是同时发生的，即同时性具有相对性。

(2) 时间延缓效应

两事件发生的时间间隔，不同惯性系中的观测者观测的结果不同，即时间间隔具有相对性。

若在静止参照系中测得同一地点发生的两个事件的时间间隔为 τ_0（原时），而在运动参照系中测得的两个事件的时间间隔为 τ，则

$$\tau = \frac{\tau_0}{\sqrt{1 - u^2/c^2}}$$

相对于静止参照系而言，运动参照系中测得的时间间隔变长，这称为时间延缓效应。

(3) 长度收缩效应

两事件发生的空间间隔，不同惯性系中的观测者观测的结果不同，即空间间隔具有相对性。

在相对于杆静止的参照系中，测得杆的原长为 l_0，而在运动参照系中测得杆长为 l，则

$$l = l_0\sqrt{1 - u^2/c^2}$$

相对于静止惯性系而言，运动惯性系中的观测者测得物体在其平行于运动方向上的长度变短，这称为长度收缩效应。

6. 狭义相对论的速度变换公式

$$v'_x = \frac{v_x - u}{1 - \frac{u}{c^2}v_x}, \quad v'_y = \frac{\sqrt{1-\beta^2}\,v_y}{1 - \frac{u}{c^2}v_x}, \quad v'_z = \frac{\sqrt{1-\beta^2}\,v_z}{1 - \frac{u}{c^2}v_x}$$

7. 狭义相对论动力学

相对论质量 $$m = \frac{m_0}{\sqrt{1 - v^2/c^2}}$$

相对论动量 $$\boldsymbol{p} = m\boldsymbol{v} = \frac{m_0}{\sqrt{1 - v^2/c^2}}\boldsymbol{v}$$

相对论动力学方程 $$\boldsymbol{F} = \frac{\mathrm{d}}{\mathrm{d}t}\left(\frac{m_0}{\sqrt{1 - v^2/c^2}}\boldsymbol{v}\right)$$

相对论动能 $$E_{\mathrm{k}} = \left(\frac{1}{\sqrt{1 - v^2/c^2}} - 1\right)m_0c^2$$

静止能量 $$E_0 = m_0c^2$$

相对论能量 $$E = mc^2$$

相对论能量与相对论动量和静止能量的关系

$$E^2 = (pc)^2 + E_0^2$$

思考题

12.1 在伽利略变换下,与惯性系选择无关的物理量是哪些?与惯性系选择有关的物理量是哪些?

12.2 在一惯性系中,观测两事件同时发生在不同地点,则在其他惯性系中观测这两事件,其结果为(　　)。

(A)一定同时发生

(B)可能同时发生

(C)不可能同时,但可能在同一地点发生

(D)不可能同时,也不可能在同一地点发生

12.3 在一惯性系中,观测两事件在同一地点而不同时发生,则在其他惯性系中观测这两事件,其结果为(　　)。

(A)一定在同一地点发生

(B)可能在同一地点发生

(C)不可能在同一地点,但可能同时发生

(D)不可能在同一地点,也不可能同时发生

12.4 一静止质量为 m_0,截面积为 S,长为 l 的圆柱体,沿长度方向相对于观测者运动,运动速度为 u(接近光速),观察者测得其质量密度为多少?

12.5 有三个粒子,它们的静能和总能量若用一个量 A 来表示,分别为(1) A 、$3A$;(2) $2A$ 、$3A$;(3) $3A$ 、$4A$,试将这三个粒子分别按其质量、动能和速度大小排序。

习　题

一、简答题

12.1 经典力学的相对性原理是什么？伽利略变换是什么？

12.2 狭义相对论的两条基本假设是什么？洛伦兹变换是什么？

12.3 狭义相对论中怎样规定同时性？同时性的相对性是什么？

12.4 时间延缓效应是什么？

12.5 长度收缩效应是什么？具体是沿哪个方向收缩？

12.6 狭义相对论的速度变换公式是什么？

12.7 狭义相对论的质量、动量和动力学方程各是什么？与经典力学有何异同？

12.8 狭义相对论的动能、静能和总能量表达式各是什么？质能方程的物理意义是什么？质量亏损是什么？

二、计算题

12.1 惯性系 S 和 S' 上的坐标轴彼此平行，当原点重合时开始计时，若 S' 系相对于 S 系沿 x 轴正方向以速度 $u=0.6c$ 运动，在 S 系中观测一事件发生在 $t=2\times10^{-4}$ s，$x=5\times10^{3}$ m 处，试求在 S' 系中观测该事件的时空坐标。

12.2 在上题的 S 和 S' 系中，S' 系以 $u=0.8c$ 相对于 S 系运动，在 S' 系中观测一事件发生在 $t_1'=0$，$x_1'=0$ 处，另一事件发生在 $t_2'=5\times10^{-7}$ s，$x_2'=-120$ m 处，试求在 S 系中测得两个事件发生的时间间隔及空间位置坐标。

12.3 地球到月球的平均距离约为 3.844×10^{8} m 。一火箭以 $0.8c$ 的速度沿着地球到月球的方向飞行，先经过地球(事件 1)后经过月球(事件 2)，试求在地-月系统和火箭系中观测，火箭由地球飞向月球需多长时间。

12.4 在惯性系 S 中，两事件发生在同一时刻，沿 x 轴相距 1 km 。若在以恒定速度沿 x 轴正方向运动的惯性系 S' 中，测得该两事件沿 x' 轴相距 2 km，试求在 S' 系中测得两事件发生的时间间隔。

12.5 一根米尺静止在 S' 系中，与 $O'x'$ 轴成$30°$夹角，如在 S 系中测得该米尺与 Ox 轴成 $45°$夹角，试求 S' 系相对 S 系运动的速度是多少？在 S 系中测量米尺的长度是多少？

12.6 在一惯性系中，两个事件发生在同一地点，经历的时间间隔为 4 s，若在另一惯性系中测得该两事件经历的时间间隔为 6 s，试求在该惯性系中两事件发生地点之间的距离。

12.7 静止的自由中子的平均寿命为 930 s，它能自发地转变为电子、质子和中微子，试求一个中子必须以多大的平均速度离开太阳，在转变前刚好到达地球，已知太阳到地球的平均距离约为 1.496×10^{11} m 。

12.8 设一火箭的静止质量为 1.0×10^{5} kg，当它以第二宇宙速度 $v=11.2\times10^{3}$ m/s 飞行时，质量增加了多少？

12.9 太阳的辐射能来自其内部的核聚变反应，太阳每秒向周围空间辐射的能量约为5×10^{26} J，试求由于辐射，太阳的质量每秒减少多少？

12.10 要使电子的速度从 1.2×10^8 m/s 增加到 2.4×10^8 m/s，必须给电子做多少功？

12.11 已知质子、中子、氘核的静止质量分别为 $m_p=1.67262\times10^{-27}$ kg 、$m_n=1.67493\times10^{-27}$ kg 、$m_D=3.34359\times10^{-27}$ kg，试求一个质子和一个中子结合成一个氘核时放出的能量。

12.12 一个粒子的静止质量为 m_0，当其动能等于静能时，粒子的动量是多少？

三、应用题

12.1 全球定位系统(Global Positioning System，GPS)是依靠卫星上原子钟提供的精确时间来工作的，而卫星环绕地球做高速运动。已知GPS卫星的速度为 1.4×10^4 km/h，试根据狭义相对论计算星载时钟每天比地面时钟慢多长时间。

12.2 氢弹利用了核聚变反应。各氢原子核中的中子聚变成质量较大的核，每用 1 g 的氢约损失 0.006 g 静止质量。而氢被燃烧时，1 g 氢释放出 1.3×10^5 J 的能量。试求该聚变反应中释放出来的能量与同量的氢燃烧成水时释放出来的能量的比值。

第 13 章　量子物理基础

物质形态及本源构成了物理学的重要基础，一般认为物质是由一个基本的单元构成的。古希腊认为原子是构成物质的最小单元，原子(atom)原意是不可分割的意思。1987 年汤姆孙发现电子是比原子更小的物质单元，后来又相继发现了中子、质子、中微子、夸克、超子等粒子。物理学家认为正是由于这些不连续的基元不同的组合方式，才得以构成丰富多彩的物质世界。到了 20 世纪，普朗克关于黑体辐射实验的理论解释、爱因斯坦光电效应以及康普顿效应，说明能量不是连续变化的，提出能量基本单元(能量子)的概念。至此，物理学对物质和能量的认识进入了一个新的纪元，也就是量子时代，从而也宣告了量子物理的诞生。

本章主要介绍量子物理关于粒子、能量基本单元的认识过程，量子物理的基本思想，微观物质遵循的基本规律——薛定谔方程，还有一些基本的应用等。

预习提要：

1. 什么是黑体？黑体辐射有哪些基本规律？普朗克的能量子假设是什么？

2. 光电效应有哪些基本规律？爱因斯坦的光量子假设是什么？

3. 氢原子光谱有哪些基本规律？玻尔氢原子理论的三条基本假设是什么？

4. 德布罗意的物质波假设是什么？怎样理解波粒二象性？

5. 海森伯的不确定关系是什么？

6. 波函数的统计解释是什么？

7. 薛定谔方程与定态薛定谔方程各是什么？

8. 电子自旋假设是什么？

9. 描述原子中电子状态的四个量子数是什么？各自的物理意义是什么？

10. 泡利不相容原理和能量最小原理各是什么？原子的壳层结构是怎样的？电子在壳层中如何分布？

13.1 热辐射和普朗克能量子假设

13.1.1 热辐射

> 小贴士:
>
> 一般来说,人们普遍认为物质是由一些最小的基本单元所组成,最初人们认为原子是构成物质的最小单元,19世纪末实验中发现了电子,后来又相继发现了中子、质子、介子、超子等粒子,正是由于有这些不连续的基元通过多种多样的组合,构成了物质世界的丰富多彩。那么能量作为物质的一种形态,是连续的还是由一些"基元"构成的呢?

一切宏观物体都不断地以电磁波的形式向外辐射能量。由于宏观物体中带电粒子的热运动而辐射电磁波的现象称为**热辐射**。不仅温度高的物体有热辐射,温度低的物体中带电粒子也有热运动,因而也有热辐射,不过温度低的物体辐射的能量较少而已。在研究热辐射的过程中,人们发现用经典的物理学理论无法解释热辐射的实验规律,从而导致了量子论的诞生。

宏观物体在向外辐射电磁波的同时,也从外界吸收电磁波。一般来说,物体辐射的本领越大,吸收的本领也越大,反之亦然。若辐射的能量大于吸收的能量时,物体的温度会降低;而辐射的能量小于吸收的能量时,物体的温度就会升高。当辐射的能量等于吸收的能量时,物体的温度不再变化达到平衡状态。这时物体的热辐射称为**平衡热辐射**。下面只讨论平衡热辐射的规律。

实验发现,物体辐射的能量中,不同波长辐射的能量不同。为了描述物体热辐射能量按波长的分布规律,引入单色辐射出射度(简称辐出度)的概念。单位时间内,温度为 T 的物体,单位表面积辐射的波长在 $\lambda \sim \lambda + \mathrm{d}$ 区间内的辐射能量 $\mathrm{d}M_\lambda$ 与波长间隔 $\mathrm{d}\lambda$ 的比值,称为单色辐出度,用 $M_\lambda(T)$ 表示,即

$$M_\lambda(T) = \frac{\mathrm{d}M_\lambda}{\mathrm{d}\lambda} \tag{13.1}$$

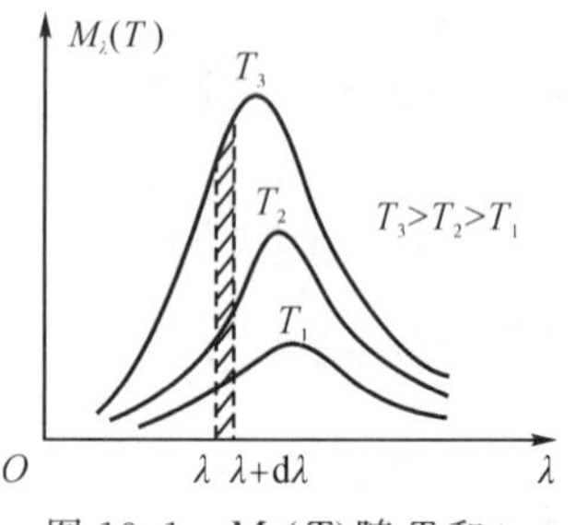

图 13.1 $M_\lambda(T)$随 T 和 λ 变化曲线

对于给定的物体来说,单色辐出度 $M_\lambda(T)$ 是温度 T 和波长 λ 的函数,与物体的材料和表面状况等因素也有关。单色辐出度 $M_\lambda(T)$ 随温度 T 和波长 λ 变化的曲线如图 13.1 所示。可以看出,在一定温度下,$M_\lambda(T)$ 随波长而变。当温度升高时,$M_\lambda(T)$ 也随之而增大。反之亦然。

在一定温度下,物体单位面积在单位时间内的所有辐射能量称为物体的辐出度,用 $M(T)$ 表示,显然

$$M(T) = \int_0^\infty M_\lambda(T)\,\mathrm{d}\lambda \tag{13.2}$$

其值等于图 13.1 中曲线下的面积值。

13.1.2 黑体辐射

物体若能吸收投射到它表面的全部可见光,这个物体看起

来是黑色的。如果物体对任何波长(不限于可见光)的入射能量都能全部吸收,而完全不发生反射和透射,这样的物体称为**绝对黑体**,简称**黑体**。显然,在相同温度下,黑体的吸收本领最大,因而其辐射本领也最大,而且,黑体的单色辐出度仅与温度和波长有关,而与其材料及表面状况等无关。

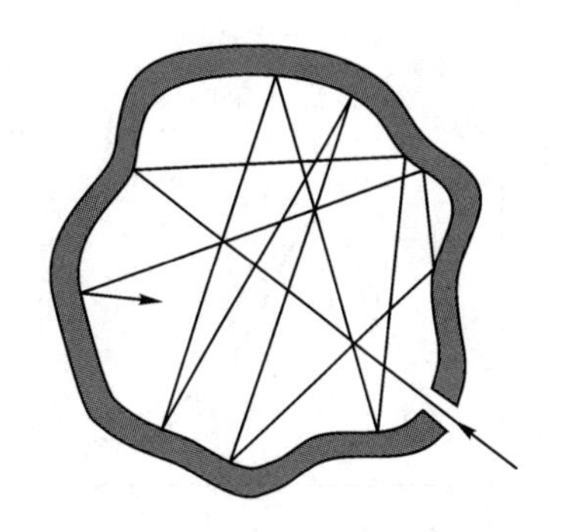

图 13.2　带小孔的空腔

想一想:

黑色物体就是黑体吗?

绝对黑体实际上是不存在的。在科学研究中常用一内部涂黑的空腔,在其上开一小孔,如图 13.2 所示。当电磁波进入小孔后,在空腔内经多次反射,很快就被吸收减弱,很少能再从小孔射出。因此,带小孔的空腔可以作为黑体的模型,小孔可以看成黑体的表面。例如白天向远处房屋的小窗望去,屋内显得特别幽暗,这就是因为从小窗射入的光,经墙壁的多次反射吸收,很少能再从窗口射出的缘故。

由于在单位时间内,黑体单位表面积辐射的波长在 $\lambda \sim \lambda + d$ 区间内的辐射能,等于在相同时间内,空腔单位面积平衡热辐射时,辐射的波长在 $\lambda \sim \lambda + d$ 区间内的辐射能。而从小孔辐射出来的波长在 $\lambda \sim \lambda + d$ 区间的辐射能,即为空腔中射到小孔的波长在该区间内的辐射能。从这个意义上说,小孔的辐射就可以看成是黑体表面的平衡热辐射。

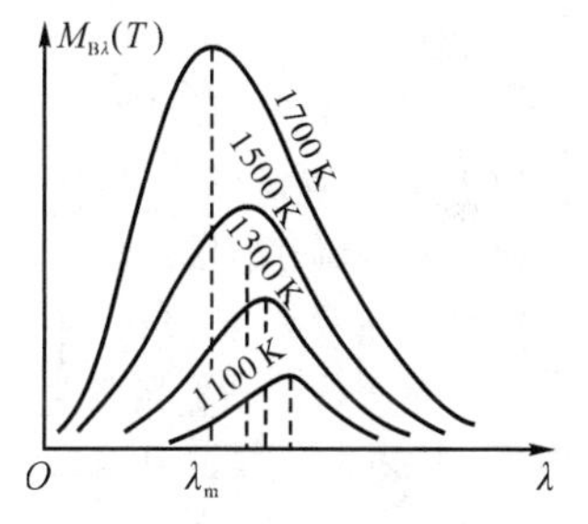

图 13.3　$M_{B\gamma}(T)$随波长变化曲线

实验测得,黑体的单色辐出度 $M_{B\lambda}(T)$ 随波长 λ 变化的曲线如图 13.3 所示。图中显示:温度一定时,波长较小或较大的单色辐出度都比较小,而波长居中的单色辐出度较大;单色辐出度随波长的变化有一个极大值。这表明黑体辐射波长较小或较大的辐射能的本领较弱,而辐射波长居中的辐射能的本领较强,辐射极值波长的辐射能的本领最强。由图还可见,随着温度的升高,各种波长成分的单色辐出度都增大,这表明,**温度越高,黑体辐射各种波长成分的辐射能的本领越强**。

小贴士:

单色辐出度对热辐射的理论研究和实际应用有着重要的意义,瑞利(J. W. Rayleigh, 1842—1919)和金斯(J. H. Jeans, 1877—1946)按照经典电磁理论和经典统计物理得到黑体单色辐出度的数学表达式:$M_v(T) = \frac{2\pi v^2}{c^2} kT$,称作瑞利-金斯公式,式中 k 为玻尔兹曼常量,c 为光速。

根据实验,人们总结出了关于黑体辐射的两个实验定律:

(1)斯特藩-玻尔兹曼定律

在一定温度下,黑体的辐出度 $M(T)$ 与温度 T 的 4 次方成正比,即

$$M(T) = \sigma T^4 \tag{13.3}$$

式中 $\sigma = 5.670400 \times 10^{-8}\ \mathrm{W \cdot m^{-2} \cdot k^{-4}}$,称为斯特藩常量。上式称为**斯特藩-玻尔兹曼定律**。太阳的温度我们无法直接测量,冶炼炉的温度很高,也很难直接测量。如果把太阳或冶炼炉炉口视为黑体,只要测出太阳或炉口的辐出度,就可以由式(13.3)计算出温度来。光测高温计就是根据这一原理制成的。

(2)维恩位移定律

由图 13.3 的实验曲线可见,在一定温度下,黑体的单色辐出度极大值相应的波长用 λ_m 表示,则温度 T 越高,λ_m 值越小,

两者的关系为

$$T\lambda_m = b \tag{13.4}$$

式中,$b = 2898\ \mu\text{m} \cdot \text{K}$,其值由实验确定。上式称为**维恩位移定律**。实验测出太阳辐射的 $\lambda_m \approx 0.471\ \mu\text{m}$ 。根据上式,计算出太阳表面的温度 $T \approx 6150\ \text{K}$。

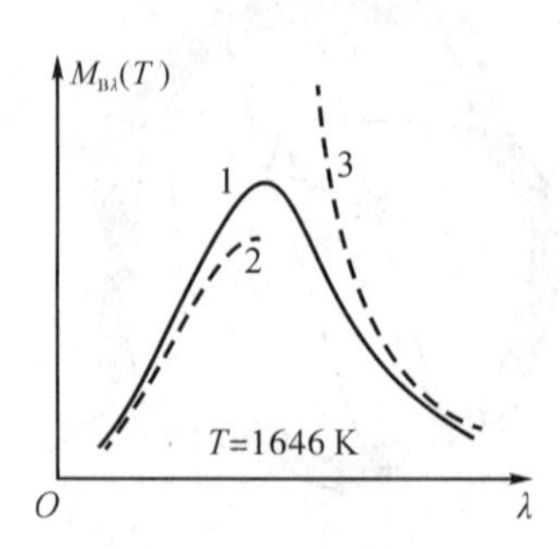

图 13.4　黑体辐射的辐出度分布实验曲线与维恩公式曲线以及瑞利-金斯公式曲线比较

人们总是企图用已有的经典理论来解释新发现的实验规律。维恩根据经典的热力学理论解释黑体辐射导出的公式,画出的曲线如图 13.4 中曲线 2 所示,与实验曲线 1 比较,在短波部分符合较好,而在长波部分偏差较大。瑞利和金斯把经典的能量均分定理应用于电磁辐射导出的公式,画出的曲线如图 13.4 中曲线 3 所示,与实验曲线 1 比较,在长波部分符合较好,而在短波部分偏差很大。由此可见,经典理论在解释黑体辐射的实验规律时遇到了困难。

小贴士:

维恩(W. Wien(1864—1928)德国物理学家,由于他提出热辐射的维恩位移定律和维恩辐射公式,在 1911 年获得诺贝尔物理学奖。后来人们知道,其辐射公式只适用于短波,普朗克提出的黑体辐射公式不仅适用于短波,也适用于长波。但维恩的工作对量子论的建立起了一定作用。

13.1.3　普朗克能量子假设

普朗克分析了维恩和瑞利-金斯公式成功之处,意识到如果这两个公式是某个公式在短波部分和长波部分的近似式,那么这个公式就可以在任意波段与实验相符。1900 年,普朗克提出了一个新的公式

$$M_{B\lambda}(T) = 2\pi hc^2\lambda^{-5}\frac{1}{e^{\frac{hc}{k\lambda T}} - 1} \tag{13.5}$$

式中 c 为光速,k 为玻尔兹曼常量。式(13.5)称为**普朗克公式**。的确,由这个公式画出的曲线与实验曲线符合得很好。

普朗克在导出这个公式时,作出了一个与经典理论相矛盾的假设。他认为辐射体是由大量带电线性谐振子组成。谐振子并不能处于能量为任意值的状态。频率为 ν 的谐振子,只能处于某些特定的状态,在这些状态中,它们的能量为最小能量单元 $h\nu$ 的整数倍,即谐振子的能量只可以为 0, $h\nu$, $2h\nu$, …, $nh\nu$, n 为正整数,称为量子数,$h\nu$ 常称为能量子。这一假设称为普朗克能量子假设。

想一想:

普朗克公式的理论依据和维恩黑体辐射导出公式,以及瑞利-金斯电磁辐射导出公式的差别是什么?

经典物理中认为谐振子的能量可连续取任意值,普朗克假设告诉人们,微观世界能量是不连续的。这具有划时代意义,是对经典物理学的重大突破,普朗克也因此成为量子理论的奠基人,并荣获 1918 年的诺贝尔物理学奖。

想一想:

日常生活中能观察到能量的量子化现象吗,为什么?

例 12.1　一宏观谐振子的质量 $m = 0.3\ \text{kg}$,弹簧的劲度系数 $k = 3.0\ \text{N/m}$。由于阻尼的影响,谐振子的振幅由 $A = 0.1\ \text{m}$ 开始不断衰减。试求

(1)谐振子的初始能量及不连续衰减的能量子;

(2)谐振子初始能量状态的量子数。

解　(1)谐振子的频率为

$$\nu = \frac{1}{2\pi}\sqrt{\frac{k}{m}} = \frac{1}{2\pi}\sqrt{\frac{3.0}{0.3}} = 0.5\ \text{Hz}$$

谐振子的初始能量

$$E_0 = \frac{1}{2}kA^2 = \frac{1}{2}\times 3.0\times(0.1)^2 = 1.5\times 10^{-2}\ \text{J}$$

谐振子不连续衰减的能量子

$$h\nu = 6.63\times 10^{-34}\times 0.5 = 3.3\times 10^{-34}\ \text{J}$$

以这样小的值为最小单元做不连续衰减，在宏观上是无法测量的。

(2)初始能量状态的量子数

$$n = \frac{E_0}{h\nu} = \frac{1.5\times 10^{-2}}{3.3\times 10^{-34}} = 4.5\times 10^{33}$$

这个数字太大了。由于不连续衰减的能量最小单位 $h\nu$ 太小，宏观上无法分辨，因而认为谐振子的能量是连续变化的。

13.2　光电效应和爱因斯坦光量子假设

普朗克的能量子假设圆满地解释了黑体热辐射的规律，但他的假设仅说明谐振子只能处于能量为某些特定值的状态。为什么谐振子只能处于某些特定的状态，普朗克力图从经典理论来解释，然而没有取得成功，爱因斯坦将量子假设加以推广，认为光也具有粒子性，在物质发射或吸收光时，每次发射或吸收一个光子，从而解释了用经典理论不能解释的光电效应的实验规律。

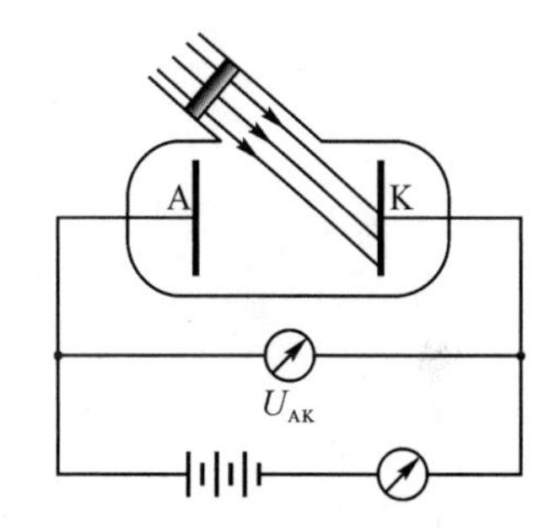

图 13.5　光电效应实验装置

13.2.1　光电效应的实验规律

金属表面被光照射后，释放出电子的现象称为**光电效应**。释放出(逸出)的电子称作**光电子**。观测光电效应的实验装置如图 13.5 所示，在一个抽成真空的玻璃泡内，装有阳极 A 和阴级 K，当用一定频率的光从透明石英窗照射到阴极 K 上时，就有光电子从其表面逸出。该电子经电场加速后，到达阳极 A 形成光电流。改变电势差 U_{AK}，测量光电流 i，可得到光电效应的伏安特性曲线，如图 13.6 所示。

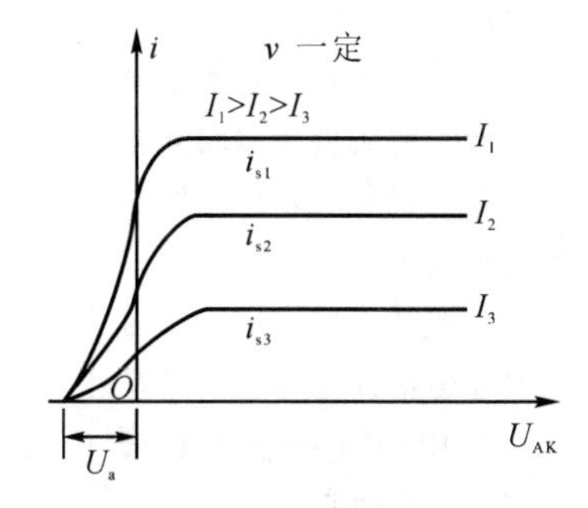

图 13.6　光电效应的伏安特性曲线

实验发现，光电效应具有如下规律：

(1)单位时间内从金属阴极逸出的光电子数与入射光的强度成正比。光电流 i 随电势差 U_{AK} 的增大而增大，最终趋于一个定值，称为饱和电流 i_s，其值与单位时间从阴极 K 逸出的光电子数目成正比。

(2)当入射光的频率小于某一频率时，不论光的强度如何，都不能使金属中的电子逸出,这个频率 ν_0 称为这种金属的**截止频率(或红限)**。

(3)光电子的初动能与入射光的强度无关,而与入射光的频率成线性关系。改变电势差 U_{AK} 发现,当 $U_{AK}=0$ 时,光电流 i 并不为零,这说明光电子逸出时具有初动能。当电势差 U_{AK} 反向增大到一定值 U_a 时,光电流才变为零。U_a 称为遏止电压。若光电子逸出金属表面时的最大速率为 v_m,则光电子的初动能等于反向电场所做的功,即

$$\frac{1}{2}mv_m{}^2 = eU_a \tag{13.6}$$

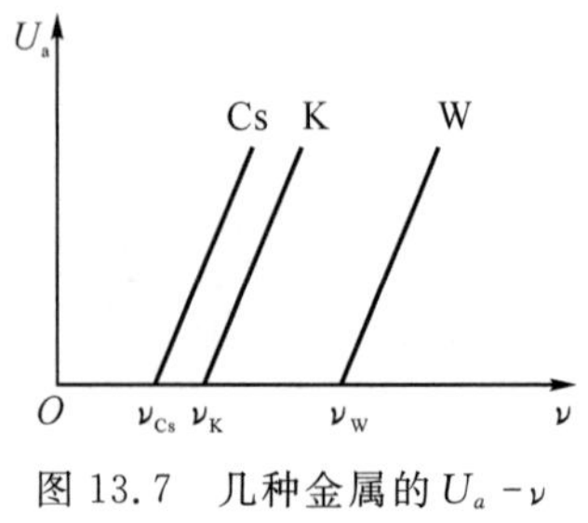

图 13.7　几种金属的 $U_a-\nu$ 关系图线

实验发现,当**用频率大于红限的单色光照射时,遏止电压 U_a 与频率成线性关系**,即

$$U_a = k(\nu-\nu_0) \tag{13.7}$$

图 13.7 给出了几种金属的 $U_a-\nu$ 关系图线。式(13.7)中的 k 为图线的斜率。由图可见,不同金属图线的斜率相同,所以 k 是与金属性质无关的恒量。ν_0 是图线在横轴上的截距,它等于这种金属的红限。

(4)不论入射光多么微弱,从光照射金属到光电子逸出,滞后的时间不超过 10^{-9} s。

光电效应的实验规律很难用经典的波动理论来解释。按波动理论,当光投射到物质上时,入射的电磁波将引起电子的受迫振动,其振幅与入射光的振幅成正比。当光波振幅足够大时,电子获得足够的能量就可逸出金属表面,光电子的初动能应与入射光的强度有关。只要入射光有一定强度就可以释放电子,不会存在红限。若光强很小,则金属中的电子必须经过较长时间的累积,才会有足够的能量逸出来,因而光电子的发射不可能是即时的。

13.2.2　爱因斯坦光量子假设

> **小贴士:**
>
> 爱因斯坦光量子假设说明光的能量在空间分布不是连续的,而是一份一份聚集在一起。
>
> 光不仅在发射中,而且在传播以及与物质相互作用中都可被看成能量子——光量子。

为了解释光电效应的实验规律,1905 年,爱因斯坦提出了光量子的假设。他认为若把**频率为 ν 的光看作是由每个能量为 $\varepsilon=h\nu$ 的粒子组成的粒子流,光的强度取决于单位时间通过单位面积的粒子数**,那么光电效应的实验规律就能得到解释。爱因斯坦称这种粒子为**光子**。

根据以上假设,当光照射金属表面时,具有能量 $\varepsilon=h\nu$ 的光子被金属中的电子吸收,光子将其能量全部给予电子,假如这个能量足以克服金属的逸出功,电子就可逸出金属表面,因为一个电子同时吸引两个光子的概率很小,所以每个逸出的电子吸收一个光子,因此逸出的电子数正比于吸收的光子数,即

正比于光的强度。电子从光子吸收的能量 $h\nu$ 除了克服金属的逸出功 A 外,都转变为电子的动能,其能量转换关系为

$$h\nu = \frac{1}{2}mv_{\mathrm{m}}^{2} + A \tag{13.8}$$

上式表明,光电子的动能与光子的频率呈线性关系,这称为**爱因斯坦光电效应方程**。显然,当 $h\nu < A$,即光子的能量小于电子的逸出功时,电子就不会逸出金属表面,这就说明了为什么会有红限存在,由上式可知

$$\nu_0 = \frac{A}{h} \tag{13.9}$$

微弱的光只不过是光子数目少而已。因此,即使照射金属的光很微弱,仍会有少量电子吸收光子的能量而逸出,并不需要累积能量的过程,这就说明了光电效应的时间问题。

光电效应在技术上有着广泛的应用。当光照射到非金属的晶体、半导体上或液体中时,不但可以使电子逸出,而且可使物体的原子释放的电子变成自由电子,这些自由电子仍留在内部而使物体的导电性增加,这一现象称为**内光电效应**。因此,使电子逸出的光电效应也称为**外光电效应**,利用外光电效应可以制成光电管,实现光与电的转换。一般光电管内抽成真空,有时为了提高灵敏度,则充以惰性气体,如氦气、氖气、氩气等,这样除了产生光电子外,还可使气体电离,从而使电流增加。光电管与电磁继电器联合使用可以组成光控继电器,利用光的有无或强弱来改变通过光电管的电流,电流经过放大后控制继电器,从而开闭使用的电路。由于光电流强度与入射光的功率成正比,因而可利用光电管制成测量光功率的光度计。利用光电管制成的光电倍增管在弱光探测、高频调制或光脉冲等方面有广泛的应用。

> **小贴士:**
>
> 光作为电磁波是弥散在空间而连续的,某处明亮则某处光强大即 I 大。
>
> 光作为粒子在空间中是集中而分立的,某处明亮则某处光子多即 N 大;
>
> 光子数 $N \propto I \propto E^2$ 统一于概率波理论。

在光学中曾介绍过光的干涉、衍射等现象,说明光在传播中表现出波动性,光电效应则说明光在被吸收或散射时表现出粒子性,即**光具有波粒二象性**,光的粒子性和波动性到底如何联系起来,将在后面进一步介绍。

例 12.2　已知铝的逸出功 $A = 4.2\ \mathrm{eV}$,若用波长为 $\lambda = 200\ \mathrm{nm}$ 的光照射铝表面,试求:

(1)由铝表面发出的光电子的最大初动能;

(2)铝的遏止电压;

(3)铝的红限波长。

解　入射光的频率为

$$\nu = \frac{c}{\lambda} = \frac{3 \times 10^{8}}{200 \times 10^{-9}} = 1.5 \times 10^{15}\ \mathrm{Hz}$$

光子的能量

$$\varepsilon = h\nu = 6.63\times10^{-34}\times1.5\times10^{15} = 9.95\times10^{-19}\,\text{J}=6.2\ \text{eV}$$

(1)由爱因斯坦光电效应方程,光电子的最大初动能为

$$\frac{1}{2}mv_{\text{m}}^{2} = h\nu - A = 6.2-4.2 = 2.0\ \text{eV}$$

(2) $eU_{a} = \frac{1}{2}mv_{\text{m}}^{2}$,可得铝的遏止电压

$$U_{a} = \frac{\frac{1}{2}mv_{\text{m}}^{2}}{e} = 2.0\ \text{eV}$$

(3)由式(13.9),可得铝的红限波长

$$\lambda_{0} = \frac{c}{\nu_{0}} = \frac{hc}{A} = \frac{6.63\times10^{-34}\times3\times10^{8}}{4.2\times1.6\times10^{-19}} = 2.96\times10^{-7}\ \text{m} = 296\ \text{nm}$$

例 12.3 已知钨的逸出功为 4.52 eV,钠的逸出功为 2.30 eV,试分别求钨和钠的红限波长,并判断哪种材料适宜用作可见光范围的光电材料?

解 由式(13.9),可得钨的红限波长

$$\lambda_{0} = \frac{hc}{A} = \frac{6.63\times10^{-34}\times3\times10^{8}}{4.52\times1.6\times10^{-19}} = 273\ \text{nm}$$

波长在远紫外区。

钠的红限波长

$$\lambda_{0} = \frac{hc}{A} = 540\ \text{nm}$$

波长在可见光区,适宜作光电材料。

> **小贴士:**
> 1904 年伊夫(AS. Eve)发现 γ 射线被物质散射后波长变长。1910 年弗罗兰斯(D. C. H. Florance)进一步证明散射后的二次射线波长取决于散射角度,与散射物的材料无关。1919 年康普顿用精确的手段测定了 γ 射线和 X 射线的散射波长,确定了散射后波长变长的事实。

13.3 康普顿效应

光电效应实验中,爱因斯坦提出了“光量子理论”,给出了光子能量表达式,阐述了光子与金属中电子的作用过程,成功地解释了光电效应的实验现象,从而证明了光具有粒子性,后来他还推导出光子动量表达式。然而关于光子动量还需要实验的证实,光子与电子相互作用是否还有其他类型 ,科学家对此展开了研究,康普顿效应实验就是著名实验之一。

13.3.1 康普顿实验以及实验规律

1. 康普顿实验及装置

1920 年康普顿及在研究 X 射线被物质散射时,发现散射光出现了不同于入射波长的成分,康普顿实验装置示意图如图 13.8 所示。

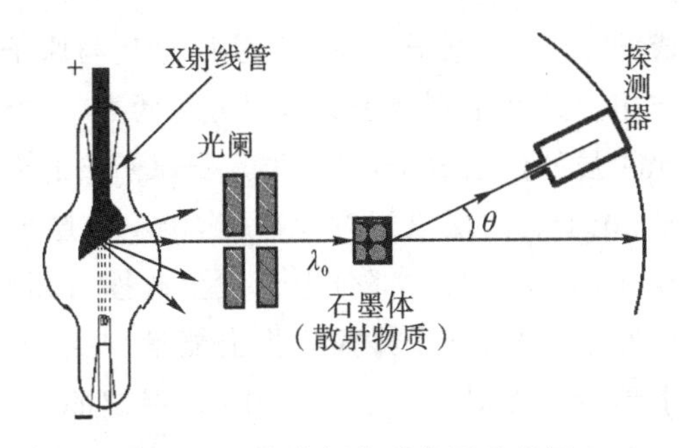

图 13.8　康普顿实验装置示意图

图中 X 光管发出一定波长的 X 射线，通过光阑后成为一束狭窄的 X 射线，投射到散射物质上，用探测器（摄谱仪）可以测不同方向上散射光波长及相对强度。实验发现，散射光线中发现了波长变长的成分，这种现象叫作康普顿效应。在这项工作中我国著名物理学家吴有训做出卓有成效的贡献。

2. 康普顿实验规律

康普顿及其合作者采用不同散射物质做了大量的实验，实验中发现以下规律，如图 13.9 所示，图中 λ_0 为**入射波长**，λ 为**新射线波长**，θ 为散射角。

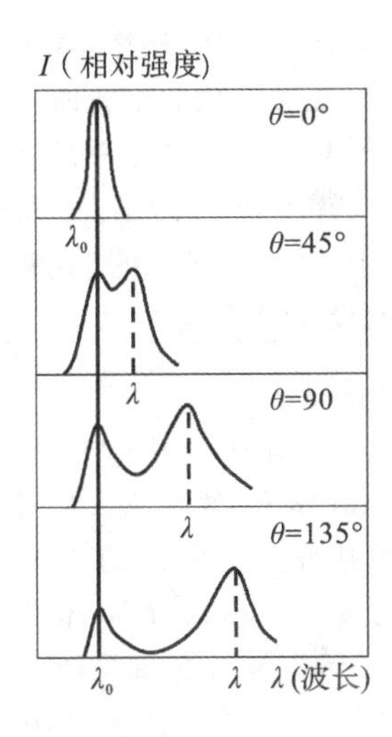

图 13.9　不同散射角度散射波

在散射的射线中除了有与入射波长相同的射线外，还有波长变长的新射线。新射线的波长与散射的角度有关，散射角越大，新射线波长越长；散射角相同时，散射线波长的变化量 $\Delta\lambda=\lambda-\lambda_0$ 与散射物质无关。实验中还发现，如图 13.10 所示，对于轻元素，波长变长射线强度强；对于重元素，新波长变长射线强度弱。

13.3.2　康普顿效应的解释

1. 经典理论及困难

按照经典电磁波理论，电磁波通过散射物质时，物质中带电粒子做受迫振动，从入射波吸收能量，同时又作为新的波源向四周辐射电磁波，形成散射光，由于带电粒子做受迫振动的频率等于入射光的频率，因而散射光的频率或波长与入射光相同。日常生活中大家都有这样的经验，当光照射在一个物体上，散射光和入射光的颜色是相同的。而康普顿 X 光散射实验中确实出现了比入射光波长长的散射光，经典电磁理论很难对康普顿效应实验结果作出合理的解释。那么怎么认识康普顿 X 光散射实验结果呢？

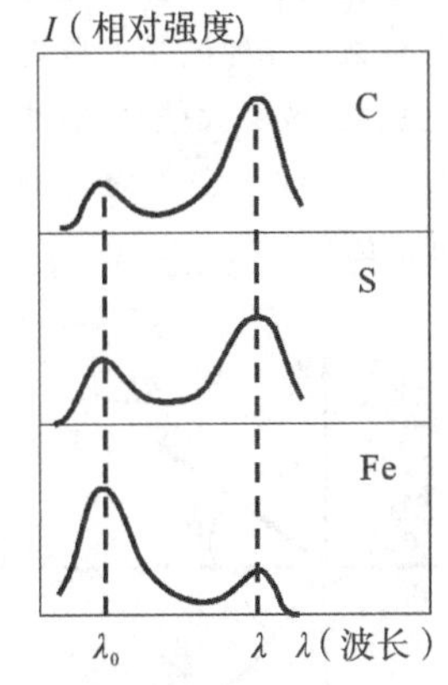

图 13.10　散射角为 135°时 C、S、Fe 三种散射体的散射波强度

2. 量子理论解释

1922 年康普顿按照光子学提出了自己的假说，X 射线是

小贴士：

康普顿(Arthur Holly Compton，1892—1962)美国物理学家。他的重大贡献是在X射线的衍射研究中，发现了康普顿效应，为此与威尔逊共同获得了1927年的诺贝尔物理学奖。

康普顿对于康普顿效应的探索过程一波三折。他首先对伊夫的实验感兴趣，开始自己动手进行实验，观察实验现象，发现实验规律，利用经典理论来解释实验现象，失败后又采用新的理论——光量子理论，最后终于获得成功。成功后又继续利用实验来对自己的理论和假设进行验证。

小贴士：

吴有训(1897—1977)，物理学家、教育家。对证实康普顿效应做出了重要贡献，在康普顿的一本著作中曾19处提到吴的工作。1925至1926年，吴有训用了15种轻重不同的元素为散射物质，在同一散射角测量各种波长的散射光强度，做了大量X射线散射实验，证实了康普顿效应的普遍性。

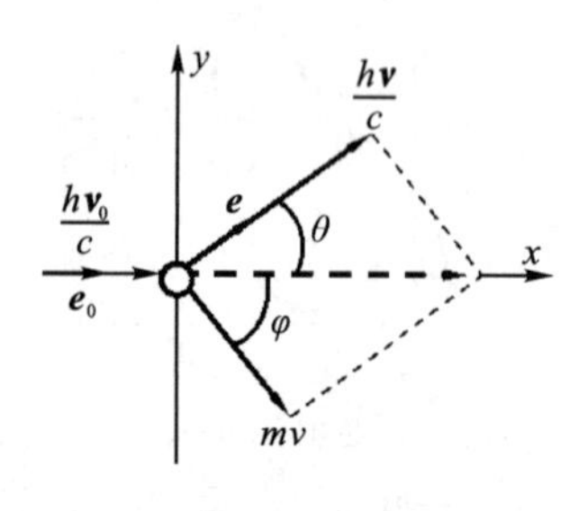

图13.11 光子与电子碰撞模型

由光子组成的，光子和原子之间散射实际上是与原子内的个别电子产生作用。这些个别电子又可以分为两类：一类是受原子核的束缚比较强的内层电子，另一类是受原子核的束缚比较弱的外层电子，光子与内层电子发生碰撞，由于内层电子受原子核的束缚较强，当光子与这部分电子发生碰撞时，相当于光子和整个原子发生碰撞，光子碰撞后失去能量较少，散射后频率(波长)几乎不变。而对于外层电子，因X射线的频率高，能量在10^4 eV数量级，而物质的电子所受的束缚能量仅有几个电子伏特，相当于是没受束缚的自由电子。自由电子吸收光子的全部能量，放出新的光子，类似于弹性碰撞形式。这是散射光中出现波长变长射线的原因。

于是这样理解，康普顿效应是X射线单光子与物质中受原子核束缚较弱的电子相互作用的结果。假设在碰撞过程中，动量与能量都是守恒的，由于反冲，电子带走一部分能量与动量，因而散射出去的光量子的能量与动量都相应地减小，即X射线的波长变长。

3.康普顿效应的定量分析

根据康普顿假设，康普顿效应的微观机制为：一个光子和一个电子发生完全弹性碰撞，自由电子吸收一个光子，发射一个波长较长的光子(散射光子)，同时电子和光子沿不同方向运动，该过程动量和动能都是守恒的。物理模型如图13.11所示。

由于碰撞过程中有光子参与，需要考虑相对论效应，动量和能量需要写成相对论形式。设入射光子的频率为ν，动量为$\frac{h\nu_0}{c}\boldsymbol{e}_0$，能量为$h\nu_0$，自由电子的动量为0(碰撞前电子的速度很小，可视为静止)，能量为m_0c^2；碰撞后散射光子与入射光子夹角为θ(称为散射角)，电子沿与入射光子成φ角的方向运动，碰撞后光子的频率为ν，动量为$\frac{h\nu}{c}\boldsymbol{e}$，能量为$h\nu$，反冲电子的动量为$mv$，能量为$mc^2$。

因而碰撞前后的x和y方向动量守恒方程分别为

$$\frac{h\nu_0}{c}=mv\cos\varphi+\frac{h\nu}{c}\cos\theta$$

和

$$0=mv\sin\varphi-\frac{h\nu}{c}\sin\theta$$

碰撞前后的能量守恒方程为

$$m_0c^2+h\nu_0=h\nu+mc^2$$

根据相对论质量公式，反冲电子质量 $m=\dfrac{m_0}{\sqrt{1-(v/c)^2}}$，代入动量守恒和能量守恒方程中，推导可得

$$h\nu(1-\cos\theta)=hm_0c^2(\nu_0-\nu)$$

利用 $\nu_0=\dfrac{c}{\lambda_0}$ 和 $\nu=\dfrac{c}{\lambda}$，上式可写为

$$h(1-\cos\theta)=m_0c^2(\lambda_0-\lambda)$$

散射线波长的变化量为

$$\Delta\lambda=\lambda-\lambda_0=\frac{h}{m_0c}(1-\cos^2\theta)=\frac{2h}{m_0c}\sin^2\frac{\theta}{2} \tag{13.10}$$

式(13.10)一般称为康普顿公式。式中 $\dfrac{h}{m_0c}$ 为一个常量，这个具有波长量纲的常量定义为电子的**康普顿波长**，经过计算后可以得出

$$\lambda_c=\frac{h}{m_0c}=2.43\times10^{-12}\,\mathrm{m} \tag{13.11}$$

则式(13.11)可以写为

$$\Delta\lambda=\lambda'-\lambda=\lambda_c\sin^2\frac{\theta}{2} \tag{13.12}$$

式(13.11)和(13.12)给了散射波长和散射角之间的函数关系，当散射角 $\theta=0$ 时，波长不变；随着散射角 θ 增加，散射波波长变长；$\theta=\pi$ 时，$\Delta\lambda$ 最大，这个结果和实验结果完全一致。

式中可见波长的改变与散射物质无关，仅取决于散射角，而且关系式中包含了普朗克常量，因此它是经典物理学无法解释的。

散射光中波长不变的部分，光子与整个原子发生碰撞，原子质量很大，光子不失去能量。

由康普顿公式可以看出，散射线波长变化量$\Delta\lambda$与电子的康普顿波长具有同一个数量级，为 10^{-12} m，对于波长较长的可见光来说，波长的变化量与入射光的波长 10^{-7} m 相比，要小得多。我们可以计算一下二者的比值，也就是波长的相对变化量为 10^{-5}。所以对于紫外光、可见光、微波等，康普顿散射现象不明显。

对于 X 射线，波长数量级 10^{-10} m，波长的相对变化量为 $10^{-2}\sim10^{-1}$，所以能观察到康普顿效应。

所以，只有当入射光的波长与波长的变化量可以相比拟的时候，康普顿效应才是显著的。

以上我们讨论的是光子与自由电子碰撞的情况，对于原子

想一想：

经典物理解释的最大困难是什么？

量子论解决的核心问题：

(1)与光相互作用的对象具体是谁；

(2)相互作用的形式是什么。

小贴士：

康普顿效应应用

(1)在医学中，康普顿效应表现在高能量 X 射线与生物中的原子核间会发生相互作用，因此可以将其应用于放射疗法。康普顿效应可应用于测量人体的骨密度。

(2)在材料物理研究中，康普顿效应可以用于探测物质中的电子波。

内层电子束缚较强,光子与束缚电子碰撞,相当于与整个原子碰撞,由于原子比电子质量大得多,根据碰撞理论,光子碰撞后失去能量较少,散射后频率几乎不变,所以散射波中也有与入射波长相同的成分。另外由于轻原子中电子束缚较弱,重原子中内层电子束缚较紧,因此相对原子质量小的物质康普顿效应显著,相对于原子质量大的物质康普顿效应不明显。

3. 康普顿效应的意义

康普顿效应的发现以及理论分析和实验结果一致,不仅有力证实了爱因斯坦的光子理论,证明了光子能量、动量表示式的正确性,光确实具有波粒两象性;还证明在光和微观粒子相互作用的过程中严格遵守能量、动量守恒定律。

13.4　氢原子光谱和玻尔氢原子理论

20 世纪初,原子结构问题也是物理学界关注的问题之一。早在 18 世纪 40 年代,物理与化学的发展已经证实了物质具有不连续结构,它是由分子、原子组成的。但是,对原子的结构直到 19 世纪末才开始有一定的了解。

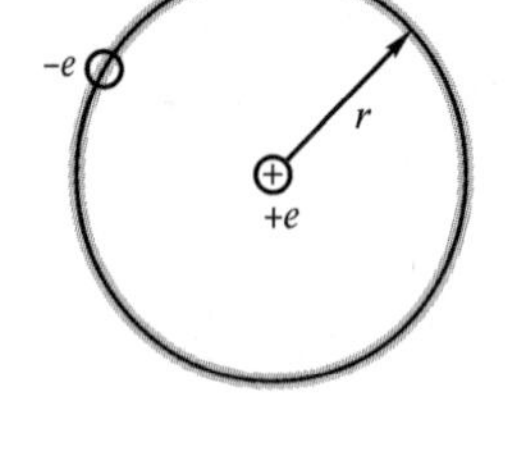

图 13.12　卢瑟福原子模型

1911 年,卢瑟福提出了原子的有核模型,如图 13.12 所示,他认为正电荷集中在原子核中,电子绕核旋转,犹如行星绕着太阳旋转一样,他用 α 粒子作实验,应用库仑定律和牛顿运动定律,写出 α 粒子的运动方程,从理论计算的一些结果与实验符合得很好,证明卢瑟福的原子模型是正确的。但是,在用经典理论计算电子绕核运动时遇到了困难。以氢原子为例,若电子绕原子核做圆周运动,电子必然具有加速度,经典理论告诉我们,加速运动的电子要不断地辐射电磁波,其频率与电子绕核运动的频率相同。这样,电子的能量就会不断减小,因而其轨道半径就会越来越小,所以原子系统是不可能稳定的,最终将因电子落入核中而使原子坍缩。其次,因为电子能量减小,其辐射频率是逐渐变化的,因而电子辐射的辐射波长应该是连续的。但是,实验发现,氢原子光谱是分立的线状光谱。这说明经典理论无法解释原子的有核模型和光谱为不连续谱的事实。

13.4.1　氢原子光谱的实验规律

1884 年,瑞士物理学家巴耳末首先发现了氢的四条可见光谱线 H_α、H_β、H_γ、H_δ,所对应的波长可归纳为一简单的经验公式

$$\lambda = b\frac{n^2}{n^2-4} \tag{13.13}$$

式中 $b = 364.50\ \text{nm}$，当 $n = 3,4,5,6$ 时就对应巴耳末发现的四条谱线的波长，式(13.13)称为**巴耳末公式**，相应的谱线系称为**巴耳末系**。由表 13.1 可见，根据式(13.13)计算的结果与实验观测到的结果符合得很好。

表 13.1　**巴耳末系光谱线波长的观测和理论值**

光谱线	观测的波长/nm	式(13.10)计算的波长/nm
H_α	656.280	656.226
H_β	486.133	486.093
H_γ	434.047	434.011
H_δ	410.174	410.141

在光谱学中常用波数来表示巴耳末公式。波长的倒数称为**波数**，表示单位长度内包含的波长数目，用 $\tilde{\nu}$ 表示，即

$$\tilde{\nu} = \frac{1}{\lambda} = \frac{4}{b}\left(\frac{1}{4} - \frac{1}{n^2}\right) \tag{13.14}$$

令 $R = \frac{4}{b}$，R 称为**里德伯常量**。根据式(13.14)，实验测得 $R = 1.097373 \times 10^7\ \text{m}^{-1}$。则

$$\tilde{\nu} = R\left(\frac{1}{2^2} - \frac{1}{n^2}\right),\ n = 3,4,5,\cdots \tag{13.15}$$

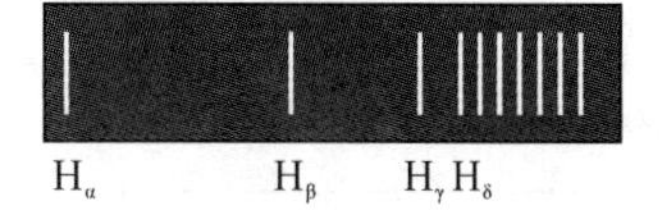

图 13.13　巴耳末系的光谱线

巴耳末系的光谱线如图 13.13 所示，以后在氢光谱的紫外区、红外区及远红外区又相继发现了氢的其他谱线系，且可以用一个普遍的公式表示为

$$\tilde{\nu} = R\left(\frac{1}{m^2} - \frac{1}{n^2}\right) \tag{13.13}$$

当 $m = 2$，$n = 3,4,5,6$ 时为巴耳末系；$m = 1$，$n = 2,3,4,\cdots$ 时为莱曼系；$m = 3$，$n = 4,5,6,\cdots$ 时为帕邢系；$m = 4$，$n = 5,6,7,\cdots$ 时为布拉开系；$m = 5$，$n = 6,7,8,\cdots$ 时为普丰德系。

式(13.17)可以写成两个整数函数之差，即

$$\tilde{\nu} = T(m) - T(n) \tag{13.17}$$

函数 $T(m)$ 和 $T(n)$ 称为**光谱项**。对一定的谱线系，$T(m)$ 为定值。氢原子的全部谱线系都可由 $T(n) = \frac{R}{n^2}$，$n = 1,2,3,\cdots$ 求得。因此，我们只要知道了某原子的光谱项系，即可由**光谱项系的二项之差求出任一谱线的波数**。这称为**光谱项的并合原则**。

13.4.2　玻尔氢原子理论

为了解释氢原子光谱的实验规律，玻尔发展了普朗克的能

量子概念,提出新的观点来处理卢瑟福的原子模型,于 1912 年提出了以下两条基本假设。

(1)轨道量子化假设。

原子可以有稳定的状态,原子中的电子可以有稳定的轨道。**电子在稳定轨道上做圆周运动时**,虽然有加速度,但**不辐射(或吸收)能量**,这种状态称为**原子的稳定状态**,简称**定态**。原子中有许多具有不同能量的定态,组成一系列不连续的能级。在经典理论所允许的无限多轨道中,唯有那些能使电子的角动量 L 等于最小单元 $\frac{h}{2\pi}$ 整数倍的轨道才是稳定的,这称为轨道量子化条件或角动量量子化条件,即

$$L = n\frac{h}{2\pi},\ n = 1,2,3,\cdots \tag{13.18}$$

$\frac{h}{2\pi}$ 称为角动量的量子单位,n 称为**量子数**。

(2)跃迁假设。

由于定态原子中电子轨道是量子化的,所以**原子从一定态向另一定态转移时,只能采取跳跃的方式**,这种**跳跃式的转移**称为**跃迁**。原子对光的辐射或吸收,只能发生在跃迁的过程中,辐射或吸收的光子的频率正比于相应两能级的能量之差,即

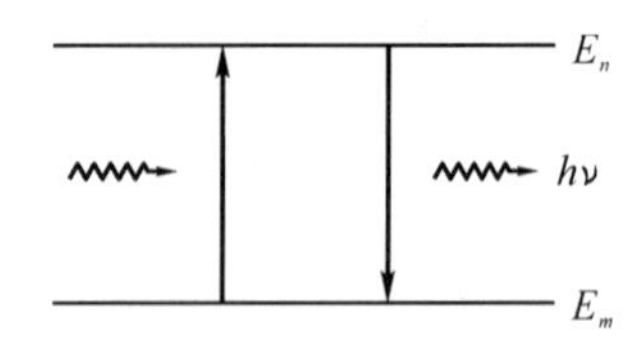

图 13.14　能级跃迁

$$\nu = \frac{1}{h}(E_n - E_m) \tag{13.19}$$

如图 13.14 所示,ν 为光子的频率,E_n 和 E_m 为定态原子的两个能级的能量。

玻尔根据以上假设,计算了氢原子处于定态时的轨道半径和能量,成功地解释了氢原子光谱的实验规律。

为简单起见,设氢原子核处在真空中,且是静止的。根据库仑定律和牛顿第二定律有

$$\frac{e^2}{4\pi\varepsilon_0 r^2} = m_e\frac{v^2}{r}$$

又根据角动量量子化条件

$$L = m_e vr = n\frac{h}{2\pi}$$

由以上两式消去 v,并用 r_n 表示第 n 个定态的**轨道半径**,则

$$r_n = n^2\frac{\varepsilon_0 h^2}{\pi m_e e^2},\ n = 1,2,3,\cdots \tag{13.20}$$

可见轨道角动量不能连续变化,使电子轨道半径也不能连续变化,只能取一系列分立的值,且与量子数 n 的平方成正比。

$n = 1$ 的状态称为**基态**,其轨道半径为

$$r_1 = \frac{\varepsilon_0 h^2}{\pi m_e e^2} = 5.29 \times 10^{-11}\ \mathrm{m}$$

称为**玻尔半径**，它是氢原子中电子所能取的最小轨道半径。$n = 2, 3, 4, \cdots$，各态均称为**激发态**。

玻尔认为，当电子在半径 r_n 的轨道上运动时，原子的能量等于原子核与电子这一带电系统的静电势能与电子运动的动能之和，即

$$E_n = -\frac{e^2}{4\pi\varepsilon_0 r_n} + \frac{1}{2} m_e v_n^2 = -\frac{e^2}{8\pi\varepsilon_0 r_n}$$

将式(13.20)代入上式，可得

$$E_n = -\frac{1}{n^2}\frac{m_e e^4}{8\varepsilon_0^2 h^2} \tag{13.21}$$

可以看出，由于**电子轨道角动量的量子化，使得原子的能量也只能是量子化的，这种量子化的能量值称为能级**。

当 $n = 1$ 时，可得原子基态能级的能量为

$$E_1 = -\frac{m_e e^4}{8\varepsilon_0^2 h^2} = 13.6\ \mathrm{eV} \tag{13.22}$$

基态能量最低，原子也最稳定。随着量子数 n 的增大，能量 E_n 也增大。当 $r_n \to \infty$ 时，$E_n \to \infty$，能级趋于连续。$E > 0$ 时，原子处于电离状态，能量可以连续变化，氢原子的能级如图 13.15 所示。

当原子从量子数为 n 的激发态跃迁到量子数为 m 的激发态（$n > m$）时，辐射出一个光子，其频率为

$$\nu_{nm} = \frac{E_n - E_m}{h}$$

$$\tilde{\nu}_{nm} = \frac{\tilde{\nu}_{nm}}{c} = \frac{1}{hc}(E_n - E_m)$$

把式(13.21)代入上式，可得

$$\tilde{\nu}_{nm} = \frac{m_e e^4}{8\varepsilon_0^2 h^3 e}\left(\frac{1}{m^2} - \frac{1}{n^2}\right) \tag{13.23}$$

显然，上式与式(13.15)一致。令 $R = \dfrac{m_e e^4}{8\varepsilon_0^2 h^3 e}$ 则可从理论上计算出里德伯常量 $R = 1.0973731 \times 10^7\ \mathrm{m}^{-1}$，此值与和实验测得的值符合得很好。从不同的初始能级 n 跃迁到同一末态能级 m 时的谱线属于同一谱线系。例如，巴耳末系是从 $n = 3, 4, 5, \cdots$ 的能级跃迁到 $m = 2$ 的能级发射出来的；莱曼系是从 $n = 2, 3, 4, \cdots$ 的能级跃迁到 $m = 1$ 的能级发射出来的；等等（见图13.15 和图 13.16）。于是成功地解释了氢原子光谱的实验规律。

小贴士：

玻尔是卢瑟福的学生，在其影响下具有严谨的科学态度，勤奋好学，平易近人，后来科学家们纷纷来到他身边工作。

当有人问他，为什么能吸引那么多科学家来到他身边工作时，他回答说："因为我不怕在青年人面前暴露自己的愚蠢。"

这种坦率和实事求是的态度是使当时他领导的哥本哈根理论研究所永远充满活力、兴旺发达的原因。

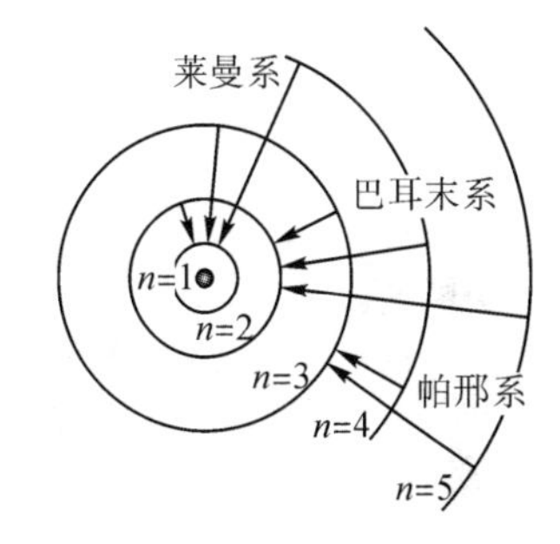

图 13.15　巴耳末系能级跃迁

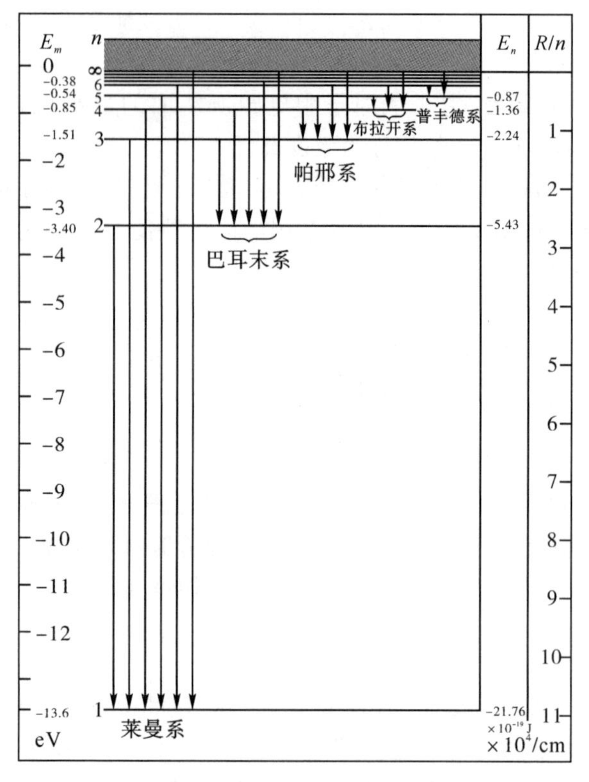

图 13.16　莱曼系能级跃迁

> **小贴士:**
>
> 波尔理论成功地解释了氢原子光谱规律,但无法解释多电子原子光谱、谱线强度和宽度,也不能说明原子是如何组成分子、构成液体和固体等。最重要的是,波尔理论一方面把微观粒子看做遵守经典力学规律的质点,另一方面又为它们赋予了量子化的特征。这样对于微观粒子的理解就存在诸多矛盾,有人比喻波尔理论星期一、三、五是经典的,二、四、六是量子化的。直到后来在波粒二象性的基础上建立的量子力学以更正确的概念和理论,成功解决了波尔理论遇到的困难和问题。

玻尔理论在一定程度上反映了单电子原子系统的客观实际,但是,它对谱线的精细结构及复杂的光谱规律,对谱线的宽度、强度及偏振性等都不能给予解释,说明它存在着局限性。这个理论的根本问题在于它是以经典理论为基础,人为地引进了若干与经典理论不相容的假设,因此它不是一个完善的自洽理论。但是,玻尔理论第一次揭示了微观系统中特有的量子化规律,完满地解释了氢原子光谱的实验规律。因此在原子物理学发展的进程中仍不失为一个里程碑,对量子力学的建立起了巨大的推动作用。玻尔所提出的"定态""能级"和"跃迁频率"等假设,在量子力学中仍是重要的基本概念。

例 13.4　当原子处于第一激发态($m=2$)时,若用波长范围为 400～760 nm 的可见光照射,能否使之电离?

解　所谓原子电离就是把原子中的电子游离出原子。根据氢原子光谱的巴耳末公式

$$\tilde{\nu}=\frac{1}{\lambda}=R\left(\frac{1}{m^2}-\frac{1}{n^2}\right)$$

使处于第一激发态($m=2$)的电子游离出原子,即要使 $n\to\infty$,则所需照射光的波长为

$$\lambda=\frac{m^2}{R}=\frac{2^2}{1.097\times10^7}=3.65\times10^{-7}\,\text{m}=365\text{ nm}$$

由于 $\lambda < \lambda_{紫} = 400\ \mathrm{nm}$，所以可见光不能使处于第一激发态的电子电离。

另外，从能量的观点来看，所需波长 365 nm 的光子相应的能量为

$$\varepsilon = \frac{hc}{\lambda} = \frac{6.63\times10^{-34}\times3\times10^{8}}{365\times10^{-9}} = 5.45\times10^{-19}\ \mathrm{J} = 3.41\ \mathrm{eV}$$

而紫光相应的光子能量为

$$\varepsilon' = \frac{hc}{\lambda_{紫}} = \frac{6.63\times10^{-34}\times3\times10^{8}}{400\times10^{-9}} = 4.97\times10^{-19}\ \mathrm{J} = 3.11\ \mathrm{eV}$$

因为 $\varepsilon' < \varepsilon$，所以不能使电子电离。

13.5　实物粒子的波动性和物质波

13.5.1　德布罗意假设

人们对光的二象性是先认识波动性，后发现粒子性的；而对实物粒子（如电子）则是先认识粒子性，而后发现其波动性的。在普朗克和爱因斯坦关于光的粒子性理论取得成功之后，由于在微观现象中描述实物粒子运动规律遇到了困难（如玻尔理论）。1924 年，德布罗意大胆地假设：**"不但光具有波粒二象性，实物粒子也具有波粒二象性。""一个运动的实物粒子总是与一个波动相联系着。"与运动实物粒子相联系的波称为物质波（或德布罗意波）**。若实物粒子的能量为 $\varepsilon = mc^2$，动量为 p，则与它相联系的物质波是一平面简谐波，其频率和波长分别为

> 小贴士：
> 把波粒二象性推广到所有的物质粒子，向创造量子力学迈开了革命性的一步！

$$\nu = \frac{\varepsilon}{h},\ \lambda = \frac{h}{p} \tag{13.24}$$

式中，h 为普朗克常量。上式称为**德布罗意关系式**。该式通过 h 把实物粒子的波动性和粒子性联系起来了。

当实物粒子的运动速度远小于光速时，可以不考虑相对论效应。于是粒子的动量 $p = mv$，动能 $E_k = \frac{1}{2}mv^2$，则其相应物质波的波长为

$$\lambda = \frac{h}{p} = \frac{h}{mv} = \frac{h}{\sqrt{2mE_k}} \tag{13.25}$$

> 小贴士：
> 德布罗意（Louis Victor de Broglie，1892 — 1987），法国物理学家，1924 年在他的博士论文《关于量子理论的研究》中提出把粒子性和波动性统一起来，为量子力学的建立提供了物理基础。1929 年获得诺贝尔物理学奖。

例 13.5　质量 $m = 5.0\times10^{-2}$ kg 的子弹，以速度 $v = 300$ m/s 运动，试求子弹物质波的波长。

解　子弹的动量

$$p = mv = 5.0\times10^{-2}\times300 = 15\ \mathrm{kg\cdot m/s}$$

子弹物质波的波长

$$\lambda = \frac{h}{p} = \frac{6.63 \times 10^{-34}}{15} = 4.4 \times 10^{-35}\ \text{m}$$

可见宏观物体物质波的波长很小,因此可以不考虑其波动性。

例 13.6 试求动能为 100 eV 的电子物质波的波长。

解 由式(13.22),可得电子物质波的波长为

$$\lambda = \frac{h}{\sqrt{2mE_{\text{k}}}} = \frac{6.63 \times 10^{-34}}{\sqrt{2 \times 9.11 \times 10^{-31} \times 100 \times 1.6 \times 10^{-19}}}$$

$$= 1.23 \times 10^{-10}\ \text{m}$$

这个波长的数量级与原子的线度相同。

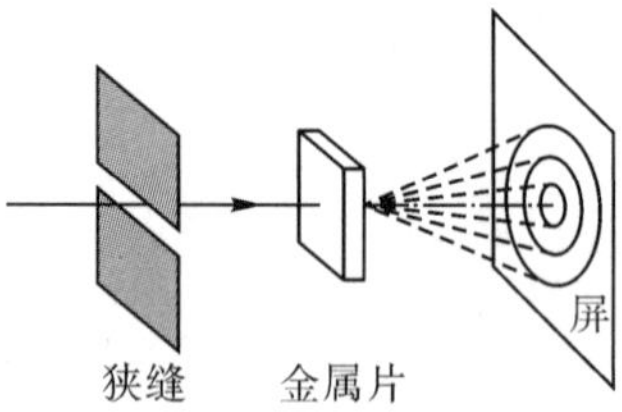

狭缝 金属片 屏

图 13.17 电子衍射实验装置

13.5.2 物质波的实验验证 电子衍射实验

物质波的假设和德布罗意公式的正确性是需要实验来检验的。1927 年,戴维孙和革末用晶体作为天然光栅,首次成功地观测了电子束的衍射现象,他们发现电子束在晶体上和 X 射线在晶体上一样会发生衍射。此后,人们又设计了系列新的实验证明德布罗意假设。如 1928 年,汤姆孙用电子束透过金箔片也观察到了衍射现象。实验装置如图 13.17 所示,拍摄的电子衍射图样的照片如图 13.18 所示。

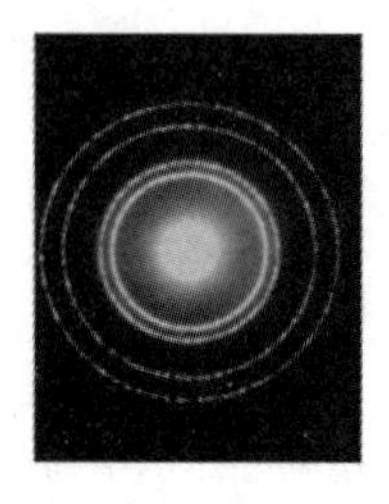

图 13.18 电子衍射图样

戴维孙和革末以及汤姆孙等人的实验,都证实了德布罗意假设的正确性。后来的实验又相继观察到质子、中子、原子和分子的波动性,证明了物质波的存在。

根据物质波的假设,玻尔的原子中电子轨道的量子化就会自然地得到解释。当电子绕核做圆周运动时,从波的角度来说,沿着圆周就有一列与电子物质波波长相同的物质波在传播。由于轨道是闭合的,因此会形成驻波。设电子以速度 v 绕核做半径为 r 的圆周运动,按式(13.25),电子物质波的波长为

$$\lambda = \frac{h}{p} = \frac{h}{mv}$$

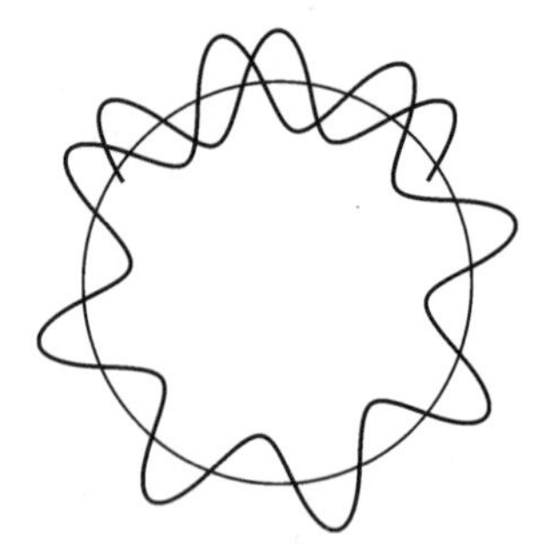

图 13.19 电子的运动不稳状态

如果在轨道上电子波的首尾稍有相位差,波叠加后将是不稳定的,电子的运动状态也将是不稳定的,如图 13.19 所示。如果经过一周后的波与前一周的波恰好重合就会形成驻波,如图 13.20 所示。这时电子的运动将处于稳定状态,满足形成驻波的条件是

$$2\pi r = n\lambda$$

把 $\lambda = \dfrac{h}{mv}$ 代入,可得 $2\pi r = n\dfrac{h}{mv}$,整理后可得角动量

$$L = mvr = n\frac{h}{2\pi}$$

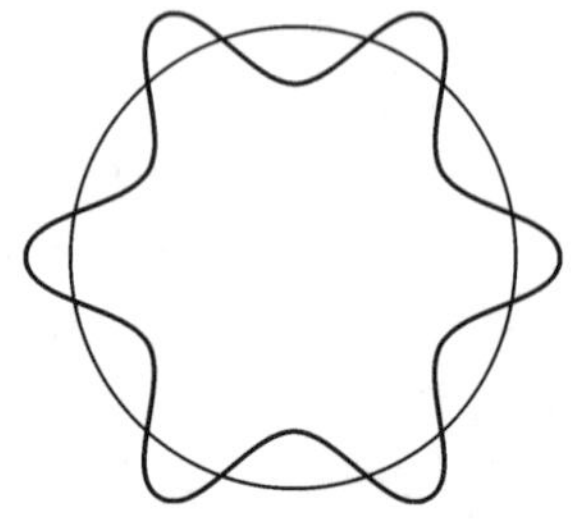

图 13.20 电子的运动稳定状态

这正是玻尔角动量量子化的条件,尽管这种半经典的解释不那么严格,但是它告诉人们,量子化条件来源于波动性的某种要

求，只有那些满足特定的边界条件的波动才是稳定的，这个特定条件就是 $2\pi r = n\lambda$ 。

微观实物粒子的波动性在现代科技中有着非常重要的应用，电子显微镜就是一个例子。因为光学仪器的分辨本领与所用射线的波长成反比。而运动电子物质波的波长一般很小，数量级约为$10^{-2} \sim 10^{-3}$ nm。如果把光学显微镜中的可见光换成电子束，则分辨本领就可提高几个数量级。放大 80 万倍、分辨率为 1.44 Å(1 Å=0.1 nm)的电子显微镜，可以观察到大分子的形状。

小贴士：

1981 年，德国人宾尼希(G. Binnig)和瑞士人罗雷尔(H. Rohrer)制成了扫描隧道显微镜，其横向分辨率可达 0.1 nm，纵向分辨率已达 0.001 nm，它是当前纳米材料、生命科学以及微电子领域重要的分析手段。

1993 年，克罗米（M. F. Corrie）等人用扫描电子显微镜技术，把铜(111)表面上的铁原子排列成半径为 7.13 nm 的圆环形量子围栏，并观测到了围栏内的同心圆柱状驻波，直接证实了物质波的存在。

13.5.3　不确定关系

波和粒子是两个不同的概念。实物粒子同时具有这两种性质，我们就不能用经典力学的方法来描述实物粒子，因为实物粒子在运动中，其位置和动量会受一定条件的限制。**当粒子的动量比较确定时，则不能准确预测在何处可以发现粒子，即其位置的不确定量比较大；当粒子的位置坐标比较确定时，则不能准确预测粒子的动量为何值，即其动量的不确定量比较大。这种限制称为不确定关系。**

1. 位置和动量的不确定关系

1927 年，海森伯提出：粒子在任一方向上的位置与该方向上的动量不可能同时具有确定的值。任意时刻，x 方向上位置的不确定量 Δx 与该方向动量的不确定量 Δp_x 满足

$$\Delta x \Delta p_x \geqslant h$$

这一关系可以从电子的衍射实验加以说明。如图 13.21 所示，设一束电子具有确定的动量 $\boldsymbol{p}$，沿 y 方向经单缝衍射到屏上，缝宽为 Δx 。

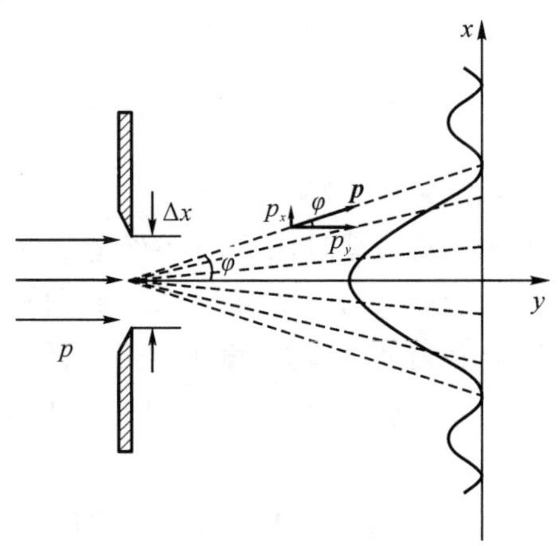

图 13.21　电子衍射实验示意图

根据衍射理论,中央明条纹中心对缝中心所张的半角(即一级暗条纹的衍射角)φ 与缝宽 Δx 、波长 λ 之间的关系为

$$\Delta x \sin\varphi = \lambda$$

考虑一个电子通过缝时的位置和动量,因为不能确切地说电子从缝的何处通过,只能说是从宽为 Δx 的缝中通过,所以电子在 x 方向上位置的不确定量为 Δx。电子在缝前沿 x 方向动量的分量 $p_x = 0$ 。通过缝后,电子发生了衍射,在屏上电子的落点沿 x 方向展开,说明电子通过缝时,在 x 方向上动量的分量 $p_x \neq 0$。若不考虑其他衍射明条纹,认为电子都落在中央明条纹范围内,则电子通过缝时运动方向可以有大到 φ 角的偏转。因此,在 x 方向上动量的分量 p_x 由以下关系式制约

$$0 \leqslant p_x \leqslant p\sin\varphi$$

这表明,一个电子通过缝时,在 x 方向上动量的不确定量为

$$\Delta p_x = p\sin\varphi$$

考虑到其他衍射明条纹,则有

$$\Delta p_x \geqslant p\sin\varphi$$

由衍射的第一级暗条纹条件 $\Delta x \sin\varphi = \lambda$,及电子的物质波的波长 $\lambda = \dfrac{h}{p}$,可得

$$\sin\varphi = \frac{\lambda}{\Delta x} = \frac{h}{p\Delta x}$$

代入上式可得

$$\Delta p_x \geqslant p\,\frac{h}{p\Delta x} = \frac{h}{\Delta x}$$

即

$$\Delta x \Delta p_x \geqslant h \tag{13.26a}$$

同理可得

$$\Delta y \Delta p_y \geqslant h \tag{13.26b}$$

$$\Delta z \Delta p_z \geqslant h \tag{13.26c}$$

以上三式表明,电子通过缝时,位置的不确定量越小,则同方向动量的不确定量就越大。这个结果和波的衍射理论是相符合的。当缝越窄时,衍射就越显著,电子在屏上落点的范围就越大,动量的不确定量也就越大。以上三式称为海森伯**位置和动量的不确定关系式**。

这个结果只是由一个例子粗略估算出来的,更精确的理论可以证明式(13.26)右边为 $\dfrac{h}{4\pi}$ 。因为该式常用来作数量级的

> **小贴士:**
>
> 普朗克常量 h 是区分经典物理问题和量子力学问题的重要判据,凡是 h 不起明显作用的现象,就可以用经典物理去处理。反之,就必须用量子力学去处理。

估算，所以右端用 h、$\frac{h}{2\pi}$ 和 $\frac{h}{4\pi}$ 都可以。

由于普朗克常量 h 非常小，所以对宏观尺度上的粒子，其不确定范围远远小于实际测量的精度，因此可以说它同时具有确定的位置和动量。例如质量为 10^{-3} kg，速度为 3×10^{2} m/s 的粒子，若确定它位置的准确度可达10^{-6} m，即位置的不确定量为10^{-6} m，则其动量的不确定量

$$\Delta p_x \geqslant \frac{h}{\Delta x} = \frac{6.626\times10^{-34}}{10^{-6}} = 6.626\times10^{-28}\ \text{kg}\cdot\text{m/s}$$

相应的速度不确定量为

$$\Delta v_x \geqslant \frac{h}{m\Delta x} = \frac{6.626\times10^{-34}}{10^{-3}\times10^{-6}} = 6.626\times10^{-25}\ \text{m/s}$$

这和它的速度相比太小了，完全可以忽略，这个粒子就可视为经典粒子。

例 13.7　氦氖激光器发出的红色激光，波长 $\lambda = 632.8$ nm，谱线的相对宽度 $\frac{\Delta\lambda}{\lambda} = 10^{-9}$，试求该光子沿运动方向位置的不确定量(称为波列长度)。

解　因光子的动量 $p = \frac{h}{\lambda}$，所以 $\mathrm{d}p = \frac{h}{\lambda^2}\mathrm{d}\lambda$，则动量不确定量和波长不确定量的关系为

$$\Delta p_x = \frac{h}{\lambda^2}\Delta\lambda$$

由不确定关系知

$$\Delta x \geqslant \frac{h}{\Delta p_x} = \frac{\lambda^2}{\Delta\lambda} = \frac{632.8\times10^{-9}}{10^{-9}} = 632.8\ \text{m}$$

2. 能量和时间的不确定关系

假定原子系统从激发态跃迁到基态发射一个光子，若激发态的能级宽度为 ΔE，发射过程所持续的时间即平均寿命为 τ，则发射时间的不确定量 $\Delta t = \tau$，由 x 方向位置和动量的不确定关系

$$\Delta x\Delta p_x \geqslant h$$

及相对论中粒子动量与能量的关系

$$E^2 = p^2c^2 + m_0{}^2c^4 = mc^2$$

有

$$2E\Delta E = 2p\Delta pc^2 = 2m\frac{\Delta x}{\Delta t}\Delta pc^2$$

所以

$$\Delta t\Delta E = \frac{\Delta x\Delta pmc^2}{E} = \Delta x\Delta p \geqslant h$$

即

$$\Delta t \Delta E \geqslant h \tag{13.27}$$

这就是**能量和时间的不确定关系式**。因为电子处于任意能级的寿命有限,而寿命的不确定量与寿命的数量级相同,于是可求出能级能量的不确定量,据此可以解释原子光谱的谱线宽度。

13.6　波函数及其物理意义

13.6.1　波函数

小贴士:

从 19 世纪末期到 20 世纪 20 年代,人们从微观领域的研究工作中发现了微观粒子与宏观物体有着不同的属性和规律,例如:光和微观粒子的二象性、原子光谱的规律性和原子能级的分离性等。用于描述宏观物体的物理量在描述微观粒子的状态时遇到了困难和挑战,对于微观粒子的描述是否有必要引入新的物理量呢?

宏观物体的运动状态用其位置坐标和动量来描述,具有波粒二象性的实物粒子的运动状态应该如何描述呢?首先我们讨论最简单的自由粒子的运动,所谓自由粒子,就是不受外力作用的粒子。它在运动过程中做匀速直线运动,其能量和动量都保持恒定。由德布罗意关系式可知,与自由粒子相联系的物质波的频率和波长也都保持不变。因而是单色平面波。我们知道频率为 ν 、波长为 λ 、沿 x 轴正方向传播的单色平面波的波函数为

$$y(x,t)=A\cos\left(2\pi\left(\nu t-\frac{x}{\lambda}\right)+\varphi\right)$$

若令 $\varphi=0$ 时,并写成复数形式,取其实部,即

$$y(x,t)=A\mathrm{e}^{-\mathrm{i}2\pi\left(\nu t-\frac{x}{\lambda}\right)}$$

自由粒子物质波的波函数也可以写成复数形式

$$\Psi(x,t)=\Psi_0\mathrm{e}^{-\mathrm{i}2\pi\left(\nu t-\frac{x}{\lambda}\right)}$$

将德布罗意关系式 $\lambda=\dfrac{h}{p}$ 和 $\nu=\dfrac{E}{h}$ 代入上式,可得

$$\Psi(x,t)=\Psi_0\mathrm{e}^{-\mathrm{i}2\pi\left(\frac{E}{h}t-\frac{px}{h}\right)}=\Psi_0\mathrm{e}^{-\mathrm{i}\frac{2\pi}{h}(Et-px)}=\Psi_0\mathrm{e}^{-\frac{\mathrm{i}}{\hbar}(Et-px)} \tag{13.28}$$

式中,$\hbar=\dfrac{h}{2\pi}$ 。上式就是沿 x 方向传播的能量为 E 、动量为 p 的自由粒子物质波的波函数。上式中 Ψ_0 为待定的常量;$\Psi_0\mathrm{e}^{\frac{\mathrm{i}}{\hbar}px}$ 相当于 x 处波函数的复振幅,$\Psi_0\mathrm{e}^{\frac{\mathrm{i}}{\hbar}Et}$ 反映波函数值随时间的变化,它描写了具有二象性的自由实物粒子的运动状态。

在一般情况下,粒子的物质波不是平面简谐波,其波函数的形式比较复杂。一般来说,**波函数是空间和时间的函数**,即 $\Psi=\Psi(x,y,z,t)$ 。为了简化讨论,在特定情况下,我们只研

究波函数随空间的变化。

13.6.2　波函数的统计解释

经典波函数的意义是非常明显的，机械波的波函数表示随时空变化的位移场；电磁波的波函数表示随时空变化的电磁场。对物质波而言，波函数 Ψ 本身却没有直接的物理含义，我们不能从实验直接测得 Ψ 本身的值，有实际物理意义的是波函数模的平方 $|\Psi|^2$。对于自由粒子的波函数式(13.25)来说，$|\Psi|^2 = \Psi \cdot \Psi^* = |\Psi_0|^2$，即振幅的平方。以衍射为例来说明这一点。我们知道光的衍射图样中，从波的角度看，亮度大的地方，表明该处波的强度大，亮度小的地方波的强度小；而从粒子的角度看，亮度大的地方，说明到达该处的光子数多，或者说光子到达该处的概率大；亮度小的地方，说明到达该处的光子数目少，或者说光子到达该处的概率小。

玻恩认为，在物质的粒子性和波动性中，表现在粒子性中的粒子到达某处的概率，与波动性中的该处的波的强度是一致的，物质波是一种**概率波**。令 $\mathrm{d}w$ 表示 t 时刻粒子出现在 (x,y,z) 处附近的体积元 $\mathrm{d}V$ 内的概率，则

$$\mathrm{d}w = \rho \mathrm{d}V = |\Psi|^2 \mathrm{d}V \tag{13.29}$$

即在空间某处粒子出现的概率与该处波的强度(即振幅的平方)成正比，ρ 称为概率密度(粒子在单位体积内出现的概率)，这一结论称为物质波波函数的统计解释，是德国物理学家玻恩在 1926 年提出的，所以又称为波函数的玻恩解释，也是现代量子力学的正统解释。

波函数统计解释的意义在于，关于实物粒子运动的图像中首先保留了一个一个粒子的特性。然而波函数并不绝对给出粒子在什么时刻到达什么地方，只给出粒子有可能到达该地点的一个统计分布。粒子受波函数 Ψ 的引导，出现在 $|\Psi|^2$ 较大的地点。而 Ψ 又按波动的方式在时空中传播。因而粒子的运动又出现了波动的特性。

微观粒子所遵循的统计规律，完全不同于经典力学中确定性的规律。我们不能像经典力学那样预言粒子会出现在什么地点，而只能给出粒子在某处出现的概率，正因为如此，统计解释才正确地反映了微观粒子的波粒二象性。粒子性和波动性没有哪个更基本，而是共生共灭的。

物质波的波函数是复数，它必须满足一定的条件。首先，某时刻粒子在整个空间出现是必然的，其总概率必为

小贴士：

量子纠缠是一种量子现象，它是指复合系统(具有两个以上的子系统)一类特殊的量子态，此量子态无法分解出子系统各自的量子态。其本质是两个或多个量子系统之间存在非定域、非经典的强关联，也就是量子系统成员相距不论多远都会出现强关联，仿佛两个量子系统拥有超光速的秘密通信一般，这与狭义相对论中的局域性相违背。这个概念来自于 1935 年爱因斯坦及其合作者用来质疑量子力学的完备性而提出的 EPR 佯谬的思想实验，薛定谔称它为“量子纠缠”。然而，从 1964 年开始很多科学家关于“量子纠缠态”做了大量理论和实验探索，众多研究结果表明了应用这些超强关联来传递信息的可能性，从而推动了量子密码学和量子信息学的发展。中国科学家对此做了大量和卓越的工作，于 2017 年 6 月发射世界首颗量子科学实验卫星“墨子号”，并由此发现两个相距超过 1200 km 量子纠缠光子仍可继续保持其量子纠缠的状态。

想一想：

物理学是一门很严谨的学科，理论和实验要统一！那么概率波的理论从实验上如何证明呢？

$$\int |\Psi|^2 \mathrm{d}V = \int \Psi \cdot \Psi^* \mathrm{d}V = 1 \tag{13.30}$$

这称为**波函数的归一化条件**。显然，归一化的前提是承认粒子一定会在整个空间存在。这里不存在粒子的创生或消失的情况。其次，在整个空间范围内，波函数 Ψ 必须是有限、单值和连续的，否则将不能给出正确的统计描述。因为概率不会是无限的、非单值和跃变的量。

13.7　薛定谔方程及其简单应用

小贴士：

量子通信是利用量子叠加态和纠缠效应进行信息传递的新型通信方式，基于量子力学中的不确定性、测量坍缩和不可克隆三大原理提供了无法被窃听和计算破解的绝对安全的通信方案。

量子通信还处在研究阶段，从 20 世纪 90 年代开始国内外科学家开展研究工作，中国科学家在研究中取得一系列突破性进展。中国科技大学潘建伟团队做了大量研究并一直处在国际领先地位；2022 年 4 月北京量子信息研究院、清华大学的龙桂鲁团队和陆建华团队设计出一种相位量子态与时间戳量子态混合编码的量子直接通信新系统，成功实现 100 km 的量子直接通信。

机械波的波函数 $y = A\cos 2\pi\nu\left(t - \frac{u}{x}\right)$ 满足的微分方程是 $\frac{\partial^2 y}{\partial x^2} = \frac{1}{u^2}\frac{\partial^2 y}{\partial t^2}$。那么，物质波的波函数满足的微分方程是什么呢？1926 年，奥地利物理学家薛定谔建立了适用于微观粒子低速运动的微分方程。也就是物质波波函数满足的方程，称为薛定谔方程。

13.7.1　自由粒子的薛定谔方程

前面已经介绍过自由粒子波函数为 $\Psi(x,t) = \Psi_0 \mathrm{e}^{-\frac{\mathrm{i}}{\hbar}(Et - px)}$，它是我们要建立的方程的解。将波函数对时间求一阶偏导数，有

$$\frac{\partial \Psi}{\partial t} = -\frac{\mathrm{i}}{\hbar}E\Psi$$

对低速运动的自由粒子来说，$E = \frac{p^2}{2m}$，将其代入上式并在等式两边同乘 $\mathrm{i}\hbar$，整理后可得

$$\mathrm{i}\hbar\frac{\partial \Psi}{\partial t} = \frac{p^2}{2m}\Psi \tag{13.31}$$

再将波函数对 x 求二阶偏导数，有

$$\frac{\partial^2 \Psi}{\partial x^2} = -\frac{p^2}{\hbar^2}\Psi$$

在等式两边同乘以 $-\frac{\hbar^2}{2m}$，可得

$$-\frac{\hbar^2}{2m}\frac{\partial^2 \Psi}{\partial x^2} = \frac{p^2}{2m}\Psi \tag{13.32}$$

比较式(13.28)和(13.29)，可得

$$\mathrm{i}\hbar\frac{\partial \Psi}{\partial t} = -\frac{\hbar^2}{2m}\frac{\partial^2 \Psi}{\partial x^2} \tag{13.33}$$

这就是一维低速运动的自由粒子满足的波动微分方程，称为**自由粒子的薛定谔方程**。

13.7.2　保守力场中粒子的薛定谔方程

若粒子不是自由的，而是处在保守力场中，其势能函数为 V，则粒子的总能量为

$$E=\frac{p^2}{2m}+V$$

利用式(13.31)和式(13.32)，可得

$$\mathrm{i}\hbar\frac{\partial\Psi}{\partial t}=-\frac{\hbar^2}{2m}\frac{\partial^2\Psi}{\partial x^2}+V\Psi \qquad (13.34)$$

这就是在**保守力场中一维低速运动粒子的薛定谔方程**。

当势能函数与时间无关只是坐标的函数时，利用分离变量法，式(13.34)的解可写成如下的形式

$$\Psi(x,t)=\Psi(x)f(t) \qquad (13.35)$$

代入式(13.34)中，并用 $\Psi(x)f(t)$ 除等式两端，可得

$$\frac{\mathrm{i}\hbar}{f(t)}\frac{\mathrm{d}f(t)}{\mathrm{d}t}=\frac{1}{\Psi(x)}\left(-\frac{\hbar^2}{2m}\frac{\mathrm{d}^2\Psi(x)}{\mathrm{d}x^2}+V(x)\Psi(x)\right)$$

因为该式左边只是时间 t 的函数，而右边只是坐标 x 的函数，所以只有两边都等于同一个常数时才成立。以 E 表示这个常数，则

$$\frac{\mathrm{i}\hbar}{f(t)}\frac{\mathrm{d}f(t)}{\mathrm{d}t}=E \qquad (13.36)$$

$$\frac{1}{\Psi(x)}\left(-\frac{\hbar^2}{2m}\frac{\mathrm{d}^2\Psi(x)}{\mathrm{d}x^2}+V(x)\Psi(x)\right)=E \qquad (13.37)$$

式(13.36)的解是 $f(t)=c\mathrm{e}^{-\frac{\mathrm{i}}{\hbar}Et}$，$c$ 为积分常数。把这一结果代入式(13.35)，可得

$$\Psi(x,t)=\Psi(x)\mathrm{e}^{-\frac{\mathrm{i}}{\hbar}Et} \qquad (13.38)$$

具有式(13.38)形式的波函数所描写的状态称为定态。在定态中，概率密度 $\Psi\cdot\Psi^*$ 不随时间改变。即 $|\Psi(x,t)|^2=|\Psi(x)|^2$ 与时间无关。比较式(13.38)与(13.28)，可知常数 E 就是定态的能量。$\Psi(x)$ 也称为波函数。因此，由式(13.37)，有

$$-\frac{\hbar^2}{2m}\frac{\mathrm{d}^2\Psi(x)}{\mathrm{d}x^2}=(E-V(x))\Psi(x) \qquad (13.39)$$

上式称为**定态薛定谔方程**。

因为知道了 $\Psi(x)$，就可以求出 $\Psi(x,t)$。所以当粒子处于定态时，只要求出式(13.39)的解，就可以求出波函数 $\Psi(x,t)$。

> **小贴士：**
>
> 为了使薛定谔方程的解得到的波函数是合理的，波函数需要满足以下条件：
>
> (1) 波函数是归一化的；
>
> (2) 波函数以及波函数的导数应该是连续的；
>
> (3) 波函数应该是坐标的的单值函数。
>
> 上述条件称为波函数的标准化条件。

13.7.3　薛定谔方程的简单应用

以金属中的电子运动为例，应用薛定谔方程求解它的波函数。为简单起见，假定金属中的电子沿 x 方向做一维运动，其

势能函数为

$$\begin{cases}V(x)=0, 0<x<a \\ V(x)=\infty, x\leqslant 0, x\geqslant a\end{cases}$$

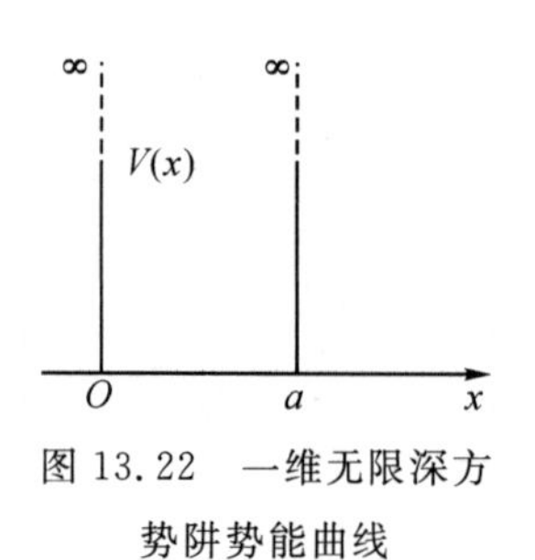

图 13.22　一维无限深方势阱势能曲线

这种势场称为**一维无限深方势阱**,如图 13.22 所示。理论分析表明,电子在势阱中所受的力与势能函数的关系为 $F_x=-\frac{\partial V}{\partial x}$,于是有

$$\begin{cases}F=0(0<x<a) \\ F=\infty(x\leqslant 0, x\geqslant a)\end{cases}$$

即电子在势阱中不受力,它不能逾越金属表面而逸出,当然,对金属中的电子,这样的模型似乎太简单了些。它忽略了电子间的相互作用,忽略了正离子点阵周期性电场对电子的作用,把金属表面有限的势能视为无限大,把电子的三维运动视为一维运动等。但是作为初步计算还是可以的。

在 $x\leqslant 0$、$x\geqslant a$ 的区域内,具有有限能量的电子不可能出现,因此

$$\begin{cases}\Psi(0)=0 \\ \Psi(a)=0\end{cases}$$

这称为边界条件。在 $0\leqslant x\leqslant a$ 区间内,定态薛定谔方程为

$$\frac{\mathrm{d}^2\Psi(x)}{\mathrm{d}x^2}+\frac{2mE}{\hbar^2}\Psi(x)=0$$

令 $k^2=\frac{2mE}{\hbar^2}$,则上式可写作

$$\frac{\mathrm{d}^2\Psi(x)}{\mathrm{d}x^2}+k^2\Psi(x)=0$$

这个方程的通解为

$$\Psi(x)=A\sin kx+B\cos kx$$

其中 A、B 为待定常量,可由边界条件

$$\begin{cases}\Psi(0)=A\sin(0)+B\cos(0) \\ \Psi(a)=A\sin ka+B\cos ka\end{cases}$$

解得 $B=0$, $\sin ka=0$, 因而有

$$k=\frac{n\pi}{a}\qquad(k\neq 0)$$

所以

$$\Psi(x)=A\sin\frac{n\pi}{a}x \tag{13.40}$$

再由归一化条件 $\int_{-\infty}^{+\infty}|\Psi(x)|^2\mathrm{d}x=1$ 确定 A, 即

$$\int_{-\infty}^{+\infty}A^2\sin^2\frac{n\pi}{2}x\mathrm{d}x=A^2\times\frac{a}{2}=1$$

求得

$$A=\pm\sqrt{\frac{2}{a}}$$

代入式(13.40)，有

$$\Psi(x)=\pm\sqrt{\frac{2}{a}}\sin\frac{n\pi}{a}x \tag{13.41}$$

一维无限深方势阱中运动的电子，其定态能量是分立的。因为 $k=\sqrt{\frac{2mE}{\hbar^2}}=\frac{n\pi}{a}$，所以粒子的能量为

$$E_n=n^2\frac{\pi^2\hbar^2}{2a^2m}=n^2\frac{h^2}{8ma^2}\quad n=1,2,3,\cdots \tag{13.42}$$

当 $n=1$ 时，$E_1=\frac{\pi^2\hbar^2}{2a^2m}=\frac{h^2}{8ma^2}$，这是势阱中电子所具有的最小能量。式(13.42)可以用 E_1 表示为

$$E_n=n^2E_1\ ,n=1,2,3,\cdots \tag{13.43}$$

用能标图表示粒子的各种可能的能量值称为能级图或能谱图，如图 13.23 所示。

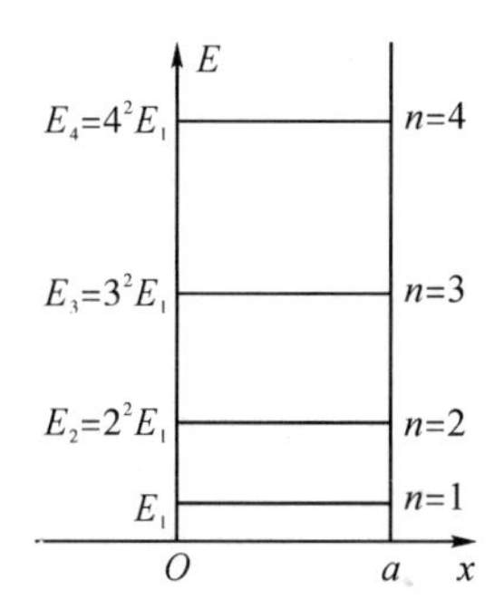

图 13.23　一维无限深势阱中粒子的能级

由波函数的统计解释知，波函数所对应的概率密度

$$\rho(x)=|\Psi(x)|^2=\frac{2}{a}\sin^2\frac{n\pi}{a}x \tag{13.44}$$

当 $n=1$ 时，$\begin{cases}x=0,\sin\frac{\pi}{a}x=0,\ \rho(0)=0\\ x=a,\sin\frac{\pi}{a}a=0,\ \rho(a)=0\\ x=\frac{a}{2},\sin\left(\frac{\pi}{a}\times\frac{a}{2}\right)=\sin\frac{\pi}{2}=1,\rho\left(\frac{a}{2}\right)=\frac{2}{a}\end{cases}$

另外，束缚在无限深方势阱中的定态粒子的波函数，具有驻波的形式，由沿 x 正、负方向传播的两列物质波相干叠加，必然满足

$$a=n\frac{\lambda_n}{2},\ n=1,2,3,\cdots$$

这和德布罗意关于定态粒子对应于驻波的概念是一致的。各量子状态对应的波函数 $\Psi(x)$ 和概率密度 $\rho(x)$ 随 x 变化的曲线如图 13.24 所示。从图中看出，在最低能级 E_1 时，在势阱中间粒子出现的概率最大，而在阱壁处粒子出现的概率为零，这个结果与经典的观念完全不同。按照经典观念，在阱内任何地方，粒子出现的概率是均等的。当粒子的能量增大时(即量子数 n 增大)，$\rho(x)$ 曲线的最大值与最小值的间距变小。当 n 很大时，由于 $\rho(x)$ 最大值与最小值非常接近，平均看来，趋于经典的分布情况，即在势阱中各处粒子出现的概率相等。

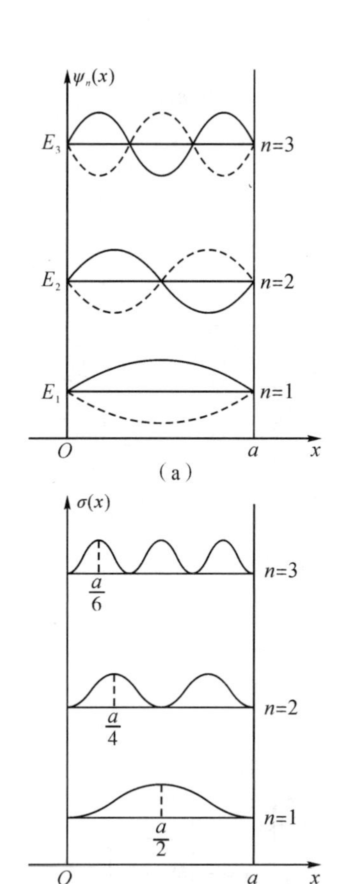

图 13.24　一维无限深势阱中粒子的波函数和概率随位置 x 变化曲线

例 13.8　设有一微观粒子处在宽为 a 的一维无限深方势

阱中,试求:

(1)粒子在 $0 \leqslant x \leqslant \frac{a}{4}$ 区间中出现的概率和对应于 $n=1$ 和 $n=\infty$ 的概率值。

(2)在哪些量子态上,$x=\frac{1}{4}a$ 处的概率密度最大?

解　(1)由式(13.38)知,粒子的定态波函数为

$$\Psi(x)=\sqrt{\frac{2}{a}}\sin\frac{n\pi}{a}x$$

其概率密度

$$\rho(x)=|\Psi(x)|^2=\frac{2}{a}\sin^2\frac{n\pi}{a}x$$

粒子在 $0 \leqslant x \leqslant \frac{a}{4}$ 区间内出现的概率为

$$\omega=\int \mathrm{d}\omega=\int_0^{\frac{a}{4}}\rho(x)\mathrm{d}x=\int_0^{\frac{a}{4}}\frac{2}{a}\sin^2\frac{n\pi}{a}x\,\mathrm{d}x$$

$$=\frac{1}{4}-\frac{1}{2n\pi}\sin\frac{n\pi}{a}$$

当 $n=1$ 时,$\omega=\frac{1}{4}-\frac{1}{2\pi}=0.25-0.16=9\%$;$n=\infty$ 时,$\omega=\frac{1}{4}=25\%$。

(2) $x=\frac{1}{4}a$ 处的概率密度为

$$\rho\left(\frac{a}{4}\right)=\frac{2}{a}\sin^2\left(\frac{n\pi}{a}\times\frac{a}{4}\right)=\frac{2}{a}\sin^2\frac{n\pi}{4}$$

概率密度的极大值对应于 $\sin^2\frac{n\pi}{a}=\pm 1$,所以

$$\frac{n\pi}{4}=(2k+1)\frac{\pi}{2}$$

在 $k=0,1,2,\cdots$ 即 $n=2,6,10,\cdots$ 的量子态上,$x=\frac{1}{4}a$ 处的概率密度最大。

13.7.4　势垒与势垒贯穿

微观粒子的物质波也有干涉、衍射、反射、折射和透射等波的一般性质。

设有一维阶梯形势场

$$\begin{cases} V=0 & (x<0) \\ V=V_0 & (x>0) \end{cases}$$

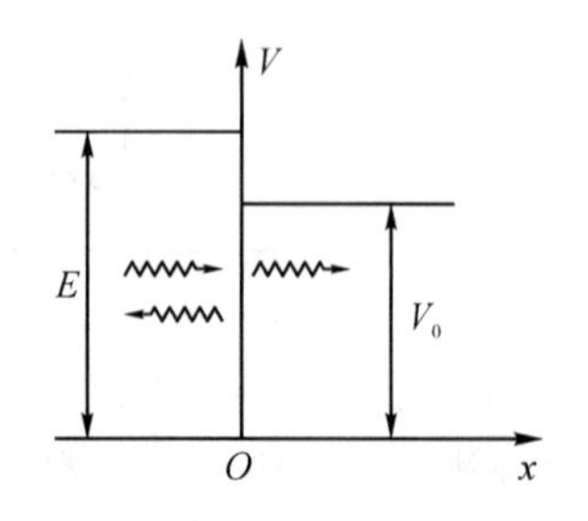

图 13.25　一维阶梯形势能曲线

势能曲线如图 13.25 所示,这种势场称为**势垒**。

若有一能量为 E 的粒子从左边进入势场,那么粒子进入

势场以后会出现什么情况呢？下面分两种情况来讨论。

(1) $E > V_0$ 。

对于经典粒子，当 $x < 0$ 时，粒子的能量 $E = \frac{p^2}{2m} = \frac{1}{2}mv_1^2$，所以有

$$v_1 = \sqrt{\frac{2E}{m}}$$

当 $x > 0$ 时，$E - V_0 = \frac{1}{2}mv_2^2$，因而有

$$v_2 = \sqrt{\frac{2(E - V_0)}{m}}$$

可以看出粒子从左到右，仅仅是运动速度发生变化。

对于微观粒子，当 $x<0$ 时，$E = \frac{p^2}{2m}$，$p = \sqrt{2mE}$，其物质波波长为

$$\lambda_1 = \frac{h}{p} = \frac{h}{\sqrt{2mE}}$$

当 $x > 0$ 时，$E = \frac{p^2}{2m} + V_0$，$p = \sqrt{2m(E - V_0)}$，其物质波波长为

$$\lambda_2 = \frac{h}{p} = \frac{h}{\sqrt{2m(E - V_0)}}$$

可以看出粒子从左到右，物质波波长会发生变化。

微观粒子遇到势垒就如同光遇到不同媒质的分界面一样，因此，在 $x=0$ 处也会有一定的概率透入 $x>0$ 的区域，也有一定的概率返回 $x<0$ 的区域。可以通过求解薛定谔方程，得出反射和透射波的波函数来。

(2) $E < V_0$ 。

对于经典粒子，当 $x < 0$ 时，$E = \frac{1}{2}mv_1^2$，所以有

$$v_1 = \sqrt{\frac{2E}{m}}$$

当 $x > 0$ 时，$E - V_0 = \frac{1}{2}mv_2^2$，所以有

$$v_2 = \sqrt{\frac{2(E - V_0)}{m}}$$

为虚数，因此经典粒子不能进入 $x > 0$ 的区域内。

对于微观粒子，有一定概率进入 $x > 0$ 的区域内，也可以通过求解薛定谔方程，得出透射波的波函数。

如果势垒的宽度是有限的，如图 13.26 所示。即使粒子的

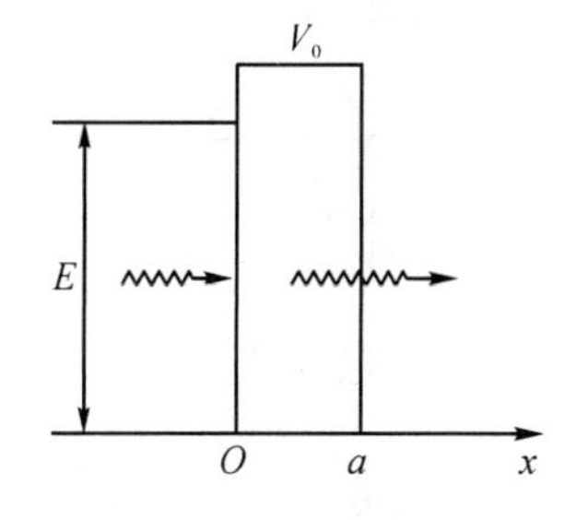

图 13.26　有限宽度势垒势能曲线

小贴士:

1991 年恩格勒等用 STM 在镍单晶表面逐个移动氙原子拼成了字母 IBM,每个字母长 5 nm。

1994 年我国科学家利用 STM 在硅单晶表面上直接提走硅原子的方法,在硅单晶表面形成平均宽度为 2 nm 的线条,这些线条组成了"100"字样。

能量低于势垒高度,粒子也有一定的概率穿透势垒进入邻区,这称为势垒贯穿或隧道效应。微观粒子的隧道效应是由粒子的波动性质所决定的。α 粒子的衰变、场致发射等实验都已经观察到了这类现象。扫描隧道显微镜(scanning tunneling microscope, STM)就是利用隧道效应的原理制成的,用它可以观察到晶体中原子的排列状况。G.宾尼希(德国)、H.罗雷尔(瑞士)因为研制扫描隧道显微镜而获得了 1986 年的诺贝尔物理学奖。

13.8 电子的自旋运动和四个量子数

13.8.1 空间量子化

在量子力学建立以后,薛定谔用波动理论重新处理了氢原子问题,能量量子化自然地由波动方程和波函数的标准条件而得到,不但能解释光谱的频率,而且对光谱的相对强度进行理论计算也能得到与实验相符合的结果。氢原子问题是量子力学中很少几个能精确求解的问题。求解氢原子定态薛定谔方程,可严格求得波函数和电子在原子核周围的概率分布,并且很自然地导出能量、轨道角动量及其在外磁场方向投影的量子化公式。

能量量子化公式为

$$E_n = -\frac{1}{n^2}\frac{m_e e^4}{8\varepsilon_0^2 h^2} = -\frac{1}{n^2}\frac{m_e e^4}{32\pi^2\varepsilon_0^2\hbar}\quad n = 1,2,3,\cdots \tag{13.45}$$

式中,n 称为**能量子数**,亦称**主量子数**。上式和玻尔理论的结果完全一致。

角动量量子化公式为

$$L = \sqrt{l(l+1)}\,\hbar\ ,\ l = 0,1,2,\cdots,n-1 \tag{13.46}$$

和玻尔理论的结果有所不同,式中 l 称为**轨道角动量量子数**,亦称**角量子数**。

电子绕核运动的角动量 $\boldsymbol{L}$ 在外磁场 $\boldsymbol{B}$ 方向(设为 z 轴方向)的投影 L_z 量子化公式为

$$L_z = m_l\hbar\ ,\ m_l = 0,\pm1,\pm2,\cdots,\pm l \tag{13.44}$$

式中,m_l 称为**轨道角动量磁量子数**,亦称**磁量子数**。可见角动量不仅其大小是量子化的,而且在空间的取向也是量子化的,这一结论常称为角动量的空间量子化。例如当副量子数 $l=2$ 时,角动量的大小为

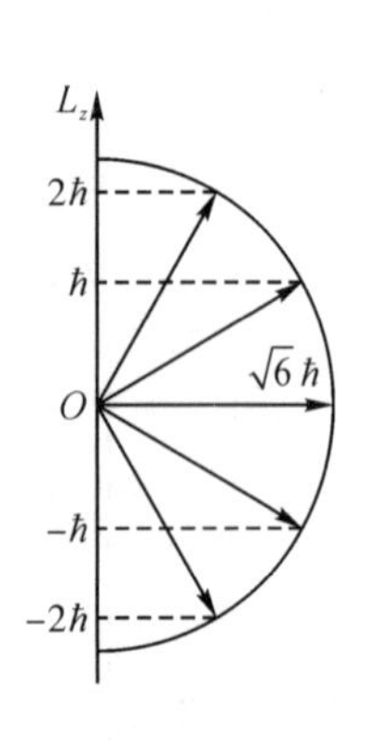

图 13.27　角动量的空间量子化

$$L = \sqrt{l(l+1)}\,\hbar = \sqrt{2(2+1)}\,\hbar = \sqrt{6}\,\hbar$$

由 $L_z = m_l\hbar$ 可知,m_l 可能取 0,±1,±2,则 L_z 可能取值为 0、$\pm\hbar$、$\pm2\hbar$,如图 13.27 所示。

13.8.2　电子的自旋运动

1922 年，施特恩与格拉赫首先对角动量的空间量子化进行了实验研究，实验装置如图 13.28 所示。O 为银原子射线源，产生的银原子束通过狭缝 S，经过非均匀磁场后，打在照相板 P 上，整个装置放在真空容器中。

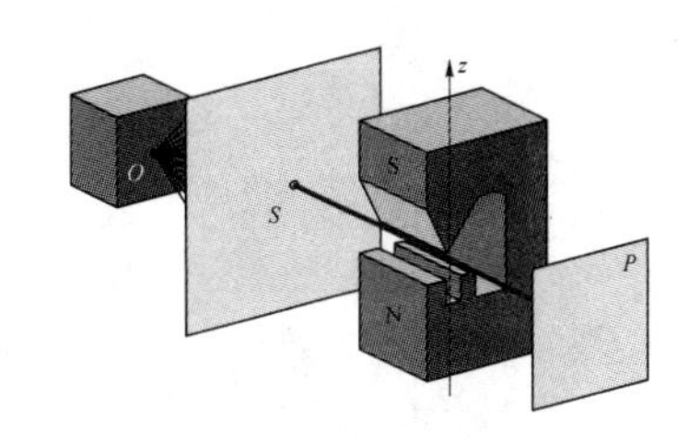

图 13.28　角动量的空间量子化实验装置图

实验依据的原理是具有磁矩的原子，在不均匀磁场中运动时，受到磁力矩的作用而发生偏转，偏转的方向及大小与磁矩在磁场中的指向有关。如果原子具有磁矩，而且是空间量子化的，则在 P 上呈现出条状的原子沉积。实验发现，当没有磁场时，P 上呈现的是一条细痕迹。加上磁场后，观察到的是两条痕迹，如图 13.29 所示。这说明原子束经过磁场后分为两束，这一现象证明了原子具有磁矩，而且磁矩在外磁场中只有两种可能的取向，这也就证明了角动量空间量子化的存在。

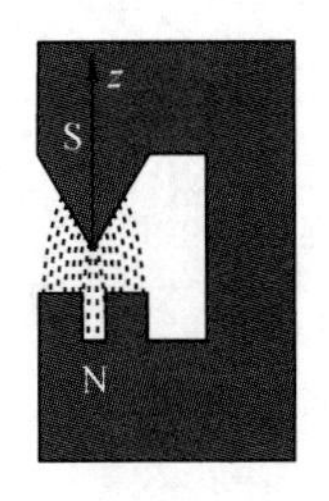

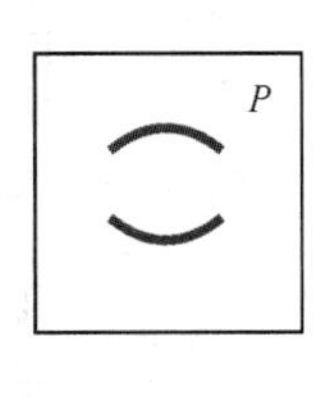

图 13.29　角动量的空间量子化图谱

但是，若按轨道磁矩空间量子化推理，当 l 一定时，m_l 可取 $(2l+1)$ 个值，即有 $(2l+1)$ 个不同的空间取向，值得注意的是 $(2l+1)$ 总是奇数，而实验观测到的是两个(偶数)取向。实际上，实验所用的银原子是处于基态的 $(n=1, l=0)$，轨道磁矩为零。可见，轨道磁矩的概念无法解释实验的结果。

为了解释上述实验的结论，1925 年，乌伦贝克和哥德斯密脱提出了电子具有自旋运动的假设：每个电子都具有自旋角动量 $\boldsymbol{S}$，其大小为

$$S = \sqrt{s(s+1)}\hbar \tag{13.48}$$

式中，s 称为**自旋角动量量子数**，亦称**自旋量子数**。s 只能取一个值，$s=\dfrac{1}{2}$。于是，自旋角动量的大小只能是

$$S = \frac{\sqrt{3}}{2}\hbar \tag{13.49}$$

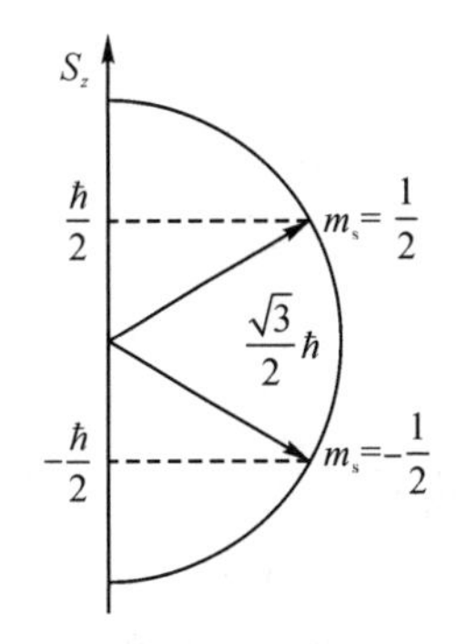

图 13.30　自旋角动量空间量子化

自旋运动是电子固有的性质，每个电子都有同样大小的自旋角动量，与电子的轨道运动无关。

因为电子带有电荷，自旋运动必然产生一个相应的磁矩，称为自旋磁矩。理论证明：自旋磁矩与自旋角动量有一定关系，其方向总是相反的，自旋角动量 $\boldsymbol{S}$ 在外磁场中的取向也是量子化的，自旋角动量在外磁场方向的投影为

$$S_z = m_s\hbar \tag{13.50}$$

式中，m_s 称为**自旋角动量磁量子数**，亦称**自旋磁量子数**，它可取 $2s+1$ 个值，而 $s=\dfrac{1}{2}$，所以

$$m_s = \pm \frac{1}{2} \tag{13.51}$$

因而

$$S_s = \pm \frac{1}{2}\hbar \tag{13.52}$$

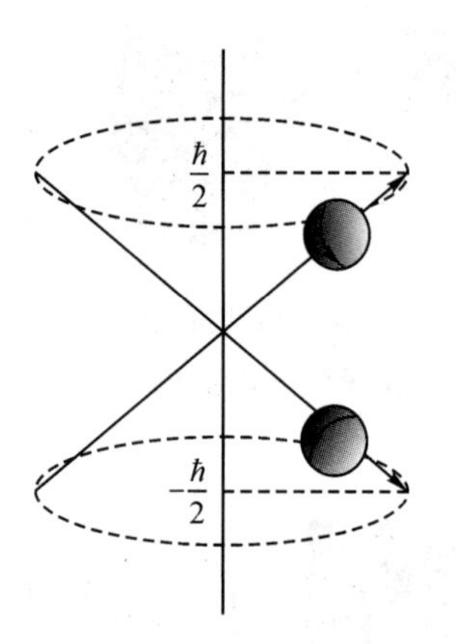

图 13.31　自旋运动状态模型

自旋角动量空间量子化与自旋运动状态可形象地用图13.31表示。

13.8.3　四个量子数

综上所述,原子中电子的运动状态需要用四个量子数来描述,这四个量子数的名称、符号、可取值及其作用列于表13.2中。

表 13.2　**四个量子数**

名称	符号	可取值	作用
主量子数	n	1,2,3,…	大体上确定电子的能量
角量子数	l	0,1,2,…,$(n-1)$	确定电子角动量,对能量也有影响
磁量子数	m_l	$0,\pm1,\pm2,\cdots,\pm l$	确定轨道角动量在外磁场方向的分量
自旋磁量子数	m_s	$\pm\frac{1}{2}$	确定自旋角动量在外磁场方向的取向

13.9　原子的壳层结构和化学元素的周期性

小贴士:

泡利(Pauli,1900—1958),瑞士籍奥地利物理学家,25岁时他提出了"泡利不相容原理",该原理阐明了原子内电子分布问题以及元素周期表,并由此在1945年获得1945年诺贝尔物理学奖。

1869年,门捷列夫提出,将所有元素按照原子量(实际上是按原子核电荷)增加的次序排列起来,元素的化学性质和物理性质都将周期性地重复,称为化学元素的周期律。元素的性质为什么会是周期性的,在没有原子结构理论时,是得不到回答的。后来,玻尔在汤姆孙关于原子壳层结构概念的基础上,提出了原子中的电子按一定的壳层排列的学说。壳层与电子运动"轨道"相对应,同一壳层上的各电子有相同的主量子数,每一壳层只能容纳一定数量的电子。当电子数超过限定数量时,就填充到新的壳层上去,每一新周期都是从电子填充新的壳层开始的,周期性与各壳层容纳电子的数量有关,最外层上具有相同电子数的原子,有着相同的性质。

那么,为什么各壳层容纳的电子数目不同,各壳层最多能容纳多少电子等问题,应如何解释呢?

13.9.1　泡利不相容原理

1925 年，泡利提出：**原子中不可能同时有两个或两个以上的电子具有完全相同的运动状态**，这称为**泡利不相容原理**。由于原子中电子的运动状态可用一组四个量子数来表征，因而泡利不相容原理也可以叙述为原子中不可能同时有两个或两个以上的电子具有完全相同的量子数。这一原理是建立在量子力学基础上的，用经典理论是无法理解的。

应用泡利不相容原理，可以计算出每一壳层能容纳电子的最多数目。当 n 给定时，l 有 n 个可能的取值；当 l 给定时，m_l 有 $2l+1$ 个可能的取值，而 m_s 有两个可能的取值。这样，原子中具有主量子数 n 的电子数目最多为

$$
\begin{aligned}
Z_n &= \sum_{l=0}^{n-1} 2(2l+1) = 2(1+3+\cdots+(2n-1)) \\
&= 2 \times \frac{n}{2}(1+(2n-1)) = 2n^2
\end{aligned}
\tag{13.53}
$$

1916 年，柯塞耳提出了多电子原子中，核外电子按壳层分布的形象化模型即**原子壳层结构模型**。主量子数 n 相同的电子组成一个**主壳层**，对应于 $n=1,2,3,4,5,6,\cdots$ 的主壳层分别用大写字母 K，L，M，N，O，P…表示。在一个主壳层内，又按副量子数 l 分成若干**支壳层**，对应于 $l=0,1,2,3,4,5,\cdots$ 的支壳层分别用小写字母 s，p，d，f，g，h，…表示。表 13.3 给出了原子中各主壳层及支壳层上最多可容纳的电子数目。

表 13.3　原子中各壳层最多可容纳的电子数目

n	l							Zn
	0 s	1 p	2 d	3 f	4 g	5 h	6 i	
1，K	2	—	—	—	—	—	—	2
2，L	2	6	—	—	—	—	—	8
3，M	2	6	10	—	—	—	—	18
4，N	2	6	10	14	—	—	—	32
5，O	2	6	10	14	18	—	—	50
6，P	2	6	10	14	18	22	—	72
7，Q	2	6	10	14	18	22	26	98

13.9.2　能量最小原理

电子在填充壳层时，每个电子都趋于占据能量最低能级，

这样当原子中每个电子能量最小时,整个原子的能量最低,这时原子处于最稳定的状态,即基态。这称为**能量最小原理**。

能级的高低主要取决于主量子数 n,n 越小,能级基本上也越低。所以离核最近的壳层一般先被电子填满。由于能量还与副量子数有关,因此在有些情况下,n 较小的主壳层未填满时,下一个主壳层就开始有电子填入了。我国科学工作者总结出了这样的规律:能级高低可以用$(n+0.7l)$值的大小比较,例如 3d 和 4s 两个状态,前者的能级比后者高,钾、钙的原子就是这样。表 13.4 给出了元素周期表中前 30 个元素的原子处于基态时电子的填充情况。

原子中电子的壳层结构解释了化学元素的周期律,反过来说,元素性质的周期性这一事实,也证实了原子结构理论的正确性。

表 13.4　**原子中电子按壳层的排布**

周期	原子序数和元素名称	化学符号	各壳层的电子数						
			K	L		M			N
			1s	2s	2p	3s	3p	3d	4s
Ⅰ	1 氢	H	1						
	2 氦	He	2						
Ⅱ	3 锂	Li	2	1					
	4 铍	Be	2	2					
	5 硼	B	2	2	1				
	6 碳	C	2	2	2				
	7 氮	N	2	2	3				
	8 氧	O	2	2	4				
	9 氟	F	2	2	5				
	10 氖	Ne	2	2	6				
Ⅲ	11 钠	Na	2	2	6	1			
	12 镁	Mg	2	2	6	2			
	13 铝	Al	2	2	6	2	1		
	14 硅	Si	2	2	6	2	2		
	15 磷	P	2	2	6	2	3		
	16 硫	S	2	2	6	2	4		
	17 氯	Cl	2	2	6	2	5		
	18 氩	Ar	2	2	6	2	6		

续表

周期	原子序数和元素名称	化学符号	各壳层的电子数						
			K	L		M			N
			1s	2s	2p	3s	3p	3d	4s
Ⅳ	19 钾	K	2	2	6	2	6		1
	20 钙	Ca	2	2	6	2	6		2
	21 钪	Sc	2	2	6	2	6	1	2
	22 钛	Ti	2	2	6	2	6	2	2
	23 钒	V	2	2	6	2	6	3	2
	24 铬	Cr	2	2	6	2	6	5	1
	25 锰	Mn	2	2	6	2	6	5	2
	26 铁	Fe	2	2	6	2	6	6	2
	27 钴	Co	2	2	6	2	6	7	2
	28 镍	Ni	2	2	6	2	6	8	2
	29 铜	Cu	2	2	6	2	6	10	1
	30 锌	Zn	2	2	6	2	6	10	2

内容提要

1. 黑体辐射

任何物体都在不断地向周围发射各种波长的电磁波，不同温度下所发出的电磁波的能量随波长的分布不同，这称为热辐射现象。黑体是指能完全吸收照射到它上面的各种波长的电磁波的物体。

普朗克能量子假设来解释黑体辐射的实验规律，假设组成黑体的原子可视为带电谐振子，频率为 ν 的谐振子的能量只能取 $h\nu$ 的整数倍，即 $E_n = nh\nu$，$n = 1,2,3,\cdots$，其中的 h 为普朗克常数，谐振子发射和吸收电磁波的能量也只能取 $h\nu$ 的整数倍。

2. 光电效应

光照射到金属表面时，电子从金属表面逸出的现象称为光电效应。

爱因斯坦光量子假设来解释光电效应的实验规律，其假设光的能量是不连续的，每一份叫作一个光量子，对于频率为 ν 的单色光，一个光量子具有 $h\nu$ 的能量。光照射到金属表面，金属中的电子吸收一个光量子的能量，如果足以使其克服金属的束缚，电子就会逸出金属表面，该过程可用光电效应方程表述如下

$$h\nu - A = \frac{1}{2}mv^2$$

光具有波粒二象性。频率为 ν、波长为 λ 的单色光，其光子的能量为 $E = h\nu = \dfrac{hc}{\lambda}$，光子的

动量为 $p=\frac{h\nu}{c}=\frac{h}{\lambda}$。

3. 玻尔氢原子理论

氢原子光谱由分立的谱线组成,并且谱线的分布有确定的规律。玻尔提出其氢原子理论来解释氢原子光谱的实验规律,该理论包含三条基本假设,分别是定态假设、频率条件假设和轨道角动量量子化假设。玻尔理论成功地解释了氢原子光谱的实验规律,其中的定态、能级跃迁、量子化等概念具有非常重要的意义。

4. 微观粒子的波粒二象性

德布罗意提出,不仅光具有波粒二象性,一切实物粒子也都具有波粒二象性。一个能量为 E、动量为 p 的实物粒子和一个波相对应,这个波的波长和频率为

$$\lambda=\frac{h}{p},\nu=\frac{E}{h}$$

这个波称为德布罗意波或物质波。

5. 不确定关系

测量微观粒子某一时刻的位置和动量时都会产生一定的不确定量,位置的不确定量和动量的不确定量的乘积存在一个不为零的下限,即

$$\Delta x\Delta p_x\geqslant h$$

上式称为不确定关系或测不准原理。这表明对微观粒子的测量存在一定的基本限度,不是靠改进实验仪器或测量方法所能消除的。

6. 波函数与薛定谔方程

在量子力学中,用复数波函数 $\Psi(\boldsymbol{r},t)$ 来描述微观粒子的物质波。玻恩提出了波函数的统计解释:t 时刻粒子在空间 $\boldsymbol{r}$ 附近的体积元 $\mathrm{d}V$ 中出现的概率 $\mathrm{d}W$ 与该处波函数的模的平方成正比,即

$$\mathrm{d}W=|\Psi(\boldsymbol{r},t)|^2\mathrm{d}V$$

波函数的演化服从薛定谔方程,这是量子力学的基本方程,

$$-\frac{h^2}{2m}\frac{d^2\psi(x)}{dx^2}=[E-V(x)]\psi(x)$$

7. 电子的自旋

电子除了轨道角动量外,还具有 $\frac{\hbar}{2}$ 的自旋角动量,自旋量子数 $m_s=\pm\frac{1}{2}$。自旋是电子的内禀属性。

描述原子中电子的运动状态,需要用四个量子数:主量子数 n、角量子数 l、磁量子数 m_l 和自旋磁量子数 m_s。

8. 原子的壳层结构

原子中主量子数 n 相同的电子组成一个壳层;同一壳层内,角量子数 l 相同的电子组成若干支壳层。电子在各壳层和支壳层上的分布服从以下两条原理。

泡利不相容原理:在一个原子中不能有两个或两个以上的电子处在完全相同的量子态。也就是说,一个原子中任何两个电子都不可能具有一组完全相同的量子数 (n,l,m_l,m_s)。

能量最小原理：电子在填充壳层时，总是趋于占据最低的能级。也就是说，原子系统的总能量为最小时是最稳定的。

思考题

13.1　普朗克能量子假设的内容是什么？它在物理学发展史上的意义如何？

13.2　光电效应的实验规律是什么？经典理论在解释这些规律时的困难表现在哪些方面？

13.3　氢原子光谱的主要实验规律是什么？

13.4　玻尔理论的基本假设是什么？它在解释氢原子光谱实验规律方面获得了哪些成功？存在什么缺陷？

13.5　德布罗意假设的内容是什么？

13.6　动能相等的电子和质子，哪个的物质波波长比较长？

13.7　枪口的直径为 5 mm，子弹的质量为 0.01 kg，试用不确定关系估算子弹出枪口时横向速度的数量级。

13.8　波函数的物理意义是什么？它必须满足哪些条件？

13.9　如何理解实物粒子的波粒二象性？

13.10　描述原子中电子的定态，需要哪几个量子数？它们的取值范围如何？

习　题

一、简答题

13.1　黑体是什么？实验上怎样构造黑体？黑体辐射的实验规律是什么？

13.2　普朗克能量子假设的内容是什么？怎样理解“量子”二字？

13.3　光电效应的实验规律是什么？爱因斯坦光量子假设是什么？怎样用光量子假设解释光电效应？

13.4　α 粒子散射实验的结果是什么？卢瑟福的原子有核模型是什么？

13.5　什么是康普顿散射，它的实验规律是什么？

13.6　请写出康普顿效应公式，并说明可见光怎样能看到康普顿效应。

13.7　氢原子光谱的实验规律是什么？玻尔氢原子理论的基本假设是什么？莱曼系、巴耳末系、帕邢系等谱线系各是怎样形成的？

13.8　德波罗意的物质波假设是什么？怎样理解波粒二象性？

13.9　海森伯的不确定关系是什么？是否任意一对物理量都存在不确定关系？

13.10　波函数的统计解释是什么？波函数应满足哪些条件？

13.11　在量子力学中，位置和动量分别用什么算符来描述？哈密顿量是什么？薛定谔方程和定态薛定谔方程各是什么？

13.12　电子的轨道角动量及其在 z 方向的投影各是什么？各用什么量子数来描述？

13.13　电子的自旋角动量及其在 z 方向的投影各是什么？各用什么量子数来描述？

13.14 描述处于定态的原子中电子的运动状态需要用哪几个量子数？各自的物理意义是什么？

13.15 原子中的壳层和支壳层是什么？泡利不相容原理是什么？能量最小原理是什么？核外电子在各壳层和支壳层中是怎样排布的？

二、计算题

13.1 半径为$R = 280$ mm的薄壁空心球的表面上有一半径为2.8 mm的小圆孔，球的温度为$T = 1100$ K，试求：

(1)小圆孔在1 h内辐射的能量；

(2)多大的一个可设为黑体的球表面，在相同温度、一小时内能辐射相同的能量。

13.2 从某金属中逸出一个电子需要2.3 eV的能量。今用波长为200 nm的紫外光投射到该金属的表面上，试求：

(1)光子的最大初动能；

(2)遏止电压；

(3)该金属的截止频率及相应的波长。

13.3 一个光子的能量等于电子的静能，试求该光子的频率、波长和动量。在电磁波谱中，它属于哪种射线？

13.4 用波长为200 nm的光照射铝(Al的截止频率为9.03×10^{14} Hz)，能否产生光电效应，能否观察到康普顿效应(假定所用的仪器不能分辨出小于入射波长千分之一的波长偏移)？

13.5 星际空间的冷中性氢原子能发射波长为21 cm的射电辐射，在天体物理中有重要应用，试求该辐射对应的光子能量等于多少。

13.6 根据玻尔理论，计算当氢原子处于基态时，电子运动的速率和绕核旋转的频率。

13.7 用波长范围为$400 \sim 760$ nm的可见光照射氢原子，能否使处于基态的氢原子电离？

13.8 当大量的氢原子处于$n = 4$的激发态时，它可以发射出几种波长的光？

13.9 已知氢原子处在能量值为-0.85 eV的能级上，当它由该能级跃迁到比基态能量高10.20 eV的另一能级上时，试求：

(1)发射光子的能量；

(2)这两个能级对应的主量子数。

13.10 分别计算静止电子经过100 V和1000 V电压加速后的物质波的波长。

13.11 若一个电子的动能等于它的静能，试求该电子的动量、速率和物质波的波长。

13.12 做一维运动的电子，其动量的不确定量为10^{-23} kg·m/s，能将这个电子约束在其内的容器的最小尺寸约为多少？

13.13 如果一个电子处在某能态的平均寿命约为10^{-8} s，则这个能态的能量的最小不确定量是多少？

13.14 一波长为300 nm的光子，假定其波长测量的精确度约为百万分之一，试求这个光子位置的不确定量。

13.15 根据不确定关系估算：被禁闭在长度为L的一维箱中运动的粒子的最小动能。

13.16　一维无限深势阱中粒子的定态波函数为 $\Psi_n(x)=\sqrt{\frac{2}{a}}\sin\left(\frac{n\pi}{a}x\right)$，试求：

(1)粒子处于基态时，在 $x=0$ 到 $x=\frac{a}{3}$ 之间找到粒子的概率；

(2)当粒子处于 $n=2$ 的状态时，在 $x=0$ 到 $x=\frac{a}{3}$ 之间找到粒子的概率。

13.17　求出能够占据一个 d 支壳层的最多电子数，并写出这些电子的 m_l 和 m_s 值。

13.18　试写出 $n=4$ 、$l=3$ 壳层所属各态的量子数。

13.19　$n=5$ 壳层中电子可能的状态有哪些？

三、应用题

13.1　太阳辐射到地球大气层外表面单位面积的辐射能量 I_0，称为太阳常量。实际测得其值为 $I_0=1.35\ \mathrm{kW/m^2}$ 。太阳平均半径 $R=6.96\times10^8\ \mathrm{m}$，日地距离 $r=1.50\times10^{11}\ \mathrm{m}$ 。把太阳近似当作黑体，试由太阳常量估计太阳表面的温度。

13.2　某电视显像管中电子的加速电压为 9 kV，电子枪枪口直径为 0.1 mm，试求：

(1)电子从电子枪口射出时的速率；

(2)电子从电子枪口射出时横向速率的不确定量；

(3)根据计算结果，说明为什么用电子产生的电视图像清晰可见。

13.3　已知原子核的线度为 $1.4\times10^{-14}\ \mathrm{m}$，假设原子核中存在电子，试估算核内电子的最小容许能量，并和质子和中子结合在核内的几兆电子伏特的能量相比较，据此判别在核内有无电子？

第 14 章　半导体

14.1　固体的能带理论

固态物体按照其物理性质可分为晶体和非晶体。晶体内原子排列是有序的，而非晶体内部原子排列是近程有序或远程无序的。多数物质既可构成晶体，又可构成非晶体。本节定性介绍固体（主要是晶体）的能带结构，并定性说明导体、半导体和绝缘体的能带差异。

14.1.1　固体内电子的共有化

为了定性地描述固体中运动电子的能谱，我们先从自由原子的能谱开始讨论，并介绍当原子集合在一起形成固体时，其能谱是怎样变化的。

在单个原子中，原子核外的电子呈壳层分布，不同的壳层对应于原子的不同能级。每个电子只受到原子核和同一原子中其他电子的相互作用。位于外层的电子，距离核较远，与核的结合较弱，但在未被激发时，这种外层电子仍然被束缚在原子中。处于这种束缚态的电子所具有的能量是不连续的，即电子能量是量子化的。这种不连续的能量可以借助于能量图中一系列分立的能级来表示。当大量原子组成晶体后，由于晶体中的原子呈空间周期性的排列，相邻原子的电荷之间相互影响，致使晶体内部形成周期性势场。一维无限长离子点阵所形成的周期性电场中电子的势能曲线如图 14.1 所示。

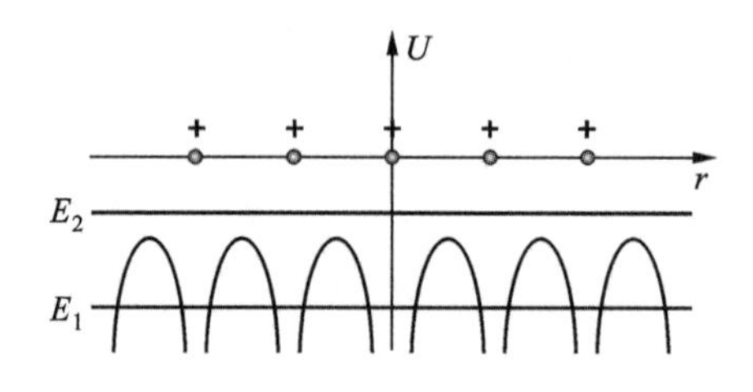

图 14.1　晶体中周期性势能

在这种情形下，每个电子不仅要受到本身原子核的作用，而且还要受到相邻格点上原子核的微扰作用。两格点距离越近，微扰作用越大。这种微扰作用对于内层电子和外层电子的影响是不一样的。内层电子被本身原子核牢牢地束缚在原子核周围，受相邻原子核的影响较小，与孤立原子的情况相近。而对于外层电子，也就是所谓的价电子，由于其运动轨道的大小和相邻原子间距数量级相当，所以受到相邻原子核的影响较大，从而使得势垒的高度和宽度均变小。由量子力学原理可知，电子在势垒宽度变小的情况下，由于隧道效应可以从一个原子进入另一个原子中，而不被特定离子所束缚。电子的能量越高，电子穿过势垒的概率越大。这样价电子就不再只局限于某一个原子，而为整个晶体中的所有原子所共有，电子将在这些原子的共同作用下运动。这称为电子的共有化。

14.1.2　固体能带的形成

晶体中电子共有化的结果，使原先每个原子中具有相同能量的电子能级，因各原子间的相互影响而分裂成为一系列与原来能级很接近的新能级，这些新能级基本上连成一片而形成能带。

对于相同的各个孤立原子，它们有完全相同的能级分布，但是当 N 个原子结合形成晶体而发生电子共有化时，由于原子之间的相互影响，每一个相似的壳层的能级不再具有完全相同的能量，而要分裂成 N 个新能级。这些新能级的能量与原有能级的能量很接近，因而相邻新能级间的能量差非常小(当 N 很大时，其数量级小于 10^{-23} eV)，以至于可以看成是连续的。这种由原子的某个能级分裂形成的、能量呈准连续分布的新能级，称为与该能级相对应的**能带**。所以，晶体中的能带是由原子中的能级分裂而成的，每个能带中的能级个数与晶体中的原子个数相等，并且电子在能带中的填充方式也遵从能量最小原理和泡利不相容原理。能带的宽度与多种因素有关：一是与原子间距有关，间距越小、能带越宽；二是与原子中的内层与外层电子的状态有关。对内层电子，由于它们距自身核很近，受邻近原子核的作用较弱，因此内层能带宽度较小；而外层价电子由于与自身核的距离和相邻原子核的距离处于同等数量级，受相邻原子的作用强，因此价电子的能级分裂的能带较宽。原子中的每个能级分裂成一个能带，在两个相邻的能带之间，可能有一个不被允许的能量间隔，这个能量间隔称为**禁带**。两个能带也可能相互重叠，这时禁带消失，如图 14.2 所示。概括地说，固体中的能谱系是由分立的能带所组成，这些能带之间的区域是能量的禁区，不能被电子占据，即禁带。这种情况与自由原子或分子不同，它们的能量取值为分立的能级。分立能级扩展为能带是固体的基本特征之一。

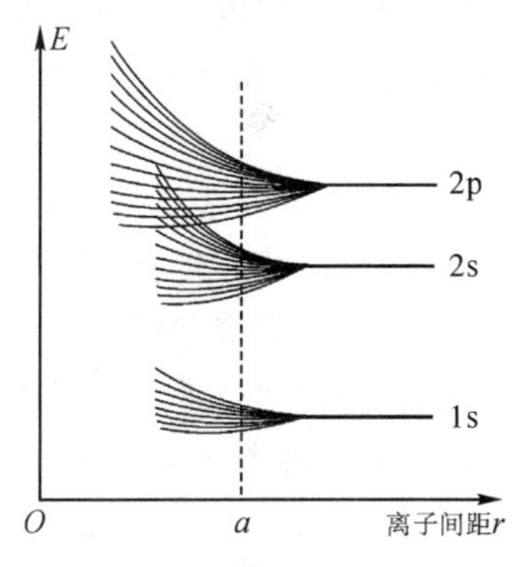

图 14.2　能带重叠示意图

14.1.3　固体能带的种类

能带形成后，电子就要填充到各个能级中去。填充方式和原子的情形相似，仍然服从能量最小原理和泡利不相容原理。根据能带电子的填充情况，能带可分为：满带、不满带和空带。下面分别进行讨论。

1. 满带

各个能级全部被电子填满的能带称为满带。由于满带中所有可能的能级都已被电子填满，因此当有外电场作用于晶体时，满带中若有任一电子从它原来占据的能级向同一能带中的其他任一能级转移时，则由于受到泡利不相容原理的限制，必有另一电子沿相反方向转移。这时满带中虽有不同能级的电子交换，但总效果与没有电子交换一样。因此满带中的电子不能参与导电过程。一般说来，内层电子能级所分裂的能带都是满带。

2. 不满带

若只有一部分能级填有电子的能带称为不满带。根据能量最小原理，在正常情况下，不满带中的电子填充在下方的部分能级,上方的能级空着,当受到外场的作用时,不满带中的电子可以进入未被填充的高能级,从而形成电流。所以不满带中的电子参与导电过程。通常所说的金属中的“自由电子”,就是指不满带中的电子。

3. 空带

各个能级都没有电子填充的能带称为空带。若电子受到某种因素激励而进入了空带,则在外场作用下,这种电子可在该空带中向高能级转移,从而表现一定的导电性。

14.1.4 导体、半导体和绝缘体

固体按其导电性分为导体、半导体、绝缘体,其机理可以根据电子填充能带的情况来说明。

固体能够导电,是固体中的电子在外场的作用下定向运动的结果。电场力对电子的加速作用,使电子的运动速度和能量都发生了变化。换言之,即电子与外电场间发生能量交换。从能带论来看,电子的能量变化,就是电子从一个能级跃迁到另一个能级上去。对于满带,其中的能级已被电子所占满,在外电场作用下,满带中的电子并不形成电流,对导电没有贡献,通常原子中的内层电子都是占据满带中的能级,因而内层电子对导电没有贡献。对于被电子部分占满的能带,在外电场作用下,电子可从外电场中吸收能量跃迁到未被电子占据的能级上去,起导电作用,这种能带也称为导带。金属中,由于组成金属的原子中的价电子占据的能带是部分占满的,所以金属是良好的导电体。

绝缘体的能带有以下两个特征:

①只有满带和空带;

②满带和空带之间有较宽的禁带,禁带宽度一般大于 3 eV。由于满带中的电子不参与导电,一般外加电场又不足以将满带中的电子激发到空带,所以此类固体导电性极差,称为绝缘体。禁带宽度越大,绝缘性能越好。

半导体和绝缘体的能带类似,即下面是已被价电子占满的满带(其下面还有为内层电子占满的若干满带),亦称价带,中间为禁带,上面是空带。因此,在外电场作用下并不导电,但是这只是绝对温度为零时的情况。当外界条件发生变化时,例如温度升高或有光照时,价带中有少量电子可能被激发到上面的空带中去,使能带底部附近有了少量电子,因而在外电场作用下,这些电子将参与导电;同时,价带中由于少了一些电子,在价带顶部附近出现了一些空的量子状态,价带变成了部分占满的能带,在外电场作用下,仍留在价带中的电子也能够起导电作用,价带电子的这种导电作用等效于把这些空的量子状态看作带正电荷的准粒子的导电作用,常称这些空的量子状态为空穴。所以在半导体中导带的电子和价带的空穴参与导电,这是与金属导体的最大差别。绝缘体的禁带宽度很大,激发电子需要很大的能量,在通常温度下,能激发到导带中的电子很少,所以导电性很差。半导体禁带宽度比较小,数量级在 1 eV 左右,在通常温度下已有不少电子被激发到导带中去,所以具有一定的导电能力,这是绝缘体和半导体的主要区别。室温下,金刚石的禁带宽度为 6～7 eV,它是绝缘体;硅为 1.12 eV,锗为 0.67 eV,砷化镓为 1.43 eV,所以它们都是半导体。

14.2 半导体的导电机理

半导体材料和器件在近代科技发展中得到了相当广泛的应用,特别是集成电路和大规模

集成电路，已成为现代电子和信息产业乃至现代工业的基础。因此，深入研究半导体的结构和性能已经成为固体物理学中的一项重要任务。

通常半导体可分为纯净的半导体和掺入一定杂质的半导体。前面我们讨论的半导体都是不含杂质的纯净的半导体。但在实际应用中，纯净的半导体并不符合要求，所以人们又设计出符合实际应用要求的杂质半导体。

14.2.1　本征半导体

纯净无杂质的半导体称为**本征半导体**，如硅、锗等。本征半导体的禁带宽度较小，所以当外场作用于晶体时，少量电子可以由价带进入空带，同时在价带中留下一个空穴。半导体中的电子和空穴总是成对出现的，称为电子-空穴对。进入空带的电子可以导电，称为电子导电，价带中的空穴也能导电，称为空穴导电。电子和空穴统称为本征载流子。当价带中出现空穴时，在外电场的作用下，价带中的其他电子将去填充空穴，从而又留下新的空穴。显然，这将引起空穴的定向移动，从而形成空穴导电。空穴的定向移动，其效果如同带正电粒子的定向移动。由此可见，本征半导体的导电机制是电子和空穴的混合导电。在本征半导体中，参与导电的正、负载流子的数目是相等的，总电流是电子流和空穴流的代数和。

本征半导体虽具有导电性，但它的导电率很低，一般没有什么实用价值。

14.2.2　杂质半导体

在纯净半导体中，用扩散的方法掺入少量其他元素的原子。这些掺入的原子，对纯净半导体基体而言可称为杂质。掺有杂质的半导体称为**杂质半导体**。

杂质半导体的导电性能与本征半导体相比有很大的改变，且导电机构也不同。这是因为，掺入半导体的杂质元素的原子与组成半导体的原子不同，因此杂质原子的能级与晶体中的其他原子的能级也就不同。由于能量的差异，杂质原子的电子不参与晶体中的电子共有化。也就是说，杂质原子的能级不在半导体的能带之中，而是处于禁带之中，所以，杂质能级对半导体的导电性能产生很重要的作用。不同的半导体掺入不同的杂质，杂质能级在禁带中的位置就不同，致使杂质半导体的导电机构也不同。在半导体中掺入不同种类的杂质，便可得到各种类型的半导体。

根据导电机构的不同，可以把杂质半导体分为两类：一类以电子导电为主，称为电子型半导体（n **型半导体**）；一类以空穴导电为主，称为空穴型半导体（p **型半导体**）。下面分别讨论：

1. n 型半导体

在四价元素如硅（Si）半导体中掺入五价元素磷（P），或者是在四价元素锗（Ge）半导体中掺入砷（As）杂质，就形成 n 型半导体材料，如图 14.3 所示。

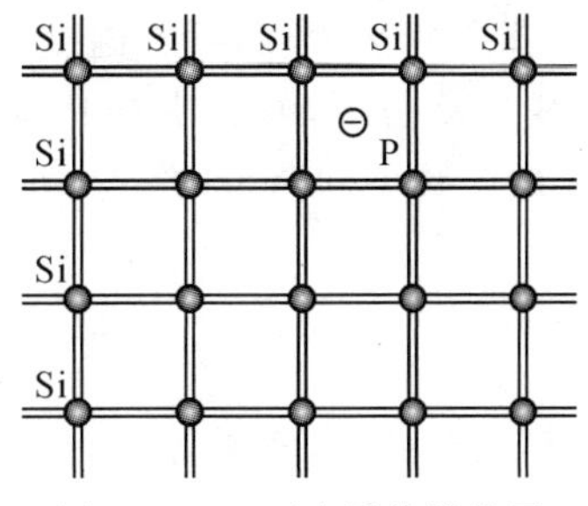

图 14.3　n 型半导体结构图

在四价元素半导体中掺入五价杂质元素后,五价原子将在晶体中代替四价元素的原子的位置,构成与硅或锗相同的四电子结构,而多出的一个价电子只在杂质离子的电场范围内运动。理论证明,这种多余的价电子的能级处于禁带中,且靠近空带。这种杂质价电子很容易被激发到导带中去,所以这类杂质原子称为施主原子,相应的杂质能级称为施主能级。当加上外电场时,施主能级上的电子可以激发到导带中。因而n型半导体主要依靠施主能级激发到导带中的电子导电。在n型半导体材料中,虽然杂质原子的数目不多,但在常温下导带中的自由电子浓度却比同温度下纯净半导体的导带中的电子浓度大很多倍,这就大大提高了半导体的导电性。

2. p型半导体

在四价元素如硅(Si)半导体中掺入三价元素硼(B),或者是在四价元素锗(Ge)半导体中掺入镓(Ga)杂质,就形成p型半导体,如图14.4所示。

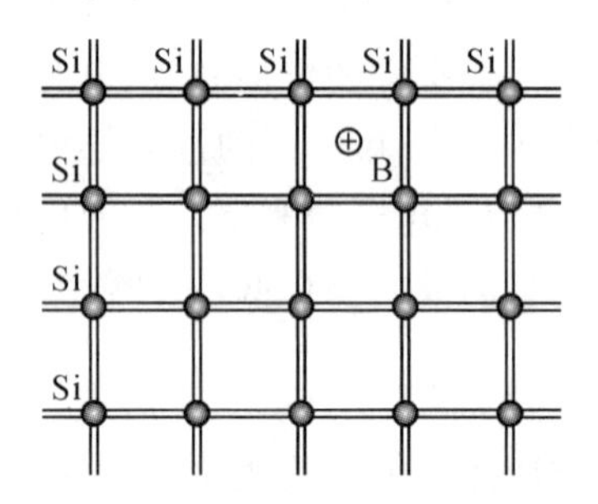

图14.4　p型半导体结构图

在四价元素半导体中掺入少量的三价元素,三价原子将在晶体中代替四价元素的原子的位置,构成与硅或锗相同的四电子结构时,缺少一个电子,这相当于因为杂质原子的存在而出现了空穴。相应于这些空穴的能级处于禁带中,且靠近价带。因而价带中的电子容易被激发到杂质能级,同时在价带中形成空穴。杂质能级吸收从价带跃迁来的电子,所以这种杂质原子称为受主原子,相应的杂质能级称为**受主能级**。因而p型半导体主要依靠价带中的空穴导电,在这种情形下,价带中的空穴浓度要比纯净半导体价带中的空穴浓度增加很多倍,因此也大大提高了半导体的导电性。

14.2.3　半导体的导电特性

1. 热敏特性

半导体材料的电阻率与温度有密切的关系。温度升高,半导体的电阻率会明显变小。导体的电导率随温度的升高而增大,半导体的电阻率却随温度的升高而急剧下降,这是半导体的热现象。这是由于杂质半导体很容易受到热激发,随着温度的微小的变化,受激进入导带的电子数(或价带中产生的空穴数)的变化十分灵敏,故其电阻率也随温度灵敏地变化。如纯锗(Ge),温度每升高10 ℃,其电阻率就会减少到原来的一半。利用半导体的热电导性可以制成热敏电阻。

2. 光电特性

很多半导体材料对光十分敏感,无光照时,不易导电;受到光照时,就变得容易导电了。这是因为在光的照射下，半导体中的电子吸收了光子的能量，可能产生从价带向导带的跃迁，也可能引起电子从施主能级向导带跃迁，或者电子从价带向受主能级跃迁。所有这些都会造成载流子数量的增加，从而表现出容易导电的性质。如常用的硫化镉半导体光敏电阻，在无光照时电阻高达几十兆欧，受到光照时电阻会减小到几十千欧。半导体受光照后电阻明显变小的现象称为“光导电”。根据半导体的这种光电特性可以制成光敏电阻。此外，利用光导电特性制作的光电器件还有光电二极管和光电三极管等。

热敏电阻与光敏电阻在遥测、遥控、自动控制、无线电技术中都有很重要的应用。

14.2.4　pn 结　半导体器件

1. pn 结的形成

在一片本征半导体的两侧分别掺入适当的高价和低价杂质，则在交界面两侧的深层内形成 pn 结。如图 14.5 所示。pn 结是构成各种半导体器件的重要基础。如在一块完整的硅片上，用不同的掺杂工艺使其一边形成 n 型半导体，另一边形成 p 型半导体，在它们的交界处就出现了电子和空穴的浓度差别，n 型区内电子很多而空穴很少，p 型区内则相反。这样，电子和空穴都要从各自浓度高的地方向浓度低的地方扩散。扩散的结果就使 p 区一边失去空穴，留下了带负电的杂质离子，n 区一边失去电子，留下了带正电的杂质离子。半导体中的离子不能随意移动，因此并不参与导电，它们集中在 p 区和 n 区交界面附近，形成了一个很薄的空间电荷区，就是所谓的 pn 结，又称为耗尽区。扩散越强，空间电荷区越宽。

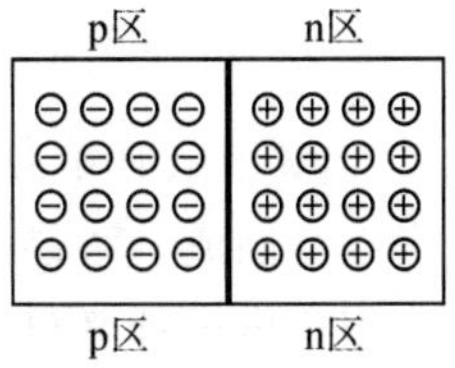

p区　n区

p区　n区

图 14.5　pn 结

由于空间电荷区正负电荷之间的相互作用，在空间电荷区中就形成了一个电场（称为内电场），其方向是从带正电的 n 区指向带负电的 p 区。内电场的作用是阻止扩散。内电场将使 n 区的少数载流子空穴向 p 区漂移，使 p 区的少数载流子电子向 n 区漂移，漂移运动的方向正好与扩散运动的方向相反。从 n 区漂移到 p 区的空穴补充了原来交界面上 p 区所失去的空穴，从 p 区漂移到 n 区的电子补充了原来交界面上 n 区所失去的电子，这就使空间电荷减少。因此，漂移运动的结果是使空间电荷区变窄，其作用正好与扩散运动相反。

当漂移运动达到和扩散运动相等时，pn 结便处于动态平衡状态。pn 结空间电荷区的 n 区的电势要比 p 区高，其差值用 V_0 表示，称为接触电势差。

2. pn 结的导电规律

(1)实验规律

pn 结两端没有加电压时，半导体中没有电流；当 pn 结两端加上电压时，就有电流通过，但电流的大小和方向与外加电压有关。当 p 型半导体一边接正极，n 型半导体接负极，即电压为正向电压时，电流为正，称为正向电流；而且随着正向电压的增加，正向电流也随之按指数规律上升。若 p 型半导体接负极，n 型半导体接正极，即电压为反向电压，电流为负值，称为反向电流。随着反向电压的增加，反向电流很快达到饱和。这就是 pn 结的单向导电性，如图 14.6 所示。

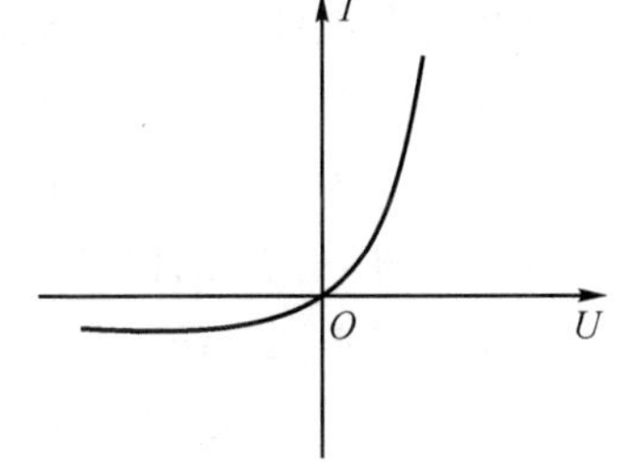

图 14.6　pn 结的伏安特性

(2)定性说明

当在 pn 结两端加上正向电压时，外加电场与 pn 结内电场方向相反，在外加电场作用下，扩散运动与漂移运动的动态平衡被打破，使扩散运动占优势，于是将有较多的空穴从 p 区向 n 区扩散，较多的电子从 n 区向 p 区扩散。当 p 区空穴进入空间电荷区时，要和部分负离子中和，使空间负电荷量减少。同样，n 区的电子进入空间电荷区后，要和部分正离子中和，使空间正电荷量减少，结果使空间电荷区变窄。

当 pn 结加上反向电压时，外加电场与内电场方向一致，两边的多子被拉离 pn 结，空间电荷区变宽，内电场增强，扩散运动减弱，漂移运动增强，形成很小的漂移电流 I_R(反向电流)，电压增高时，反向电流增加不大(少子数量有限)。pn 结外加的反向电压超过一定数值后，反向电流将急剧增加，发生反向击穿现象，单向导电性被破坏。

3. pn 结的作用

pn 结具有单向导电性，可以制成晶体二极管作整流器件，也可以把各种类型的半导体适当组合制成各种晶体管。随着超精细小型化技术的发展，各种规模的集成电路不断涌现，广泛应用于电子计算机、通信、雷达、宇航和电视等技术领域。

14.2.5 半导体的应用

半导体的应用十分广泛，利用半导体材料可以制成有特殊功能的元器件，如晶体管、集成电路、整流器、激光器以及各种光电探测器件、微波器件等。此外，应用半导体材料的不同特性还可以制造各种半导体器件。

根据半导体的电阻值随温度的升高而迅速下降的现象制成的半导体器件，称为热敏电阻。热敏电阻有体积小、热惯性小、寿命长等优点，已广泛应用于自动控制技术。

光敏电阻器是利用半导体的光电效应制成的一种电阻值随入射光的强弱而改变的电阻器。当入射光强时，电阻减小；入射光弱，电阻增大。光敏电阻器一般用于光的测量、光的控制和光电转换等。

把两种不同材料的半导体组成一个回路，并使两处接头具有不同的温度，回路中会产生较大的温差电动势，称为半导体温差热电偶。温度每差 1 ℃，能够达到甚至超过 1 mV。利用半导体温差热电偶可以制成温度计，或小型发电机。

半导体材料在目前的电子工业和微电子工业中主要用来制作晶体管、集成电路、固态激光器等器件。现在常见的晶体管有两种，即双极型晶体管和场效应晶体管，它们都是电子计算机的关键器件，前者是计算机中央处理装置(即对数据进行操作部分)的基本单元，后者是计算机存储的基本单元。两种晶体管的性能在很大程度上均依赖于原始硅晶体的质量。砷化镓单晶体材料是继锗、硅之后发展起来的新一代半导体材料，它具有迁移率高、禁带宽度大的优势。它是目前最重要、最成熟的化合物半导体材料之一，主要用于光电子和微电子技术领域。

第 15 章　激光

激光是基于受激辐射放大原理产生的一种相干光。1960 年 5 月 15 日，在休斯公司的一个研究室里，年轻的美国物理学家梅曼正在进行一项重要的实验。他的实验装置里有一根人造红宝石棒，如图 15.1 所示。突然，一束深红色的亮光从装置中射出，其亮度是太阳的 4 倍！这是科学家渴望多年的一种完全新型的光，它被命名为 laser，是英文"light amplification by stimulated emission of radiation"(受激辐射光放大)的缩写。产生激光的主要装置称为激光器。激光和激光器的问世，是 20 世纪重大的科学发现之一。

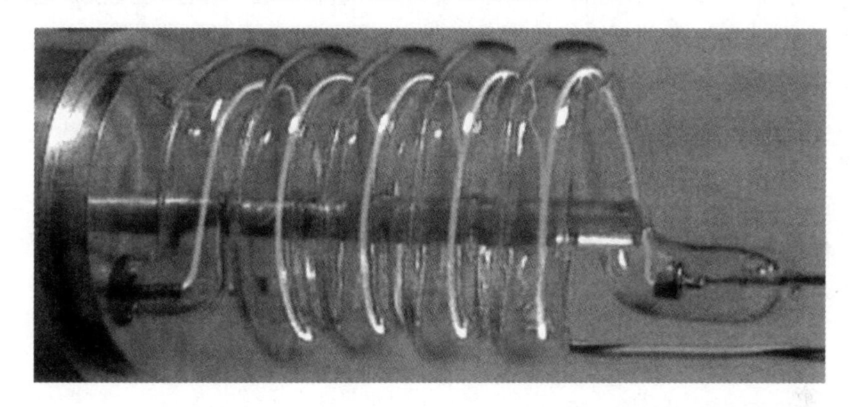

图 15.1　1960 年梅曼研制成功世界上第一台可实际应用的红宝石激光器

15.1　光与物质的相互作用

光和物质的相互作用主要有受激吸收、自发辐射和受激辐射和等三个基本过程。

1. 受激吸收

设原子的两个能级为 E_1 和 E_2，并且 $E_2 > E_1$ 。如果有能量为 $h\nu = E_2 - E_1$ 的光子照射时，原子就有可能吸收光子的能量，从低能级 E_1 跃迁到高能级 E_2，这称为**受激吸收**，如图 15.2 所示。

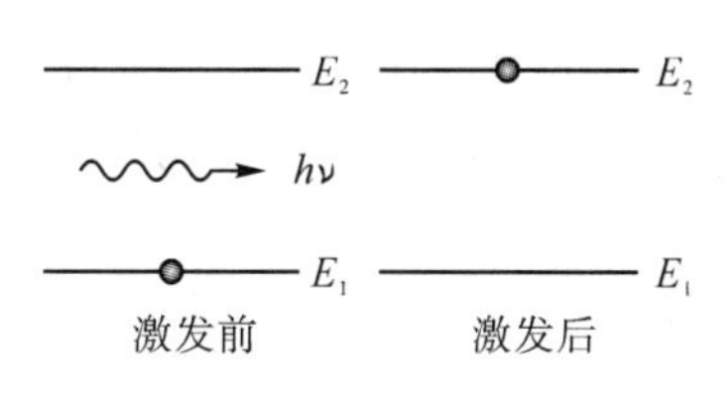

图 15.2　受激吸收图

受激吸收的过程不是自发产生的，必须有外来光子的"刺激"才会产生，并且外来光子的能量必须满足 $h\nu = E_2 - E_1$ 的条件。

2. 自发辐射

在高能级 E_2 的原子是不稳定的，一般只能停留 10^{-8} s 左右。它会在没有外界影响的情况下自动返回到低能级 E_1 的状态，同时向外辐射一个能量为 $h\nu = E_2 - E_1$ 的光子，这称为**自发辐射**，如图 15.3 所示。

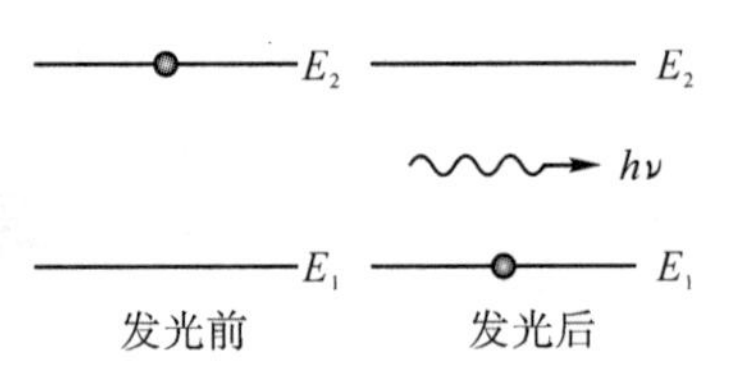

图 15.3　自发辐射图

自发辐射时，每一个原子的跃迁都是自发地、独立进行的，与外界作用无关，它们所发出光的振动方向、相位都不一定相同，如日光灯等普通光源的发光原理都是自发辐射，所以自发辐射发出的光不是相干光。

3. 受激辐射

如果处于高能级 E_2 状态的原子在自发辐射之前，受到能量为 $h\nu = E_2 - E_1$ 的光子的“刺激”作用，就有可能从高能级 E_2 状态向低能级 E_1 状态跃迁，并且向外辐射一个光子，这称为**受激辐射**，如图 15.4 所示。

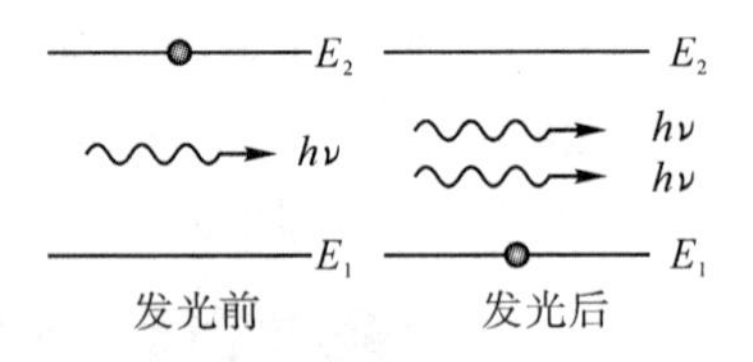

图 15.4　受激辐射图

受激辐射不是自发产生的，必须有外来光子的刺激，且外来光子的能量必须满足 $h\nu = E_2 - E_1$ 的条件。尤为重要的是受激辐射出的光子与外来光子在频率、发射方向、相位及偏振状态等方面完全相同。

在受激辐射中，通过一个光子的作用，得到两个完全相同的光子，这两个光子再引起其他原子产生受激辐射，产生四个完全相同的光子，依此类推。就能在一个入射光子的作用下，获得大量的状态完全相同的光子，即形成了**光放大**。激光的一些新颖特性主要就是来源于大量光子都具有完全相同的状态。

15.2　激光的形成原理

受激辐射的概念是爱因斯坦在 1917 年提出的。40 多年后，当第一台激光器产生时，这一理论得到了有力的证明。

1. 粒子数的正常分布与反转分布

光与物质相互作用时，总是同时存在受激吸收、自发辐射和受激辐射。爱因斯坦从理论上证明，在两个能级之间，受激辐射和受激吸收具有相同的概率；并且在通常情况下，原子总是处于热平衡状态。在温度为 T 的热平衡状态下，原子数目按能级的分布服从玻尔兹曼统计规律，即处于能量为 E_1 和能量为 E_2（$E_2 > E_1$）的两个能级的粒子数目之比为

$$\frac{N_2}{N_1} = \mathrm{e}^{-\frac{E_2 - E_1}{kT}}$$

如 $T = 300$ K 时，$N_2/N_1 = \mathrm{e}^{-38}$，即处于激发态的原子数是很少的，原子几乎全部处于基态。温度一定时，低能级状态的原子数目总是高于高能级状态的原子数目。要产生激光，必须使受激辐射概率大于自发辐射概率，则需高能态的原子数大于低能态的原子数，从而造成粒子数的反转分布。

2. 工作物质

激光工作物质是能够产生粒子数反转分布的物质，称为激活介质。工作物质可以是固体、液体，也可以是气体。但是并不是所有的物质都可以当作工作物质。工作物质必须要有合适的能级结构，同时要有一定的激励方式，从外界输入能量，如泵浦、抽运、激励、光泵等。

3. 光学谐振腔

在实现粒子数反转分布的介质内，可以使受激辐射占主导地位，产生光放大，但是还不能产生有一定强度的激光。要产生激光，还必须用一个光学谐振腔。它是由两个放置在工作物质两边的平面反射镜组成的，左边是全反射镜，右边是部分反射镜，如图 15.5 所示。

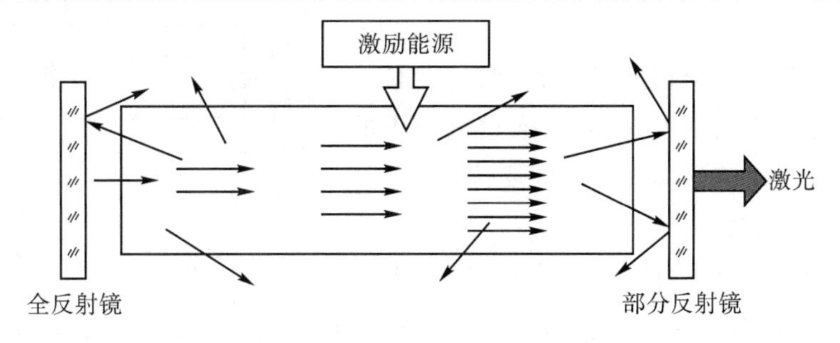

图 15.5　光学谐振腔

从能量的角度来看，虽然在谐振腔内，光受到两端反射镜的反射。在腔内往返形成振荡，使光加强，但是同时光在两端面上及介质中的吸收、透射等，又会使光减弱。只有当光的增益大于损耗时，才能输出激光。

15.3　激光器

下面以红宝石激光器为例说明激光的形成。红宝石激光器的工作物质是一根掺入少许三价铬离子的三氧化二铝晶体红宝石棒。实际使用时是掺入质量比约为 0.05%的氧化铬。由于铬离子吸收白光中的绿光和蓝光，所以宝石棒呈粉红色。1960 年梅曼发明的激光器所使用的红宝石是一根直径 0.8 cm、长约 8 cm的圆棒。两端面是一对平行平面镜，激光从右端面透出，如图 15.6 所示。

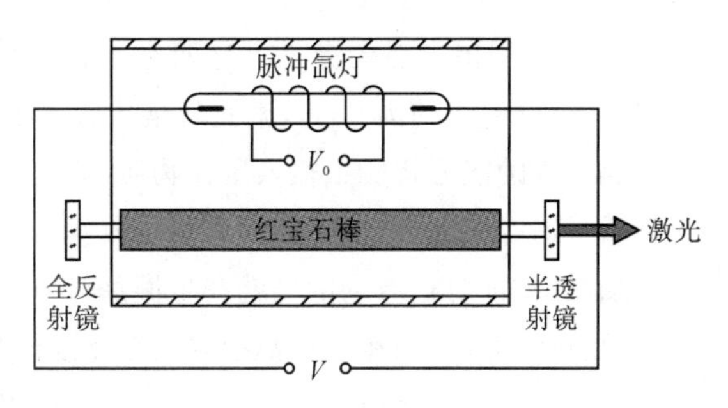

图 15.6　红宝石激光器结构

红宝石激光器中，用高压氙灯作“泵浦”，利用氙灯所发出的强光激发铬离子到达激发态 E_3，被抽运到 E_3上的电子很快(10^{-8} s)通过无辐射跃迁到 E_2。E_2是亚稳态能级，E_2到 E_1的自发辐射概率很小，寿命长达 10^{-3} s，即允许粒子停留较长时间。于是，粒子就在 E_2上积聚起来，实现 E_2和 E_1两能级上的粒子数反转。从 E_2到 E_1受激发射的波长是 694.3 nm 的红色激光。由脉冲氙灯得到的是脉冲激光,每一个光脉冲的持续时间不到 1 ms,每个光脉冲能量在 10 J 以上。也就是说,每个脉冲激光的功率可超过 10 kW 的数量级。注意到上述铬离子从激发到发出激光的过程中涉及三条能级,故称为三能级系统。由于在三能级系统中,低能级 E_1 是基态,通常情况下积聚大量原子,所以要达到粒子数反转,必须有相当强的激励才行。

可见,激光器要工作必须具备三个基本条件,即工作物质、激励能源和光学谐振腔,其基本结构如图 15.7 所示。

(1)工作物质。

这是激光器的核心,只有能实现能级跃迁且具有合适的能级结构的物质才能作为激光器的工作物质。

目前,激光器工作物质已有数千种,激光波长已由 X 光至红外光。如氦氖激光器中,通过氦原子的协助,使氖原子的两个能级实现粒子数反转。

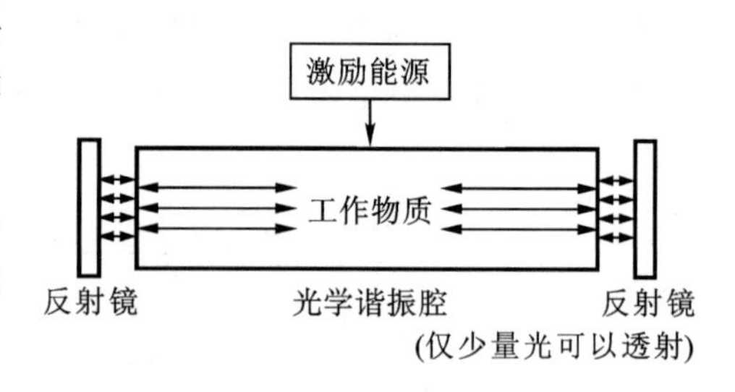

图 15.7　激光器结构

(2)激励能源(光泵)。

它的作用是供给工作物质能量,即将原子由低能级激发到高能级的外界能量。通过强光照射工作物质而实现粒子数反转的方法称为光泵法。如红宝石激光器,是利用大功率的闪光灯照射红宝石(工作物质)而实现粒子数反转,造成了产生激光的条件。通常激励能源可以有光能源、热能源、电能源、化学能源等。

(3)光学谐振腔。

这是激光器的重要部件,其作用一是使工作物质的受激辐射连续进行,二是不断给光子加速,三是限制激光输出的方向。最简单的光学谐振腔是由放置在氦氖激光器两端的两个相互平行的反射镜组成。当一些氖原子在实现了粒子数反转的两能级间发生跃迁,辐射出平行于激光器方向的光子时,这些光子将在两反射镜之间来回反射,于是就不断地引起受激辐射,很快地就产生出相当强的激光。这两个互相平行的反射镜,一个反射率接近 100%,即完全反射,另一个反射率约为 98%,激光就是从后一个反射镜射出的。

通过激励能源将能量输入工作物质,使其实现粒子数反转,由自发辐射产生微弱的光在激光物质中得以放大,由于工作物质两端放置了反射镜,有一部分符合条件的光就能够反馈回来再参加激励,这时被激励的光就产生振荡,经过多次激励,从右端部分反射镜中透射出来的光就是单色性、方向性、相干性都很好的高亮度的激光。不同类型的激光器在发光物质、反射镜以及激励能源等方面所用材料有所区别,下面提到的各种激光器也正是基于这些不同进行分类的。

随着科学技术的发展,激光器的设计和制造也日趋完善,各种型号的激光器不断涌现。激光器的分类目前尚无统一的标准。如果按工作物质分,激光器可以分为固体激光器、气体激光器、液体激光器和半导体激光器。

(1)固体激光器。

世界上第一台激光器——红宝石激光器就是固体激光器。常用的固体激光器还有钇铝石榴石激光器，它的工作物质是氧化铝和氧化钇合成的晶体，并掺有氧化钕。一般讲，固体激光器具有器件小、坚固、使用方便、输出功率大的特点。

(2)气体激光器。

在气体激光器中，最常见的就是氦氖激光器。气体激光器具有结构简单、造价低、操作方便、工作物质均匀、光束质量好，以及能长时间较稳定连续工作的优点。这也是目前品种最多、应用广泛的一类激光器，市场占有率达 60%左右。

(3)液体激光器。

液体激光器也称染料激光器，因为这类激光器的工作物质是某种有机染料溶解在乙醇、甲醇或水等液体中形成的。为了激发它们发射出激光，一般采用高速闪光或者由其他激光器发出很短的光脉冲作为激光光源。它的优点是输出波长连续可调，且覆盖面宽，因此得到广泛应用。

(4)半导体激光器。

半导体激光器是以半导体材料作为工作物质的，如图 15.8 所示。目前较成熟的是砷化镓激光器。这种激光器体积小、质量轻、寿命长、结构简单而坚固，特别适合在飞机、车辆、宇宙飞船上用。

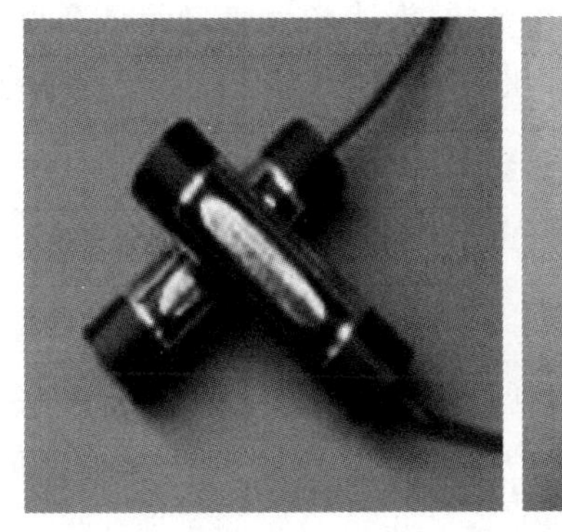

图 15.8　半导体激光器

15.4　激光的特性

普通光源的发光机理，都是基于自发辐射过程。而激光的工作是基于特定能级间粒子数反转体系的受激辐射过程，这就决定了它所发出的光具有一系列与普通光源发出的光不同的特点。最重要的有方向性好、单色性好、亮度高及相干性好四大特点。

(1)方向性好。

激光光束的方向性很好，发散角很小，几乎是一束定向发射的平行光。如把激光射到相距 3.8×10^8 m 的月球上，光束扩散斑的直径还不到 2 km。说明其发散程度很小，发散角一般为毫弧度数量级，现在可以得到发散角在 1″以内的激光束。这是受激辐射光放大的特殊发光机理和光学谐振腔对光传播方向的限制等因素共同作用而形成的。

(2)单色性好。

激光的谱线宽度很窄,单色性很好,是近于单一频率的光。例如,一般的氦氖激光,波长为632.8 nm,谱线宽为 10^{-7} nm,与普通光源中单色性最好的氪灯的谱线宽度 0.47 nm 相比,要优于 4 个数量级以上。这主要是由于工作物质的粒子数反转只能在一定的能级之间发生,因此相应的激光发射也只能在确定的光谱线范围内产生。即使是在光谱线范围内也不是全部频率都会产生激光振荡,由于光学谐振腔的选频作用,真正能产生振荡的激光频率范围会受到更大程度的压缩。

(3)亮度高。

普通光源发出的光,射向四面八方,能量分散。激光具有能量时间集中的特性,其亮度可以达到太阳的 1 百万倍以上。如果用透镜将其聚焦,可以得到每平方厘米 1 万亿瓦的功率密度,以至在极小的局部范围内产生几百万摄氏度的高温、几百万个标准大气压的压强,每米几十亿伏的强电场,足以融化甚至气化各种金属和非金属。激光光源亮度高,首先是因为它的方向性好,发射的能量被限制在很小的立体角中;其次还可以通过调 Q 技术压缩激光脉冲持续时间,进一步提高激光光源的亮度。

(4)相干性好。

普通光源的发光过程是自发辐射,发出的光是不相干的,激光的发光过程是受激辐射,发出的光是相干光。激光的谱线很窄,相位在空间的分布也不随时间变化,故具有良好的时间相干性和空间相干性。激光的相干性来源于激光的高单色性和高方向性。

15.5 激光的应用

激光的四个基本特性从应用角度还可以进一步概括为两个方面:一方面它是定向的强光光束,这里是指它的能量集中,功率密度可以很大;另一方面它是单色的相干光,这里是指时间相干性和空间相干性。激光在各个技术领域中都有广泛的应用,在这里简单地列举一二,要想更进一步了解,请参阅相关的专著。

基于高亮度和高定向性的特点,激光已经被成功地用于激光通信、激光测距、激光定向、激光准直、激光雷达、激光切割、激光手术、激光武器、激光显微光谱技术、激光受控热核反应等。激光用于通信方面,近年来发展十分迅速。激光通信的优点是容量大、保密性强及抗干扰性强。如图 15.9 所示,由 20 根光纤组成的光缆只有一支铅笔的粗细,每天可以通话 76200 人次,而由 1800 根铜线组成的电缆,直径约 7.6 cm,每天却只能通话 900 人次。在激光加工方面,利用激光的高亮度特性可把激光作为一种光学加工手段来对各种材料和产品进行加工,如激光钻孔、激光切割、激光焊接、表面热处理及微细加工等,如图 15.10 所示。激光的高方向性,表明它具有在极远的距离上传播光能的能力,从而实现远距离激光测距。在军事上,激光雷达和激光武器的研制也取得了不少进展。此外,利用这种特性,激光还广泛应用于医学、生物、农业等。

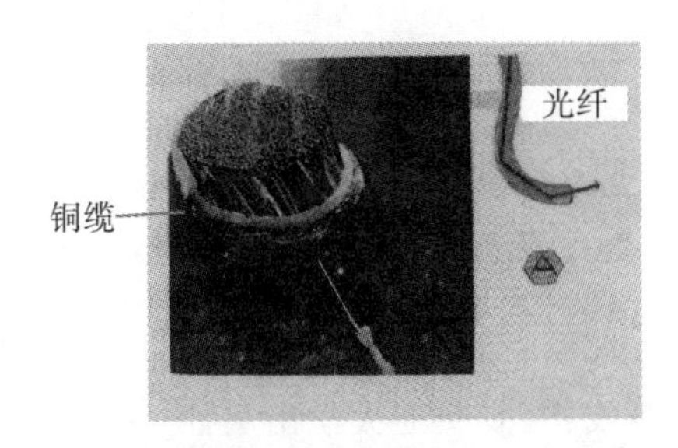

图 15.9　一根极细的光纤能承载与图中电缆相同的信息量

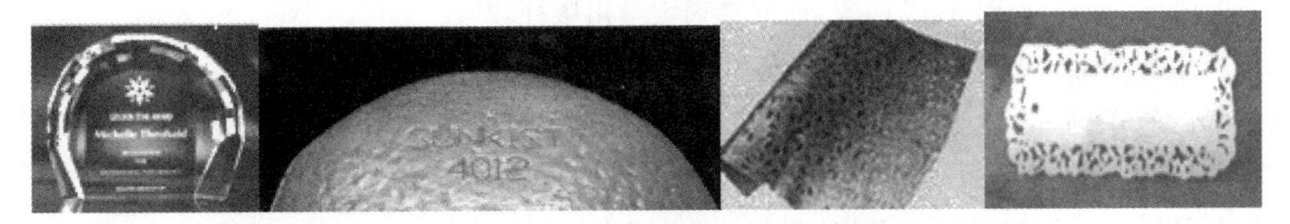

图 15.10　激光用于水晶雕刻、水果防伪、皮革镂空及纸张镂空

基于激光的高单色性和高相干性的特点，激光在计算科学中已成功地用于精密测量微小长度、角度等。与普通光源干涉测长相比，激光测量精度可提高千万倍；在计量标准方面，利用激光单色性和频率稳定性极高的特点，可以建立以激光为基础的长度、时间和频率的国际新标准。例如，用单色、稳频激光器作为光频计时标准，在一年时间里的计时误差不超过 1 μs，大大超过了目前采用的微波频段原子钟的计时精度。

参考文献

[1] 马文蔚. 物理学教程[M]. 北京:高等教育出版社,2016.
[2] 吴百诗. 大学物理[M]. 西安:西安交通大学出版社,2011.
[3] 张三慧. 大学物理学[M]. 北京:清华大学出版社,1999.
[4] 李甲科. 大学物理[M]. 西安:西安交通大学出版社,2012.
[5] 李元成,张静,钟寿仙. 大学物理[M]. 北京:机械工业出版社,2016.
[6] 朱长军,翟学军. 大学物理学[M]. 西安:西安电子科技大学出版社,2012.
[7] 宋士贤,文喜星,吴平. 工科物理教程[M]. 北京:国防工业出版社,2012.
[8] 李甲科. 大学物理[M]. 西安:西北大学出版社,2011.
[9] 程守珠,江之永. 普通物理学[M]. 北京:高等教育出版社,1998.
[10] 周雨青. 工科基础物理学[M]. 北京:清华大学出版社,2010
[11] 毛骏健,顾牧. 大学物理学[M]. 北京:高等教育出版社,2006.
[12] 管靖,熊刚,杨晓蓉. 热学[M]. 北京:北京师范大学出版社,2017.